Siegfried H. Lehnigk

Eine deutsche Katastrophe 1933-1940

Meiner Frau und meinem Sohn gewidmet

VEP-Kultur
Band 5
Herausgeber: Prof. Dr. Reinhold S. Jäger und Dr. Roland Arbinger

Verlag
Empirische Pädagogik e. V.
Bürgerstraße 23
D-76829 Landau
Telefon: +49 6341 280 32180
Telefax: +49 6341 280 32166
E-Mail: info@vep-landau.de
Homepage: www.vep-landau.de

Titelbild
© Harald Baron

Druck
BoD Norderstedt

Zitiervorschlag
Lehnigk, S. H. (2010). Eine deutsche Katastrophe – 1933-1940 (VEP-Kultur, Band 5). Landau: Verlag Empirische Pädagogik.

ISBN 978-3-941320-40-6

Mein Gott, hilf mir aus der Hand des Gottlosen,
aus der Hand des Ungerechten und Tyrannen.

Psalm 71.4

INHALTSVERZEICHNIS

VORWORT

Vor etlichen Jahren saß ich mit einem Kollegen im Kaffeezimmer der Mathematischen Fakultät der University of Alabama in Huntsville. Eine der Wände des Raumes war mit Portraits großer Denker vom Altertum bis zur Neuzeit dekoriert. Portraits der deutschen Wissenschaftler Felix Klein, David Hilbert, Max Planck, Edmund Landau, Richard Courant, Emmy Noether und Werner Heisenberg waren darunter. Mein Kollege fragte, ob Adolf Hitler, Hermann Göring, Joseph Goebbels, Heinrich Himmler und deren Handlanger vielleicht den Charakter der deutschen Nation besser repräsentierten als die abgebildeten berühmten Wissenschaftler. Sein Blick war auf Hilbert gerichtet, dessen Züge auf dem nicht sonderlich gut geratenen Bild dennoch Eleganz, Liebenswürdigkeit und Weisheit ausstrahlten. Mein Kollege fragte, ob die schändlichen Verbrechen der Nazis nicht für ewig die Leistungen der großen deutschen Gelehrten und Künstler überschatten würden. Er fragte weiter, wie es möglich gewesen sei, dass Adolf Hitlers brutales System in der deutschen Kulturnation Fuß fassen konnte – in einer Nation, die als die der Dichter und Denker bekannt sei. Mein Kollege war sich durchaus im Klaren über die epochalen deutschen Beiträge zu den kulturellen Schätzen der Welt.

Ich versuche hier, meine Antwort zu geben, obwohl bereits viel über Hitler-Deutschland, über Hitler selbst, über seinen Aufstieg zur Macht und über den von ihm herbeigeführten Ruin der deutschen Nation geschrieben worden ist. Ich erwähne nur einige definitive historiographische Werke: die von Golo Mann,[1] Joachim Fest,[2] William L. Shirer,[3] Alan Bullock,[4] Gordon A. Craig[5] und Ian Kershaw.[6]

---

1 Golo Mann, Deutsche Geschichte des 19. und 20. Jahrhunderts, S. Fischer Verlag, Frankfurt 1958.

2 Joachim Fest, Hitler. Eine Biographie, Ullstein Verlag, Berlin 2003.

3 William L. Shirer, The Rise and Fall of the Third Reich, Fawcett World Library, New York 1963.

4 Alan Bullock, Hitler. A Study in Tyranny, Odhams Press Ltd., London 1959. (Hitler. Eine Studie über Tyrannei, Droste Verlag, Düsseldorf 1959.)

5 Gordon A. Craig, Germany 1866-1945, Oxford University Press, New York 1978.

6 Ian Kershaw, Hitler 1889-1936 Hubris, W. W. Norton & Company, New York 1999, und Hitler 1936-1945 Nemesis, W. W. Norton & Company, New York 2000.

Zunächst einmal: Hitler hätte die deutsche Kulturnation nicht ruinieren können, wenn nicht sehr viele Deutsche seine Nationalsozialistische Deutsche Arbeiterpartei (NSDAP) nach 1930 in zunehmender Stärke in den Reichstag gewählt, wenn nicht einerseits verantwortungslose und feige, andererseits von deutscher Größe aufgeblasene Nationalisten Hilfestellung zur Machtergreifung geleistet hätten, und wenn nicht der allgemeine Zerfall der politischen und sozialen Ordnung als Folge des verlorenen Krieges die Widerstandskraft der Demokraten der Weimarer Republik untergraben hätte.

Man muss hinzufügen, dass die Zerstörung des „Weimarer Systems" Hitlers festes Ziel vom Beginn seiner politischen Karriere gewesen war. Dabei machte er die unwahre aber zerstörerische These zum politischen Instrument, Deutschland sei 1918 um den Sieg betrogen worden infolge antideutscher, jüdischer und marxistischer Machenschaften. Juden und Marxisten wurden von Hitler zu Sündenböcken der Nation gemacht. Er wollte sie allesamt loswerden – mit welchen Mitteln auch immer.

Man muss ferner hinzufügen: Obwohl Hitler für seine Anhänger ein charismatischer Führer war, kann sein Erfolg, an die Macht gekommen zu sein, nicht ausschließlich auf „von oben nach unten" Effekte zurückgeführt werden. Die nationalsozialistische „Bewegung" bestand aus lokalen Bewegungen, die, zusammengenommen, zu Hitlers Sieg im Januar 1933 führten. Dieser Sieg wäre nicht möglich gewesen ohne die brutalen regionalen Satrapen, die rücksichtslos jede Opposition eliminierten. Zu einem beträchtlichen Grade war Hitlers Erfolg das Ergebnis regionaler „von unten nach oben" Effekte.

An zwei Beispielen beschreibe ich die Auswirkungen dieser beiden Effekte über den Zeitraum von Hitlers Machtergreifung bis zur Deportation der Saar-Pfalz Juden nach Vichy-Frankreich im Oktober 1940.

Am Beispiel der Mathematiker der Universität Göttingen zeige ich, wie das intellektuelle Leben stranguliert wurde und welche Leiden Menschen – besonders jüdischen – zugefügt wurden, die nichts anderes im Sinne hatten, als das geschlagene Deutschland wieder an die Spitze der Wissenschaftsnationen zu bringen. Am Schicksal zweier hervorragenden deutschen Frauen, Hannah Arendt und Edith Stein, zeige ich, wie der „neue deutsche Geist" zum Ende einer Kulturnation beitrug.

Das zweite Beispiel zeigt Handelnde und ihre Opfer in einer klar umrissenen Region: die Pfalz und insbesondere die pfälzische Stadt Landau. Auch hier werden die Leiden der Opfer – wiederum meistens Juden – beschrieben, die nichts weiter wollten als ihrem täglichen Leben nachgehen zu können als Mitglieder ihrer Gemeinde.

In beiden Beispielen habe ich versucht, sowohl Verfolger als auch ihre Opfer in ihren eigenen Worten hervortreten zu lassen. Folglich findet der Leser mehr wörtliche Zitate als in den meisten entsprechenden Texten. Auf diese Weise erhalten Verfolger und Opfer klare Konturen.

Siegfried H. Lehnigk

DANKSAGUNG

In der Vorbereitungsphase für dieses Werk habe ich Hilfe von verschiedenen Seiten erhalten, privaten sowohl als auch institutionellen.

Zunächst möchte ich mit Dank die Hilfe anerkennen, die ich von Herrn Professor Dr. Theo Hülshoff, Emeritus des Fachbereichs Erziehungswissenschaften, Universität Koblenz-Landau, erfahren habe. In der Tat war er es, der mich ermutigte, dieses Buch zu schreiben. Auf praktischer Ebene hat er mir den Zugang zur Bibliothek der Landauer Universität ermöglicht und mich Leuten vorgestellt, die mir ihrerseits Zugang zu den Dokumenten ihrer Institutionen gewährten.

Frau Lore Metzger, die ich bei einem Treffen in Landau am 11. Mai 1997 kennen lernte, gab mir zusätzliche Ermutigung, dieses Projekt in Angriff zu nehmen. Frau Metzger, geborene Scharff, ist die Witwe des letzten Rabbiners von Landau in der Pfalz.

Frau Metzger und Herr Professor Hülshoff schlugen vor, bei der Beschreibung der Zerstörung der gewachsenen Volksstruktur nicht in Allgemeinheiten zu verweilen, sondern sie an einem Beispiel gleichsam handgreiflich darzustellen: nämlich anhand der Grausamkeiten, die jüdischen Bürgern – und einigen nichtjüdischen – in der Stadt Landau von lokalen Nazi-Großköpfen und ihren Untergebenen zugefügt wurden.

An der Bibliothek der Universität Landau bin ich der verstorbenen Direktorin, Frau Dr. Irmgard Lankenau, und einigen ihrer Mitarbeiterinnen, besonders Frau Christiane Geick, Frau Catheleen Schulze und Frau Patrizia Schegg zu großem Dank verpflichtet. Meine zahlreichen und weitgehenden Wünsche zu Literaturnachweisen sind stets schnell und ohne Schwierigkeiten erfüllt worden.

Ebenso schulde ich Herrn Dr. Michael Martin, Direktor des Archivs der Stadt Landau, und seiner Mitarbeiterin, Frau Elisabeth Martin, aufrichtigen Dank. Ich habe viele Stunden im Archiv zugebracht, um Dokumente zu studieren. Die Atmosphäre war stets liebenswürdig, und mir ist jegliche Hilfe zuteil geworden, die ich brauchte, um die enorme Menge an Archivmaterial durchzuschauen.

Ferner danke ich Herrn Professor Dr. Hans-Jürgen Sack, Staatsanwaltschaft Landau in der Pfalz, und seinem Mitarbeiter, Herrn Bernhard Pfannhuber, mir etliche Dokumente zur Verfügung gestellt zu haben, die sich auf Gerichtsverfahren gegen ehemalige Landauer Nationalsozialisten beziehen. Diese Leute waren nach dem Ende des Zweiten Weltkrieges angeklagt, Verbrechen gegen die Menschlichkeit und andere Verbrechen während der Zeit des Dritten Reiches begangen zu haben. Zusätzliche Dokumente im Zusammenhang mit diesen Vorgängen wurden mir vom rheinland-pfälzischen Landesarchiv in Speyer zur Verfügung gestellt. Auch hierfür spreche ich meinen Dank aus.

Dank schulde ich auch Frau Luitgard Nuß (Abt. Alte und Wertvolle Drucke) von der Württembergischen Landesbibliothek, Stuttgart, für das Auffinden eines Zitates aus einem französischen Astronomiebuch aus dem Jahre 1785.

Endlich, auf persönlicher Ebene, möchte ich mich bei zwei langjährigen Freunden bedanken: Professor Dr. Ernst Adams, Institut für Angewandte Mathematik, Universität Karlsruhe, und Professor Dr. Hans-Jürgen Schrader, Département de langue et de littérature allemandes, Université de Genève. Herr Professor Adams war so freundlich, mir Zugang zu den Archiven des Mathematischen Instituts zu gewähren. Herr Professor Schrader war so liebenswürdig, einige meiner Fragen zu beantworten.

Dank gilt auch Frau Ulrike Maus vom Karlsruher Institut für Technologie für Lektorat und Layout.

Allen, die dazu beigetragen haben, dieses Werk zur Vollendung zu bringen, spreche ich meinen herzlichsten Dank aus.

Siegfried H. Lehnigk

1. EINE WISSENSCHAFTSNATION

Eine Nation ist mehr als eine Ansammlung von Menschen, die sich bemühen, die gewöhnlichen Anforderungen des täglichen Lebens zu meistern. Für eine Mehrzahl der Menschen mag das stimmen. Aber in der Geschichte der Menschheit hat es immer Individuen gegeben, die es sich zum Ziel gesetzt haben, sich den Herausforderungen des geistigen Lebens zu stellen. In der Tat sind sie es, die mit ihren intellektuellen Leistungen in großartiger Weise dazu beigetragen haben, das Gesamtbild einer Nation zu prägen, wie es sich in den Vorstellungen anderer reflektiert.

Mehr als ein Jahrhundert lang – zurückgerechnet von 1933 – hatte Deutschland einen Platz in der vordersten Reihe unter den Wissenschaftsnationen Europas eingenommen. Der Erste Weltkrieg hatte die Harmonie zerstört. Deutschland war vielleicht nie wirklich geliebt worden; nach Ausbruch des Krieges 1914 jedoch breitete sich Hass aus.

Um den Wiederaufstieg der Wissenschaften in Deutschland während der Weimarer Zeit anschaulich zu machen, ist es nötig, eine kurze Zusammenfassung der historischen Entwicklungen zu geben, die deutsche Wissenschaftler zu führenden Akteuren in der internationalen wissenschaftlichen Arena gemacht haben. Denn es ist dieses wissenschaftliche Erbe, auf dem die Wissenschaftler der Weimarer Ära aufbauen konnten. Die Präsentation mag sich wie ein Who-is-Who der deutschen Wissenschaften lesen. Nichtsdestoweniger ist es von Interesse, die enormen Leistungen deutscher Wissenschaftler – einige unter ihnen Juden – zu würdigen, die sie zum Teil in Zusammenarbeit mit Kollegen anderer europäischer Nationen vollbracht haben, um die Enormität der Zerstörung zu verstehen, die Adolf Hitler in seiner Besessenheit von Rasse und Deutschtum und mit seiner pathologischen Verachtung aller intellektuellen Aktivitäten zustande gebracht hat. Trotz gegenteiliger Behauptung war Deutschland keine Nation von Barbaren – bis Hitler es dazu machte.

Im Rahmen der Säkularisation waren die meisten mittelalterlichen Universitäten verschwunden. Wilhelm von Humboldts Reformen in Preußen unter der Regierung Friedrich Wilhelms III. hatten die übrig gebliebenen, meistens fürstliche oder königliche Gründungen, zu Gelehrtenuniversitäten gemacht, zu Forschungs- und Lehrzentren für kleine Gruppen von Studenten. Unter Humboldts Reformen entstand 1810 die Universität von Berlin, die geistige Heimat von Johann Gottlieb Fichte und Georg Wilhelm Friedrich Hegel. Die meisten der klassischen Universitäten mit Fakultäten für Recht, Medizin, Theologie und Philosophie (die die Mathematik und die Naturwissenschaften einschloss) und die neuen Technischen Hochschulen mit Fakultäten für Ingenieurswissenschaften, Mathematik und Naturwissenschaften waren zwischen der Mitte des achtzehnten und des Beginns des neunzehnten Jahrhunderts gegründet worden. Unter diesen befand sich die Universität Göttingen – die Universität von Carl Friedrich Gauss. Sie wurde 1734 von König Georg III. (August) von Großbritannien und Kurfürst von Hannover eröffnet. Die Universität Heidelberg wurde von Ruprecht I. von der Pfalz im Jahre 1386 gegründet. Die Universität Königsberg – Heimat von Immanuel Kant und, ungefähr ein Jahrhundert später, Ausgangspunkt der wissenschaftlichen Karrieren von David Hilbert und Hermann Minkowski – wurde vom Hohenzollern-Herzog Albrecht von Preußen im Jahre 1544 ins Leben gerufen.

Obwohl die Universitäten nach und nach unter die formale Oberaufsicht von Staatsministerien für Kultur und Erziehung kamen, blieben die Ordinarien – Staatsbeamte mit vollem Gehalt auf Lebenszeit – Meister in ihren Fachgebieten und Autokraten. Sie wählten ihre Rektoren und Dekane, und sie entschieden über neue Fakultätsmitglieder. Sie betrachteten es als ihr Privileg zu tun und zu lassen, zu lehren und zu sagen was ihnen beliebte, indem sie sich auf ihre akademische Freiheit beriefen. Die meisten Professoren legten Wert auf Gesetz und Ordnung und hatten konservativ-nationalistische Ansichten, besonders nach 1871, obgleich nur wenige sich aktiv in die Politik mischten. Von denen, die es doch taten in Vorlesungen oder als Mitglieder gesetzgebender Versammlungen, waren einige bemüht, die revolutionären, demokratischen Ideale von 1848 aufrecht zu erhalten, während andere mit nationalistischen Ressentiments sich bemühten, die Botschaft zu verbreiten, dass das vereinigte Reich eine Rolle spielen sollte bedeutungsvoller als die Frankreichs und mindestens so bedeutungsvoll wie die Englands. Nichtsdestoweniger waren die meisten Professoren nach außen hin apolitisch und hielten sich an Brandners Worte:[7] „Ein garstig Lied! Pfui! Ein politisch Lied, ein leidig Lied!“ Und im Allgemeinen war es den Souveränen, großen und kleinen, gleichgültig, welche politischen Ansichten ihre Professoren hatten – solange sie nicht subversiv waren. Politische Entscheidungen wurden nicht in den Studierstu-

7 Johann Wolfgang von Goethe, Faust I. In: Goethe Werke, Insel-Verlag, Frankfurt am Main 1965, Bd. 3, S. 62.

ben und Hörsälen getroffen. Die Professoren wurden nicht bezahlt für politische Meinungen, sondern dafür, die Wissenschaften voranzutreiben.

Dies soll nicht heißen, dass Professoren sich nie geäußert hätten. Immanuel Kant, zum Beispiel, eingedenk eines apokryphen Ausspruchs seines königlichen Souveräns: „In meinem Land kann jeder argumentieren so viel er will, wenn er nur gehorcht“[8], blieb bei seiner ausgesprochenen Überzeugung, dass eine liberale, republikanische Regierungsform die einzig akzeptable sei. Er war für eine konstitutionelle republikanische Regierung und für das Recht der Bürger, über Gesetze für öffentliches Recht und Wohlfahrt abzustimmen. Er sagte:[9]

> Es müssen aber auch alle, die dieses Stimmrecht haben, zu diesem Gesetz der öffentlichen Gerechtigkeit zusammenstimmen, denn sonst würde zwischen denen, die dazu nicht übereinstimmen, und den ersteren ein Rechtstreit sein, der selbst noch eines höheren Rechtsprinzips bedürfte, um entschieden zu werden. Wenn also das erstere von einem ganzen Volk nicht erwartet werden darf, mithin nur eine Mehrheit der Stimmen und zwar nicht der Stimmenden unmittelbar (in einem großen Volke), sondern nur der dazu Delegierten, als Repräsentanten des Volkes, dasjenige ist, was allein man als erreichbar voraussehen kann: so wird doch selbst der Grundsatz, sich diese Mehrheit genügen zu lassen, als mit allgemeiner Zusammenstimmung, also durch einen Kontrakt, angenommen, der oberste Grund der Errichtung einer bürgerlichen Verfassung sein müssen.

Unzweideutig spezifizierte Kant die Struktur einer bürgerlichen Verfassung:[10] „Die bürgerliche Verfassung in jedem Staate soll republikanisch sein.“ Und Republikanismus definierte er so: „Der Republikanismus ist das Staatsprinzip der Absonderung der ausführenden Gewalt (der Regierung) von der gesetzgebenden.“ Zwanzig Jahre vor der Veröffentlichung der Kantschen politischen Philosophie hatten die Amerikaner, in ihren revolutionären Anstrengungen, das tyrannische Regiment eines kapriziösen Königs abzuschütteln, Ideen der Aufklärung in die Praxis umgesetzt. Amerikanische Politiker der Zeit verlangten die Anwendung der Vernunft

---

8 Kant zitiert diesen Ausspruch in etwas anderer Form in seinem 1784 in der Berliner Monatsschrift erschienenen Aufsatz „Was ist Aufklärung?” so: „Nur ein einziger Herr in der Welt sagt: räsoniert, soviel ihr wollt, und worüber ihr wollt; aber gehorcht.”

9 Immanuel Kant, Über den Gemeinspruch: Das mag in der Theorie richtig sein, taugt aber nicht für die Praxis. In: Werke, Wilhelm Weischedel, Hrsg. Wissenschaftliche Buchgesellschaft, Darmstadt 1966, Bd. VI, S. 152-153.

10 Immanuel Kant, Zum ewigen Frieden. In: Werke, Bd. VI, S. 204 und S. 206-207.

in den öffentlichen Angelegenheiten. Sie entwickelten ihre politische Plattform aus den Ideen John Lockes, denen zufolge der Mensch grundsätzliche Rechte habe, nämlich Leben, Freiheit und Eigentum. Die Verfassung des Commonwealth of Virginia war 1776 angenommen worden während des Revolutionskrieges. Sie führte ein republikanisches Regierungssystem ein. Thomas Jefferson äußerte sich hierzu wie folgt:[11]

> The executive powers are lodged in the hands of a governor, chosen annually, and incapable of acting more than three years in seven. He is assisted by a council of eight members. The judiciary powers are divided among several courts. ... Legislation is exercised by two houses of assembly, the one called the House of Delegates, composed of two members from each county, chosen annually ..., the other called the Senate, consisting of 24 members, chosen quadrennially. ... The concurrence of both houses is necessary to the passage of a law. ...
>
> This constitution was formed when we were new and unexperienced in the science of government. It was the first, too, which was formed in the whole United States. No wonder that time and trial have discovered very capital defects in it.

Die Deutschen waren in ihrem Streben nach konstitutioneller Regierung weniger glücklich als die Amerikaner. Zum Beispiel hatte das königliche Hannover 1814 eine Allgemeine Ständeversammlung eingerichtet, und der König hatte 1819 eine Verfassung gegeben. Am 26. September 1833, unter Wilhelm IV., erhielt das Königreich eine verhältnismäßig liberale Verfassung, die Mitwirkung der Mittelschicht in den politischen Angelegenheiten und gewisse parlamentarische Kontrolle in Finanzangelegenheiten erlaubte. König Ernst August schaffte diese Verfassung am 1. November 1837, einige Monate nach seiner Thronbesteigung, wieder ab. Der ultrakonservative Gegner aller liberalistischen Ideale stellte den autoritären Staat wieder her. An der Universität Göttingen wurden am 14. Dezember 1837 sieben Professoren – unter ihnen die Gebrüder Jakob und Wilhelm Grimm, Germanisten von universellem Ruf auf Grund ihrer deutschen Märchensammlung – abrupt entlassen, weil sie von ihren Lehrstühlen aus gegen den Widerruf der Verfassung protestiert hatten. Jakob Grimm und zwei seiner Kollegen gingen ins Exil. Er und sein Bruder erhielten später Lehrstühle an der Universität Berlin und wurden Mitglieder der Preußischen Akademie der Wissenschaften. Im Jahr 1849 wurden Jakob Grimm

11 Thomas Jefferson, Notes on the State of Virginia, William Peden, ed. The University of North Carolina Press, Chapel Hill, NC, 1954, S. 118. [Die Notes wurden 1781-1782 geschrieben und zum ersten Mal 1787 veröffentlicht.]

und sein Kollege, der Historiker Friedrich Dahlmann – auch einer der Göttinger Sieben – Abgeordnete in der Frankfurter Nationalversammlung, die den Auftrag hatte, eine deutsche nationale Verfassung auszuarbeiten. (Die Mehrheit der Mitglieder des Paulskirchen Parlaments waren Akademiker und Schriftsteller.) August Heinrich Hoffmann (von Fallersleben), Ordinarius der Germanistik an der Universität Breslau, einer der an der Revolution von 1848 Beteiligten und Autor des manchmal tendenziös interpretierten Liedes der Deutschen, wurde 1842 von den Preußischen Autoritäten wegen seiner liberalen politischen Ansichten entlassen, die er in etlichen Gedichten kundgetan hatte. Er wurde später wieder eingesetzt, nachdem die Revolution im Sande verlaufen war.

Rudolf Virchow, Professor in Würzburg und später in Berlin, wurde berühmt wegen seiner epochalen Arbeiten auf den Gebieten der pathologischen Anatomie und Hygiene. Er war aber nicht nur ein bahnbrechender Forscher auf dem Gebiet der Medizin, sondern auch ein vollblütiger homo politicus. Er widersetzte sich der Bismarckschen Kulturpolitik und vertrat das Ideal der politischen Freiheit. Im Jahre 1861 gründete Virchow die Deutsche Fortschrittspartei, eine Ansammlung liberal-demokratischer Elemente. (Nach verschiedenen Mutationen wurde sie 1919 als Deutsche Demokratische Partei – DDP wiederbelebt.) Der klassische Historiker Theodor Mommsen wurde Mitglied der Fortschrittlichen, später der Nationalliberalen. Für einige Zeit war er Mitglied des Preußischen Landtags und dann, nach der Gründung des Zweiten Reiches, Abgeordneter des Reichstags, ebenso wie Virchow. Mommsen versuchte, die 1848er Ideale aufrecht zu erhalten. Er opponierte gegen Bismarcks Politik und beschuldigte ihn, das moralische Rückgrat der Nation gebrochen zu haben. Seine und anderer Anstrengungen waren vergebens. Prophetisch warnte Mommsen vor dem Anwachsen deutscher militärischer Stärke, die er für ephemer hielt und die im nächsten Sturm der historischen Entwicklung weggeblasen werden könnte. Auch fürchtete er, dass die Versklavung des Individuums durch den autokratischen Staat verheerende Auswirkungen haben könnte. Mommsen hatte in beiden Fällen Recht. In einer Rede vor dem Preußischen Landtag warnte er 1865:[12] „Hüten Sie sich, meine Herren, daß aus diesem Staate, der einstmals der Militär-Staat *und* der Staat der Intelligenz zugleich war, die Intelligenz verschwinde und nichts bleibe als

12 Albert Wucher, Theodor Mommsen, Musterschmidt-Verlag, Göttingen, 2. Aufl. 1968. Die folgenden Mommsen-Zitate finden sich auf den Seiten 189, 194 und 195.

der reine Militär-Staat." Mommsen wurde seiner liberalen Ansichten wegen im Jahre 1850 aus seiner Rechtsprofessur in Leipzig entlassen. Im Jahre 1902 erhielt er den Nobelpreis für Literatur.

Heinrich von Treitschke sah die Dinge anders an. Ursprünglich, im Jahre 1866, gehörte er dem liberalen Anti-Bismarck-Block an. Nach 1871 jedoch wurde er ein lautstarker Unterstützer der „Blut und Eisen" Machtpolitik des Eisernen Kanzlers. Treitschke, ein großer Historiker und politischer Schriftsteller, übte mit seinen stilistisch meisterhaften – obgleich emotionalen – Schriften und seinen Vorlesungen an der Berliner Universität großen Einfluss auf die deutsche Gesellschaft aus. Er verlangte einen vereinigten nationalistischen deutschen Staat, der von dem Willen beherrscht sein müsse, Europa zu dominieren. Man ist geneigt, Treitschke für den Propheten dessen zu halten, was 1933 eintrat. Er trug maßgeblich zur Konfrontation der politischen Linken und Rechten bei, in deren Verlauf jegliche Zusammenarbeit zwischen den beiden Gruppen unmöglich gemacht wurde – eine Tatsache, die dazu führte, dass die Weimarer Tragödie unvermeidbar wurde. Treitschkes Ansichten durchdrangen die Politik der deutschen Monarchie und der Militärs und verstärkten die deutsche Bereitschaft, 1914 in den Krieg zu ziehen, obwohl Deutschland in der Lage gewesen wäre, diesen furchtbaren Zusammenstoß der Völker zu vermeiden. Mommsen sagte: „Treitschke hat die Pickelhaube für die Jungfrau Germania in Kurs gebracht." An anderer Stelle stellte Mommsen fest: „Treitschke ist der Vater des modernen Antisemitismus."

All dies ereignete sich zwei Generationen nach der Renaissance der deutschen Philosophie und Poesie – und des kulturellen und intellektuellen Lebens in Deutschland im Allgemeinen – als das achtzehnte Jahrhundert dem neunzehnten Platz machte. Germaine Baronne de Staël-Holstein kommentierte die Situation in einer ihrer besonders wirksamen Publikationen:[13]

Il y a trois ans que je désignais la Prusse et les pays du nord qui l'environnent comme *la patrie de la pensée* ... Il y a dans cette Allemagne des trésors d'idées et de connaissances, que le reste de nations de l'Europe n'épuisera pas de longtemps.

---

13 Mme. de Staël, De l'Allemagne. La Comtesse Jean de Pange, ed. Librairie Hachette, Paris 1958-1960, Bd. I, S. 12 und Bd. III, S. 322.

Die franko-schweizerische Schriftstellerin hat vielleicht den galoppierenden deutschen Nationalismus und Militarismus übersehen – oder sie hat es vorgezogen, nicht darüber zu schreiben. Wie dem auch sei, sie hat jedenfalls keinen Kommentar gegeben zu der Renaissance in den Naturwissenschaften und in der Mathematik, deren Repräsentanten in den deutschen Universitäten auf dem Wege zu Weltruhm waren. Sie zogen Ausländer an, bei ihnen zu studieren und unter ihrer Anleitung akademische Grade zu erwerben. Die internationale Reputation der Mathematiker, Physiker und Chemiker wuchs beständig. Sogar aus Amerika und aus Russland kamen Studenten in ihre Hörsäle, bis der Erste Weltkrieg dieser Entwicklung ein jähes Ende setzte.

Der erstaunliche aber kurze Wiederaufstieg der deutschen Wissenschaften während der Weimarer Zeit kam zu einem schnellen Ende, als Hitler an die Macht gelangte und vibrierendes intellektuelles Leben durch geistige Leere ersetzte.

Die Universitäten und ihre Professorenschaft veränderten sich nicht viel, als die Monarchie im Jahre 1919 durch Demokratie ersetzt wurde. Was sich veränderte, war die Finanzabhängigkeit vom Staat für die zunehmend teurer werdende Forschungstätigkeit in den Natur- und Ingenieurwissenschaften, ebenso für die Ausstattung von Bibliotheken und für wissenschaftliche Veröffentlichungen, deren Kosten enorm angestiegen waren.

Antirepublikanismus war unter der Professorenschaft weit verbreitet, ebenso unter den Studenten, vor allem unter denen, die von den Schlachtfeldern heimkehrten und nun wieder die Hörsäle füllten, die während des Krieges fast leer geblieben waren. Etliche dieser Studenten waren demobilisierte Offiziere, viele verwundet. Sie wurden leichte Opfer der Theorie der nationalen Wiederauferstehung, die zum Beispiel von Arthur Moeller van den Bruck und von Mitgliedern seines Kreises in Schriften und in ihren Debattierclubs verbreitet wurden. Sie glaubten an die Legende vom „Dolchstoß“, die von Erich Ludendorf, Paul von Hindenburg und später von Paul Nikolaus Cossmann unter das Volk gebracht wurde. (Es würde zu weit führen, auf Einzelheiten dieser Angelegenheit einzugehen. Es sollen aber doch wenigstens zwei Dokumente erwähnt werden, die sich mit ihr befassen.[14]) Man verschwieg einfach die Tatsache, dass die beiden Generäle Deutschland in den Zusammenbruch geführt hatten, dass sie aus Verzweiflung auf einem Waffenstillstand bestanden hatten und dass sie erfolgreich alle Versuche torpediert hatten, zu einem Verhandlungsfrieden zu kommen zu einer Zeit, als noch Aussicht bestand, den blutigen Krieg unter akzeptablen Bedingungen zu beenden.

Einige Studenten zusammen mit einigen ihrer Professoren schlossen sich dem Chor derer an, die die Sozialdemokraten, die Kommunisten und die Juden für die Revolution und den Zusammenbruch des Reiches 1918 verantwortlich machten. Diese Leute – eine nicht unbedeutende Gruppe der nationalen Elite – wurden in die Nazibewegung gezogen, die in wenigen Jahren an Stärke zunahm. Als die Nüchternen unter ihnen bemerkten, was gespielt wurde, war es zu spät. Die anderen sahen ihre ausschweifenden Träume wahr werden. Auf jeden Fall aber wurden sie allesamt zu Randfiguren. Sie alle verloren ihre liebgewordene akademische Freiheit und wurden „gleichgeschaltet" im Nationalsozialistischen Dozentenbund und im Nationalsozialistischen Studentenbund.

Ohne etwas zu gewinnen, verschleuderten sie alles, was zu deutscher wissenschaftlicher Kompetenz beigetragen hatte, die über drei Jahrhunderte aufgebaut worden war seit den Tagen des großen Johannes Kepler. Seinen Ruf und seine Leistungen als Astronom und Mathematiker hat ein Franzose eineinhalb Jahrhunderte nach Keplers Tod in einem einzigen Satz zusammengefasst:[15] « Il est le véritable fondateur de l'astronomie moderne, et c'est un présent que la Germanie a fait à l'Europe ». Leistung und Offenheit der internationalen wissenschaftlichen Welt gegenüber wurden zum Wahrzeichen der deutschen wissenschaftlichen Gemeinschaft. Deutsche Wissenschaftler konnten mit Recht und Stolz auf erstklassige Erfolge ihrer Vorgänger blicken. Obgleich der französisch-deutsche Krieg von 1870/71 spürbare Dissonanzen zwischen Franzosen und Deutschen hervorgebracht hatte, blieb die Wissenschaft in Europa im Großen und Ganzen ein harmonisches – wenn auch von Rivalitäten durchsetz-

14 Amtsgericht München, Privatklage Cossmann, Paul Nikolaus, Professor in München, gegen Gruber, Martin, Schriftleiter [der *Münchener Post*], PR. Av18/1924, Anz. Verz. Av 88/1924, und Der Dolchstoß-Prozess in München, Oktober-November 1925, Eine Ehrenrettung des deutschen Volkes, G. Birk & Co., München 1925.

15 Jean Sylvain Bailly, Histoire de l'astronomie moderne, Debure, Paris 1785, nouvelle édition, Bd. II, S. 5.

tes – Ganzes, in ihrem Wesen vergleichbar mit den Suiten der Komponisten des siebzehnten und achtzehnten Jahrhunderts, wie zum Beispiel jene von Marin Marais und Johann Sebastian Bach, die musikalische Formen verschiedener Nationen und Kontinente verarbeiteten, sogar die maurische Sarabande.

Zum Beginn des zwanzigsten Jahrhunderts hatte deutsche Gelehrsamkeit triumphale Ergebnisse erzielt. Organische Chemiker wie Friedrich Ferdinand Runge (Breslau), Justus von Liebig (Gießen und München), Robert Wilhelm Bunsen (Marburg und Breslau) und August Wilhelm von Hofmann (London und Berlin, erster Direktor des Royal College of Chemistry, Präsident der British Chemical Society sowie Gründer und 1868 erster Präsident der Deutschen Chemischen Gesellschaft), bahnten den Weg für Emil Fischer (Erlangen und Würzburg), der im Jahre 1902 den zweiten Nobelpreis für Chemie erhielt. Deutsche Chemiker blieben in der vordersten Reihe von Forschung und Entwicklung. Adolf von Baeyer (Straßburg und München, wo er auf Liebig folgte) erhielt die angesehene Davy Medaille und 1905 den Nobelpreis für seine weitreichenden Arbeiten in der organischen Chemie und für seinen Einsatz in der chemischen Industrie. Eduard Buchner (Breslau und Würzburg), Wilhelm Ostwald (Riga und Leipzig) und Otto Wallach (Göttingen) erhielten den Preis 1907, 1909, beziehungsweise 1910. Richard Willstätter (Zürich, Kaiser-Wilhelm-Institut für Chemie in Berlin, später in München, wo er auf Baeyer folgte) gewann den Nobelpreis 1915. Der Nobelpreis für Chemie des Jahres 1918 ging an Fritz Haber (Kaiser-Wilhelm-Institut für Physikalische Chemie und Elektrochemie in Berlin) für die Entwicklung der Ammoniaksynthese aus Stickstoff und Wasserstoff. Er war einer der bedeutendsten Forscher seiner Zeit. Das Verfahren wurde für die industrielle Praxis in Zusammenarbeit mit Carl Bosch (Badische Anilin- & Soda-Fabrik (BASF) Ludwigshafen) entwickelt. Haber hatte als Chef des Amtes für Chemische Kriegführung der Armee auf Deutschlands Kriegsanstrengungen großen Einfluss gehabt. Er hatte an Explosivstoffen und an der militärischen Anwendung von Chlorgas gearbeitet, das erstmals am 22. April 1915 nahe Ypern unter seiner Aufsicht eingesetzt wurde. Walter Nernst (Göttingen und Berlin), einer der Begründer der physikalischen Chemie, erhielt den Nobelpreis des Jahres 1920 in Anerkennung seiner Arbeiten auf dem Gebiet der Thermochemie. Heinrich Wieland (München) und Adolf Windaus (Freiburg im Breisgau, Innsbruck und Göttingen) erhielten 1927 beziehungsweise 1928 Nobelpreise. Carl Bosch und Friedrich Bergius teilten sich im Jahre 1931 den Nobelpreis für Chemie für die Entwicklung der Hochdruckchemie. Bosch war Präsident der I. G. Farben Industrie, und Bergius unterhielt ein Privatinstitut in Hannover.

Deutsche Chemiker zogen Studenten aus aller Welt an. Das taten auch die Forscher in der Medizin, die am Ende des neunzehnten Jahrhunderts die höchste Reputation genossen. Da waren der Physiologe Johannes Müller (Bonn und Berlin), zu dessen Studenten Hermann von Helmholtz gehörte, und Rudolf Virchow (Berlin), einer von Müllers Studenten. Emil von Behring (Berlin, Halle und Marburg) erhielt den ersten Nobelpreis für Medizin im Jahre 1901 für seine Arbeiten über Serumtherapie, Immunologie und Bakteriologie. Seine Leistungen führten zu Impfmethoden gegen Tetanus und Diphterie. Er erhielt Preise der Pariser Académie de Médicine und des Institut de France. Der Bakteriologe Robert Koch (Berlin), der 1882 den Tuberkulosebazillus und ein Jahr später das Cholerabakterium entdeckt hatte, erhielt im Jahre 1905 den Nobelpreis für Medizin für seine epochalen Ergebnisse in der Tuberkuloseforschung. Paul Ehrlich teilte sich den Nobelpreis des Jahres 1908 mit dem Russen Ilya Metschnikow (Institut Louis Pasteur Paris) für ihre Arbeiten auf den Gebieten der Immunologie und der Anwendung der Chemie in Biologie und Medizin. 1896 wurde Ehrlich Direktor des Instituts für Serumforschung in Berlin. Zwei Jahre später übernahm er das Institut für Experimentelle Therapie und Georg-Speyer-Haus für Chemotherapie in Frankfurt am Main. Er war auswärtiges Mitglied der Royal Society. Ehrlich, der mit seinem japanischen Kollegen Sahatchiro Hata zusammenarbeitete, ist vielleicht am besten bekannt für die Entdeckung eines Mittels gegen die Syphilis: Salvarsan oder 606, mit dem die gefürchtete Geschlechtskrankheit nahezu ausgerottet wurde. Der Nobelpreis für Medizin des Jahres 1910 ging an den Biochemiker Albrecht Kossel (Marburg und Heidelberg) für sein Werk über Zellularchemie. Der Preis des Jahres 1922 wurde zwischen Otto Meyerhof (Heidelberg) und dem Engländer Archibald V. Hill geteilt. Sie hatten über die Physiologie der Muskelaktivität gearbeitet. Meyerhof war ein häufiger Gast an englischen und amerikanischen Universitäten. Der Biochemiker Otto Heinrich Warburg, ein Mitglied einer weitverzweigten jüdischen Familie von Bankiers, Wissenschaftlern und Intellektuellen, erhielt im Jahre 1931 den Nobelpreis für Medizin und Physiologie. Im selben Jahr wurde er Direktor des Kaiser-Wilhelm-Instituts für Zellbiologie in Berlin. Warburg, ein Halbjude, blieb während der Nazizeit in dieser Position, weil man hoffte, er werde den Krebs besiegen können.

Gegen Ende des achtzehnten und zu Beginn des neunzehnten Jahrhunderts machte das Studium natürlicher Phänomene rapide Fortschritte. Überall in Europa wurden bemerkenswerte Ergebnisse erzielt. In Deutschland beobachtete Joseph von Frauenhofer (Utzschneider Optische Laboratorien, Benediktbeuern,) die dunklen Linien des Sonnenspektrums und entwickelte Linsen und optische Instrumente. Georg Simon Ohm (Köln, Nürnberg und München), auswärtiges Mitglied der Royal Society und Empfänger ihrer Copley Medaille, trug zu den dramatischen Entwicklungen auf dem Gebiet der elektrischen Ströme und der Elektrizität bei. Wilhelm Weber, den Gauss 1831 nach Göttingen gerufen hatte, trat in eine erstaunlich fruchtbare Zusammenarbeit mit dem großen Mathematiker ein, der immerhin siebenundzwanzig Jahre älter war. Am besten bekannt ist ihr elektromagnetischer Telegraph, mit dem sie Botschaften zwischen dem Physikalischen Institut und dem Observatorium hin und her schickten. Der Abstand betrug immerhin drei Kilometer. Webers Forschungen trugen wesentlich zum Verständnis des Magnetismus und der Elektrizität bei und dienten als Grundlage der neuen elektromagnetischen Theorie des Lichts. Er war einer der Göttinger Sieben und verbrachte die Jahre 1842-49 in Leipzig, ehe er wieder nach Göttingen berufen wurde. Hermann von Helmholtz (Königsberg, Bonn, Heidelberg, Berlin), ein Wissenschaftler von weitreichenden Interessen in Physiologie, Physik und Philosophie, stellte zusammen mit anderen den Satz von der Erhaltung der Energie auf und erarbeitete fundamentale Erkenntnisse im Bereich des Phänomens des Sehens, in der physikalischen Optik und Akustik, in der Hydrodynamik, Elektrizität und den Grundlagen der Dynamik. Gustav Kirchhoff (Breslau, Heidelberg, Berlin), der von Wilhelm Weber beeinflusst war, entwickelte zusammen mit Robert Bunsen die Grundlagen der Spektroskopie und stellte die grundlegenden Gesetze der Elektrizität und Thermodynamik auf. Heinrich Hertz (Karlsruhe, Bonn), ein Student von Helmholtz, bewies die elektrodynamische Natur des Lichts – die schon von dem schottischen Theoretiker James Clerk Maxwell erkannt worden war. Mit diesem Nachweis konnte die alte elektromechanische Theorie fallen gelassen werden. Wilhelm Conrad Röntgen (Gießen, Würzburg, München) arbeitete an Kristallen und spezifischer Wärme von Gasen. Im Jahre 1895 entdeckte er eine merkwürdige Strahlung, der er den Namen X-Strahlen gab. Röntgen hatte ein Experiment über die Leitung von Elektrizität in Gasen in einer Extrem-Vakuumröhre durchgeführt. Er benutzte dabei frühere Ergebnisse über Kathodenstrahlen (in moderner Terminologie Elektronenstrahlen) von Heinrich Hertz und Philipp Lenard. Röntgen zeigte, dass seine Strahlen verschiedene Stoffe durchdringen, die opak für sichtbares Licht sind, und photographische Platten beeinflussen. Im Jahre 1896 verlieh die Royal Society Röntgen ihre Rumford Medaille. In nachfolgenden Untersuchungen bewies er die elektromagnetische Natur der X-Strahlung und zeigte, dass sie im extrem kurzwelligen Bereich des elektromagnetischen Spektrums liegt. Röntgens Entdeckungen öffneten neue Gebiete der Physik, und seine X-Strahlen wurden zu einem unverzichtbaren Werkzeug nichtinvasiver medizinischer Diagnostik. Im Jahre 1901 erhielt Röntgen den ersten Nobelpreis für Physik. Philipp Lenard (Heidelberg) erhielt den Nobelpreis des Jahres 1905 für seine Arbeiten an Kathodenstrahlen. 1909 wurden Karl Braun (Straßburg) und Gugliemo Marconi für ihre Untersuchungen über die drahtlose Telegraphie ausgezeichnet. Der Preis des Jahres 1911 ging an Wilhelm Wien (Würzburg) für seine Ergebnisse über Wärmestrahlung, insbesondere die Strahlung des schwarzen Körpers. Dies führte zum Wienschen Strahlungsgesetz (der Grenzfall des Planckschen Gesetzes für hohe Frequenzen), das sich kürzlich als ein Spezialfall des verallgemeinerten Fellerschen Verteilungsgesetzes herausgestellt hat. Max von Laue (Frankfurt, Berlin) erhielt den Preis des Jahres 1914 für die Entdeckung der Diffraktion an Kristallen.

Eine Revolution im physikalischen Denken hat Max Planck (ein Student von Kirchhoff und Helmholtz) bewirkt, als er bei Untersuchungen der Strahlung schwarzer Körper bemerkte, dass das Wiensche Gesetz nicht mit den Resultaten für niedrige Frequenzen übereinstimmte. Plancks neue Wellenlängenverteilung beruhte auf der revolutionären Annahme, dass ein Oszillator in diskreten Werten strahlt – die er Quanten nannte – und nicht wie bisher angenommen in kontinuierlicher Form. Im Jahre 1918 erhielt Planck den Nobelpreis für Physik. Planck folgte im Jahre 1889 auf Kirchhoff in Berlin. Er war auswärtiges Mitglied der Royal Society, von der er die Copley Medaille erhielt. 1930 wurde er Präsident der Kaiser-Wilhelm-Gesellschaft (nach 1948 Max-Planck-Gesellschaft) in Göttingen.

Während der Weimarer Zeit vergab die Königlich Schwedische Akademie drei Nobelpreise für Physik an deutsche Wissenschaftler: an Johannes

Stark (Würzburg) im Jahre 1919 für die Entdeckung des Dopplereffektes in Kanalstrahlen und für die Aufspaltung der Spektrallinien in einem elektrischen Feld; 1925 gemeinsam an James Franck (Baltimore, Chicago, Göttingen) und Gustav Hertz (Halle, Berlin) für ihre Arbeiten über die Gesetze der Atomanregung durch Elektronenstoß; und 1932 an Werner Heisenberg (Leipzig) für die Entwicklung der Quantenmechanik.

Es gibt keinen Nobelpreis für Mathematik. Vielleicht liegt das daran, dass Mathematiker der Menschheit keine Wohltaten erweisen. Wie auch immer, es bestehen natürlich Unterschiede zwischen Naturwissenschaftlern und Mathematikern, wenn sie auch fließend sein mögen. Die ersteren streben danach, die Strukturen und Gesetze der Natur zu ergründen und zu verstehen – was immer Natur in den Köpfen der Philosophen sein mag. Sie folgen Heinrich Fausts Bestreben:[16]

> Daß ich erkenne, was die Welt
> Im Innersten zusammenhält,
> Schau alle Wirkungskraft und Samen
> Und tu nicht mehr in Worten kramen.

Im Gegensatz dazu beschäftigen sich Mathematiker mit metaphysischen Objekten wie zum Beispiel Zahlen – von denen Richard Dedekind sagte, sie seien freie Schöpfungen des menschlichen Geistes, während Leopold Kronecker sie als gottgegeben ansah – Punkte, Linien und Flächen, die keine materielle Entsprechung in der Natur haben, wie der große französische Philosoph Voltaire scherzhaft bemerkte:[17]

> Mais de toutes les sciences, la plus absurde, à mon avis, … c'est la géométrie. Cette science ridicule a pour objet des surfaces, des lignes et des points qui n'existent pas dans la nature … La géométrie, en vérité, n'est qu'une mauvaise plaisanterie.

Wie dem auch sei, ohne Mathematik und ohne Mathematiker wäre die Welt in der wir leben nicht so, wie sie ist. (Ob das gut ist oder nicht, ist eine andere Frage.) Um die nahezu vollständige Zerstörung des wissenschaftlichen Lebens und der wissenschaftlichen Tradition in Deutschland während der Ära Hitler zu verstehen, müssen auch einige Mathematiker

---

16 Vgl. 1, S. 17.

17 François M. A. Voltaire, Jeannot et Colin. In: Contes en vers et en prose, Classiques Garnier, Bordas, Paris 1993, S. 30.

genannt werden, die in der vordersten Reihe der Forschung in Deutschland gearbeitet haben. Um nicht zu weit umherzuschweifen, wollen wir uns auf einen Platz konzentrieren: Göttingen. Über diese Stadt und ihre Universität gibt es zwei interessante Bemerkungen, die es wert sind, hier angeführt zu werden. Sie haben beide einen sarkastischen Ton. Die eine stammt vom Ende des ersten Viertels des neunzehnten Jahrhunderts:[18]

Die Stadt Göttingen, berühmt durch ihre Würste und Universität, gehört dem Könige von Hannover und enthält neunhundertneunundneunzig Feuerstellen, diverse Kirchen, eine Entbindungsanstalt, eine Sternwarte, einen Karzer, eine Bibliothek und einen Ratskeller, wo das Bier sehr gut ist. … Die Stadt selbst ist schön und gefällt einem am besten, wenn man sie mit dem Rücken ansieht. Sie muß schon sehr lange stehen, denn ich erinnere mich, als ich vor fünf Jahren dort immatrikuliert und bald darauf konsiliiert wurde, hatte sie schon dasselbe graue, altkluge Aussehen ... Einige behaupten sogar, die Stadt sei zur Zeit der Völkerwanderung erbaut worden, jeder deutsche Stamm habe damals ein ungebundenes Exemplar seiner Mitglieder darin zurückgelassen, und davon stammten all die Vandalen, Friesen, Schwaben, Teutonen, Sachsen, Thüringer usw., die noch heutzutage in Göttingen, hordenweis, … auf den blutigen Wahlstätten sich untereinander herumschlagen, …

Im allgemeinen werden die Bewohner Göttingens eingeteilt in Studenten, Professoren, Philister und Vieh, welche vier Stände doch nichts weniger als streng geschieden sind. ... Die Namen aller Studenten und aller ordentlichen und unordentlichen Professoren hier herzuzählen, wäre zu weitläufig; auch sind mir in diesem Augenblick nicht alle Studentennamen im Gedächtnis, und unter den Professoren sind manche, die noch gar keinen Namen haben.

Die andere Bemerkung datiert ungefähr ein halbes Jahrhundert später:[19]

The town reeked of tanning from manufacture of rough leather. Rooms were dirty, washing facilities scanty. … However, the main feature was, as always, the university, the professors of which were a brilliant set.

Der bissige deutsche Poet und der kosmopolitische englische Lord und Diplomat wussten, wovon sie reden; beide haben in Göttingen studiert.

Die Universität Göttingen ist die Universität des Fürsten der Mathematik: Carl Friedrich Gauss, der die Mathematik auf allen Gebieten revolutionierte und völlig neue Ideen entwickelte. Er war Professor der Astrono-

---

18 Heinrich Heine, Die Harzreise. In: Sämtliche Werke, Winkler-Verlag, München 1969, Bd. II, S. 7-8.

19 Richard B. Haldane, Autobiography. Holder and Stoughton, London 1929, S. 26.

mie. Das Observatorium – von dem Heine spricht – wurde erst fertig, nachdem die französischen Besatzer die Stadt verlassen hatten. Gauss war sein Direktor. Die französische Zeit war nicht die beste für den großen Gelehrten. Liberté, Egalité, Fraternité hatten für ihn meistens negative Nebeneffekte. Seine politischen Erfahrungen hatten ihn vielleicht 1837 veranlasst, sich nicht dem Protest seiner sieben Kollegen anzuschließen.

Auf Gauss folgte der Hugenotte Peter Lejeune Dirichlet, der Forschung und Lehre so kombinierte, dass seine Methode typisch wurde für die Universitätsmathematik. Auf Dirichlet folgte Bernhard Riemann. Die Riemannsche Geometrie bildete später die Grundlage für Einsteins Allgemeine Relativitätstheorie. Dann kam Felix Klein auf den Göttinger Lehrstuhl der Mathematik, nachdem er einen Ruf der Johns Hopkins University, Baltimore, ausgeschlagen hatte.

Im Jahre 1894 war der Ruf der Göttinger Mathematiker so groß, dass die American Mathematical Society begann, die Titel der für das nächste Semester angekündigten Göttinger Mathematikvorlesungen in ihrem Bulletin zu veröffentlichen. Kleins Vorlesungen erscheinen dort zusammen mit denen seiner Kollegen. Studenten kamen nach Göttingen, viele von ihnen aus den Vereinigten Staaten, um den großen Lehrer zu hören. Göttingen war das Mekka der Mathematiker. Amerikanische Studenten jener Zeit hatten ihr eigenes Briefpapier mit dem Briefkopf: The American Colony of Göttingen. Die Engländerin Grace Chisholm – die später Ehefrau des englischen Mathematikers William Henry Young wurde und Mutter des Mathematikers Laurence Young – erhielt ihr Doktorat unter Klein im Jahre 1895, ein Ereignis, das einen Meilenstein in der Ausbildung von Frauen an deutschen Universitäten darstellte. Sie beschrieb die Göttinger Situation zu ihrer Zeit in einem Brief:[20] “We are a motley crew: five are Americans [zwei von ihnen Frauen], one a Swiss-French, one a Hungarian and one Italian. This leaves a very small residue of German blood.”

Im Jahre 1895 gelang es Klein, den bereits berühmten David Hilbert nach Göttingen zu holen, der 1910 auf dem Pariser Internationalen Mathematiker Kongreß seine Liste von dreiundzwanzig fundamentalen Problemen der Mathematik vortrug. (Einige dieser Probleme sind immer noch ungelöst.) Hermann Minkowski kam 1902 nach Göttingen. Er war der Sohn einer wohlhabenden jüdischen Familie, die ihre Heimat im nordwestlichen Russland infolge antisemitischer Pogrome verlassen und sich

20 Constance Reid, Hilbert, Springer Verlag, New York 1996, S. 48.

in Königsberg niedergelassen hatte. Eine tiefe Freundschaft entwickelte sich dort zwischen Hilbert und Minkowski. Carl Runge, ein Experimentalphysiker und angewandter Mathematiker, kam 1904 nach Göttingen. Es gab jetzt vier Ordinarien für Mathematik in Göttingen, dazu Dozenten, Assistenten und Studenten. Unter den Dozenten war Otto Blumenthal, unter den Studenten Hermann Weyl und Max Born. Diese drei wurden später selbst Professoren und vollbrachten große Leistungen. Eine Flut von Besuchern kam, unter ihnen der unternehmungslustige William Henry Young und seine Frau Grace Chisholm Young, die im Jahre 1900 eintrafen. Sie blieben acht Jahre in Göttingen. Die Brüder Niels und Harald Bohr waren häufige Besucher. Hendrik A. Lorentz und Arnold Sommerfeld hielten Vorträge.

Die wissenschaftliche Atmosphäre an der Universität Göttingen war der wissenschaftlichen Forschung und Arbeit förderlich. Klein und Hilbert – und die meisten Mitglieder der philosophischen Fakultät, zu der auch die Mathematik damals gehörte – hatten keinerlei Vorurteile. Sie kümmerten sich nicht um Rasse, Geschlecht, Religion oder Nationalität. Was unter ihnen und ihren Mitarbeitern zählte, waren Arbeitsethik und Leistung. Minkowski war Jude so wie Blumenthal, Weyl, Born und die Gebrüder Bohr.

Im Jahre 1907, dem Rat einiger Freunde folgend, kam ein junger Mann namens Richard Courant nach Göttingen. Er stammte aus einer weitverzweigten jüdischen Familie aus Oberschlesien. Er war in Lublinitz geboren, einer ehemals deutschen Stadt, die unter dem Vertrag von Versailles an Polen gefallen war. Seines Vaters Schwester, Auguste, war die Mutter von Edith Stein,[21] die später ihrem Cousin nach Göttingen folgte, um bei dem Philosophen und Mathematiker Edmund Husserl zu studieren. Von Klein und Hilbert wohlwollend aufgenommen begann Courant, sich in das vibrierende mathematische Leben zu stürzen. Im Februar 1910 erhielt er sein Doktorat. Später im Jahr ging er zur Armee, um seiner Wehrpflicht zu genügen. Er verließ seinen Dienst als Unteroffizier. Im Februar 1912 erhielt Courant die venia legendi und begann seine Karriere als Privatdozent.

Minkowski starb unerwartet im Januar 1909 im Alter von fünfundvierzig Jahren. Er hinterließ folgenreiche Arbeiten auf den Gebieten der Zahlentheorie und Geometrie. Er wurde auch mathematischer Physiker und

21 Elisabeth Endres, Edith Stein, Piper, München 1987, S. 22.

erkannte die fundamentale Bedeutung der Einsteinschen Arbeiten. Einstein war einer von Minkowskis Studenten in Zürich gewesen. Minkowskis Ideen über Raum-Zeit und seine Forschungsergebnisse auf dem Gebiet der relativistischen Elektrodynamik führten zu außerordentlichen Beiträgen zur Theorie der speziellen Relativität. Minkowskis Lehrstuhl ging an Edmund Landau; Klein hatte darauf bestanden. Landau war der führende Zahlen- und Funktionentheoretiker seiner Zeit. Er hatte die Tochter von Paul Ehrlich geheiratet. Als wohlhabende Leute trugen die Landaus sehr zum gesellschaftlichen Leben der Göttinger akademischen Elite bei.

Das Bulletin der American Mathematical Society vom April 1910 kündigte die Göttinger Vorlesungen für das Sommersemester an:[22]

University of Göttingen. – By Professor F. Klein: Applications of the calculus to geometry, four hours; Seminar on the boundary between mathematics and philosophy (with Professor Zermelo [Extraordinarius, Begründer der axiomatischen Mengenlehre], two hours. – By Professor D. Hilbert: Principles of mathematics, four hours; Selected chapters in the theory of partial differential equations, two hours; Seminar, two hours. – By Professor E. Landau: Differential and integral calculus, with exercises, five hours; Selected chapters in the theory of functions, two hours; Concerning the Fermat theorem, one hour; Seminar, two hours. – By Professor C. Runge: Analytic geometry with exercises, four hours; Seminar, two hours. ...

Im Jahre 1912, nach sechsundzwanzig Jahren intensiver Arbeit an der Universität Göttingen, wurde Felix Klein emeritiert. Der griechische Mathematiker Constantin Carathéodory wurde sein Nachfolger. Zwei Jahre später brach der Krieg aus, und die große Zeit der Mathematik im „alten“ Göttingen war zu Ende.

Zwei Monate nach Beginn des Krieges ereignete sich ein bizarrer Zwischenfall, der Aufsehen und Abscheu in Frankreich, England und besonders in Belgien hervorrief. Am 15. Oktober 1914 wurde ein Aufruf in Deutsch und Französisch veröffentlicht: „An die Kulturwelt!“ „Appel aux nations civilisées!“ In ihm wurde ein Versuch gemacht, Anschuldigungen zurückzuweisen, die von Deutschlands Feinden erhoben worden waren. Unter diesen Anschuldigungen war die Behauptung der deutschen Kriegsschuld, die später im Vertrag von Versailles erneut erschien. In sechs

22 Bulletin of the American Mathematical Society, XVI, 7. April 1910, S. 388.

Rechtfertigungen, die mit der Eröffnungsklausel „Es ist nicht wahr“ begannen, versuchten die Autoren die Anschuldigungen zu widerlegen:[23]

Es ist nicht wahr, daß Deutschland diesen Krieg verschuldet hat. Weder das Volk hat ihn gewollt, noch die Regierung, noch der Kaiser. …
Es ist nicht wahr, daß wir freventlich die Neutralität Belgiens verletzt haben. Nachweislich waren Frankreich und England zu ihrer Verletzung entschlossen. …
Es ist nicht wahr, daß eines einzigen belgischen Bürgers Leben und Eigentum von unseren Soldaten angetastet worden ist, ohne daß die bitterste Notwehr es gebot. …
Es ist nicht wahr, daß unsere Truppen brutal gegen Löwen gewütet haben. An einer rasenden Einwohnerschaft, die sie im Quartier heimtückisch überfiel, haben sie durch Beschießung eines Teiles der Stadt schweren Herzens Vergeltung üben müssen. …
Es ist nicht wahr, daß unsere Kriegführung die Gesetze des Völkerrechts mißachtet. …
Es ist nicht wahr, daß der Kampf gegen unseren sogenannten Militarismus kein Kampf gegen unsere Kultur ist, wie unsere Feinde heuchlerisch vorgeben. …“

Der Text endet wie folgt:

Wir können die vergifteten Waffen der Lüge unseren Feinden nicht entwinden. Wir können nur in alle Welt hinausrufen, daß sie falsches Zeugnis ablegen wider uns. Euch, die Ihr uns kennt, die bisher gemeinsam mit uns den höchsten Besitz der Menschheit gehütet habt, Euch rufen wir zu:
Glaubt uns! Glaubt, daß wir diesen Kampf zu Ende kämpfen werden als ein Kulturvolk, dem das Vermächtnis eines Goethe, eines Beethoven, eines Kant ebenso heilig ist wie sein Herd und seine Scholle.
Dafür stehen wir Euch ein mit unserem Namen und mit unserer Ehre!

Es folgen die Namen von dreiundneunzig international bekannten deutschen Intellektuellen, unter ihnen die der Wissenschaftler Adolf von Baeyer, Emil von Behring, Paul Ehrlich, Emil Fischer, Fritz Haber, Philipp Lenard, Max Planck, Wilhelm Röntgen, Wilhelm Wien und Felix Klein. Es findet sich dort auch der Name eines Gelehrten von internationalem Ruf: Ulrich von Wilamowitz-Moellendorff, seinerzeit Professor für klassische Philologie an der Universität Berlin und mutmaßlicher Autor des Aufrufes an die kulturelle Welt.[24] Es fällt auf, dass der Name des an-

23 An die Kulturwelt, Hauptstaatsarchiv Stuttgart.
24 Wolfgang Abendroth, Das Unpolitische als Wesensmerkmal der deutschen Universität. In: Universitätstage 1966, Nationalsozialismus und die Deutsche Universität,

deren großen Göttinger Mathematikers fehlt: David Hilbert. Er hatte das Dokument wohl gelesen, aber entschieden, dass es nicht seine Sache war, ein Urteil zu der Angelegenheit abzugeben. Beide jedoch, Klein und Hilbert, hatten Konsequenzen zu erdulden. Zu Beginn des Wintersemesters 1914/15 wurde Hilbert von Studenten als vaterlandslos beschimpft. Der Schlag gegen Klein wurde von der Pariser Akademie ausgeführt: sie annullierte seine Mitgliedschaft.

Es stellt sich die Frage: Haben Klein und die anderen, deren Namen in der Unterschriftsliste erscheinen, den Aufruf tatsächlich unterschrieben? Der englische Mathematiker Laurence Young – eine über jeden Zweifel erhabene Quelle – äußerte sich dazu wie folgt:[25] “Felix Klein, too, had not signed: he had agreed by phone to let his name appear on a very different document; other alleged signatories were in a similar situation.” (In einem privaten Gespräch hat mir Professor Young diese Darstellung bereits vor der Veröffentlichung seines Buches gegeben.) Nach dem Ersten Weltkrieg hatte Young in München einige Semester unter Carathéodory studiert. In den frühen dreißiger Jahren war er in Göttingen. Er war mit den Mathematikern dort sehr gut bekannt.

Das “very different document”, auf das sich Young bezieht, mag wohl die Erklärung der Hochschullehrer des Deutschen Reiches[26] vom 23. Oktober 1914 sein, die die Namen von mehr als 3000 deutschen Professoren trägt, unter ihnen die Göttinger Born, Hilbert, Husserl, Klein und Landau:

Wir Lehrer an Deutschlands Universitäten und Hochschulen dienen der Wissenschaft und treiben ein Werk des Friedens. Aber es erfüllt uns mit Entrüstung, daß die Feinde Deutschlands, England an der Spitze, angeblich zu unseren Gunsten einen Gegensatz machen wollen zwischen dem Geiste der deutschen Wissenschaft und dem, was sie den preußischen Militarismus nennen. In dem deutschen Heere ist kein anderer Geist als in dem deutschen Volke, denn beide sind eins, und wir gehören dazu. Unser Heer pflegt auch die Wissenschaft und dankt ihr nicht zum wenigsten seine Leistungen. Der Dienst im Heere macht unsere Jugend tüchtig auch für alle Werke des Friedens, auch für die Wissenschaft. Denn er erzieht sie zu selbstentsagender Pflichttreue und verleiht ihr das Selbstbewußtsein

Veröffentlichung der Freien Universität Berlin. Walter de Gruyter & Co., Berlin 1966, S. 192.

25 Laurence Young, Mathematicians and their Times, North Holland Publishing Company, Amsterdam 1981, S. 248.

26 Erklärung der Hochschullehrer des Deutschen Reiches, 23. Oktober 1914, Universitätsbibliothek Regensburg.

und das Ehrgefühl des wahrhaft freien Mannes, der sich willig dem Ganzen unterordnet. Dieser Geist lebt nicht nur in Preußen, sondern ist derselbe in allen Landen des Deutschen Reiches. Er ist der gleiche in Krieg und Frieden. Jetzt steht unser Heer im Kampfe für Deutschlands Freiheit und damit für alle Güter des Friedens und der Gesittung nicht nur in Deutschland. Unser Glaube ist, daß für die ganze Kultur Europas das Heil an dem Siege hängt, den der deutsche „Militarismus" erkämpfen wird, die Manneszucht, die Treue, der Opfermut des einträchtigen freien deutschen Volkes.

Dieses Dokument – apologetisch und etwas verworren in seiner Komposition – hat einen anderen Ton als das erste. Beide jedoch haben der deutschen kulturellen Gemeinschaft schlechte Dienste erwiesen. Die Professoren hätten vielleicht lieber den Spruch Salomons beherzigen sollen:[27]

> Ein Narr, wenn er schwiege,
> Würde auch für weise gerechnet und verständig,
> Wenn er das Maul hielte.

Sie hätten aber auch auf Stephen Decatur hinweisen können, der in einem Toast gesagt hatte: "Our country, right or wrong." Sie hätten dann aber auch sagen müssen, dass der Toast, den der Commodore der Kriegsmarine der Vereinigten Staaten auf einer Party in Norfolk, Virginia, im April 1816 ausgebracht hatte, den folgenden vollen Wortlaut hatte:[28] "Our country! In her intercourse with foreign nations, may she always be in the right; but our country, right or wrong." Es ist jedenfalls bemerkenswert – wie das Beispiel der Auseinandersetzung über den Irakkrieg zwischen amerikanischen und deutschen Intellektuellen in den Jahren 2002 und 2003 zeigt – dass es eine Tendenz unter intellektuellen Eliten, besonders solchen aus der akademischen Welt, gibt, sich zu nationalpolitischen Ereignissen mit Leidenschaft zu Wort zu melden. Der Schaden jedenfalls, auch der in persönlichen Beziehungen, der im Hebst 1914 angerichtet wurde, war nach Ende des Krieges nur schwer zu reparieren. Die Folgen für das deutsch-französische Verhältnis sind erst vor nicht allzu langer Zeit überwunden worden.

---

27 Die Sprüche Salomons, 17;28 (Luthers Übersetzung).

28 Alexander Mackenzie, Life of Stephen Decatur. In: The Library of American Biography conducted by Jared Sparks, Second Series, Bd. XI, Charles C. Little and James Brown, Boston 1848, S. 295.

Wir kehren nach Göttingen zurück. Im Jahre 1912 waren Courants Chancen gleich Null, dort einen Lehrstuhl zu erhalten. Sein berufliches Problem wurde vorläufig gelöst, als der Krieg im August 1914 ausbrach. Courant wurde eingezogen und marschierte mit seinem Regiment nach Belgien. "He was eager to go … patriotically convinced of the right of the German cause …"[29] Courant kämpfte in den Schützengräben. Zwischendurch arbeitete er an einem Erdtelegraphen. Er wurde zum Leutnant befördert. 1915 wurde er verwundet. Nach seiner Genesung setzte er seine Arbeit an der Erdtelegraphie fort und bildete Soldaten in der Anwendung des Systems aus.

Als demobilisierter Leutnant kehrte Courant im Dezember 1918 nach Göttingen zurück. Er trug noch seine Offiziersuniform – ohne Insignien. Es gab Studentenunruhen und politische Auseinandersetzungen. Courant trat der Sozialdemokratischen Partei bei – etwas Ungewöhnliches für einen Akademiker – und wurde in den Göttinger Stadtrat gewählt. Gegen den Widerstand seiner Familie wie auch der Familie der Braut heiratete Courant die Tochter von Professor Runge. Die Ehe war glücklich. Im Frühjahr 1919 begann Courant, wieder Vorlesungen zu halten. Er erhielt aber einen Lehrstuhl in Münster. Dort blieb er bis zum Ende des Jahres 1920. Ein Lehrstuhl in Göttingen war wieder frei geworden, und Courant wurde berufen. Das war alles Kleins Werk, der im Stillen gewirkt hatte. Es war Klein auch gelungen, das Ministerium in Berlin zu überzeugen, dass die Physik in Göttingen zwei Lehrstühle brauche. Es hatte bislang nur einen gegeben, und der war soeben freigeworden. James Franck und Max Born wurden als Ordinarien berufen. Mathematik und Physik in Göttingen blühten wieder auf. Die Universität zog wieder Studenten aus dem Ausland an, und es kamen wieder Gäste, um Vorträge zu halten.

Courant, ein geborener „Organisator“, erhielt vom Ministerium weitere Assistentenstellen, die mit tüchtigen jungen Mathematikern besetzt wurden. Er war ebenso erfolgreich, begabte Studenten anzuziehen. Und 1922 war es ihm gelungen, die Mathematiker und Physiker aus der philosophischen Fakultät herauszulösen und sie damit von der Bevormundung durch Philosophen und Philologen zu befreien. Hilbert, der Großartiges in Mathematik und Physik geleistet hatte, übte immer noch starken Einfluss unter den Physikern aus, obwohl seine physikalischen Seminare inzwischen von Born und Franck übernommen worden waren. Eine eindrucksvolle

29 Constance Reid, Courant, Springer Verlag, New York 1976, S. 48.

Gruppe junger Physiker kam nach Göttingen. Da waren Paul Dirac aus England, der 1933 den Nobelpreis erhielt, Werner Heisenberg, der Amerikaner Robert Oppenheimer, der sein Doktorat unter Max Born erhielt, und ein weiterer Amerikaner, Carl Pauling, der 1954 den Nobelpreis erhielt. Während demokratische Politiker versuchten, die erste deutsche Republik lebensfähig zu machen, und während die Nationalsozialisten versuchten, die Republik zu ruinieren, hatten Wissenschaftler – und Künstler – es sich vorgenommen, Deutschlands ehemals herausragende Position in der Kulturwelt wieder aufzurichten. In den 1920er Jahren war Göttingen wieder ein Hauptzentrum der mathematischen und physikalischen Forschung. Die neuesten Ergebnisse wurden in den Hörsälen vorgetragen. Klein, Hilbert und Courant hatten mit ihrer Vorausschau viel dazu beigetragen. Der Vorkriegsruf Göttingens in den Wissenschaften war wiederhergestellt.

Courant schrieb auf der Grundlage Hilbertscher Vorlesungsnotizen das Werk „Methoden der mathematischen Physik", das der Springer-Verlag im Jahre 1931 in zwei Bänden herausgebrachte. Es wurde die Bibel der mathematischen Physik. Courant hatte den jungen Herausgeber Ferdinand Springer, damals Artillerieoffizier, in den Kriegsjahren kennen gelernt. Er war ein enthusiastischer Unternehmer, der zielstrebig die wissenschaftliche Seite seines Verlages expandierte, der von seinem Onkel 1842 in Berlin gegründet worden war. Courant überzeugte Springer von der Notwendigkeit, die Veröffentlichungsmöglichkeiten auszuweiten, um der Flut neuer mathematischer Ergebnisse Rechnung zu tragen, die nach Ende des Krieges mit Sicherheit zu erwarten war. Im Januar 1918 brachte Springer die *Mathematische Zeitschrift* heraus, die erfolgreich den Blättern *Journal für die reine und angewandte Mathematik* und *Mathematische Annalen* Konkurrenz machte. Das *Journal* war von August Crelle 1826 gegründet und von Walter de Gruyter in Berlin veröffentlicht worden. Die *Annalen* erschienen bei B. G. Teubner in Leipzig. Springer übernahm die *Annalen* 1920 und übernahm auch die Verantwortung von Teubner für die Veröffentlichung der Gaussschen Gesammelten Werke. Courant wollte mehr als nur mathematische Zeitschriften; er sah voraus, dass Bücher nötig waren. 1921 brachte Springer die von Courant betreute Reihe *Grundlehren der mathematischen Wissenschaften* heraus – die sogenannte Gelbe Reihe. Die Bände 14, 15, 16 und 26 wurden von Felix Klein und die Bände 27, 40 und 50 von David Hilbert verfasst.

All dies fand in einer deprimierenden Atmosphäre politischer Unruhen und Ungewissheit statt. Zeitungsschlagzeilen fassten die Ereignisse zusammen: Versailles; Nationalversammlung; Reparationen; Inflation; Hitler Führer der NSDAP; Erzberger ermordet; Rathenau ermordet; Frankreich und Belgien besetzen Ruhr; Regierung bankrott. Im Laufe der Zeit jedoch gelang es Gustav Stresemann, die Dinge unter Kontrolle zu bringen. Drastische Kürzungen der Staatsausgaben brachten einen ausgeglichenen Haushalt – die Gehälter der Professoren wurden halbiert.

Die Finanzausstattung der Universitäten verschlechterte sich zusehends. In Münster hatte Courant einen westfälischen Industriellen, Carl Still, kennen gelernt. Dieser Mann wurde zum großzügigen Mäzen der Göttinger Mathematiker. Er unterstützte mathematische Aktivitäten außerhalb des offiziellen Budgets. Aus Stills Mitteln wurden ein Lesezimmer und eine Bibliothek finanziert, die zu den Besten gehörte.

Courant knüpfte internationale Beziehungen zur mathematischen Außenwelt wieder an. Von fast überall her kamen wieder Besucher und Gäste. Von 1926 bis 1930 kamen sowjetische Topologen, Zahlentheoretiker und Analysten nach Göttingen, um Vorträge und Vorlesungen zu halten. Zum ersten Mal seit der bolschewistischen Revolution hatten die russischen Mathematiker Zugang zum Westen erhalten. Ihre Arbeiten erschienen in deutschen und englischen Übersetzungen; viele von ihnen wurden als Lehrbücher an deutschen und amerikanischen Universitäten benutzt. Im Jahre 1923 brachte Courant eine fruchtbare und freundschaftliche Beziehung mit dem Amerikaner Abraham Flexner zustande. Flexner hatte als Direktor der Medizinabteilung des General Education Board die Ausbildung amerikanischer Mediziner reorganisiert. Er war ebenfalls Direktor of Educational Studies of the International Education Board, das 1923 von John D. Rockefeller, Jr., gegründet worden war. Flexner, der sich der Förderung der Wissenschaften gewidmet hatte, gründete 1930 das Institute of Advanced Study, Princeton, New Jersey, dessen Direktor er bis 1939 war. Dieses Institut wurde unter seiner Leitung eine Denkfabrik ersten Ranges. Das International Education Board vergab Stipendien an junge Leute mit einem Doktorgrad. Da Deutsche nicht sehr daran interessiert waren ins Ausland zu gehen – oder noch nicht wieder willkommen waren – schlug Courant Harald Bohr, der damals an der Technischen Universität Kopenhagen tätig war, und Godfrey H. Hardy von der Oxford University vor. Hardy zählte zu den bekanntesten und hoch geehrten Mathematikern seiner Zeit. Courant nominierte mit Erfolg auch junge Wissenschaftler, zum Beispiel den Ungarn John von Neumann, der 1926 als Rockefeller Fellow nach Göttingen kam, obwohl der junge Mann noch keinen Doktorgrad hatte. Er wurde später sehr berühmt.

Mitte der 1920er Jahren hatte sich am Mathematischen Institut in Göttingen alles wieder normalisiert. Der wissenschaftliche Ruf war wieder hergestellt. Nur hatten die Professoren keine Büros, und es gab keine Räume für Zusammenkünfte. Die Mathematikprofessoren kamen in die Universität, um ihre Vorlesungen zu halten, dann gingen sie nach Hause, um dort mit ihren Studenten und gelegentlich mit Kollegen zu diskutieren. Felix Klein hatte jahrelang davon geträumt, über ein eigenes Gebäude für die Mathematiker mit einer eigenen Bibliothek zu verfügen. Courant hegte den gleichen Traum. Ende des Jahres 1925 besprach er diese Angelegenheit mit Harald und Niels Bohr in Kopenhagen und regte an, Rockefellers International Education Board um finanzielle Hilfe zu bitten. Die deutschen Beziehungen zu den Vereinigten Staaten hatten sich beträchtlich verbessert. Die USA hatten es abgelehnt, dem Völkerbund beizutreten, und hatten den Vertrag von Versailles nicht ratifiziert. Vor allem aber sahen die USA in Deutschland nicht mehr den alleinigen Schuldigen am Ausbruch des Ersten Weltkriegs. Amerika hatte einen Separatfrieden mit Deutschland abgeschlossen und die Wirtschaftsbeziehungen mit dem ehemaligen Feind wieder aufgenommen. Unter diesen Umständen schien es nicht ausgeschlossen zu sein, mit dem International Education Board ins Geschäft zu kommen, besonders nachdem Harald Bohr die Gelegenheit gehabt hatte, mit Mitgliedern des Boards auf einem Treffen in Paris über Courants Baupläne zu sprechen. Die Reaktion war jedenfalls nicht ablehnend.

Die Göttinger Mathematiker betrachteten verschiedene Möglichkeiten für neue Räumlichkeiten. Architekten legten Zeichnungen vor. Eine Möglichkeit war – und sie wurde von Niels Bohr vertreten – , um die Errichtung eines vollständig neuen Gebäudes zu bitten, das das Mathematische Institut beherbergen sollte. Das war der Vorschlag, der im Dezember 1926 vom International Education Board angenommen wurde:[30]

... the action of the board was to vote into the hands of the Executive Officers of the Board a sum not to exceed $350 000 for the construction and equipment of a

30 Constance Reid, Courant, Springer Verlag, New York 1976, S. 108.

building for the Mathematics Institute, and for the construction and equipment of an addition to the building for the Physics Institute of the University of Göttingen, with the understanding that the Prussian government will provide annually a sum not less than $25 000 to cover additional maintenance costs of the Institutes of Mathematics and Physics.

In dieser großzügigen Entscheidung der Amerikaner spiegelte sich ihre Zuversicht in die Vitalität und Leistungsfähigkeit der Mathematiker und Physiker in Göttingen wider. Sie war aber auch eine generöse Geste der Freundschaft den deutschen Gelehrten gegenüber. Sie bedeutete auch einen Triumph für Courant und seine Physikerkollegen, die er nicht im Stich gelassen hatte. Mitten in den Goldenen Zwanzigern, als es in Deutschland langsam aufwärts ging, ahnte niemand, dass sich die großen Erwartungen in einigen Jahren mit einem Schlage in nichts auflösen würden.

Am 2. Dezember 1929 konnte Courant das neue Gebäude des Mathematischen Instituts der Göttinger Universität feierlich eröffnen, in das die Amerikaner so viel investiert hatten. Felix Klein sah seinen Traum nicht mehr in Erfüllung gehen; er war am 22. Juni 1925 gestorben, in dem Jahre, in dem auch Reichspräsident Friedrich Ebert starb und in dem Feldmarschall Paul von Hindenburg zum Nachfolger gewählt wurde. Kleins Lehrstuhl wurde von Gustav Herglotz übernommen, einem hervorragenden Mathematiker von weitreichenden Interessen. Die guten Zeiten waren vorbei. Die Weltwirtschaftskrise machte sich nun auch mit niederschmetternden Auswirkungen in Europa, besonders in Deutschland, bemerkbar. Adolf Hitler reorganisierte seine Nationalsozialistische Deutsche Arbeiterpartei, die eine wachsende Rolle in der deutschen Politik zu spielen begann. Immerhin war es noch eine produktive Zeit für die Göttinger Mathematiker und Physiker, die, von Hilbert ermuntert, einmalig gute Beziehungen untereinander entwickelten. Hilbert ging 1930 in den Ruhestand, und Hermann Weyl übernahm seinen Lehrstuhl. Edmund Landau war jetzt der Senior-Mathematiker. Die Algebraistin Emmy Noether – eine Mathematikerin ersten Ranges – spielte eine wesentliche Rolle im Göttinger Mathematikleben. Sie war 1918 von Hilbert berufen worden. Ursprünglich hatte die philosophische Fakultät ihr aufgrund einer antifeministischen – vielleicht aber auch antisemitischen – Haltung eine Dozentur verweigert. Die Situation änderte sich, und 1922 wurde Emmy Noether außerordentliche Professorin, eine Position, die zwar Ehre, aber keine Einkünfte einbrachte. Kollegen halfen ihr, den Lebensunterhalt zu bestreiten.

Courant, Weyl, Landau, Herglotz und Emmy Noether schufen eine einmalige Atmosphäre der Forschung und Lehre, die Assistenten, Studenten und Besucher anlockte. Insbesondere kamen Amerikaner, um als Post-Doktoranden tätig zu sein.

1932 verbrachte Courant fünf Monate an verschiedenen amerikanischen Universitäten. Im August kehrte er zurück. Der Amerikaner Oswald Veblen kam nach Göttingen, um während Courants Abwesenheit Vorlesungen zu halten. Für Courant war es eine hektische Reise von Küste zu Küste. Sie bot ihm aber Gelegenheit, seine amerikanischen Kollegen kennen zu lernen, von denen einige ihre akademischen Grade in Göttingen unter Klein und Hilbert erworben hatten. Courant traf Flexner in Princeton, der Weyl eine Position dort anbot. Weyl zog aber Göttingen vor. Aus Chicago brachte Courant als National Research Fellow den vielversprechenden jungen Amerikaner Dr. Edward J. McShane mit nach Göttingen. Dort traf er einen anderen jungen Amerikaner, Saunders MacLane, der bereits 1931 gekommen war. Die beiden Amerikaner waren nicht sonderlich beeindruckt von der zunehmenden politischen Gewalt in Deutschland und von den Drohungen der Nazis. Das änderte sich, als Hitler Reichskanzler wurde und Studenten in Braunhemden in die Hörsäle strömten. Die große Tradition der Exzellenz, die sich über Jahrhunderte entwickelt hatte, wurde in wenigen Monaten zerstört – nicht nur in Göttingen, sondern überall in Deutschland. Der Zusammenbruch der ersten deutschen Republik war nicht nur eine politische Tragödie; er bedeutete auch eine Tragödie für die gesamte deutsche intellektuelle Welt.

Der moralische Zusammenbruch der deutschen Universitäten war eine Folge ihrer internen Zerrissenheit. Mitte der zwanziger Jahre konnte der Graben zwischen den deutschen Universitätsprofessoren, die die republikanischen und demokratischen Werte vertraten, die in der Weimarer Verfassung enthalten waren, und denen, die diese Werte verabscheuten, nicht mehr als irrelevant innerhalb der akademischen Fakultäten angesehen werden. Die Mehrheit der Professoren, die Traditionalisten – die Alten Nationalisten – sahen sich selbst als apolitisch an in dem Sinne, dass sie keine besonderen Sympathien für irgendwelche politischen Parteien hegten, jedenfalls nicht für die Parteien der Linken. Als die regierende Hierarchie 1918 zusammenbrach, verloren diese Herren ihre Orientierung. Sie schauderten, als sie sahen, dass Plebejer plötzlich Politik machten, als sie sahen, dass ihr neues Staatsoberhaupt ein Sattler war. Für sie zählten nur die oberen Schichten. Die gebildete Oberschicht bestand in zu einem hohen Anteil aus nationalistischen Traditionalisten. In den frühen 1930er Jahren brachen einige Universitätsprofessoren aus der alten nationalistischen Mentalität aus. Sie sahen in ihr eine Sackgasse und nahmen die neue, von Hitler propagierte Mentalität an. Zu diesen Leuten gehörten zum Beispiel die Physiker Lenard und Stark, der Mathematiker Ludwig Bieberbach und der Philosoph Martin Heidegger. Diese Leute waren es, die die inhärente akademische Freiheit und den apolitischen Status der deutschen Universitäten unterminierten, nachdem Hitler unbeschränkte Macht erworben hatte.

Ein kritischer Beitrag, der 1966 auf einem Kolloquium an der Freien Universität von Berlin zum Thema Nationalsozialismus und die deutsche Universität vorgetragen wurde, beschreibt die Weimarer Situation:[31]

Die meisten der rechtsstehenden hielten gar ihre politischen Meinungsäußerungen für *transpolitisch*; sie wähnten sich oberhalb aller Politik, allein dem Ganzen verpflichtet. Sie meinten das wahre politische Interesse der Nation zu erkennen und darlegen zu können. Politik in einer Demokratie, das war für sie widerlicher Parteienhader und böse Manifestation der deutschen Zwietracht, welche die nationalen Historiker unablässig als Erbübel unserer Geschichte schilderten. Politische Gruppen innerhalb der Universitäten waren schlecht angesehen, sofern sie nicht, wie die Rechtsgruppen und Korporationen derselben vaterländischen Gesinnung huldigten wie das Gros der Professorenschaft. Als dann nationalsozialistische Studenten in den letzten Jahren der Weimarer Republik in den Studentenvertretungen der meisten Universitäten die Macht an sich rissen, war man sogar bereit, die unakademischen politischen Manieren mancher NS-Studenten hingehen zu lassen und mit dem glühenden nationalen Wollen zu entschuldigen, das diese jungen Menschen beseele.

Genau dieses glühende Wollen jedoch hatten viele Professoren geschürt, und sie waren ziemlich machtlos und ein wenig betroffen, als es sich parteipolitisch zu organisieren begann. Wie viele unter ihnen hatten nicht die Führerlosigkeit und Ohnmacht des Reiches beklagt! Als dann ein Führer seinen Anspruch auf Herrschaft unüberhörbar anmeldete, erschien er ihnen zwar nicht unbedingt als der berufene Herold des neuen Reiches, aber sie konnten und wollten auch nicht hindern, daß viele Studenten sich zu ihm bekannten. Die Pflege vaterländischen

---

31 Kurt Sontheimer, Die Haltung der deutschen Universitäten zur Weimarer Republik. In: Universitätstage 1966, Nationalsozialismus und die deutsche Universität. Veröffentlichung der Freien Universität Berlin. Walter de Gruyter & Co., Berlin 1966. Die Zitate finden sich auf den Seiten 34-36 und 38.

> Geistes, die Verachtung oder zumindest Geringschätzung von Demokratie und Republik trug ab 1930 ihre Früchte. Die deutschen Universitäten fielen dem Nationalsozialismus relativ leicht anheim, weil ihre unkritische, bloß patriotische nationale Gesinnung fast alles legitimierte, was mit dem entschiedenen Anspruch, das Weimarer Parteienstaats-System zu zerstören und Deutschland wieder zu innerer und äußerer Stärke emporzuführen, auftrat. …
>
> Man wird im Blick auf das Verhältnis der deutschen Universitäten zum Weimarer Staat auf alle Fälle zu dem negativen Schluss kommen müssen, daß die Universitäten in der Regel keine Stütze der demokratischen Republik waren, sondern viel eher Zentren einer vielfach aufgefächerten antidemokratischen Gesinnung, die sie neben und im Rahmen ihrer wissenschaftlichen Tätigkeit als ein ihnen ganz selbstverständlich zufallendes öffentliches Recht pflegten. …
>
> Sie [die Professoren], die in ihrer vaterländischen akademischen Politik alle kritische Vernunft unter das Gefühl hinab gedrückt hatten und ihre Studenten allein auf das Gelöbnis zum idealistischen deutschen Staatsgedanken verpflichtet sehen wollten, haben die geistige Auszehrung der Demokratie gefördert und eine Situation vorbereiten helfen, in der die politische Autonomie der Universitäten, ihr Recht auf freie Lehre und Forschung verspielt war.

Die antirepublikanischen Professoren warfen ihre rational-analytischen Methoden über Bord und wendeten „emotionales“ Denken an.

Anstatt der Wahrheit zu dienen – was nach ihrem eigenen Anspruch ihre Aufgabe war – verbreiteten die alten und neuen Nationalisten und später die nazistischen Akademiker ihre Vorurteile unter ihren Studenten, steckten sie mit dem Virus der Unzufriedenheit an und ermutigten sie, sich an der Erneuerung der Größe des Reiches zu beteiligen. Nationalistische Gelehrte wiesen darauf hin, dass der weltweite Ruf der deutschen Universitäten nicht unter einem demokratischen System entstanden sei, sondern unter einem autokratischen, in dem jeder seinen festen Platz gehabt hatte. Natürlich waren die Triumphe des deutschen akademischen Systems in der zweiten Hälfte des neunzehnten Jahrhunderts nur möglich, weil es einen Pool von privilegierten, gebildeten und kultivierten Leuten gab – einige von ihnen aus der Oberschicht und aus dem Adel. Aber diese Gelehrten brachten ihre Energie ganz in die akademische Arbeit ein, ohne das Wertgefüge der Nation verändern zu wollen. Diese Leute gab es auch noch in der Weimarer Zeit, obgleich sie weniger Privilegien genossen als ihre früheren Kollegen. Die Studenten jedoch waren jetzt bereit, für die Wiederherstellung der deutschen Glorie zu arbeiten, aber nicht für die Erneuerung der alten Werte, an die ihre alten nationalistischen Professoren dachten. Sie schlossen sich schnell den neuen Revolutionären unter dem Kommando Adolf Hitlers an.

2. DER NEUE DEUTSCHE GEIST

In der historischen Entwicklung kam Erziehung nach und nach unter die Aufsicht der Fürsten, obwohl kirchliche Schulen weiterhin existierten. Im Jahre 1642 führte Herzog Ernst der Fromme von Sachsen-Gotha eine Schulordnung[32] ein, die Schulunterricht für alle Kinder, Knaben wie Mädchen, im Alter von fünf bis zwölf Jahren, verlangte. Diese Bildung sollte unter dem Motto stehen: „Omnia iuxta methodum naturae. " Lehrer wurden von der öffentlichen Hand bezahlt, körperliche Strafen waren verboten, und Eltern, die ihre Kinder nicht zur Schule schickten, wurden bestraft. Ungefähr ein Jahrhundert später hatte sich die Pflichtschule über das gesamte Heilige Römische Reich Deutscher Nation verbreitet, zuerst in den protestantischen Gebieten, dann auch in den katholischen. Im Reich gab es praktisch keine Analphabeten mehr.

Natürlich brachten die Schulmeister ihren Schülern nicht nur Lesen, Schreiben und Rechnen bei; sie bestanden auch auf Zucht und Ordnung. Und sie richteten einige ihrer Bemühungen darauf, ihre hochgeborenen Arbeitgeber zu glorifizieren und ihre Schüler anzuweisen, sie zu respektieren und zu bewundern. Diese Bemühungen haben nicht wirklich den Untertan hervorgebracht, diese abstoßende Kreatur, die in der Wilhelminischen Zeit auf der nationalen Bühne erschien. Diese Karikatur eines Bürgers wurde erst möglich infolge der Arroganz, die sich vor allem in Preußen ausbreitete als Folge des Militarismus, des Expansionismus, des Kolonialismus und des Glaubens an die Überlegenheit des deutschen Wesens. Ende des 19. Jahrhunderts erschien dieser Untertan mit seiner nationalistischen, antirepublikanischen und oft antisemitischen Einstellung in deutschen Klassenzimmern.

Dies war der Typus von Lehrern, den die demokratische Regierung häufig vorfand, als sie 1919 die Zügel in die Hand nahm. Es ist also kein Wunder, dass einige Jahre später viele Lehrer, vor allem aus Volksschulen, begeisterte Anhänger der Hitlerbewegung wurden und ihren egomanischen Führer bewunderten. In der Tat waren unter ihnen nicht wenige, die ihre schlecht bezahlte Stelle aufgaben, um sich nach oben zu arbeiten auf Führungspositionen innerhalb der hitlerschen politischen Organisationen. Obwohl Antirepublikanismus, Revanchismus und Antisemitismus inner-

32 Paul Barth, Geschichte der Erziehung, O. R. Reisland, Leipzig 1916, S. 487.

halb der Lehrerschaft und der Verwaltungen weit verbreitet waren, gab es doch Lehrer, die versuchten, der Naziideologie entgegenzuarbeiten, die darauf bestanden, dass staatsbürgerliche Erziehung in einer demokratischen Republik unerlässlich sei. In diesem Rahmen ist Erziehung tatsächlich von fundamentaler Bedeutung, besonders auf den unteren Ebenen. Denn Schulen sollen junge Leute entlassen, die nicht nur die grundlegenden Kenntnisse besitzen, die notwendig sind, um ein produktives und befriedigendes Leben möglich zu machen, sondern die auch die Fähigkeit erworben haben, selbständig zu denken und mit einiger Selbstsicherheit Entscheidungen in sozialen und politischen Angelegenheiten zu treffen. Einer dieser Erzieher, die wussten, worauf es ankam zu jener Zeit, was faul war im Erziehungssystem und was zu tun war, es zu erneuern, war Georg Kerschensteiner, vormals Lehrer und Rektor und dann bis zu seinem Tode 1932 Professor für Pädagogik an der Universität München. Er hatte sich bereits im Kaiserreich einen Namen gemacht. Die Weimarer Republik hatte die Möglichkeit, Änderungen im Schulsystem vorzunehmen, und sie tat das auch. Als aber reformiert wurde, war der Erfolg nicht immer der erwartete. 1928 warnte Kerschensteiner vor zwei Übeln:[33]

> Doch wird auch der neue Volksstaat die Aufgabe [der staatsbürgerlichen Erziehung] nicht lösen, wenn er sich nicht zu großen Umwälzungen im inneren Betrieb des Schulwesens entschließt, wenn er nicht die Hindernisse eingewurzelter Überlieferungen des Schulbetriebes mit weiser Hand zu beseitigen versteht, wenn er an die Stelle alter regierender Schulorganisationspedanten nichts anderes zu setzen weiß als parteifromme Schulorganisationsdilletanten, und sein demokratischer Sozialismus mehr im Boden der Klassenselbstzucht wurzelt als in echter Menschenliebe und Ehrfurcht vor wahrer Menschenwürde.

Kerschensteiner sprach im Sinne der öffentlichen Schulen. Privaten Schulen, meist höhere und meist an eine Religion gebunden, besonders die katholische, ging es im Grunde besser. Denn obgleich auch sie unter staatlicher Kontrolle standen, waren sie doch den politischen Auseinandersetzungen weitgehend entzogen. Aber Kerschensteiner sprach zu allen, wenn er sagte:

> Was der alte Obrigkeitsstaat zur Not entbehren konnte, das bedarf im neuen Volksstaat der sorgfältigsten Fürsorge, die **staatsbürgerliche Erziehung**. Wo

33 Georg Kerschensteiner, Begriff der staatsbürgerlichen Erziehung, R. Oldenburg, München 1950. Die folgenden Zitate finden sich auf den Seiten 12, 9 und 36.

„die Staatsgewalt beim Volke liegt", da ist nur dann ein Heil für den Staat zu erwarten, wenn alle Teile des Volkes staatsbürgerlich empfinden, denken und handeln gelernt haben. Demokratische Staatsverfassungen verlangen aristokratische Seelenverfassungen.

Und zu diesem Thema bemerkte Kerschensteiner:

Staatsbürgerliche Erziehung ist endlich auch kein Unternehmen, das neben anderen Erziehungszielen hergeht, etwa neben der Erziehung zum Krieger, zum Gelehrten, zum Künstler, zum Geistlichen, zum Landwirrt, zum Techniker, zum Kaufmann. Sie ist nicht etwas, was man nebenbei machen kann, was auch noch geschehen muß, um die Erziehung des Menschen vollständig zu machen. Richtig aufgefaßt ist sie die Erziehung überhaupt, die alle anderen Zwecke und Ziele der Menschenbildung einschließt, sofern diese nicht etwa den Herrenmenschen im Auge hat. Denn einfache ethische Überlegungen zeigen uns, daß das höchste äußere Gut der Kultur- und Rechtsstaat im Sinne eines sittlichen Gemeinwesens ist, an dessen Verwirklichung wir im eigensten Interesse unserer sittlichen Persönlichkeit – dem höchsten inneren Gut – arbeiten müssen. Dann muß das vornehmste Ziel der Erziehung sein, die Menschen für dieses Ideal heranzubilden, und diese Erziehungsaufgabe muß all die anderen umfassen. Der rechte Staatsbürger ist dann der, der in treuer Hingabe selbstlos der Erreichung und Verwirklichung dieses sittlichen Gemeinwesens dient.

Kerschensteiner wusste, wovon er sprach. Er hatte die Vereinigten Staaten besucht und war beeindruckt von der erfolgreichen Umsetzung der Ideen des amerikanischen Erziehers und Philosophen John Dewey, der der Überzeugung war, dass Demokratie und Erziehung untrennbar seien und dass Schulen zu echtem Gemeinschaftsleben erziehen müssen. Kerschensteiners ernstgemeinte Ratschläge – und die einiger seiner gleichgesinnten Kollegen – kamen jedoch nicht zum Tragen, nachdem Hitlers Philosophie der Erziehung den Schulen aufgezwungen worden war. Hitlers Aufstieg zur Macht hatte nicht nur gewaltige Folgen für Deutschlands politisches und soziales Leben; er wirkte auch tiefgreifend auf Deutschlands intellektuelles Leben.

Reichsminister des Inneren Wilhelm Frick stellte den neuen deutschen Geist in einer Rede vor, die er am 9. Mai 1933 vor den Erziehungsministern der immer noch existierenden deutschen Länder hielt:[34] „Die liberalistische Bildungsvorstellung hat den Sinn aller Erziehung und unserer Er-

34 Der Rheinpfälzer, 10. Mai 1933.

ziehungseinrichtungen bis auf den Grund verdorben." Der Minister wies darauf hin, dass die nationalsozialistische Revolution neue Ziele in der Erziehung brauche, nämlich: „den politischen Menschen, der an sein Volk gebunden ist". Er verlangte besondere Fächer: zur Geschichte des Ersten Weltkrieges, zum Weimarer Verrat, über Rasse und den destruktiven Einfluss des jüdischen Blutes auf das deutsche Volk. In seiner Rede sprach Frick über Hitlers Philosophie der völkischen Erziehung, die der Führer schon vor Jahren dargelegt hatte:[35]

Hier muß der völkische Staat von der Annahme ausgehen, *daß ein ... wissenschaftlich wenig gebildeter, aber körperlich gesunder Mensch mit gutem, festem Charakter, erfüllt von Entschlußfreudigkeit und Willenskraft für die Volksgemeinschaft wertvoller ist als ein geistreicher Schwächling.*

Hitler war besessen von der Vorstellung, dass der Staat, *sein* Staat, Wissen nicht brauche, sondern nur gerade Körper. Geistige Fähigkeiten waren zweitrangig in seiner Weltanschauung. Und Mädchen hatten nur eine Aufgabe. Deshalb konnte Hitler über deren Erziehung folgendes sagen:

Analog der Erziehung des Knaben kann der völkische Staat auch die Erziehung des Mädchens von den gleichen Gesichtspunkten aus leiten. Auch dort ist das Hauptziel vor allem auf die körperliche Ausbildung zu legen, erst dann auf die Förderung der seelischen und zuletzt der geistigen Werte. Das Ziel weiblicher Erziehung hat unverrückbar die kommende Mutter zu sein.

Worauf es Hitler letzten Endes ankam, war eine völkische Jugend, mit der er eines Tages den Krieg vom Zaune brechen konnte – die größten Entscheidungen treffen, in Hitlers Terminologie. Es dauerte nicht lange, bis Hitler seine größten Entscheidungen traf und den deutschen Furor losließ, der in den schrecklichsten Verbrechen resultierte, die je von Deutschen begangen wurden – nicht von allen, aber von vielen. Was Hitler brauchte, um seine Visionen wahr werden zu lassen, waren Männer, die in der Lage waren,

... nicht nur den fanatischen Glauben an den Sieg der Bewegung im Herzen zu tragen, sondern auch mit unerschütterlicher Willensenergie und, wenn nötig, mit brutaler Rücksichtslosigkeit die Widerstände zu beseitigen, die sich dem Emporsteigen der neuen Idee in den Weg stellen mochten. Dazu passen nur Wesen, die

35 Adolf Hitler, Mein Kampf. Zentralverlag der NSDAP, Frz. Eher Nachf., München, Bd. I 1925, Bd. II 1927. Die folgenden Zitate finden sich auf den Seiten 452, 459, 399 und 99. Kursivdruck im Original.

man so bezeichnen kann: Flink wie Windhunde, zäh wie Leder und hart wie Kruppstahl.

Irgendjemand machte einen grausamen Witz daraus, indem er hinzufügte: „und dumm wie Bohnenstroh".

Auf Grund der hierarchischen Struktur gibt es in einem Rudel einen Anführer. Im Deutschland von 1933 gab es diesen Anführer bereits: Adolf Hitler. Über Jahre hatte er sich in diese Position vorgearbeitet, ist aber auch von seinen Gefolgsleuten in diese Position hineingehoben worden. Eine Koalition machte ihn zum Reichskanzler; den Titel „Führer" legte er sich zu, nachdem Hindenburg gestorben war und er das Amt des Kanzlers mit dem des Präsidenten vereinte. Wie Hitler sich die Führerrolle vorstellte, hatte er auch schon in Mein Kampf gesagt:

Dem [der jüdischen Demokratie] steht gegenüber die wahrhafte germanische Demokratie der freien Wahl des Führers mit der Verpflichtung zur vollen Übernahme aller Verantwortung für sein Tun und Lassen. In ihr gibt es keine Abstimmung einer Majorität zu einzelnen Fragen, sondern nur die Bestimmung eines einzigen, der dann mit Vermögen und Leben für seine Entscheidungen einzutreten hat.

Was für ein Unsinn! Immerhin, am Ende bezahlte Hitler mit seinem Leben, aber erst nachdem Millionen von Menschen – Opfer sowohl als auch Verbrecher – für seinen Wahnsinn bereits gestorben waren und Europa ein Ruinenfeld war.

In einem Rudel gibt es immer einige, die schneller sind als andere, die manchmal sogar schneller sind als ihr Führer. Einige von Hitlers Paladinen und Gauleitern gehörten in diese Kategorie, die aber nicht auf Würdenträger der Nazipartei beschränkt war. Die akademische Welt zum Beispiel brachte einige ziemlich schnelle Renner hervor. Professor Alfred Baeumler war einer davon.

Am 10. Mai 1933, gerade drei Monate nach dem Beginn des Dritten Reiches, hielt der soeben ernannte Ordinarius für politische Pädagogik an der Berliner Humboldt Universität, Professor Baeumler, seine Antrittsvorlesung unter dem Titel „Wissenschaft, Universität und Staat". Vor Beginn der Ansprache hatten sich Studenten in Braunhemden – einige trugen Hakenkreuzfahnen – im Hörsaal versammelt. Baeumler, der häufig von frenetischem Applaus unterbrochen wurde, sprach über die spirituellen und philosophischen Prinzipien, die hinter Hitlers nationaler Revolution standen. Dem Professor zufolge war der deutsche Genius von den veralteten Ideen des Liberalismus unter der Demokratie verdrängt worden. Die Revolution habe die ungermanischen Ideen der Vergangenheit beiseite geräumt. Folglich sei der literarische Dreck und Abfall, der in der Vergangenheit produziert worden sei, von den Regalen der Bibliotheken zu entfernen und zu verbrennen, um weitere Korruption des neuen deutschen Geistes zu vermeiden. Baeumler bezog sich auf Schriften von Arthur Moeller van den Bruck und Max H. Boehm über die Verworfenheit von Liberalismus und Demokratie und rechtfertigte die Bücherverbrennung im Namen der nationalsozialistischen Revolution. Er machte unmissverständlich klar, was er und der Nationalsozialismus unter Humanität verstanden:[36]

> Wer unter Humanität eine politische und geistige Organisation all dessen, was Menschenantlitz trägt, versteht, dem erwidern wir: 'Wir sind nicht human.' Das ist unser Begriff von Humanität: Humanität ist da, wo Menschen an ein Symbol glauben und sich einsetzen, wo ein Symbol begeistert und fortreißt zu Gestaltungen und Taten. Humanität ist uns ein Begriff nicht der Ausdehnung, sondern ein Begriff, der auf eine bestimmte Höhenlage hinweist. 'Menschlich' ist ein Volk nicht dann, wenn es alle Rassen duldet, wenn es Fremden die politische und geistige Herrschaft über sich zugesteht, sondern menschlich ist es dann, wenn es sich mit aller Kraft bemüht, sich selber in menschlich große Form zu bringen.

Baeumler, ein Veteran des Ersten Weltkrieges und ursprünglich ein politisch Konservativer, war ein angesehener Redner und ein Philosoph von einiger Bekanntheit. Er hatte seine Arbeit auf Friedrich Nietzsche konzentriert, dessen Philosophie er einseitig propagierte, indem er Nietzsches Zweifel am Bürgertum, an demokratischen Werten und an christlichen Moralvorstellungen in den Vordergrund rückte, um einen Mythos des Heroismus aufzurichten und den „Willen zur Macht" in den Mittelpunkt zu stellen. Im Jahre 1932 war Baeumler ein überzeugter Nationalsozialist mit Freunden in den besten Nazikreisen. Hitler hatte ihn stark beeindruckt als er ihn einmal in Dresden hatte reden hören. Seit 1929 war Baeumler Professor für Philosophie an der Technischen Hochschule Dresden. Das Gesetz vom 7. April 1933 zur Wiederherstellung des Berufsbeamtentums hatte zahlreiche Positionen an deutschen Universitäten freigemacht. In Berlin allein waren 1935 mehr als zweihundert jüdische und „unzuverläs-

36 Alfred Baeumler, Männerbund und Wissenschaft, Antrittsvorlesung in Berlin, Junker und Dünnhaupt Verlag, Berlin 1937, S. 135.

sige" Professoren entlassen worden. Das Bildungsministerium unter Bernhard Rust begann sofort, diese vakanten Positionen mit zuverlässigen Nazis zu besetzen, um so schnell wie möglich die Nazifizierung der Universitäten zu erreichen. Das Ziel war, den ungermanischen Geist unter den Akademikern auszurotten. Baeumlers Berufung auf den neu geschaffenen Lehrstuhl in Berlin war ohne Zweifel von politischer Absicht getragen. Einige Monate später wurde das Institut für Politische Pädagogik eröffnet, das die Fächer Erziehung, Philosophie, Politikwissenschaften und Geschichte vereinigte. Baeumler war Direktor dieses Institutes bis 1945. In dieser Position wurde Baeumler – mit Rückendeckung von Alfred Rosenberg – der führende Vertreter der nationalsozialistischen Weltanschauung. Baeumler starb im Jahre 1968.

Nach der Vorlesung gingen Baeumler und seine Zuhörer mit Flaggen und Fackeln, von einer Blaskapelle in guter, revolutionärer Stimmung gehalten, zum Hegelplatz und weiter zum Berliner Stadthaus, wo vor einer Riesenmenge, die sich dort bereits versammelt hatte, Fritz Hippler – Kandidat der Philosophie und Kreisleiter der NSDAP – eine dem Vorhaben angemessene Rede hielt. Die Menge marschierte weiter, durch das Brandenburger Tor zum Opernplatz, wo Bücher aufgestapelt worden waren, die verbrannt werden sollten zum Zeichen dafür, dass die Köpfe nicht nur mit Worten, sondern auch mit Taten gereinigt werden sollten. Die Studenten warfen ihre Fackeln auf den Scheiterhaufen und verbrannten ungefähr 20.000 Bücher jüdischer, sozialistischer und demokratischer Autoren. Unter den Büchern, die verbrannt wurden, waren auch die Heinrich Heines. Obgleich die entsetzlichen Verbrechen der Nazis noch in der Zukunft lagen und Heine unmöglich von ihnen wissen konnte, hatte der Dichter recht.

Das war ein Vorspiel nur, dort wo man Bücher
Verbrennt, verbrennt man auch am Ende Menschen.

Dies sagte Heines Bühnenfigur Hassan, nachdem er gehört hatte, dass der Koran in Granada verbrannt worden war während der spanischen Reconquista.[37] Der Höhepunkt des Tages in Berlin war eine Rede von Dr. Joseph Goebbels. Er erklärte, dass der Materialismus 1918 siegreich gewesen sei, dass aber jetzt der neue deutsche Geist den Sieg errungen habe

37 Heinrich Heine, Almansor, Eine Tragödie. In: Sämtliche Werke, Winkler Verlag, München 1969, Bd. II. S. 859.

und dass es nun die Pflicht der deutschen Universitäten sei, diesen Geist ohne Vorbehalte anzunehmen. Die akademische Freiheit, die Studenten und Professoren über Jahrhunderte hochgehalten hatten, verschwand über Nacht.

Einen Tag zuvor hatten Studenten der Technischen Hochschule Dresden einen „Schandpfahl" errichtet, an den sie Papierbogen mit den Namen von Professoren und Studenten hefteten, die ihrer Meinung nach den Geist der nationalen Revolution verletzt hatten. Undeutsche Bücher wurden verbrannt. Die Zeit der Freiheit zu lesen, zu denken und offen zu sprechen war in Deutschland vorüber.

Professor Baeumler war nicht der einzige Schnellläufer. Kurz vor den Buchverbrennungen, die von Mitgliedern des Nationalsozialistischen Studentenbundes überall in Deutschland zelebriert wurden, war in der Südwestecke des Landes, an der Universität Freiburg im Breisgau, ein 44-jähriger Mann zum Rektor gewählt worden. Die Wahl war nicht einstimmig, obwohl das später behauptet wurde. Dieser Mann hatte sich als bedeutender Philosoph einen Namen gemacht. Es handelte sich um Martin Heidegger. Er war von Marburg nach Freiburg gekommen, um den Lehrstuhl von Edmund Husserl – der 1928 emeritiert worden war und der Heidegger stark beeinflusst hatte – zu übernehmen. Am 27. Mai 1933 hielt Heidegger seine Rektoratsrede.[38] Sie ist kein feuriges Stück nationalsozialistischer Rhetorik von Baeumlers Format. In der Tat, auf den ersten Blick erscheint sie als harmlose Rede eines Gelehrten, der für eine Erneuerung der deutschen Universität auf der Grundlage der klassischen griechischen Philosophie plädiert, für die Heidegger in seinen Schriften und Vorlesungen eine tiefsitzende Affinität zeigte. Heidegger spricht nicht vom Nationalsozialismus, er erwähnt nicht den Namen Hitler. Schaut man genauer hin, dann sieht man aber, welches die Ziele des berühmten Philosophen waren und auf welcher Seite der neue Freiburger Rektor stand. Man erkennt auch, dass er die Führungsposition in dem akademischen Rudel einnehmen wollte.

Die *geistige Welt* eines Volkes ist nicht der Überbau einer Kultur, sowenig wie das Zeughaus für verwendbare Kenntnisse und Werte, sondern sie ist die Macht der tiefsten Bewahrung seiner erd- und bluthaften Kräfte als Macht der innersten

38 Martin Heidegger, Die Selbstbehauptung der deutschen Universität; Das Rektorat 1933/34, Tatsachen und Gedanken, Vittorio Klostermann, Frankfurt am Main 1983. Die folgenden Zitate finden sich auf den Seiten 14, 10, 15, 16 und 19.

Erregung und weitesten Erschütterung seines Daseins. Eine geistige Welt allein verbürgt dem Volke die Größe. Denn sie zwingt dazu, daß die ständige Entscheidung zwischen dem Willen zur Größe und dem Gewährenlassen des Verfalls das Schrittgesetz wird für den Marsch, den unser Volk in seine künftige Geschichte angetreten hat.

Heidegger wollte die Universität auf den richtigen Weg bringen.

Die Selbstbehauptung der deutschen Universität ist der ursprüngliche, gemeinsame Wille zu ihrem Wesen. Die deutsche Universität gilt uns als die hohe Schule, die aus Wissenschaft und durch Wissenschaft die Führer und Hüter des Schicksals des deutschen Volkes in die Erziehung und Zucht nimmt. Der Wille zum Wesen der deutschen Universität ist der Wille zur Wissenschaft als Wille zum geschichtlichen geistigen Auftrag des deutschen Volkes als eines in seinem Staat sich selbst wissendenden Volkes. Wissenschaft und deutsches Schicksal müssen *zumal* im Wesenswillen zur Macht kommen. Und sie werden es dann und *nur* dann, wenn wir – Lehrerschaft und Schülerschaft – *einmal* die Wissenschaft ihrer innersten Notwendigkeit aussetzen und wenn wir zum *anderen* dem deutschen Schicksal in seiner äußersten Not standhalten.

Aus der Entschlossenheit der deutschen Studentenschaft, dem deutschen Schicksal in seiner äußersten Not standzuhalten, kommt ein Wille zum Wesen der Universität. Dieser Wille ist ein wahrer Wille, sofern die deutsche Studentenschaft durch das neue Studentenrecht sich selbst unter das Gesetz ihres Wesens stellt und damit dieses Wesen allererst umgrenzt. Sich selbst das Gesetz geben ist höchste Freiheit. Die vielbesungene „akademische Freiheit“ wird aus der deutschen Universität verstoßen; denn diese Freiheit war unecht, weil nur verneinend. Sie bedeutete vorwiegend Unbekümmertheit, Beliebigkeit der Absichten und Neigungen, Ungebundenheit im Tun und Lassen. Der Begriff der Freiheit des deutschen Studenten wird jetzt zu seiner Wahrheit zurückgebracht. Aus ihr entfalten sich künftig Bindung und Dienst der deutschen Studentenschaft.

Heidegger führt drei Bindungen an.

Die *erste* Bindung ist die in die Volksgemeinschaft. … Diese Bindung wird fortan festgemacht und in das studentische Dasein eingewurzelt durch den *Arbeitsdienst.*
Die *zweite* Bindung ist an die Ehre und das Geschick der Nation inmitten der anderen Völker. Sie verlangt die in Wissen und Können gesicherte und durch Zucht gestraffte Bereitschaft zum Einsatz bis ins Letzte. Diese Bindung durchdringt künftig das ganze studentische Dasein als *Wehrdienst.*
Die *dritte* Bindung der Studentenschaft ist die an den geistigen Auftrag des Volkes. Dies Volk wirkt an seinem Schicksal, indem es seine Geschichte in die Of-

fenbarkeit der Übermacht aller weltbildenden Mächte des menschlichen Daseins hineinstellt und sich seine geistige Welt immer neu erkämpft. So ausgesetzt in die äußerste Fragwürdigkeit des eigenen Daseins, will das Volk ein geistiges Volk sein. Es fordert von sich und für sich in seinen Führen und Hütern die härteste Klarheit des höchsten, weitesten und reichsten Wissens. Eine studentische Jugend, die früh sich in die Mannheit hineinwagt und ihr Wollen über das künftige Geschick der Nation ausspannt, zwingt sich im Grunde zum Dienst an diesem Wissen. Ihr wird der *Wissensdienst* nicht mehr sein dürfen die dumpfe und schnelle Abrichtung zu einem „vornehmen" Beruf. ... Das Wissen steht nicht im Dienste der Berufe, sondern umgekehrt: die Berufe erwirken und verwalten jenes höchste und wesentliche Wissen des Volkes um sein ganzes Dasein. Aber dieses Wissen ist uns nicht die beruhigte Kenntnisnahme von Wesenheiten und Werten an sich, sondern die schärfste Gefährdung des Daseins inmitten der Übermacht des Seienden. Die Fragwürdigkeit des Seins überhaupt zwingt dem Volk Arbeit und Kampf ab und zwingt es in seinen Staat, dem die Berufe angehören.

Heidegger wollte die Universität auf die sich abzeichnende Zukunft vorbereiten.

Wollen wir das Wesen der deutschen Universität, oder wollen wir es nicht? Es steht bei uns, ob und wie weit wir uns um die Selbstbestimmung und Selbstbehauptung von Grund aus und nicht nur beiläufig bemühen oder ob wir – in bester Absicht – nur alte Einrichtungen ändern und neue anfügen. Niemand kann uns hindern, dies zu tun.
Aber niemand wird uns auch fragen, ob wir wollen oder nicht wollen, wenn die geistige Kraft des Abendlandes versagt und dieses in seinen Fugen kracht, wenn die abgelebte Scheinkultur in sich zusammenstürzt und alle Kräfte in die Verwirrung reißt und im Wahnsinn ersticken läßt.
Ob solches geschieht oder nicht geschieht, das hängt allein daran, ob wir als geschichtlich-geistiges Volk uns selbst noch und wieder wollen – oder ob wir uns nicht mehr wollen. Jeder einzelne entscheidet darüber *mit*, auch dann und gerade dann, wenn er vor dieser Entscheidung ausweicht.
Aber wir wollen, daß unser Volk seinen geschichtlichen Auftrag erfüllt.

Nirgendwo hat Heidegger gesagt, was er unter künftiger Geschichte des Volkes und unter geistigem und geschichtlichem Auftrag des Volkes verstand. Für die antirepublikanische Rechte, der Heidegger angehörte, hatte das neue Deutschland – in einer Volksgemeinschaft geeint und von einem Führer angeführt – den Auftrag, das geistige Banner in einem postliberalen Europa zu tragen. Das war der Sinn der Geschichte. Und diese post-liberale Welt würde kommen – das war das unausweichliche Schicksal – , denn der demokratische Gedanke in Deutschland war schwach, er war undeutsch, er ließ des Vaterlandes geistige und emotionale Energien dahinsiechen.

Heidegger war kein Demokrat. In seiner politischen Mentalität kann man ihn den konservativen Nationalisten zurechnen. Die Weimarer Republik war für ihn eine Aberration, ein widerwärtiges Konstrukt, das intellektuellem Räsonieren und dem Liberalismus Tür und Tor öffnete. Für eine Weile marschierte Heidegger in Hitlers Bewegung, und er sah Möglichkeiten für die Zukunft in ihr. Er hatte Freude daran, seine Studenten in SA-Uniformen zu sehen, er tat alles, seine Universität zu nazifizieren, und er rief laut „Heil Hitler". Wie viele seiner intellektuellen Zeitgenossen war Heidegger ein Möchtegern-Nazi, jedoch einer, der sich unter Nazismus etwas anderes vorstellte als der harte politische Kern dieser Bewegung. Das war ziemlich natürlich, denn Heideggers Philosophie passte in keiner Weise in die Philosophie des nationalsozialistischen Systems. Heidegger – ebenso wie sein Zeitgenosse Karl Jaspers, der andere große existenzialistische Philosoph, und wie Søren Kierkegaard vor ihm – sah das menschliche Individuum als frei an zu wählen, zu denken und zu wollen. Die existenzialistischen Philosophen sahen die rationalistische philosophische Welt als unrealistisch an – und daher als überholt. Aber Jaspers kam nicht umhin, in einem Brief[39] vom 22. Dezember 1945 an einen Freiburger Professor zu schreiben: „Er [Heidegger] und Bäumler [sic] … sind die unter sich sehr verschiedenen Professoren, die versucht haben, geistig an die Spitze der nationalsozialistischen Bewegung zu kommen." In der Tat, Heidegger wäre glücklich gewesen, wenn er die Chance bekommen hätte, die philosophischen Ziele der Hitlerbewegung formulieren und an ihrer Verwirklichung maßgebend mitwirken zu dürfen. Jedoch, selbst wenn Heidegger an die Spitze des deutschen Geisteslebens gelangt wäre, hätte sich am Lauf der Dinge nichts geändert. Geschichte wurde von anderen Leuten gemacht, nicht von Philosophen, nicht einmal von Professor Baeumler.

Heidegger war im Juni 1933 in die NSDAP eingetreten. Man darf ihm glauben, was er dazu nach dem Zusammenbruch 1945 in einer apologetischen Schrift gesagt hat:[40]

---

39 Hugo Ott, Martin Heidegger. Unterwegs zu einer Biographie. Campus Verlag, Frankfurt am Main 1992, S. 317.

40 Vgl. 38, Das Rektorat 1933/34, Tatsachen und Gedanken, S. 33.

In den ersten Wochen meiner Amtstätigkeit [als Rektor] wurde mir zur Kenntnis gebracht, daß der Minister Wert darauf lege, daß die Rektoren der Partei angehören. Eines Tages erschienen der damalige Kreisleiter Dr. Kerber, der stellvertretende Kreisleiter und ein drittes Mitglied der Kreisleitung bei mir auf dem Rektorat, um mich zum Eintritt in die Partei einzuladen. Nur im Interesse der Universität, die im politischen Kräftespiel kein Gewicht hatte, habe ich, der ich vorher nie einer politischen Partei angehörte, der Einladung stattgegeben, aber auch dies nur unter der ausdrücklich anerkannten Bedingung, daß ich für meine Person, geschweige denn als Rektor, niemals ein Parteiamt übernehmen oder irgendeine Parteitätigkeit ausüben werde.

Im Februar 1934 trat Heidegger vom Amt des Rektors der Universität Freiburg zurück. Er hatte wohl eingesehen, dass die Nazis ihn nicht brauchten. Er war ein Philosoph, der zwar den Wunsch gehabt haben mag, die Bewegung geistig anzuführen, der aber die griechischen Philosophen im Kopf hatte, und dessen Philosophie von der Existenz des Menschen in einer mitleidlosen Umwelt handelte. Heidegger war eben kein Baeumler, der ihn überholt und eine auf der Oberfläche einflussreiche Position im Bildungssystem der Nazis erreicht hatte. Heidegger mangelte es an der Brutalität und der Rücksichtslosigkeit, die damals Voraussetzung waren, um nach oben zu kommen. Immerhin hatte er in seiner Rektoratsrede gesagt:[41]

Alle Führung muß der Gefolgschaft die Eigenkraft zugestehen. Jedes Folgen aber trägt in sich den Widerstand. Dieser Wesensgegensatz im Führen und Folgen darf weder verwischt, noch gar ausgelöscht werden.

Heideggers erfolgreicher Versuch, sich nach Ende des Zweiten Weltkrieges von seiner dunklen Vergangenheit reinzuwaschen, wurde von einigen Kollegen und Regierungsbeamten unterstützt. Unterstützung kam auch von einer unerwarteten Seite: von der passionierten jüdischen Philosophin Hannah Arendt, die sich, obwohl sie Grund hatte, mit Heidegger zu brechen, für lange Zeit nicht von seinem Einfluss befreien konnte. In der Verteidigung der Verstrickungen ihres ehemaligen Lehrers – und Liebhabers – in der Nazibewegung wurde sie sogar stillschweigend von Karl Jaspers unterstützt. In der Öffentlichkeit jedoch blieb Jaspers schweigsam, obwohl er von Heidegger während der Nazizeit schlecht behandelt worden war.

41 Vgl. 38, S. 18.

Hannah Arendt stammte aus einer assimilierten jüdischen Familie mit sozialdemokratischen und kosmopolitischen Ansichten. Ihre Eltern waren von Königsberg nach Hannover gekommen. Im Alter von achtzehn Jahren ging sie an die Universität Marburg, um dort bei Heidegger Philosophie zu studieren. Das war zu Beginn des Wintersemesters 1924/25. Es war Heidegger, der das Lehrer-Schülerverhältnis in eine heimliche und stürmische Liebesbeziehung verwandelte – wobei er Gefahr lief, seine berufliche Reputation und seine Ehe zu zerstören. Aber die Heimlichkeit hielt stand. Für Heidegger war die Affäre eine Erfahrung höchsten sexuellen Verlangens und Befriedigung, die er zuvor nicht gekannt hatte. Für Hannah Arendt, die junge Frau, war sie – über das physische Vergnügen hinaus – ein wahr gewordener Traum: der Traum des Überschreitens der traditionellen Barriere zwischen einer deutschen Jüdin und einem arischen deutschen Professor von Weltruf.[42] In dieser Hinsicht wurde sie – obgleich sie das damals noch nicht wissen konnte – auf entwürdigende Weise betrogen.

Hannah Arendt war sich bewusst, dass ihr Verhältnis zu Heidegger in einer Sackgasse enden musste. Sie verließ Marburg 1925, um unter Husserl ihr Studium in Freiburg fortzusetzen. Dort kam ihr ihr Jüdischsein in seiner vollen Bedeutung zum Bewusstsein. Nach einem Jahr verließ sie Freiburg auf Empfehlung Heideggers. Sie wechselte nach Heidelberg, um bei Jaspers zu studieren, der ihr die Sphäre des politischen Denkens eröffnete. Jaspers und Arendt wurden zu lebenslangen Freunden. 1929 erhielt Arendt ihr Doktorat in Philosophie.

In der zunehmend brutalen Atmosphäre der letzten Jahre der Weimarer Republik – die infolge der wachsenden Stärke der Nazibewegung und des unverhohlenen Antisemitismus immer gefährlich wurden – begann Arendt ihre Karriere als Philosophin und politische Soziologin. Gleichzeitig beobachtete sie die freiwillige Gleichschaltung einiger ihrer Freunde mit den Ideen der Nazis. Das war eine tiefgreifende emotionale Erfahrung. Sie war entsetzt, dass Heidegger Hitler als Deutschlands Zukunft willkommen hieß. Im Sommer 1933 wurden Hannah Arendt und ihre Mutter verhaftet, jedoch bald wieder entlassen. Beide flohen aus Deutschland. Sie gingen nach Prag, dann nach Genf. Ende 1933 waren sie in Paris, wo eine beachtliche Gruppe deutscher Emigranten sich versammelt hatte. Alle glaubten,

42 Elżbieta Ettinger, Hannah Arendt, Martin Heidegger, 2. Aufl. Pieper, München 1996.

sie seien in Sicherheit. Ihr angespanntes aber friedliches Dasein dauerte bis deutsche Truppen im Mai 1940 Frankreich überrannten. Die französischen Autoritäten internierten die meisten der deutschen Emigranten, deren sie habhaft werden konnten, und brachten sie nach Gurs, das berüchtigte französische Konzentrationslager in der Nähe eines der Vorberge der Pyrénées-Atlantiques. Hannah Arendt war unter denen, die nach Gurs gebracht wurden, und die auf diese Weise der Gestapo entkommen konnten. Zur Zeit ihrer Verhaftung in Frankreich war Hannah Arendt bereits von ihrem ersten Mann, Günther Stern, geschieden, den sie Ende 1929 geheiratet hatte. Stern, auch ein Student Heideggers, hatte Deutschland ebenfalls 1933 verlassen. Er schaffte es nach Amerika. Er beschaffte die notwendigen Dokumente für Hannah Arendt, ihre Mutter und Heinrich Blücher – den Hannah 1940 in Paris geheiratet hatte – um aus Gurs herauszukommen und 1941 legal in die Vereinigten Staaten einzureisen.

Als Hannah Arendt 1949 zum ersten Mal nach dem Kriege nach Deutschland kam – im Auftrag der Commission on European Jewish Cultural Reconstruction – , um gestohlenes jüdisches Eigentum aufzufinden, war sie eine anerkannte politische Philosophin von außerordentlicher Reputation. Sie war Professorin an der Graduate School der New School for Social Research, Brooklyn College, New York. Sie besuchte Heidegger in Freiburg und Jaspers in Basel. Die Nazis hatten Jaspers 1937 von seinem Lehrstuhl in Heidelberg vertrieben und ihm verboten, irgendetwas zu veröffentlichen. Seine Frau war Jüdin. Nach dem Ende des Krieges wurde er auf seinen Lehrstuhl zurückberufen, ging aber 1948 nach Basel, um seine berufliche Laufbahn fortzusetzen. Heidegger hatte nichts unternommen, um ihm während der Nazizeit zu helfen.

Arendt kam bei anderen Gelegenheiten mehrfach nach Deutschland, um an verschiedenen Universitäten Vorträge und Seminare zu halten. Die Hörsäle waren stets überfüllt. Sie hielt an ihrer Freundschaft mit Jaspers und dessen Frau fest. Sie erreichte eine Wiederannäherung an Heidegger und dessen Frau, hielt aber emotionale Distanz. Sie war dem Einfluss Heideggers entwachsen, dem sie jahrelang erlegen gewesen war.

Hannah Arendt hatte das Glück, der Ausrottungsmaschinerie der Nazis zu entrinnen. Edith Stein, die andere große deutsche Philosophin der damaligen Zeit, hatte dieses Glück nicht. Edith Stein war fünfzehn Jahre älter als Arendt und zwei Jahre jünger als Heidegger. Während Hannah Arendt unter der heraufziehenden antisemitischen Bedrohung erkannte, dass Assimilation eine Sackgasse war, und während sie ihre jüdischen Wurzeln wiederentdeckte und zunehmend aus ihnen Kraft schöpfte, bewegte sich Edith Stein in eine andere Richtung. Beide Philosophinnen jedoch erforschten die Bedingungen der menschlichen Existenz, den Sinn von Leben und Tod und eschatologische Konsequenzen. Beide aber gingen verschiedene Wege im Leben. Und sie gingen verschiedene Wege im philosophischen Denken. Arendt erkannte die Rollen an, die Revolutionen, Verfassungen und Tyrannei und individuelle Freiheit in der Entwicklung der menschlichen Gesellschaft spielen. Sie erforschte die Folgerungen, die aus den Erkenntnissen Immanuel Kants über die Fähigkeit des Menschen, moralisch-ethisch und politisch zu denken, zu ziehen waren. Sie dachte auch über die praktische Seite der Kantschen Lehren nach. Stein dagegen konzentrierte sich auf die Bedeutung der Rechtfertigung des menschlichen Wesens und seine Erlösung durch Jesus Christus.

Nach zwei Jahren an der Universität Breslau, ihrer Geburtsstadt, ging sie im April 1913, vom Ruf des Phänomenologen Edmund Husserl angezogen, dem Sucher der Wahrheit, nach Göttingen. Sie schloss sich dort einem Kreis enthusiastischer Philosophen und konvertierter Juden an, die ihr die unbekannte Welt des Christentums öffneten, protestantisches sowohl als auch katholisches. Den Kontakt mit der geistigen Welt des Judentums hatte sie verloren. Sie glaubte an keinen Gott; sie hoffte, Antworten auf ihre Fragen mit Hilfe wissenschaftlicher und philosophischer Methoden zu gewinnen. Edith Stein arbeitete hart und konzentriert. Im Februar 1915 absolvierte sie ihr Staatsexamen für das höhere Lehramt. Anschließend meldete sie sich aus patriotischem Empfinden freiwillig als Rotkreuzschwester und kam in ein Lazarett in Mähren, wo sie mit dem Leiden und Sterben junger Männer konfrontiert wurde. Zu Weihnachten war sie in Göttingen, um mit Husserl Fragen ihrer Dissertation zu besprechen, an der sie bereits früher im Jahr zu Hause zu arbeiten begonnen hatte, nachdem sie vom Schwesterndienst beurlaubt worden war.

Im Juli 1916 reichte Edith Stein ihre Dissertation bei Husserl ein, der inzwischen von Göttingen nach Freiburg umgezogen war und dort eine ordentliche Professur für Philosophie übernommen hatte. Im August besuchte Stein Freiburg, um ihre mündliche Prüfung abzulegen. Sie bestand mit summa cum laude. Normalerweise war solch ein Abschluss eine sichere Eintrittskarte zur akademischen Welt – vorausgesetzt der Kandidat war männlich. Heidegger hatte seinen Doktor in Freiburg drei Jahre früher mit dem gleichen Resultat erhalten und wurde dort 1915 Privatdozent. (Edith Stein lernte den ehrgeizigen jungen Mann auf einer der vielen von Husserl veranstalteten geselligen Zusammenkünfte kennen.) Im Oktober 1916 kehrte Edith Stein von Breslau nach Freiburg zurück als Husserls Assistentin und Privatsekretärin. Ihre Aufgabe war es, Ordnung in die Notizen des berühmten Philosophen zu bringen. Reibungen zwischen Husserl und Stein und die zunehmende Gewissheit, dass Husserl ihren Wunsch, sich zu habilitieren nicht unterstützen würde, veranlassten Stein, Freiburg im Herbst 1918 zu verlassen, kurz vor Ende des Krieges.

Edith Steins Staatsexamen und ihre Dissertation behandelten das Problem der Einfühlung – die Projektion des eigenen Selbsts in ein anderes, oder die Erfahrung anderer und ihrer Emotionen. Ein Jahr nachdem sie Freiburg verlassen hatte, beendete sie ein Forschungsprojekt, von dem sie hoffte, es würde als Habilitationsschrift angenommen werden. Der Titel war „Psychische Kausalität". Auf Grund dieses Aufsatzes befürwortete Husserl, der Stein keine Position in Freiburg geben wollte, ihren Antrag auf die venia legendi in Göttingen. Er schrieb einen eindrucksvollen Empfehlungsbrief an die dortige philosophische Fakultät, der mit folgenden Worten endete:[43]

> Sollte die akademische Laufbahn für Damen geöffnet werden, würde ich sie [Edith Stein] auf das wärmste empfehlen und auf den ersten Platz für die Zulassung zur Habilitation.

Dieses bemerkenswerte Dokument wurde am 6. Februar 1919 geschrieben. Die Weimarer Nationalversammlung war am 19. Januar gewählt worden, und gesetzliche Gleichberechtigung der Geschlechter war in der Verfassung vorgesehen, die sich in Erarbeitung befand. Der weltberühmte Ordinarius jedoch hielt fest an der traditionellen Ansicht, die Universität sei nur für Männer da. Und er verletzte Edith Steins Menschenwürde – eine Tatsache, unter der sie sehr litt. Ihre Hoffnungen auf eine Karriere in Göttingen wurden enttäuscht; ihre Bewerbung wurde nicht einmal formell in Betracht gezogen. Weitere Bemühungen um Habilitation blieben ebenso erfolglos. In Breslau, wo sie bei ihrer Familie lebte, setzte sie ihre Arbeit an einem zweiten Projekt fort: „Der Einzelne und die Gemeinschaft", welches zusammen mit „Psychische Kausalität" zu Beiträgen zur

43 Waltraud Herbstrith, Edith Stein. Ein neues Lebensbild in Zeugnissen und Selbstzeugnissen, Herder, Freiburg im Breisgau 1983, S. 77.

philosophischen Begründung der Psychologie und der Geisteswissenschaften verarbeitet wurde. Dieses Werk wurde 1922 von Husserl veröffentlicht. Drei Jahre später erschien ihr Aufsatz „Untersuchung über den Staat", ebenfalls in Husserls Annalen. Edith Steins Veröffentlichungen zeigen, dass sie bereits weit auf dem Wege zum katholischen Glauben vorangeschritten war: Der Gläubige soll Gottes Wort befolgen, denn er ist des Menschen oberster Herrscher. Als Folge sich während des Krieges ereignender Tragödien in ihrem philosophischen Freundeskreis wuchs Edith Steins emotionale Bedrängnis. Sie suchte Antworten auf Fragen, die, wenn sie unbeantwortet blieben, zur Verzweiflung führen konnten. Sie sah, dass einige ihrer Freunde Antworten bei Jesus Christus fanden. Sie las die Bibel und las dort:[44]

> Im Anfang war das Wort, und das Wort war bei Gott, und Gott war das Wort. Und das Wort ward Fleisch und wohnte unter uns, und wir sahen seine Herrlichkeit, eine Herrlichkeit als des eingeborenen Sohnes vom Vater, voller Gnade und Wahrheit.

Unter den monotheistischen Religionen ist die christliche die einzige, die Gott als Mensch in Raum und Zeit hat erscheinen lassen. Und dieser Mann, Gottes Sohn, hat das Leid bis zum bitteren Ende auf sich genommen und gleichzeitig die Erlösung des schwachen, sündigen Menschen versprochen.

Am 1. Januar 1922 empfing Edith Stein das Sakrament der Taufe in der katholischen Pfarrkirche des Städtchens Bergzabern, damals eine ruhige Kreisstadt in der Südpfalz, südlich von Landau, nahe der französischen Grenze. Sie war mehrfach zuvor in dieser netten, am Osthang der Haardt gelegenen Kleinstadt gewesen, um ihre philosophische Freundin Hedwig Conrad-Martius zu besuchen, die dort ein Haus besaß. Frau Conrad-Martius, obgleich Protestantin, wurde Edith Steins Taufpatin unter einem Dispens des Bischofs von Speyer, Ludwig Sebastian, der einen erstaunlichen ökumenischen Geist bewies. Edith Stein wählte den Taufnamen Theresia. Das war keine kapriziöse Wahl. Sie hatte die Werke der großen religiösen Schriftstellerin, Reformerin des Ordens der Karmeliterinnen und Heiligen des sechzehnten Jahrhunderts, Theresia von Ávila, sorgfältig studiert und fühlte sich zu ihr hingezogen, da die Heilige wie sie selbst den Ruf Gottes vernommen und den Drang verspürt hatte, sich dem Geist

44 Johannes 1, 1 und 1, 14 (Martin Luthers Übersetzung).

der Welt und der philosophischen Mitarbeit an ihm zu widmen. Einen Monat nach ihrer Taufe, am 2. Februar, wurde Edith Stein von Bischof Sebastian in seiner Privatkapelle im Dom zu Speyer gefirmt. Die Daten ihrer Taufe und Firmung – die Daten der Beschneidung Jesu und seines Einzuges in den Tempel und der Reinigung der Jungfrau Maria (Lichtmess) – sind symbolisch für ihre Position zwischen den jüdischen und christlichen Sphären.

Einflussreiche Männer der katholischen Kirche bestätigten Edith Stein, dass ihre philosophischen und pädagogischen Talente gefragt waren. Nach Ostern 1923 begann sie ihre Lehrtätigkeit als Germanistin und Historikerin an der Mädchenschule und dem Lehrerseminar des Speyrer Dominikaner-Konvents St. Magdalena. Sie war dort acht Jahre lang tätig. Edith Stein reiste ausgiebig, um Vorträge zu halten, besonders zu Fragen der Emanzipation der Frauen, der Sexualität, der weiblichen Persönlichkeit in Familie und Gesellschaft und zur Rolle der Frau im wirtschaftlichen Leben. Ihr scheinbarer Liberalismus war jedoch von den traditionellen katholischen Positionen zu diesen Themen gemildert.

In Speyer setzte Edith Stein ihre philosophische Arbeit fort. Auf Anraten eines ihrer geistlichen Berater wandte sie sich der Philosophie und Theologie des Thomas von Aquin zu, des Heiligen und profunden Schriftstellers des italienischen dreizehnten Jahrhunderts. Sie konzentrierte sich auf die zehn Debatten des Aquinus, Quaestiones disputatae de veritate, und brachte eine ziemlich freie Übersetzung heraus, die 1931/32 veröffentlicht wurde und die die Spannung zwischen den Aussagen des Aquinus und ihren eigenen phänomenologischen Ansichten zum Ausdruck bringt. Sie ging noch darüber hinaus. In einer Abhandlung stellte sie die rationale Philosophie der Philosophie des Aquinus gegenüber. Dieser Text wurde 1929 in einem Sonderband aus Anlass des siebzigsten Geburtstags von Edmund Husserl abgedruckt. Der Titel der Abhandlung war: „Husserls Phänomenologie und die Philosophie des hl. Thomas v. Aquino“. Derselbe Band enthielt den berühmten Beitrag Heideggers „Vom Wesen des Grundes“. Mit ihrer Thomas-Monographie kehrte Edith Stein als große Philosophin in die Öffentlichkeit zurück.

Im Frühjahr 1931 gab Edith Stein ihre Stelle bei den Dominikanern in Speyer auf und versuchte noch einmal, sich zu habilitieren. Ein halbes Jahr zuvor hatten die Nazis in den Reichstagswahlen das beachtliche Resultat von achtzehn Prozent der Stimmen erhalten. Stein schrieb einen tiefgründigen Aufsatz über Macht und Energie im Aristotelisch-Thomasiusschen Sinne und wandte sich an die Universitäten Breslau und Freiburg. Breslau lehnte höflich ab. Ein Besuch bei Heidegger in Freiburg fiel enttäuschend aus. Er war nicht willens sie zu unterstützen bei ihrem Versuch, in Freiburg die venia legendi als katholische Philosophin zu erhalten. Heidegger und Stein hatten sich zwei Jahre zuvor anlässlich Husserls Geburtstagsfeier wiedergesehen, und er war sich der Richtungsänderung in ihrer philosophischen Arbeit wohl bewusst. Er kannte auch ihre persönlichen Lebensumstände. Aber Heidegger hatte wahrscheinlich Recht, dass es besser sei, sich nicht für Edith Stein einzusetzen. Seine Intervention wäre wohl sogar kontraproduktiv gewesen. Er hatte nämlich dem katholischen Glauben den Rücken gekehrt, während das jüdische Fräulein Doktor diesem Glauben ihr ganzes Herz dargeboten hatte. Husserl schrieb eine Empfehlung; andere Freiburger Professoren waren freundlich, ohne Hilfe anzubieten. Edith Stein sah ihre letzte Chance zur Habilitation entschwinden. Für die vierzigjährige Frau war das eine traumatische Erfahrung.

Nach einem Jahr, das sie bei ihrer Familie in Breslau zugebracht hatte, erhielt Edith Stein einen Ruf als Dozentin an das Deutsche Institut für wissenschaftliche Pädagogik in Münster. Dieses Institut, eine Lehrerbildungsanstalt, bot ihr die Gelegenheit, Vorlesungen über christliche Erziehung und deren wissenschaftliche Begründung zu halten. Sie war in ihrer neuen Stellung nicht sonderlich glücklich. Anscheinend hat sie den Unterschied zwischen einer pädagogischen Hochschule und einer Universität nicht rechtzeitig erkannt. Weder sie noch ihre Studenten waren zufrieden. Wie auch immer; ein Jahr später, als Hitlers antisemitische Gesetzgebung wirksam wurde, bat man Edith Stein, im kommenden Semester keine Vorlesung mehr zu halten. Sie war sich völlig im Klaren darüber, dass das Ende ihrer beruflichen Karriere gekommen war und dass sie wahrscheinlich Schlimmeres erwartete – und dass das für alle deutschen Juden galt.

Tief in ihrem Inneren entdeckte Edith Stein wieder den Wunsch, sich ganz dem religiösen geistigen Leben zu widmen. Im Juni 1933 wurde sie in den Ordo Carmelitarum Discalceatarum in Köln aufgenommen, einem Zweig des alten kontemplativen Karmeliterordens. Dieser Orden war von Theresia von Ávila reformiert worden und entwickelte sich zur Zeit der Gegenreformation zu einer Bastion des katholischen Glaubens. Vier Monate später wurde sie Postulantin. Am 15. April 1934 nahm sie den Schleier und wurde eine sponsa Christi unter dem Namen Teresa Benedicta a Cruce. Ein Jahr danach trat sie dem Orden formell bei. Die Mauern des Konvents trennten sie von der zunehmend barbarischen Außenwelt. Mit ihrer grenzenlosen Energie stürzte sie sich in ihre Arbeit, um ihr Hauptwerk, die Summa philosophica-theologica, zu schreiben, das im Jahre 1950 posthum unter dem Titel „Endliches und Ewiges Sein, Versuch eines Aufstiegs zum Sinn des Seins" veröffentlicht wurde. Edith Stein sah nur unvollständige Druckfahnen von ihrem Breslauer Verleger, der zuvor ihr Buch „De veritate" herausgebracht hatte, im Jahre 1939 aber den Mut zum Weitermachen verloren hatte. Für Edith Stein stellte der Glaube an Gott die Quelle philosophischer Erkenntnis dar. Dieser Glaube war für sie die unbedingt notwendige Voraussetzung für ein vernünftiges und zweckvolles menschliches Dasein in der Welt, in der wir leben. Von Edith Steins Standpunkt ist die christliche Philosophie die krönende Vollendung der scholastischen Theologie. Menschliche Vernunft und göttliche Offenbarung wurden von ihr zur Synthese gebracht.

Nach den entsetzlichen Ereignissen der Kristallnacht wurde Edith Stein, die ein halbes Jahr zuvor die Gelübde einer Nonne abgelegt hatte, zu einer Belastung für den Kölner Karmel. Die Unterscheidung zwischen Juden und zum Christentum konvertierten Juden war bereits zusammengebrochen, als die spanische Inquisition darauf bestand, dass sogar getaufte Juden von unreinem Blute seien.[45] Steins Lage wurde zunehmend unsicher. Klostermauern boten einer jüdischen Nonne keinen Schutz mehr. Pläne, Edith Stein in den Karmel in Bethlehem zu bringen oder in die Vereinigten Staaten – wo ein Schwager Zuflucht gefunden hatte – zerschlugen sich. Am 1. Januar 1939 traf soror Benedicta im Karmel Echt in den Niederlanden ein, ungefähr achtzig Kilometer nordwestlich von Köln, in der Diözese Roermond, gleich auf der anderen Seite der Grenze. Ihre Schwester Rosa Stein, die ebenfalls zum katholischen Glauben übergetreten war, kam 1940 ebenfalls nach Echt. Wenige Wochen nach ihrer Ankunft überrannten die deutsche Armee die Niederlande. Edith und Rosa Stein versuchten zu entkommen, aber Pläne, im Frühjahr 1942 in die Schweiz zu gelangen, konnten nicht mehr verwirklicht werden. Trotz der bedrückenden Gewissheit, dass früher oder später etwas Schreckliches geschehen werde, schrieb Edith Stein ihr Werk Scientia Crucis, eine Interpretation der mystischen Theologie des Karmeliters Juan de la Cruz, der sich Theresia von Ávila in ihren Reformbemühungen angeschlossen hatte. Bald

45 James Carroll, Constantine's Sword, Houghton Mifflin Co. Boston 2001, Teil 5.

nach der Besetzung der Niederlande begann Himmlers SS die Jagd auf die holländischen Juden und brachte die, deren sie habhaft wurden, in Konzentrationslager, trotz der Proteste des holländischen Episkopats. Am 2. August 1942 wurde der Verhaftungsbefehl auf die katholischen Juden ausgedehnt. Zwei SS-Leute verhafteten Edith und Rosa Stein. Fünf Tage später wurden ungefähr 1 000 Juden, die beiden Schwestern unter ihnen, mit der Eisenbahn nach Auschwitz gebracht. Am 9. August wurden die Schwestern Stein vergast. In Deutschland gab es keinen Protest. Ungefähr ein Jahrhundert zuvor hatte der österreichische Dichter Franz Grillparzer prophetisch geäußert:[46] „Der Weg der neueren Bildung geht von Humanität durch Nationalität zur Brutalität."

Am 1. Mai 1987 sprach Pabst Johannes Paul II. Edith Stein, „die große Tochter des jüdischen Volkes", selig. Elf Jahre später, am 11. Oktober 1988, sprach er sie heilig.

Im Januar und Februar 1933 waren alle, die keinen Grund zum Jubeln hatten, in gedrückter Stimmung. Individuelle und bürgerliche Freiheiten waren mit dem Gesetz zum Schutz von Volk und Staat abgeschafft worden. Die zivilisierte Gesellschaft in Deutschland brach zusammen. Plötzlich gab es eine Mehrheit von „Heil"-Rufern; die Minderheit der anständigen Leute wurde an den Rand gedrückt. Mitte März 1933 verabschiedete der Reichstag das Ermächtigungsgesetz. Vorbereitungen für den nationalen Boykott jüdischer Geschäfte, Ärzte und Rechtsanwälte wurden getroffen. Die allgemeine Stimmung wurde von Hitler und seinen Agitatoren aufgeputscht zu Neid, Hass und Brutalität. Millionen von arbeitslosen SA-Leuten wollten auf Kosten ihrer Gegner die Früchte der Revolution ernten. Die neue Regierung benutzte diese schäbigen Instinkte als Machtmittel. Studenten, die früher still und aufmerksam in den Hörsälen gesessen hatten, entdeckten plötzlich ihre braunen Seelen und waren der Meinung, sie könnten nicht länger tolerieren, von jüdischen Professoren unterrichtet zu werden. Einige Professoren glaubten, es sei Zeit, die jüdischen Kollegen loszuwerden, von denen sie meinten, es gäbe von ihnen eh zu viele. Manche Privatdozenten glaubten, sie könnten Lehrstühle erhalten, wenn man die jüdischen Inhaber erst einmal hinausgeworfen hätte. In der Tat, viele dieser jungen Leute erreichten, was sie haben wollten. Nazi-

46 Franz Grillparzer, Sämtliche Werke. Ausgewählte Briefe, Gespräche, Berichte. Peter Frank und Karl Pörnbacher Hrsg., Hanser-Verlag, München 1960, Bd. I, S. 500.

Mentalität und Karrierewünsche gingen Hand in Hand. Hitler machte sich keine Sorgen um die Universitäten. Für ihn und den normalen Nazi waren sie nur Relikte der bürgerlichen und veralteten monarchischen Zeit. Ihre Tradition jedoch machte die Universitäten zu potenziellen Zentren der Unzufriedenheit und Gegenrevolution. Wenn es schon nicht angebracht war, sie gänzlich zu eliminieren, so sollten sie doch unter die Kontrolle der Nazis gebracht werden. Ihre akademische Freiheit musste abgeschafft werden, und die Juden hatten zu verschwinden.

In den ersten Monaten des Jahres 1933 war Richard Courant, Ordinarius für Mathematik in Göttingen, tief beunruhigt über die Zukunft seiner Universität. Er hatte Vorbereitungen getroffen, einige Wochen mit seiner Familie und seinen Assistenten im schweizerischen Arosa zu verbringen. Er und seine Begleitung verließen Göttingen Anfang März, am Ende des Wintersemesters. Als er die schockierenden Nachrichten aus Deutschland vernahm, entschloss er sich, nach Göttingen zurückzukehren. Er ließ seine Familie und seine Assistenten in Arosa zurück. Er kam zu Hause an mit Sorge über die Zukunft seiner Forschungsarbeiten und über das Schicksal der Juden, die zusammen mit den Kommunisten zu Erzfeinden des deutschen Volkes erklärt worden waren. Es schien, als ginge alles weiter wie bisher, als sei nichts passiert. Das Vorlesungsverzeichnis[47] der Universität Göttingen für das Wintersemester 1932/33 führt die Namen der Mitglieder der mathematischen und naturwissenschaftlichen Fakultät auf. Darunter sind die der ordentlichen Professoren Hilbert (von offiziellen Aufgaben befreit), Herglotz, Landau, Courant und Weyl und die der außerordentlichen Professoren Bernays, Noether und Neugebauer. Einer der genannten Dozenten war Lewy. Sie alle hatten vor, Vorlesungen im Sommersemester anzubieten, das am 20. April begann. Nicht alle hatten Gelegenheit, ihre Vorlesungen auch zu halten.

Als Courant aus der Schweiz zurückkam, war gerade das Gesetz zur Wiederherstellung des Berufsbeamtentums angenommen worden, mit dem beabsichtigt war, Juden und andere „Unzuverlässige" loszuwerden. Das Gesetz enthielt jedoch eine Klausel, nach der Juden, die vor dem 1. August 1914 Beamte geworden waren, oder die im Ersten Weltkrieg an der Front für Deutschland gekämpft hatten, oder deren Söhne gefallen wa-

47 Academia Gottingensia 1933-1938, Georg August-Universität zu Göttingen, Dieterichsche Universitäts Buchdruckerei, Göttingen. Amtliches Namenverzeichnis Winterhalbjahr 1932/33; Verzeichnis der Vorlesungen Sommerhalbjahr 1933, S. 14-19.

ren von den Bestimmungen ausgenommen waren. Die eine oder andere dieser Ausnahmen traf in Göttingen auf die Mathematiker Landau und Courant zu, nicht aber auf Emmy Noether. Sie traf zu auf den Physiker James Franck, aber nicht auf seinen Kollegen Max Born. Ende April ging das Gerücht um, dass jüdische Professoren beurlaubt werden sollten; am 5. Mai wurde dies Realität. Courant, Noether, Franck und Born wurden offiziell von ihrem Beurlaubungsstatus benachrichtigt. Tatsächlich weist die offizielle Liste der Namen der Göttinger Mathematiker im Sommersemester Courant und Noether als „beurlaubt" aus. Hilbert steht noch auf der Liste und auch Landau, der zwei Vorlesungen geben wollte. Für das Wintersemester 1933/34 fehlen die Namen von Noether und Weyl, und für das Sommersemester fehlt Courants Name.

Der Nobelpreisträger Franck, der schon seit 1920 Professor der Physik war, hatte vor dem 5. Mai seinen Rücktritt eingereicht. Für eine Weile gab er seine Seminare zu Hause. 1935 nahm er einen Lehrstuhl an der Johns Hopkins Universität in Baltimore an. Max Born war seit 1921 Professor für theoretische Physik in Göttingen. Er verließ Deutschland Ende Mai und ging nach Cambridge. Im Jahre 1954 erhielt Born den Nobelpreis.

Edmund Landau war seit 1909 Ordinarius in Göttingen und blieb Fakultätsmitglied. Studenten in Braunhemden boykottierten jedoch seine Vorlesung und verlangten in tumultartigen Szenen „deutsche Mathematik". Landau trat zurück und wurde Privatmann. Er starb am 19. Februar 1938, neun Monate vor der Kristallnacht. Emmy Noether, die von Studenten ebenso schäbig behandelt wurde wie Landau, nahm eine Professur am Bryn Mawr College, Pennsylvania, an.

Drei Jahre später erhielten die deutschen Akademiker, die nach „Deutschen Wissenschaften" geschrien hatten, was sie haben wollten. Im Januar 1936 erschien die neue Zeitschrift *Deutsche Mathematik,* herausgegeben von Professor Theodor Vahlen an der Universität Greifswald. Sie wurde von Professor Ludwig Bieberbach von der Universität Berlin editiert. Beide waren aufgrund ihrer wissenschaftlichen Leistungen weithin bekannte Mathematiker. Bieberbach war Nazisympathisant und Antisemit; Vahlen ein begeisterter Nazi der ersten Generation. Von 1925 bis 1927 fungierte er als Gauleiter von Pommern[48] und kooperierte eng mit den Brüdern Strasser in Bestrebungen, nationalsozialistische Programme zu formulie-

48 Peter Hüttenberger, Die Gauleiter, Studie zum Wandel des Machtgefüges in der NSDAP. Deutsche Verlags-Anstalt, Stuttgart 1969, S. 29, 33f., 233.

ren und die nationalsozialistische Doktrin in der Zeitschrift *Der nationale Sozialist* zu verbreiten, die in einer kleinen Druckerei hergestellt wurde, die Vahlen gehörte. Vahlen, der auch im Berliner Erziehungsministerium tätig war, mischte sich gern unter die SA-Führer der Greifswalder Region, wenn immer er in der Stadt war, um seine Vorlesungen zu halten. Trotz aller seiner Bemühungen gelang es Vahlen – wie auch vielen anderen – nicht, sich die Gunst der Nazis auf Dauer zu erhalten. Die erste Ausgabe von *Deutsche Mathematik* öffnete mit einem Vorwort der Herausgeber:[49]

> „Deutsche Mathematik" gibt ein lebendiges Bild von der gesamten mathematischen Arbeit deutscher Volksgenossen. Sie beschränkt sich daher nicht darauf, neue Ergebnisse in mehr oder weniger ausführlicher Form unverzüglich bekannt zu machen, sondern sie bietet auch in belehrenden Aufsätzen den Mathematikern aller Art vom Studierenden bis zum Lehrer und Forscher in einer angemessenen Form Anregung. ... Dem mathematischen Leben in Versammlungen, Lagern, Arbeitsgemeinschaften, Fachschaften an den Hochschulen sowie den schaffenden Volksgenossen selbst gilt unsere Aufmerksamkeit. Wir werden Stellung nehmen zu den Erscheinungen des mathematischen Lebens und dabei unser Gesicht zeigen und wahren. Wir dienen der deutschen Art in der Mathematik und wollen sie pflegen. Wir sind nicht allein auf dieser Welt: Andere Völker haben den gleichen Anspruch auf die Auswirkung ihrer Eigenart in der mathematischen Betätigung. Mannigfache Berührung besteht zwischen der mathematischen Arbeit der verschiedenen Völker. ... Doch sehen wir alles unter den Gesichtspunkten der mathematischen Leistung unseres Volkes. Ihr gilt unsere Arbeit, eingedenk der Tatsache, daß auch mathematisches Schaffen sich um so kräftiger entfaltet und damit auch zu um so größerer Bedeutung für die Mitwelt gelangt, je tiefer es in einem Volkstum verwurzelt ist.

In diesem Editorial legen sich die Herausgeber nicht eindeutig fest, die Richtung jedoch, in die sie marschieren wollten, ist völlig klar. Das Journal war offen für Beiträge von Studenten und jungen Fakultätsmitgliedern. Diese hatten sich zumeist bereits nazifiziert; sie hatten die vergifteten Doktrinen der Nazis bereits in ihren beschränkten Horizont aufgenommen. Sie waren nun bereit, ihre unausgegorenen Ergüsse in der neuen Zeitschrift zu veröffentlichen. Etliche Aufsätze zeigen die Richtung, in die die deutsche Mathematik sich künftig entwickeln würde.

49 Deutsche Mathematik. Die folgenden Zitate finden sich in den Heften I, 1. Januar 1936, S. 1, 8, 8-9; II, 2. Mai 1936, S. 116; III, 3. Juli 1936, S. 263-265; I, 6. Januar 1937, S. 705-711.

[Es muß] die in der Mathematik ungeheuer wichtige Frage des Einflusses der Juden mit bearbeitet werden. ... Unser Kampfziel an der Hochschule ist die deutsche völkische Wissenschaft und die nationalsozialistische Universität des Dritten Reiches. Der Appell ergeht an alle Kameraden, sich hierfür in einsatzbereiter Mitarbeit zur Verfügung zu stellen.

Dasselbe Heft von *Deutsche Mathematik* enthält einen Artikel mit dem Titel „Mathematiker oder Jongleur mit Definitionen?" Erhard Tornier – zur Zeit der Veröffentlichung seines Artikels Professor in Berlin und Mitglied der Schriftleitung – war 1933 an der mathematischen Fakultät in Göttingen der führende Nazi-Agitator gegen Courant und Landau gewesen. Er hatte den von Landau freigemachten Lehrstuhl übernommen und war zum geschäftsführenden Direktor des Instituts ernannt worden. Unter Torniers Leitung versank es im Chaos. Tornier hielt die „Beantwortung der Jongleurfrage" für eine notwendige Bedingung für deutsche Mathematik.

Es ist nämlich die typisch jüdisch-liberalistische These, Kriterium des Daseinsrechtes einer mathematischen Theorie sei ihre „ästhetische Schönheit", womit ein logisch geschlossener – bestenfalls noch einfacher – Aufbau auf Definitionen gemeint wird.

Kriterium des Daseinsrechtes einer mathematischen Theorie kann für uns aber allein ihre Anwendbarkeit sein, und zwar Anwendbarkeit in einer ganz klaren Bedeutung.

Angewandte Mathematik (ich grenze so ab, weil der Sprachgebrauch schwankt) im wörtlichen Sinne sind alle die mathematischen Theorien, die geschaffen sind, außermathematische Fragen im einzelnen zu lösen oder aber ganze solche Fragenkreise geistig zu vereinigen. Leistet das ein Zweig der angewandten Mathematik, so hat er Lebensrecht, sonst ist er bestenfalls ein unvollständiger Anfang, wenn weiterer Ausbau ihm zu diesem Ziele verhelfen kann, oder er ist ein Dokument jüdisch-liberalistischer Illusionstechnik, entsprungen dem Intellekt von Artisten, die mit Definitionen jonglieren.

Das entsprechende Kriterium gibt es für die Sinnerfülltheit reinmathematischer Theorie. Auch die reine Mathematik nämlich hat reale Objekte – wer das wegdiskutieren will, ist ebenso Vertreter jüdisch-liberalistischen Denkens wie jeder philosophische Solipsist – das sind in der Hauptsache die natürlichen Zahlen und die geometrischen Gebilde. ... [Eine Theorie ist entweder anwendbar] oder aber sie ist ein Dokument jüdisch-liberalistischer Vernebelung, entsprungen dem Intellekt wurzelloser Artisten, die durch Jonglieren mit objektfremden Definitionen sich und ihrem gedankenlosen Stammpublikum mathematische Schöpferkraft vorgaukeln, einem Stammpublikum, das froh ist, langsam einige Tricks abzulernen, um vor noch Bescheideneren damit zu glänzen als Rastellis dritter Güte.

Nebenbei bemerkt, Enrico Rastelli, der 1931 starb, war italienischer Jongleur von ansehnlichem Talent und artistischer Reputation.

Ein anderer Autor in *Deutsche Mathematik* war spezifischer, als er den Zugang zum Begriff des Differentialquotienten, der von deutschen Mathematikern, Bieberbach unter ihnen, benutzt wurde, mit dem verglich, den der Jude Edmund Landau in seinem neuesten Buch bevorzugte. Nach Auffassung des Artikelschreibers demonstrierte der Landausche Weg den jüdischen Geist in der Mathematik. Landau und andere waren jedoch führend in der mathematischen Forschung. Die jungen nationalsozialistischen Mathematiker und ihre Mentoren waren erfüllt von einer Mischung aus Blut-und-Boden-Romantik und tödlichem Hass. Ein weiterer Mitarbeiter der Zeitschrift *Deutsche Mathematik* schrieb:

Wo immer du am Werke bist, du bist Deutscher. Wer dieses in seiner Einzigartigkeit gottgewollte Schicksal verleugnet, um artwidrigem Geiste zu dienen, versperrt die Quellen eigener Kraft und begibt sich in Abhängigkeit und Knechtschaft. ... Daseinsrecht hat insbesondere die Mathematik dann, wenn sie kraftvoller Ausdruck nordisch-deutschen Geistes ist.

Diese Art von Unsinn wurde über zwei Seiten einer wissenschaftlichen Zeitschrift ausgebreitet. Der Autor wurde ein angesehener angewandter Mathematiker und hatte bis lange nach 1945 einen Lehrstuhl inne. Das Januar-Heft des Jahres 1937 von *Deutsche Mathematik* enthält einen Aufsatz mit dem Titel „Kepler-Newton-Einstein – ein Vergleich“, der folgendermaßen beginnt:

Unser Meister Philipp Lenard hat uns, wie Sie alle wissen, jüngst ein Werk geschenkt, dem er den Titel „Deutsche Physik“ gegeben hat. Dieser Begriff klingt allen jenen peinlich und sinnlos in den Ohren, die zeit ihres Lebens dem Trugbild einer internationalen Wissenschaft nachgejagt und dabei schließlich in die Hände des Juden gefallen sind.

Die „nordischen“ Wissenschaftler Johannes Kepler und Isaac Newton werden dem „typischen Juden“ Albert Einstein entgegengestellt. Mit verworrenen Argumenten versucht der Autor zu zeigen, dass nordische Wissenschaft eine Sache des Lebens, des Geistes und der Seele ist, während jüdische Wissenschaft Auswuchs einer materialistischen Geistes- und Seelenhaltung sei. Er fragt dann:

Wie kommen wir zu einer deutschen Wissenschaft? Wir antworten: Nicht willkürlich dilettantische Weltsysteme und Vorstellungen hervorzaubern kann der Inhalt einer neuen, nationalsozialistischen Wissenschaft sein – daraus könnte nur unendlicher Schaden erwachsen – , sondern ehrfurchtsvolles Sichhineinversenken in die Natur selbst und ihre großen nordischen Forscher und Sinndeuter, um dort deutsches Wesen in herrlicher Fülle zu finden. Im übrigen: Halten wir alles, was aus der Hand des Juden kommt, von uns ferne und seien wir Deutsche und Nationalsozialisten in all unserem Tun und Denken!

Ein Kommentar zu derart abstrusen Gedanken ist sicher überflüssig.

Wie viele andere deutsche Akademiker – berühmte und weniger berühmte – nahm „unser Meister“ Philipp Lenard (angesehener Experimentalphysiker und Nobelpreisträger, der 1931 die Universität verließ, aber Direktor des Radiologischen Instituts in Heidelberg blieb) wie es scheint mit Freuden die Philosophie der Nationalsozialisten an, besonders deren eliminationistische Komponente. Mit allen Mitteln versuchte er, sämtliche Beiträge jüdischer Forscher zur Physik auszumerzen. Er schrieb ein Lehrbuch mit dem Titel „Deutsche Physik“, eine Monographie in vier Bänden zu den Themen Mechanik, Akustik und Wärme, Optik und Elektrizität. Das Werk erschien 1936. Im Vorwort zum ersten Band, Bezug nehmend auf den Titel, schreibt Lenard:[50]

„Deutsche Physik?“ wird man fragen. – Ich hätte auch arische Physik oder Physik der nordischen Menschen sagen können, Physik der Wirklichkeits-Gründer, der Wahrheits-Suchenden, Physik derjenigen, die Naturforschung gegründet haben. – „Die Wissenschaft ist und bleibt international!“ wird man mir einwenden wollen. Dem liegt aber immer ein Irrtum zugrunde. In Wirklichkeit ist die Wissenschaft, wie alles was Menschen hervorbringen, rassisch, blutmäßig bedingt.

Offenbar waren Jean Sylvain Bailly und Johannes Kepler anderer Meinung. Internationalismus war für Kepler eine Grundhaltung der Wissenschaft gegenüber. Zu dieser Einstellung war Kepler aus persönlichen Erfahrungen in einer gewalttätig-unruhigen Zeit gelangt.

Lenard fährt in seinem Vorwort fort:

Es ist wichtig, die „Physik“ des jüdischen Volkes hier ein wenig zu betrachten, weil sie ein auffallendes Gegenstück zur deutschen Physik ist und diese bei Erkenntnis des Gegensatzes wohl für viele erst ins rechte Licht setzt. Wie alles Jüdische ist auch die jüdische Physik erst seit kurzem überhaupt einer unbefangenen öffentlichen Betrachtung zugänglich geworden. Sie hatte sich lange versteckt und

50 Philipp Lenard, Deutsche Physik, Bd. I, Einleitung und Mechanik, I. F. Lehmanns Verlag, München 1936, S. IX-XV.

zögernd entwickelt. Mit Kriegsende, als die Juden in Deutschland herrschend und tonangebend wurden, ist sie in ihrer ganzen Eigenart plötzlich überschwemmungsartig hervorgetreten. Sie hat dann alsbald auch unter vielen Autoren nichtjüdischen oder doch nicht rein jüdischen Blutes eifrige Vertreter gefunden. Um sie kurz zu charakterisieren, kann am gerechtesten und besten an die Tätigkeit ihres wohl hervorragendsten Vertreters, des wohl reinblütigen Juden A. Einstein, erinnert werden. Seine „Relativitäts-Theorien“ wollten die ganze Physik umgestalten und beherrschen; gegenüber der Wirklichkeit haben sie aber nun schon vollständig ausgespielt. Sie wollten wohl auch gar nie wahr sein. Dem Juden fehlt auffallend das Verständnis für Wahrheit, für mehr als nur scheinbare Übereinstimmung mit der von Menschen-Denken unabhängig ablaufenden Wirklichkeit, im Gegensatz zum ebenso unbändigen als besorgnisvollen Wahrheitswillen der arischen Forscher.

Der Jude hat kein merkliches Fassungsvermögen für andere Wirklichkeiten als etwa die des menschlichen Getriebes und der Schwächen seines Wirtsvolkes. Dem Juden scheint wunderlicherweise Wahrheit, Wirklichkeit, überhaupt nichts Besonderes, von Unwahrem Verschiedenes zu sein, sondern gleich irgendeiner der vielen verschiedenen, jeweils vorhandenen Denkmöglichkeiten. Daß daraus vollständige Ungeeignetheit für Naturforschung hervorgeht, ist selbstverständlich; jedoch wurde das durch Rechenkunststücke verdeckt, und die dem ungehemmten Juden eigene Frechheit, zusammen mit der geschickten Zusammenhilfe seiner Rassegenossen, ermöglichte den großen Aufbau von jüdischer Physik, der schon Bibliotheken füllt. Die dem jüdischen Geist eigene Eiligkeit, mit unerprobten Gedanken hervorzutreten, wirkte sogar ansteckend; sie verschafft allerdings persönliche Vorteile (Judenbeifall, Priorität), wirkt aber herunterziehend fürs Ganze. Die großen arischen Forscher scheuten sich, mit Unsicherem hervorzutreten; sie wendeten sich vielmehr still vor allem dazu, ihre neuen Gedanken an der Wirklichkeit zu prüfen, um nicht Vermutungen, sondern anerkannte Tatsachen zu bringen. So entstanden Veröffentlichungen von reichem, neuen Tatsachen-Inhalt, die jeweils Marksteine des Fortschritts der Naturerkenntnis bedeuteten. In der jüdischen Physik wird schon jede Vermutung, die nachher nicht ganz verfehlt sich zeigt, als Markstein gewertet. Die arische Art der Tätigkeit wird aber mit solcher Wertung stillgelegt, und es ist in dieser Hinsicht schon eine sehr merkliche Auswirkung erfolgt. Der Fremdgeist wirkt lähmend; alles Rassenfremde ist dem deutschen Volke schädlich.

Die jüdische „Physik“ ist somit nur ein Trugbild und eine Entartungserscheinung der grundlegenden arischen Physik. Es war nötig, dies hier ausdrücklich hervorzuheben; denn erst aus dem Klarwerden des Gegensatzes zwischen jüdischer und arischer Physik kann die verlorengegangene volle Würdigung der letzteren wieder erstehen.

Das Vorwort zu Lenards Werk endet folgendermaßen:

> Das deutsche Volk ist nun schon 30 Jahre lang naturwissenschaftlich mit den Errungenschaften eines Rasse- und Volk-Fremden und seiner Anhänger und Nachfolger gefüttert worden, und dies wird noch fortgesetzt. Es wird aber das Volk, das einen Kopernikus, Kepler, Guericke, Leibniz, Frauenhofer, Rob. Mayer, Mendel, Bunsen und Kirchhoff hervorgebracht hat, sich wieder zu finden wissen, ebenso wie es als Erbe Friedrichs des Großen und Bismarcks politisch wieder einen Führer eigenen Blutes gefunden hat, der es aus der Verwirrung des ebenfalls rassefremden Marxismus befreit hat. In diesem Vertrauen habe ich das Werk geschrieben, und im besonderen Vertrauen auf die Führung des deutschen Volkes im Dritten Reich gebe ich es heraus.

Lenard hat seinem vierbändigen Werk auch eine Widmung vorangestellt: „Dem Herrn Reichs- und Preußischen Minister des Inneren Dr. Frick, dem Förderer großer Forschung im Dritten Reich verehrungsvoll gewidmet vom Verfasser."

Lenard war ein Mann mit vielen Charakterfehlern, ein schwieriges Individuum, nichtsdestoweniger ein großer Experimentalphysiker, jedoch sicher kein Theoretiker. Er glaubte, dass man Physik ohne Mathematik betreiben könne. Anscheinend hat er die Bedeutung der Einsteinschen Erkenntnisse nie völlig verstanden und wusste auch die mathematischen Beiträge von Bernhard Riemann und Hermann Minkowski zu den Grundlagen der modernen Physik nicht zu würdigen, in der Einsteins Theorien einen integralen Teil ausmachen.

Lenards Beschreibung des jüdischen Geistes – wie er ihn sah – im Gegensatz zum deutschen erinnert an eine ähnliche Dichotomie, die Heinrich von Treitschke sechzig Jahre zuvor aufgestellt hatte, als er den „großen Gegensatz zwischen dem schwerfälligen und doch so wunderbar tiefen und schöpferischen germanischen Wesen und diesem beweglichen und doch so unfruchtbaren Semitentum" zu erkennen glaubte.[51] Unterschiede zwischen jüdischem und nichtjüdischem Denken sind verschiedentlich postuliert worden. Aber abweichend von den negativen Bewertungen Treitschkes und Lenards haben andere, zum Beispiel Felix Klein über den

51 Heinrich von Treitschke, Aufsätze, Reden und Briefe, Hendel, Meersburg 1929, Bd. IV, S. 63.

jüdischen Mathematiker Leopold Kronecker, die Betonung anders gesetzt:[52]

Kroneckers ganz anders geartete mathematische Individualität verdient neben Weierstraß ihre besondere Würdigung. Indem er sich vorwiegend mit Arithmetik und Algebra beschäftigte, in späteren Jahren aber bestimmte intellektuelle Normen für alle mathematische Arbeiten aufstellte, erscheint er als das spezifisch jüdische Talent; aber in besonderer, individueller Steigerung.

Klein war bestimmt kein Antisemit. Nichts lag ihm ferner als Leistungen auf der Basis von Rassezugehörigkeit zu beurteilen. Klein hielt seine Vorlesungen zur Geschichte der Mathematik für eine Handvoll Studenten während der ersten beiden Jahre des Ersten Weltkrieges. Sie wurden posthum 1926 von Richard Courant und Otto Neugebauer herausgegeben. Kronecker wurde 1883 ordentlicher Professor in Berlin und war seit 1861 Mitglied der Akademie der Wissenschaften. Wie Klein wusste der große theoretische Physiker Arnold Sommerfeld die Leistungen anderer zu würdigen. Sommerfeld hatte mit Minkowski das Gymnasium in Königsberg besucht. Ende des neunzehnten Jahrhunderts war er Assistent bei Klein in Göttingen gewesen. Später wurde er Ordinarius für theoretische Physik in München. Im Vorwort zu seinem Buch über Elektrodynamik, das aus Vorlesungen entstanden war, die er im Wintersemester 1933/34 hielt, heißt es:[53]

Seitdem ich 1909 den Vortrag von Hermann Minkowski in Köln über „Raum und Zeit“ gehört hatte, habe ich, als Krönung der Maxwellschen Theorie und zugleich als einfachste Einführung in die Relativitätstheorie, die vierdimensionale Form der Elektrodynamik mit besonderer Liebe ausgebaut und habe dafür bei meinen Hörern stets begeisterte Resonanz gefunden.

Ebenso wie Max Planck und Werner Heisenberg zum Beispiel war Sommerfeld einer der „weißen Juden“, nichtjüdische Wissenschaftler, die ihre ethischen Standards nicht auf die Ebene ihrer nazistischen Umgebung hatten sinken lassen.

Es ist bemerkenswert, dass im Frühjahr 1944 – ein Jahr vor dem Kollaps des Dritten Reiches – sogar Baeumler, der ehemals blindwütige Verbren-

52 Felix Klein, Vorlesungen über die Entwicklung der Mathematik im 19. Jahrhundert, Chelsea, New York 1956, Teil I, S. 281.

53 Arnold Sommerfeld, Vorlesungen über theoretische Physik, Bd. III, Elektrodynamik, Dieterich'sche Verlagsbuchhandlung, Wiesbaden 1948, S. V.

ner „undeutscher“ Bücher, Antisemit und hartgesottener Nazi, die bittere Wahrheit einsehen musste, dass etwas faul war im Reich der deutschen Wissenschaft, dass Deutsche Physik und Deutsche Mathematik inhaltlos geworden waren. In einem Memorandum[54] an Alfred Rosenberg vom 3. April 1944 erklärte Baeumler:

> Die Forschung kann nur in der Luft der Freiheit wirkliche Fortschritte machen; jedes andere Prinzip führt zu einem scholastischen Betrieb, der immer wieder die gleichen Formeln wiederholt. …
> … die fortgesetzte Überwachung und Zensurierung und die immer erneuerte Herausstellung von weniger hervorragenden Kräften durch die Partei hat dazu geführt, daß sich die besten Vertreter jedes Faches von Max Planck angefangen fast ausschließlich auf der Seite derer befinden, die mit der Wissenschaftspolitik der Partei nichts zu tun haben oder nichts zu tun haben wollen. Man macht es sich zu leicht, wenn man erklärt, daß diese Männer eben Reaktionäre oder Übelwollende seien. …
> Die Hauptsache liegt darin, daß aus dem Kreise derer, die in den letzten Jahren durch die Wissenschaftspolitik der Partei offiziell gefördert wurden, Werke, die den Stand der Forschung hätten verändern können, nicht hervorgegangen sind. …

In demselben Zusammenhang beschreibt das Memorandum eines Wissenschaftsberaters der Regierung an Rosenberg vom 15. April 1944 die Situation der Physik zu dieser Zeit:

> Politisch erheblich wurde der Zwiespalt erst nach 1933, als die Mißvergnügten ihre Opposition weltanschaulich begründeten und Anschluß an Männer und Einrichtungen der Bewegung suchten. Bis 1937 hatten bis dahin unbekannte Leute wie Thüring, A. Müller u. a. unter Mißbrauch des Namens Lenard über SD, Schwarzes Korps, V. B. Dozentenbund, Studentenbund es so weit geschafft, daß die Verwendung der relativistischen Mathematik als Verbrechen gegen den Nationalsozialismus hingestellt werden konnte. Physiker, die diesem Wahnsinn gegenüber darauf hinwiesen, daß nicht irgendwelche von außen an die Physik herangetragenen jüdischen Prinzipien (obwohl es das am Rande auch gab), sondern die konsequente Verfolgung des von der klassischen Physik vorgezeichneten Weges die mit der Quanten- und Relativitätstheorie eingetretenen Veränderungen erzwungen hatten, wurden in ihren Hörsälen und in den Zeitungen als „weiße Juden“ beleidigt und ihre Arbeitsmöglichkeiten beschränkt. Die Früchte zeigten sich sehr bald: Die wenigen ernsthaften theoretischen Physiker, bis dahin überall

54 Léon Poliakov und Josef Wulf, Das Dritte Reich und seine Denker, Dokumente, Verlags-GmbH, Berlin-Grunewald 1959. Die folgenden Zitate finden sich auf den Seiten 99-100 und 102f.

anerkannte Pioniere der Forschung, wurden vom Nachwuchs abgeschnitten. Heute gibt es an den Hochschulen keine nennenswerten Institute. …

(Der eben erwähnte B. Thüring übrigens ist der Autor des Kepler-Newton-Einstein Vergleichs in dem Journal *Deutsche Mathematik* vom Januar 1937.) Die Autoren der zitierten Dokumente haben nicht die jüdischen Wissenschaftler rehabilitiert, die umgebracht, in den Selbstmord oder in die Emigration getrieben worden waren. Auch die „weißen Juden" hat man nicht rehabilitiert. Aber jene Autoren haben doch zugegeben, dass Quantenphysik und Relativitätstheorie im Zentrum der modernen Physik stehen. Sie gaben auch zu, dass die Wissenschaften ihrer Natur nach einen Raum außerhalb des Totalitarismus der Naziideologie einnahmen. Es ist übrigens bemerkenswert, dass der Kernpunkt des obigen Memorandums einem Vortrag[55] entnommen worden ist, den der „weiße Jude" Heisenberg am 17. September 1934 – also zwei Jahre vor der Veröffentlichung des Lenardschen Werkes – in Hannover auf einer Versammlung der Gesellschaft deutscher Naturforscher und Ärzte gehalten hatte.

Die Theorie [die spezielle Relativitätstheorie], … ist inzwischen durch eine große Reihe experimenteller Bestätigungen zu einer selbstverständlichen Grundlage aller modernen Physik geworden und gilt ebenso wie etwa die klassische Mechanik oder die Wärmelehre, als festes, für immer gesichertes Gut der exakten Naturwissenschaft. Ihre außerordentliche Bedeutung liegt in erster Linie in der ganz unerwarteten Erkenntnis, daß die konsequente Verfolgung des von der klassischen Physik vorgezeichneten Weges die Abänderung der Grundlagen dieser Physik erzwingt. … Die modernen Theorien sind nicht aus revolutionären Ideen entstanden, die sozusagen von außen her in die exakten Naturwissenschaften hereingebracht wurden; sie sind in der Forschung vielmehr bei dem Versuch, das Programm der klassischen Physik konsequent zu Ende zu führen, durch die Natur aufgezwungen worden.

Philipp Lenard war anderer Meinung als Heisenberg, und vielleicht definierte er mehr als andere den neuen Geist der Wissenschaften im Dritten Reich. Heidegger war sicher geschickter als Lenard, indem er sich nicht so offensichtlich in Hitlers Doktrin hineinziehen ließ. Lenard war entweder weniger intelligent als Heidegger – er betrachtete Philosophen eh als

55 Werner Heisenberg, Wandlungen in den Grundlagen der exakten Naturwissenschaft in jüngster Zeit, Naturwissenschaften, Heft 40, 1934. (Nachgedruckt in: Werner Heisenberg, Wandlungen in den Grundlagen der Naturwissenschaft, S. Hirzel Verlag, Stuttgart 1953, S. 43-61.)

ein wenig zurückgeblieben – oder ihm kam nie der Gedanke, dass Deutschlands Zukunft unter Hitler in ein apokalyptisches Desaster und zu einem Tag der Abrechnung führen könnte. Professor Lenard polemisierte gegen Emil Julius Gumbel, einen scharfen Kritiker nationalistischer Konspirationen und Verbrechen, die von Freikorps und rechten Terroristen von 1919 bis 1923 begangen worden waren. Gumbel war aber auch Privatdozent für Mathematik an der Universität Heidelberg. Im Jahre 1925 erklärte ein Untersuchungsausschuss der Universität Gumbel zum unerwünschten Fakultätsmitglied. Der Ausschuss sah in ihm einen radikalen Demokraten und linksliberalen Sozialisten. Man sagte, er sei gegen alles wirklich Deutsche, er sei der Prototyp eines jüdischen Bolschewisten, der die deutsche Nation beschmutze und ihre Würde und die seiner Universität in den Dreck ziehe. Man versuchte, Gumbel loszuwerden. Die liberale Universitätsverfassung ließ dies aber nicht zu. Gumbel wurde 1930 sogar außerordentlicher Professor in Heidelberg. In dieser Position blieb er jedoch nur für zwei Jahre. Seine venia legendi wurde unter dem fadenscheinigen Vorwand widerrufen, er habe deutsche Kriegsopfer verunglimpft. Gumbel verließ Deutschland 1932 und lehrte an verschiedenen französischen Universitäten, bis im Jahre 1940 deutsche Truppen in Frankreich einmarschierten. Es gelang ihm, rechtzeitig nach Amerika zu entkommen. Als Gumbel seine Mitgliedschaft in der Deutschen Mathematikervereinigung aufgab, schrieb ihm Professor Bieberbach:[56] „Was wissen Sie von deutscher Wissenschaft?“ Gumbel war sicher nicht an der Bieberbachschen Art der deutschen Wissenschaft interessiert. In Amerika angekommen, erhielt er eine Professur an der New School for Social Research in New York, an der Hannah Arendt bereits lehrte. Er wechselte später an die Columbia University, New York. Gumbel war ein großer Gelehrter und Statistiker. Er wurde weltbekannt in wissenschaftlichen Kreisen für seine statistische Theorie der Extremwerte. Eine spezielle Wahrscheinlichkeitsverteilung trägt seinen Namen.

Es bleibt ein Geheimnis, warum intelligente und kultivierte Menschen wie Baeumler, Lenard und Bieberbach und viele andere – unter ihnen zum Beispiel der Nobelpreisträger Johannes Stark – so tief sinken konnten, die

56 Emil Julius Gumbel, Verschwörer. Zur Geschichte und Soziologie der deutschen nationalistischen Geheimbünde 1918-1924. Verlag das Wunderhorn, Heidelberg 1979, S. XXIII. Das Original wurde veröffentlicht vom Malik Verlag, Wien 1924.

Leistungen von Kollegen aus keinem anderen Grunde als dem von „Rasse und Blut“ herabzusetzen.

Zurück nach Göttingen. Dort war Paul Bernays, außerordentlicher Professor und Hilberts Mitarbeiter, vom Beamtengesetz der Nazis betroffen. Für eine Weile bezahlte Hilbert Bernays’ Gehalt aus eigener Tasche. Auf die Dauer war das kein haltbarer Zustand, und Bernays ging nach Zürich. Hans Lewy, Privatdozent und Courants Assistent, ging im April 1933 nach Paris. Später ging er in die Vereinigten Staaten, wo er zunächst eine Stelle an der Brown University, Providence, Rhode Island, erhielt. Er wechselt dann zur University of California, Berkley. Hermann Weyl, dessen Frau Jüdin war, befand sich immer noch in Göttingen und war mit der Leitung des mathematischen Instituts beauftragt, nachdem sein Kollege Otto Neugebauer diese Aufgabe für nur einen Tag wahrgenommen hatte. Neugebauer war von Courant eingesetzt worden, hatte sich aber geweigert, eine Loyalitätserklärung gegenüber dem neuen Regime zu unterschreiben. Später im Jahr nahm Weyl eine Einladung Abraham Flexners an und ging an das Institute of Advanced Study, Princeton, New Jersey, wo Albert Einstein bereits tätig war. Am Ende des Jahres hatte das einstmals berühmte Mathematische Institut der Universität Göttingen nur noch einen ordentlichen Professor; dasselbe galt für das Physikalische Institut.

Der einundsiebzigjährige Emeritus Hilbert, in seiner preußischen Mentalität, war nicht bereit, die Zerstörung der wissenschaftlichen Institute in Göttingen infolge absurder Maßnahmen, die ideologischem Wahnsinn entsprangen, hinzunehmen. Er riet denen, die von den Nazigesetzen betroffen waren, sich an die Gerichte zu wenden, ohne zu wissen, dass diese bereits durch und durch nazifiziert waren. Besonders aufgebracht war Hilbert über die Entlassung Courants. Für ihn war Courant, der Deutschland immer noch nicht verlassen wollte, die treibende Kraft aller mathematischen Aktivitäten in Göttingen. Eingaben zur Unterstützung Courants – von berühmten deutschen Mathematikern und Physikern unterschrieben – wurden vom Ministerium nicht beachtet. In einer deprimierenden Atmosphäre verließen die beiden letzten amerikanischen Mathematiker, MacLane und McShane, Göttingen am Ende des Sommersemesters 1933.

Courant, der um seine Familie besorgt war, machte sich auch Gedanken um die Zukunft von Neugebauer und Fritz John, einem seiner Studenten. Dieser war Halbjude und hatte gerade promoviert. Für Courant selbst eröffnete sich zunächst ein Ausweg dank einer Einladung nach Cambridge, wo er das akademische Jahr 1933/34 verbrachte. In Cambridge gelangte er zu der Einsicht, dass die Situation in Deutschland aussichtslos war. Er wandte sich an Flexner, um Positionen für sich und seine ehemaligen Studenten und Mitarbeiter zu finden. Im Januar 1934 erhielt John ein Stipendium von Cambridge und im Herbst 1935 einen Ruf an die University of Kentucky. Neugebauer ging nach Kopenhagen als Editor mehrerer mathematischer Zeitschriften, die vom Springer-Verlag herausgegeben wurden, unter ihnen das *Zentralblatt für Mathematik*, zur damaligen Zeit die einzige mathematische Zeitschrift mit Rezensionen von Fachliteratur.

Als Courant nach Göttingen zurückkam, war das mathematische Institut völlig zusammengebrochen. Landau hatte die Stadt verlassen. Hilbert hielt eine einstündige Vorlesung über die Grundlagen der Geometrie. Es gab keine Aussicht für Courant, wieder eingesetzt zu werden. Sein Team hatte sich zerstreut. Während Courant noch in Cambridge war, hatte Flexner für ihn eine temporäre, von der Rockefeller Foundation bezahlte Stelle an der New York University gefunden. Dort wurde die Mathematik von einem einsamen Professor vertreten. Verglichen mit dem Gehalt eines Ordinarius in Deutschland war die Bezahlung in New York minimal. Aber amerikanische Kollegen sowie Franck und Weyl redeten ihm zu, das Angebot anzunehmen, da im Augenblick nichts Besseres zu finden sei. Richard Courant und seine Familie verließen Göttingen im August 1934. Per Schiff gelangten sie von Bremen nach New York. Dort baute Courant ein „neues mathematisches Göttingen" auf. Mit unerschöpflicher Energie, Charme und Überredungskunst, die er auf alte und neue Freunde in Wissenschafts- und Bankkreisen wie auch Regierungsämtern anwandte, gelang es ihm, mehr und mehr Finanzmittel zu erhalten. Courant baute ein Zentrum für angewandte Mathematik auf, das, mit Beziehungen zu zivilen und militärischen Organisationen, zum bedeutendsten Institut dieser Art wurde. Nach einiger Zeit wurde es als Courant Institute of Mathematical Sciences bekannt. Es gelang Courant, Kurt O. Friedrichs, einen seiner ehemaligen Studenten, nach Amerika zu holen. Friedrichs hatte eine Professur in Braunschweig und war mit einem jüdischen Mädchen französischer Herkunft verlobt. Er erhielt eine Stelle am Courant Institute.

Im Frühjahr 1938 wurde Neugebauers Situation in Kopenhagen unsicher. Aufgrund einer Anweisung der deutschen Regierung, „unerwünschte" Personen aus den Schriftleitungen wissenschaftlicher Zeitschriften zu entfernen, musste er aus der Redaktion des *Zentralblatt für Mathematik* ausscheiden. Courant veranlasste Neugebauer, nach Amerika zu kommen. Courant hatte eine neue kritische Fachzeitschrift ins Leben gerufen, die *Mathematical Reviews*, herausgegeben von der American Mathematical Society. Es gelang ihm, Neugebauer auf die Schriftleiterstelle zu bringen und für ihn eine Professur an der Brown University zu finden. Fritz John ging von Kentucky nach New York zu Courant.

Viele Wissenschaftler konnten als Flüchtlinge aus Deutschland entkommen. Richard Willstätter zum Beispiel trat 1925 wegen der antisemitischen Atmosphäre, die an seiner Universität herrschte, von seinem Münchner Lehrstuhl zurück. Er ging später in die Schweiz. Fritz Haber trat 1933 als Direktor des Kaiser-Wilhelm-Instituts für Physikalische Chemie und Elektrochemie zurück. Kurz darauf verließ er Deutschland und ging ebenfalls in die Schweiz. Andere waren nicht so glücklich, dem Irrenhaus der Nazis zu entkommen. Unter diesen Unglücklichen sind zwei Mathematiker, deren Namen nie von der Liste der Großen verschwinden werden: Otto Blumenthal und Felix Hausdorff. Blumenthal hatte unter Hilbert studiert und war später sein wissenschaftlicher Biograph. Er war seit 1902 Privatdozent in Göttingen und später Professor für Mathematik an der Technischen Hochschule Aachen. Als Hitler an die Macht kam, floh er in die Niederlande. Ein Versuch, ihn nach England zu schaffen, schlug fehl; die deutschen Truppen waren schneller. 1943 wurde Blumenthal von der Gestapo verhaftet und nach Theresienstadt gebracht, wo er Ende 1944 zu Tode kam. Hausdorff war seit 1913 Ordinarius in Greifswald, ein Kollege von Theodor Vahlen. Die Nazis schickten ihn im Jahre 1935 in den Ruhestand. Auch er wurde nach Theresienstadt gebracht, wo er 1942 starb.

Als Geste der Wiedergutmachung ernannte die Stadt Göttingen im Jahre 1953 ihre ehemaligen Bürger Richard Courant, Max Born und James Franck in einer bewegenden Zeremonie zu Ehrenbürgern. Alle drei nahmen die Ehrung nach ernsthaften und schmerzlichen Überlegungen an. Zwanzig Jahre zuvor, während einer ganz anders gearteten Zeremonie, hatte Dr. Joseph Goebbels Hilbert gefragt: „Wie geht es der Mathematik in Göttingen jetzt, da sie vom jüdischen Einfluss befreit ist?“ Die Antwort des großen Hilbert war: „Mathematik in Göttingen? Es gibt wirklich keine mehr."[57] Weitere fünf Jahre zuvor, auf dem Internationalen Mathematikerkongress in Bologna, hatte Hilbert seine Vorstellung von der Welt der Mathematik in diesen Worten zum Ausdruck gebracht:

Let us consider that we as mathematicians stand on the highest pinnacle of the cultivation of the exact sciences. We have no other choice but to assume the highest place, because all limits, especially national ones, are contrary to the nature of mathematics. It is a complete misunderstanding of our science to construct differences according to peoples and races, and the reasons for which this has been done are very shabby ones. Mathematics knows no races. ... For mathematics, the whole cultural world is a single country.

Hilberts Biographin schildert, was vor der Eröffnung des Kongresses und während der Eröffnungszeremonie geschah:

In the spring of 1928 Bieberbach sent a letter to all German secondary schools and universities urging them to boycott the Congress at Bologna. Hilbert responded by sending a letter of his own:

We are convinced that pursuing Herr Bieberbach's way will bring misfortune to German science and will expose us all to justifiable criticism from well disposed sides. ... The Italian colleagues have troubled themselves with great idealism and expense in time and effort. ... It appears under the present circumstances a command of rectitude and most elementary courtesy to take a friendly attitude toward the Congress.'

In August, Hilbert personally led a delegation of sixty-seven [German] mathematicians to the Congress. At the opening session, as the Germans came into an international meeting for the first time since the war, the delegates saw a familiar figure, more frail than they remembered, marching at their head. For a few minutes there was not a sound in the hall. Then, spontaneously, every person present rose and applauded.

„Mathematik kennt keine Rassen. ... Für die Mathematik ist die gesamte Kulturwelt ein einziges Land." Für die Nazis waren solche Ansichten Häresie. Politische Korrektheit wurde hingegen während der 200-Jahr-Feierlichkeiten der Universität Göttingen von Friedrich Neumann, Rektor und Professor der Philosophie, am 19. Juni 1935 zum Ausdruck gebracht. Er

57 Constance Reid, Hilbert, Springer-Verlag, New York 1996. Dieses und die folgenden Zitate finden sich auf den Seiten 205 beziehungsweise 188. Siehe auch Laurence Young, Mathematicians and their Times, North Holland Publishing Company 1981, S. 248.

beendete seinen gelehrten Vortrag „Deutsche Sprache und deutsches Leben“ mit folgenden Worten:[58]

Wir bekennen uns zur politischen Lebenseinheit des deutschen Volkes, für deren Gestaltung wir arbeiten. Wir bekennen uns zur Bewegung des Nationalsozialismus, in der sich die deutsche Geschichte vollzieht. Wir bekennen uns zum deutschen Reiche, in dem sich die staatliche Lebensordnung des deutschen Volkes verwirklicht. Wir bekennen uns zu Adolf Hitler, dem Führer des deutschen Volkes, der unserem Streben Eindeutigkeit und Sicherheit gibt.

Lassen Sie dies unser Bekenntnis mit einem dreifachen Heil bekräftigen. Ich bitte Sie daher, sich zu erheben und mit mir zu rufen:

Das deutsche Volk und sein Führer
Sieg-Heil! Sieg-Heil! Sieg-Heil!

Nicht nur Mathematiker und Physiker verließen Deutschland, und nicht nur aus Göttingen. Aus allen Ecken des Landes kamen jüdische und nichtjüdische Wissenschaftler, Musiker, Komponisten, Philosophen, Schriftsteller und auch ganz einfache Menschen, die ihre Heimat verließen, um der wachsenden Brutalität des Hitlerregimes zu entkommen und an anderen Orten ihr Leben und ihre Arbeit fortzusetzen, meistens in Amerika. Deutschlands Verlust war Amerikas Gewinn. Sogar heutzutage hat das deutsche intellektuelle Leben sich noch nicht völlig von dem Exodus der 1930er Jahre erholt.

Die unermessliche Schuld, die die Nazis auf die Schultern des deutschen Volkes geladen haben, wird kaum jemals aufgehoben werden können. Es ist nicht einfach zu entscheiden, ob Deutsche heutzutage Scham empfinden über die Gräueltaten, die damals begangen worden sind. Man muss auch fragen, ob die Deutschen damals, während der zwölf Jahre des Hitlerregimes, jemals innehielten, um nachzudenken. Die meisten haben das wohl nicht getan und die sich anbahnende Katastrophe nicht erkannt. Hätten sie es getan, so wären ihnen vielleicht der Worte der Heiligen Schrift in Erinnerung gekommen:[59]

Was hülfe es dem Menschen, so er die ganze Welt gewönne
Und nähme doch Schaden an seiner Seele?“

58 Göttinger Akademische Reden, Verlag des Universitätsbundes Göttingen, Göttingen 1935, S. 27.

59 Matthäus 16, 26. Martin Luthers Übersetzung.

3. ANGRIFF AUF DIE NATION

Während Adolf Hitler seine Heilsbotschaft in München verbreitete, rührte ein Mann in seinen Dreißigern mit dem Namen Josef Bürckel die Trommel für die nationalsozialistische Sache in der Pfalz. Von seiner Warte aus hatte er guten Grund für sein Tun.

Artikel 5 des Waffenstillstandsdokumentes vom 11. November 1918 verlangte die Entmilitarisierung des Rheinlandes. Er autorisierte seine Besetzung durch alliierte Truppen und verfügte eine alliierte Militärverwaltung in der gesamten Region. Am 1. Dezember rückten französische Besatzungsstreitkräfte in die Pfalz und in das benachbarte Saarland ein. Da das Elsass und Lothringen an Frankreich zurückfielen, wurden die Pfalz und das Saarland zu Grenzgebieten. Mehr noch, seit Ende 1920 und für die Dauer von fünfzehn Jahren kam das Saarland unter eine von Frankreich beherrschte Regierungskommission des Völkerbundes. Während der politischen Unruhen der Jahre 1918-1919 wurden der Pfalz die Kreise Homburg und St. Ingbert abgenommen und dem Saarland zugeschlagen. Dies waren Gebiete der Kohle- und Eisengewinnung und der Stahlproduktion. Als Anzahlung auf die deutschen Reparationen wurden die Industriezentren des Saarlandes unter französische Kontrolle gestellt und 1925 in eine Zollunion mit Frankreich eingegliedert.

Die Pfalz behielt aber etliche industrielle Produktionsstätten, besonders Maschinen- und Werkzeugmaschinenfabriken, in Kaiserslautern, Frankenthal und Zweibrücken, Papier- und Textilherstellung in den bergigen Gebieten und Weinproduktion und -handel entlang der östlichen Hänge des Pfälzerwaldes mit Zentren in Landau, Maikammer, Neustadt, Deidesheim und Dürkheim. Landwirtschaft, einschließlich Tabakanbau, breitete sich zum Rhein hin aus mit Zentren in Landau, Germersheim und Speyer, der Hauptstadt der bayerischen Pfalzprovinz – oder des bayerischen Rheinkreises, wie die Pfalz auch genannt wurde. Und dann gab es noch das Juwel der Pfalz, die Badische Anilin- und Soda-Fabrik (BASF) in Ludwigshafen am Rhein, gegenüber der badischen Stadt Mannheim, wo die Firma ihren Ursprung hatte.

Die Pfalz war kein Armenhaus. Aber in den zwanziger Jahren war die industrielle Produktion in der Region drastisch gesunken als Folge des unterbrochenen Zuflusses von Rohmaterial aus dem Saarland und den Gebieten Homburg und St. Ingbert. Die Arbeitslosenzahlen waren dramatisch angestiegen. Die allgemein trübe Atmosphäre verdüsterte sich weiter infolge der Weltwirtschaftskrise, der galoppierender Inflation, der Arbeiterstreiks und des passiven Widerstandes gegen die erdrückende französische Besatzung. Hinzu kamen Auseinandersetzungen zwischen den verschiedenen politischen Lagern. Die meisten Pfälzer glaubten, dass die Weimarer Republik ihre Zukunft bedeutete. Ein großer Teil der Bevölkerung jedoch sah Vorteile für ihre Region in der Unabhängigkeit vom Deutschen Reich und in einer autonomen pfälzischen Republik mit enger Anlehnung an Frankreich. Der Höhepunkt der separatistischen Bewegung wurde in den Jahren 1923 und 1924 erreicht. Die Auseinandersetzung zwischen den Nationalisten und den frankophilen Separatisten war bitter, sogar politischer Mord wurde in Kauf genommen. Der Führer der Separatisten, Franz Josef Heins – von den Franzosen unterstützt – zog in Speyer ein und rief die Autonome Pfalz aus, zu deren Präsidenten er sich machte. Er wurde am 10. Januar 1924 in einem Hotel in Speyer erschossen. Die starke frankophile Neigung unter der pfälzischen Bevölkerung war nicht überraschend im Hinblick auf die Geschichte der Region, die die revolutionären Ideen von Liberté, Egalité und Fraternité erfahren und einige Errungenschaften der napoleonischen Ära genossen hatte. Dazu zählte zum Beispiel lokale Selbstverwaltung.

Nationalistische und revanchistische Emotionen waren jedoch in vielen Pfälzern gleich nach dem Zusammenbruch des Deutschen Reiches aufgekommen. Sie glaubten, dass die Niederlage von dunklen Kräften herbeigeführt worden war. Hitlers politische Philosophie, die bereits vor 1933 in der Pfalz verbreitet wurde, fand offene Ohren in der Bevölkerung, die verbittert war über die Bedingungen des Versailler Vertrages. Hitlers Botschaft schürte die nationalistischen, antiseparatistischen und antisemitischen Gefühle. Letzten Endes wurden die nationalkonservativen und demokratischen Elemente beiseitegeschoben oder von den Nazis absorbiert.

Josef Bürckel[60] wurde in Lingenfeld, 25 km östlich von Landau, im Kreis Germersheim, geboren. Sein Vater hatte dort eine Bäckerei. Wie die meisten Familien in der Gegend waren die Bürckels im katholischen

60 Dieter Wolfganger, Populist und Machtpolitiker, Josef Bürckel. In: Die Pfalz unterm Hakenkreuz, Gerhard Nestler und Hannes Ziegler Hrsg., Pfälzische Verlagsanstalt, Landau/Pfalz 1993, S. 63-86. Siehe auch Peter Hüttenberger, Die Gauleiter, Studie zum Wandel des Machtgefüges in der NSDAP, Deutsche Verlagsanstalt, Stuttgart 1969.

Glauben verwurzelt. Im Jahre 1909 bestand er die Aufnahmeprüfung am Volksschullehrer-Kollegium in Speyer, das er aber im August 1914 ohne Abschluss verließ, um als Freiwilliger in die Armee einzutreten. Ihm wurde Lob für sein religiös-ethisches Verhalten ausgesprochen. Von der Armee 1915 beurlaubt, legte er in Speyer seine erste Lehramtsprüfung ab. Ein Jahr später wurde er als untauglich aus der Armee entlassen und nahm eine kurze Tätigkeit als Hilfslehrer auf. Im Frühjahr 1918 meldete er sich wieder freiwillig und kämpfte an der Westfront bis zum Ende des Krieges. Als demobilisierter Soldat legte er das zweite Staatsexamen ab und erhielt am 1. März 1919 eine vorläufige Lehrerlaubnis. Er nahm eine befristete Stelle in der Nähe von Speyer an. Am 1. Februar 1920 wurde Bürckel in einen Vorort von Pirmasens versetzt, wo er bis Ende Juli 1927 unterrichtete. Dort erhielt er auch seine volle Lehrbefähigung und wurde Bayerischer Beamter. In dieser gesicherten Position entschloss er sich zu heiraten. Am 1. August 1927 zog Bürckel mit seiner Frau in ein Dorf nördlich von Landau, wo er noch drei Jahre unterrichtete. Für die Reichstagswahl am 14. September war Bürckel als Kandidat der NSDAP in der Pfalz aufgestellt. Er erhielt 18.3 Prozent der Stimmen und wurde der 107. Naziabgeordnete des neuen Reichstags. Er wurde vom Bayerischen Erziehungsministerium beurlaubt – und hat nie wieder in einem Klassenzimmer als Lehrer gestanden.

Seit dem Frühjahr 1920 hatte sich Bürckel in die antiseparatistischen Aktivitäten eingemischt. Dies führte zu häufigen Zusammenstößen mit der französischen Besatzungsmacht. Um Gerichtsverfahren gegen ihn zu entkommen, war er wiederholt gezwungen, über den Rhein nach Heidelberg zu fliehen. Seine Aktivitäten brachten Bürckel schon bald in Kontakt mit der Hitlerbewegung, und seine politischen Ansichten näherten sich schnell denen an, die Hitler in *Mein Kampf* und in seinen zahlreichen Bierkellerreden zum Ausdruck brachte. Als nach Hitlers fehlgeschlagenem Putsch vom 8. November 1923 die NSDAP aufgelöst und im Reich verboten wurde, machte sich Bürckel in der Großdeutschen Volksgemeinschaft breit, in der Alfred Rosenberg (Naziideologe und seit 1921 Herausgeber der Nazi-Propagandazeitung *Völkischer Beobachter*) und Julius Streicher (Volksschullehrer wie Bürckel und seit 1923 Herausgeber der obszönen antisemitischen Wochenzeitung *Der Stürmer*) tonangebend beteiligt waren. Bürckel passte mit seinen nationalistischen und sozialistischen Ansichten und mit seinem fanatischen eliminationistischen Antisemitismus perfekt in diese Gesellschaft.

Am 27. Februar 1925 wurde die NSDAP wieder zugelassen, und einen Monat später wurde ihr Verbot in der Pfalz von der Interalliierten Rheinlandkommission aufgehoben. Auf einem Treffen in Kaiserslautern wurde die Nazipartei von Hitlers pfälzischen Anhängern wieder aufgestellt. Man nannte sie „NSDAP der Pfalz", um die Franzosen Glauben zu machen, es handele sich um eine Partei ohne Verbindung zum NSDAP-Hauptquartier in München. Auf demselben Treffen wählten die Delegierten einen Führer für den Gau Pfalz. Es handelte sich dabei um einen anderen Schullehrer aus der Gegend.

Es ist vielleicht überraschend, dass viele der fanatischsten Nazis Volksschullehrer waren, die in kleinen Dörfern unterrichtet hatten. Aber junge Lehrer brachten alle Voraussetzungen für aufstrebende politische Karrieren mit. Ihre Aufgabe bestand nicht nur darin, den Schülern Lesen, Schreiben und Rechnen beizubringen, sondern sie auch darauf vorzubereiten, nützliche Mitglieder der Gesellschaft einer Nation zu werden, die Größe ausstrahlen wollte. Aber nationale Größe war mit dem Jahr 1919 verschwunden. Viele Deutsche aus allen Bereichen des Lebens glaubten zu wissen, warum das so war. Anstatt anzuerkennen, dass Deutschland sich in einem vierjährigen, furchtbaren Krieg übernommen hatte, glaubten sie an die Dolchstoßlegende und daran, dass der Dolch von Marxisten und Juden geführt worden war. Das Ganze sei eine niederträchtige Konspiration gewesen, die nach Rache schrie. Diese Leute kannten das Heilmittel gegen die Krankheiten der Weimarer Republik mit ihren zahlreichen zankenden Parteien, die anscheinend mehr um ihr eigenes Wohlergehen besorgt waren als um das betrogene Vaterland. Das Heilmittel bestand darin, Hitlers Philosophie in die Praxis umzusetzen. Das Volk hätte besser daran getan, die kranke Republik zu heilen, um dann seine legitimen politischen Ziele zu erreichen. Es hätte Hitlers Machtübernahme und die unaussprechlichen Gräueltaten des Hitlerregimes vereiteln können. Dieser kontrafaktische Gedanke mag an dieser Stelle vielleicht erlaubt sein.

Hitler gelangte an die Macht, und die schrecklichen Verbrechen wurden verübt. Viele Lehrer, vom Nazivirus infiziert, haben wesentlich dazu beigetragen, dass Deutschland letzten Endes aus der Gemeinschaft der zivilisierten Nationen ausgestoßen wurde. Da sie in der Lage waren, Disziplin und Ordnung in ihren Klassenzimmern aufrecht zu erhalten, warum sollten sie nicht versuchen, ihre Fähigkeiten in größerem Rahmen anzuwenden? Natürlich kann auch nicht bezweifelt werden, dass sie die Gelegenheit ergriffen, aus ihrem Mittelschichtsmilieu auszubrechen, um ihren Status in der Gesellschaft zu erhöhen, in der einige zu befehlen und alle anderen zu gehorchen hatten. Lehrer in ländlichen Gegenden genossen den Respekt und das Vertrauen ihrer lokalen Gemeinschaften. Sie hatten studiert, waren herumgekommen. Und wenn sie an ihren Stammtischen redeten, hörte man ihnen zu. Dies hatten die Lehrer mit den Geistlichen gemein. Wie die Geistlichen, katholische sowie protestantische, waren Lehrer Autoritätspersonen und Meinungsbildner. Es stellte sie jedoch heraus, dass nazistische Lehrer und Kirchenmänner, besonders katholische, über Angelegenheiten des öffentlichen Lebens oft anderer Meinung waren.

Der amtierende Gauleiter stellte zu wenig Begeisterung in seinem Amte zur Schau. Auf einem anderen Treffen in Kaiserslautern, am 13. März 1926, wurde er von einer Gruppe sozialistischer Nazis des Amtes enthoben. Er verschwand von der politischen Bühne und erhielt einen Posten in der Gauverwaltung. Man hatte aber keinen Kandidaten, der der sozialistischen Fraktion gefallen hätte. Die Versammlung wählte Josef Bürckel für drei Monate zum amtierenden Gauleiter des Gaues Pfalz. Er nahm diese Chance wahr und blieb Gauleiter der Rheinpfalz, wie die Region dann genannt wurde. Einer derer, die Bürckel unterstützten, sagte: „Jetzt kam Leben in die Bude." Er hat wirklich Dinge bewegt. Es ist merkwürdig, dass Bürckel zu jener Zeit nicht einmal Parteimitglied war. Er trat der NSDAP am 9. April 1926 bei. Ein Jahr später war allen klar, dass Bürckel Herr der Rheinpfälzer Nazibewegung war. Er hatte jedoch die Oberhoheit des NSDAP-Hauptquartiers in München anerkannt. Hitler persönlich bestätigte Bürckel in seinem Amt.

Im Jahre 1927 hatte Josef Bürckel als Gauleiter eine Position erreicht, die mit der eines Territorialfürsten im Heiligen Römischen Reich verglichen werden kann. (Vor 1933 hatten die Position eines Gauleiters und untergeordnete Positionen mit der etablierten Verwaltungsstruktur nichts zu tun. Das politische System der Nazis war einfach darüber gelegt, bis die Verwaltungsstruktur der Weimarer Republik abgeschafft wurde.) Bürckel war ein vertrauenswürdiger Vasall Hitlers. Er stieg zu höheren Würden auf, behielt aber einen bemerkenswerten Grad von persönlicher Unabhängigkeit. Im Frühjahr 1933, während der Vorbereitungen für das Plebiszit an der Saar am 13. Januar 1935, wurde er von Hitler zum NSDAP-Beauftragten für das Saarland ernannt, um ein pro-deutsches Resultat zu gewährleisten. Tatsächlich ergab sich eine Mehrheit der Stimmen für die Rückkehr nach Deutschland. Im August 1934 wurde Bürckel Reichsbevollmächtigter für das Saarland und nach der Volksabstimmung Reichskommissar für die Wiedervereinigung des Saarlandes mit dem Reich. Im Juni 1936 wurde er Reichskommissar des Saarlandes, das heißt Chef der reichsunmittelbaren Verwaltung der Region, da sie nicht an Preußen zurückfiel, obwohl sie 1815 nach dem endgültigen Zusammenbruch des Napoleonischen Systems von Preußen annektiert worden war. Bürckel behielt aber seine Position als Gauleiter der Rheinpfalz. Im Frühjahr 1936 schlug er das Saarland der Rheinpfalz zu und machte sich selbst zum Gauleiter des vereinigten Gaues Saarpfalz. Weitaus größere Aufgaben erhielt Bürckel von Hitler vor und nach dem Anschluss Österreichs an das Deutsche Reich im März 1938. Einen Monat vor der Volksabstimmung wurde er für die Reorganisation der österreichischen NSDAP verantwortlich. Fast alle Österreicher stimmten für den Anschluss. Bürckel hatte starken Druck auf die österreichischen Bischöfe ausgeübt, ihre Gemeinden dazu zu bringen, mit Ja zu stimmen. Er wurde Reichskommissar für die Wiedervereinigung Österreichs mit dem Reich, dann Gauleiter von Wien und Reichsstatthalter für die neue Ostmark. Bürckel hatte diese Positionen bis zum August 1940 inne. In Wien benutzte er seine enorme Energie, um sein barbarisches Vorhaben, Juden und andere „Unerwünschte“ aus Österreich zu entfernen, zu verwirklichen. Tausende wurden deportiert. Die Juden kamen in Ghettos in ehemals polnischen Territorien. Er schaffte, was er wollte: Österreich judenfrei zu machen. Und er vergaß seinen Erfolg nicht.

Nach dem Zusammenbruch Frankreichs kehrte Bürckel in seine Heimat zurück und wurde Chef der Zivilverwaltung im besetzten Lothringen. Als Ende 1940 sein Gau in Westmark umbenannt wurde, inkorporierte der zugreifende Mann Lothringen in seinen Zuständigkeitsbereich und nahm den Titel Reichsstatthalter der Westmark an, mit Sitz in Metz. Schon früher hatte Bürckel diese Annexion vorgesehen, nämlich[61]

> … für Lothringen eine Verlagerung der deutschen Grenze nach Westen auf die Höhen der linken Maas- bzw. Moselseite, so daß im Norden Verdun und im Süd-

61 Vgl. 60.

westen Toul und Nancy zum Deutschen Reich kämen. Dies entspräche einer großgermanischen Lösung; gleichzeitig wäre der Vertrag von 1552 wieder wettgemacht.

Lehrer Bürckel wusste, wovon er redete. Seine Anspielung bezog sich auf den Subsidienvertrag von Chambord und Friedewald (eine Kleinstadt in der Nähe von Hersfeld), der während des Winters 1551-1552 zwischen König Henri II. von Frankreich und einigen protestantischen antikaiserlichen Kurfürsten abgeschlossen worden war. Die deutschen rebellierenden Fürsten standen unter der Führung des Kurfürsten Moritz von Sachsen, der die Macht Kaiser Karls V. brechen und dessen Pläne, eine monarchia universalis zu errichten, vereiteln wollte. Aber Moritz zögerte und zog sich aus der französischen Allianz zurück. Henris Armee, die dem deutschen Aufstand Schwung verleihen sollte, musste daraufhin nördlich von Straßburg, bei Hagenau, umkehren. Auf ihrem Weg in Richtung des Rheins hatte die französische Armee die Städte Verdun, Toul und Metz jedoch bereits besetzt, über die Henri das Reichsvikariat annahm. Das verhinderte aber nicht eine totale Französisierung jener Gebiete.

Von Metz aus erließ Bürckel im Oktober 1940 seine Befehle zur Deportation von mehr als 100 000 Lothringern nach Frankreich wegen ihrer antideutschen Gesinnung sowie aller noch in der Pfalz verbliebener Juden. Bürckel starb am 28. September 1944 an einer Lungenentzündung und darauf folgenden Kreislaufversagen. Das ist die offizielle Version. Es ist unsicher, ob die Diagnose der beiden behandelnden Ärzte der Wahrheit entsprach. Gerüchte besagen, er sei ermordet worden. Selbstmord kann auch nicht ausgeschlossen werden. Jedenfalls hatte der Stabschef des verstorbenen Gauleiters und Reichsstatthalters recht, als er in einem Nachruf sagte:[62] „Sein Leben war ein Kampf gegen Marxisten, Juden, die Franzosen und Separatisten. “

Am Ende der zwanziger Jahre hatte Bürckel tatsächlich „Leben in die Bude“ gebracht. Er setzte Maßnahmen durch, die in seine Weltanschauung passten. Er eliminierte viele seiner Mitbürger aus dem öffentlichen und die Juden aus dem sozialen Leben, bevor er sie nach Frankreich deportierte, um seinen Gau judenfrei zu machen. Er intensivierte die Nazipropaganda auf zahlreichen Parteikundgebungen. In der Reichstagswahl am 20. Mai 1928 erhielten die Nazis in Landau 11.5 Prozent der Stimmen.

62 *Pfälzer Anzeiger*, 30. September 1944.

Im September 1930 lag ihr Pfalzergebnis bei 22.8 Prozent, im Juli 1932 bei 43.7 Prozent, und im November 1932 erhielten sie 42.6 Prozent. Bürckel vergrößerte die Zahl der Ortsgruppen, und die Zahl der Parteimitglieder wuchs entsprechend.

Die Position eines Gauleiters war eine Erfindung der Nazis. Sie hatte keinen Status im hergebrachten Verwaltungssystem. Eine entschlossene Persönlichkeit jedoch konnte sie benutzen, legale Autoritäten lahmzulegen. Josef Bürckel war eine entschlossene Persönlichkeit; darüber besteht kein Zweifel. Er führte sich wie ein tribunus plebis auf. Er bediente sich der politischen Naziorganisationen, die er kommandierte, um Dinge auf seine Weise zu erledigen. Rücksichtslos benutzte er die SA der Pfalz als seine Privatarmee, um Schrecken – und später Begeisterung – unter der eigentlich lethargischen Bevölkerung hervorzurufen.

Im Jahre 1922 waren einige Männer in Pirmasens zusammengekommen, um eine Sturmabteilung (SA) aufzustellen, die im Laufe der Zeit auf sechzig Mann anwuchs. Gelegentlich wurde diese Bande von den Franzosen als illegal erklärt. Wenn sie nicht verboten war, wurde sie als wirksame Schutztruppe bei Kundgebungen eingesetzt gegen Störungen durch Kommunisten oder andere Linke. Die SA war bei Linken und Demokraten als Prügelbande gefürchtet. Während der folgenden Jahre wuchs die SA in der Region Saar-Pfalz auf fast 50 000 Mann an, ihre illegale Saarkomponente von ungefähr 1 100 einbegriffen. In der Pfalz entsprach die SA Mannschaftsstärke 4.8 Prozent der Gesamtbevölkerung.

Im September 1933 war die die SA des Reiches – unter dem Kommando von Ernst Röhm – als eine Ansammlung von Brigaden organisiert. Eine Brigade entsprach einer Armeedivision. Die Pfalz-Saar hatte eine Brigade mit der Nummer 51. Diese stand unter dem Kommando von Fritz Schwitzgebel. Eine Brigade bestand aus einigen Standarten, vergleichbar Armeeregimenter. Standarte 18 war eine Unterabteilung der Brigade 51. Zu späterer Zeit hatte sie ihr Hauptquartier in Landau. Ihr Operationsgebiet war die Südpfalz zwischen Neustadt und der französischen Grenze bei Wissembourg (Weißenburg). Ein Sturmbann war eine Unterabteilung einer Standarte. Soviel zur SA-Struktur.

Schwitzgebel war ein enger Freund Bürckels, jedoch nicht dessen Kreatur. Er hatte aus sich heraus großen Eifer in der Verfolgung nazistischer Ziele gezeigt. Schwitzgebel war Linguist und Historiker. Er hatte in München, Nancy und Straßburg studiert. Die Jahre 1912 bis 1914 verbrachte er als Privatlehrer in Folkestone, England. Zu Beginn des Ersten Weltkrieges meldete er sich freiwillig und wurde im November 1914 schwer verwundet. Nach seiner Wiederherstellung kam er wieder an die Westfront als Kompaniechef. Nach Ende des Krieges schloss er sein Studium an der Universität Bonn ab. 1926 trat Schwitzgebel der NSDAP bei.

Die Führerschaft der NSDAP und der SA in der Pfalz überlebte das Massaker – den sogenannten Röhm-Putsch – des 30. Juni 1934 unbeschadet, in dem Hitler die SA ausschaltete und seine ehemaligen Gefährten Ernst Röhm und Gregor Strasser, die Generale Kurt von Schleicher und Kurt von Bredow sowie einige Politiker, die sich ihm irgendwann einmal entgegengestellt hatten, in einer wüsten Nacht-und-Nebel-Aktion erschießen ließ. Das Hauptziel Hitlers hinter dieser „Säuberung“ bestand darin, die SA als Gefahr für seine politischen Vorhaben auszuschalten. Tatsächlich wurde sie von einer Armee neben einer Armee zu einem Biertrinkerverein reduziert. Am 1. Juli schickte Bürckel ein Telegramm an Hitler:[63]

Mein Führer! Die Haltung des Gaues Pfalz ist ganz selbstverständlich. Für die Durchführung der Säuberung dankt das ganze pfälzische Volk, insbesondere aber aufrichtigst die SA des Gaues. Ihr getreuer Bürckel.

Am selben Tag erließ der Gauleiter der Pfalz einen Aufruf, der seine Nazis, besonders die SA, beruhigen sollte:

SA-Kameraden! SS-Kameraden! Nationalsozialisten! Der Führer hat aufgeräumt und damit uns erlöst. Ein Stein ist uns Alten vom Herzen genommen. Politische Hasardeure haben die Groschen braver, armer Leute verschlemmt – von eigenem Ehrgeiz getrieben und mit den Geldern der Reaktion geschmiert, am Führer verbrecherischen Verrat geübt. Wir alle bedauern, einmal solche Kameraden gehabt zu haben. Das ganze Volk atmet mit uns auf. SA- und SS-Männer, Nationalsozialisten! Nun sind wir erst recht kampfverbundene Kameraden in der gleichen Front bei unserem einzigen Führer. Heil Hitler! Bürckel.

Um nicht vom Gauleiter übertrumpft zu werden, sandte die Standarte 18 selbst ein Telegramm an Hitler: „Treue dem Führer! Die SA-Standarte 18 in der Grenzmark des Westens steht treu und geschlossen hinter dem Obersten SA-Führer Adolf Hitler. “

63 NSZ *Rheinfront*. Die folgenden Zitate finden sich in den Ausgaben vom 2., 3. und 5. Juli 1934.

Bürckels Telegramm wirft Licht auf den Charakter des Absenders. Sich den „Alten“ zuzurechnen war Heuchelei. Er nahm Bezug auf seinen relativ frühen Eintritt in die Partei. Aber Röhm zum Beispiel war Jahre vor Bürckel eingetreten, sogar vor Hitler. Überleben war damals Bürckels einziges Ziel. Ohne Skrupel verschwieg er seine ehemalige Unterstützung der sozial-revolutionären Ideen Röhms und Strassers.

Bürckel und andere waren nicht die einzigen, die Hitlers blutiger „Säuberung“ öffentlich ihre Zustimmung gaben; vielmehr kam Anerkennung für Hitler von höchster Stelle:

> Aus den mir erstatteten Berichten ersehe ich, daß Sie durch Ihr entschlossenes Zugreifen und die tapfere Einsetzung Ihrer eigenen Person alle hochverräterischen Umtriebe im Keime erstickt haben. Sie haben das deutsche Volk aus einer schweren Gefahr gerettet. Hierfür spreche ich Ihnen meinen tiefempfundenen Dank und meine Anerkennung aus. Von Hindenburg.

Der übel hinters Licht geführte alte Reichspräsident starb einen Monat später.

Am 5. Juli veröffentlichte die Pfälzer SA eine weitere Proklamation in der *Rheinfront* unter dem Titel „Der Geist der SA war siegreich“.

> [Das Wort] SA ist gleichbedeutend mit Soldaten Hitlers, in vergangenen Aktionen bewährt. Sie haben nichts gemein mit den Kreaturen, die Hitler und die revolutionäre Bewegung betrogen haben. Wir waren Hitlers Soldaten, wir sind seine Soldaten, und wir werden seine Soldaten bleiben bis wir in die Grube fahren.

Um die Botschaft der neuen Zeit des wahren Deutschseins zu verbreiten, brachte Gauleiter Bürckel 1926 die obszöne Gauzeitung *Der Eisenhammer* heraus – „Pfälzische Wochenschrift zum Kampf um die Wahrheit und das Recht der Arbeit auf Brot“. Die erste Ausgabe erschien im März. Das Blatt war ebenso verlogen, gemein und schäbig wie der von Julius Streicher herausgegebene *Der Stürmer*. Herausgeber und Erscheinungsorte des *Eisenhammer* wechselten mehrfach. Im Jahre 1927 wurde der Untertitel des *Eisenhammer* in „Kampfblatt der NSDAP Gau Pfalz“ geändert. 1931 wurde ein „Politisch-Satirisches Wochenblatt“ daraus. Die letzte Ausgabe erschien 1935. Bürckels Zeitung war radikal antisemitisch, antimarxistisch, antiseparatistisch und antikatholisch. Aus ihr wurde nie eine Tageszeitung, obwohl die Auflage relativ hoch war, da NSDAP- und SA-Mitglieder sie abonnieren mussten. Durch alle seine Metamorphosen behielt

Bürckel stets die Kontrolle über sein Blatt, dessen Tenor und Richtung zwei Exzerpte kennzeichnen sollen:[64]

Seit dem 11.11.1918, an dem das deutsche Volk falschen Propheten folgend seine Waffen wegwarf … lastet furchtbares auf unseren Schultern. Von stolzer Höhe wurden wir herabgedrückt in den Staub ... Kennst du [den deutschen Michel ansprechend] die Gestalt mit der Hakennase, die dir grinsend über die Schulter guckt? Es ist Ahasver, der ewige Jude. Es ist die Spinne, die einstmals von Palästina auszog, die ganze Welt mit ihrem Netz umklammernd. Nur ihren Schlupfwinkel, von dem aus sie ihr Opfer belauert, hat sie gewechselt (Wallstreet, New York! Die Red.)
Schau dir dieses Teufelsgebilde richtig an. Siehe er ist dein Feind. Er hat … das Staatsgebilde unterwühlt bis es zusammenbrach. …
Kennst du ihn … der dir entgegenkommt mit seinem Geld und dich dafür arbeiten läßt, der dir treuester Führer ist und für dich Politik macht, der dich hetzt und jagt und drängt von Versailles nach London, nach Locarno, nach Genf … Sie sind ihm nicht Menschen, die Gojims, sondern Hunde, Esel, Schweine (Tr. Babam 114 II, Tr. Megilla 7 II). Diese Ausgeburt der Menschheit ist der einzige Schuldige an allem Weltenelend. …

Der erste Satz [der Weimarer Verfassung] lautet: Das deutsche Volk, einig in seinen Stämmen und von dem Willen beseelt, sein Reich in Freiheit und Gerechtigkeit zu erneuern und zu festigen, … hat sich diese Verfassung gegeben.
Dieser Satz enthält eine grobe Unwahrheit. Nicht das deutsche Volk hat sie sich gegeben, sondern Juda und die in seinem Solde stehenden und von ihm verführten und geführten Parteien haben sie ihm geschenkt. …
Wer hat dieses Werk verbrochen? Nun wer kann sein der Mann? – Es war der Jude Preuß und Genossen. …“

Ein beliebtes Ziel der Pfälzer Nazis war Kommerzienrat Victor Weiss in Landau, Lederwarenhändler en gros und seit 1909 gewähltes Mitglied des Landauer Stadtrats für die linksliberale Deutsche Demokratische Partei (DDP). Kurz vor der Stadtratswahl am 8. Dezember 1929 wurde Weiss im *Eisenhammer* angegriffen mit der Behauptung, er habe Mitarbeiter seiner Firma Stellen in der Landauer Stadtverwaltung verschafft. Die Zeitung forderte ihre Leser auf, weder Weiss noch andere Juden zu wählen. Einige Tage vor der Wahl verteilten die Nazis in Landau ein Flugblatt[65] unter der

64 Der Eisenhammer. Die folgenden Zitate finden sich in Nr. 4, März 1926 und Nr. 5, April 1926.

65 Stadtarchiv Landau, A II 157, Stadtratswahl am 8. Dezember 1929, Zeitungsartikel und Flugblätter.

rhetorischen Schlagzeile: „Wen wählst du in den Stadtrat?“ Indem sie sämtliche angetretenen Parteien als nicht wählbar darstellten, wollten die Nationalsozialisten den Wählern sagen: Nur wir sind eure wahren Vertreter.

Kommunisten? Von Juden geführt ... Nein.
Sozialdemokraten? Von Juden geführte Marxisten ... Nein.
Ehrlich Schaffende: wählt Ihr als Arbeiterführer den jüdischen Weinhändler [Richard] Joseph?
Katholischer Volksblock? Die allerchristliche Bayerische und Zentrumspartei … mit SPD auf Tod und Teufel verbündet ... Nein.
Bürgerblock? Ein Sammelsurium von Juden und Judengenossen, von Grüppchen und Parteien, Geschäftemachern; kein Block, sondern ein Brei, der auseinanderläuft, wenns heiß wird. Nein.

Hierauf folgte eine Charakterisierung der Juden:

Sie sind eine Fremdrasse und erhielten vor rund hundert Jahren leider die Staatsbürgerrechte. Wie überall, so üben sie auch hier ungebührlichen Einfluß aus. Die Weiss und Konsorten gaben seither den Ton an. Darum keine Juden in den Stadtrat! Von allen Listen streicht die Juden!

Die Nazis erklärten, dass die Weimarer politischen Parteien nur ihre eigenen Interessen verträten, dass sie von Sozialpolitik, Wachstum und Kultur sprächen, während das deutsche Volk seit elf Jahren versklavt sei. Sie wiesen darauf hin, dass zwei Millionen Arbeitslose im Lande seien. Daher forderten sie: „Jede Stimme muß der Bewegung der Freiheit gegeben werden“.

Der in dem Flugblatt genannte Richard Joseph war ein anderes beliebtes Ziel für Angriffe der Nazis. Seit 1920 war er gewähltes SPD-Mitglied des Landauer Stadtrates. Er hatte nie sein Jüdischsein verleugnet und beobachtete mit großer Aufmerksamkeit die antisemitischen Strömungen in der Bevölkerung. Er hatte einst das Vorhaben der Stadtverwaltung, bedürftige Schüler und Studenten finanziell zu unterstützen, abgelehnt mit dem Argument, dass „auf allen Hochschulen, bei sämtlichen studentischen Korporationen, selbst bei den Bübchen im Gymnasium, wovon Landau keine Ausnahme mache, Antisemitismus getrieben und Unterstützungsgelder zu deutsch-völkischer Propaganda benützt würden“.[66]

Wenn man deutsche Zeitungen der Zeit, nationale oder regionale wie den *Eisenhammer* oder die NSZ *Rheinfront* – eine nationalsozialistische

66 Stadtarchiv Landau, B II/45, Stadtrat ab 1921, S. 22.

Tageszeitung, die am 1. Februar 1930 mit Bürckel als Herausgeber herauskam – liest, kann man versucht sein, zu glauben, dass das gesamte deutsche Volk, oder die Bevölkerung der Pfalz, oder die der Stadt Landau von einem virulenten eliminationistischen, gar exterministischen Antisemitismus befallen gewesen sei. Das war sicher nicht der Fall. Wir werden das noch sehen. Der deutsche Antisemitismus während Hitlers „Kampfzeit" und während der Zeit des Naziregimes war – obwohl auf Tradition fußend – eine Ausgeburt der Hitlerschen Weltanschauung. Zwei Zitate mögen genügen:[67]

So glaube ich heute im Sinne des allmächtigen Schöpfers zu handeln: Indem ich mich des Juden erwehre, kämpfe ich für das Werk des Herrn.

Ohne klarste Erkenntnis des Rassenproblems, und damit der Judenfrage, wird ein Wiederaufstieg des deutschen Volkes nicht mehr erfolgen.

Der Antisemitismus als kulturelles Phänomen in all seinen schrecklichen Manifestationen gegen das Judentum der Diaspora war eine Plage der Alten Welt. Irgendwann verbreitete er sich auch in der Neuen Welt. Während des achtzehnten und neunzehnten Jahrhunderts war in Deutschland eine besondere Art von Antisemitismus von Akademikern vertreten worden, der auf pseudo-wissenschaftlichen Argumenten beruhte und aus britischen und französischen Quellen gespeist wurde. Diese Argumente gingen dahin, dass Juden niemals in die deutsche Gesellschaft integriert oder assimiliert werden könnten. Diese Theorie nährte sich aus dem gesamten Spektrum antisemitischer Voreingenommenheit. Es gab da die alten religiösen und soziokulturellen Argumente, dass die Juden Christus verleugnet hätten und dass sie folglich in einem von der Gesellschaft getrennten und niederen Status zu halten seien bis zum Tage des Jüngsten Gerichts. Martin Luther hatte auf vehemente Art die deutschen Christen mit Munition für alle zukünftigen antijüdischen Kampagnen versorgt:[68]

Disputiere nicht viel mit den Juden von den Artikeln unseres Glaubens! Sie sind von Jugend auf also erzogen mit Gift und Groll wider unseren Herrn, daß da keine Hoffnung ist, bis sie dahin kommen, daß sie durch ihr Elend zuletzt mürbe und

---

67 Adolf Hitler, Mein Kampf. Zentralverlag der NSDAP, Frz. Eher Nachf., München [Bd. I, 1925, Bd. II, 1927], S. 70, 372.

68 Martin Luther, Von den Juden und ihren Lügen, Georg Buchwald, Hrsg., Landesverein für Innere Mission. Dresden 1931. Die folgenden Zitate finden sich auf den Seiten 5, 24 und 18.

gezwungen werden, zu bekennen, daß der Messias gekommen sei und sei unser Jesus.

Liebe Fürsten und Herren, die Juden unter sich haben: Ist euch solcher mein Rat nicht eben (passend), so trefft einen anderen, daß ihr und wir alle der unleidlichen, teuflischen Last der Juden entladen werden und nicht vor Gott schuldig und teilhaftig werden alle der Lügen, des Lästerns, Speiens, Fluchens, so die rasenden Juden wider die Person unseres Herrn Jesu Christi, seiner lieben Mutter, aller Christen, aller Obrigkeit und unser selbst, so frei und mutwilliglich treiben, keinen Schutz noch Geleit noch Gemeinschaft sie haben lassen, auch nicht euer und eurer Untertanen Geld und Güter durch den Wucher ihnen dazu dienen und helfen lassen. – Ich will hiermit mein Gewissen gereinigt und entschuldigt (der Schuld entledigt) haben, als der ich's treulich angezeigt und gewarnt habe.

Das ökonomische Argument behauptete, jüdischer Kapitalismus habe in zunehmendem Maße die christliche Gesellschaft durch Wucher und dunkle finanzielle Machenschaften ausgebeutet. Luther hatte zu diesem Thema auch etwas zu sagen:

Jawohl, sie halten uns Christen in unserem eigenen Lande gefangen. Sie lassen uns arbeiten im Nasenschweiß (im Schweiße des Angesichts), Geld und Gut gewinnen. Sie sitzen derweil hinterm Ofen, faulenzen, braten Birnen (tun nichts), fressen und saufen, leben sanft und wohl von unserem erarbeiteten Gut, haben uns und unsere Güter gefangen durch ihren verfluchten Wucher, spotten dazu und speien uns an (verachten uns), daß wir arbeiten und sie faule Juden sein lassen von dem Unseren und in dem Unseren, sind also unsere Herren, wir ihre Knechte mit unserem eigenen Gut, Schweiß und Arbeit, fluchen danach unseren Herrn und uns zu Lohn und Dank.

Assimilation der Juden war aber auch unmöglich wegen des jüdischen Internationalismus, der deutschen Gefühlen widersprach, die sich während des Befreiungskrieges von 1813 und nach dem deutschen Sieg im Französisch-Deutschen Krieg, der 1871 zur Geburt des Zweiten Deutschen Reiches führte, gebildet hatten. Ferner war da das Argument der Rasse, das von der katholischen Kirche während der spanischen Reconquista im fünfzehnten Jahrhundert aufgebracht worden war. Die Nazis schoben dieses Argument in den Vordergrund. Ihr „Blut“ machte die Juden zu Parias in der deutschen Gesellschaft.

Es ist unmöglich zu wissen, was in den Köpfen von Menschen vorgeht, es sei denn, sie drückten sich deutlicher aus als in Stammtischgemurmel. In der Pfalz waren es nur eine Handvoll Leute, unter ihnen Gauleiter

Bürckel, Hitlers Trommler, und seine Gefolgsleute, die sich lautstark über nationale und antisemitische Themen aussprachen. Sie taten es auf Parteiveranstaltungen und in der Presse. Und sie brachten ihre religiösen und pseudowissenschaftlichen Argumente – die Hitler einstmals in Wien aufgeschnappt hatte – mit großer Vehemenz vor. Diese Leute bestanden darauf, dass die Juden aus der deutschen Nation zu eliminieren seien, ja aus allen arischen Staaten. Die Nazi-Ideologen komprimierten ihre Argumente in ein einziges, bedrohliches Schlagwort: „Die Juden sind unser Unglück!“

Die entsetzlichen Verbrechen der Massenvernichtung und die Maschinerie, die diese technisch möglich machte, waren im Wesentlichen Erfindungen der Nazis. Fast alles andere, was sie sagten und taten, war plagiiert, besonders ihre antisemitische Rhetorik. Das Schlagwort „Die Juden sind unser Unglück“ war von Heinrich von Treitschke geborgt.[69]

Bis in die Kreise der höchsten Bildung hinauf, unter Männern, die jeden Gedanken kirchlicher Unduldsamkeit oder nationalen Hochmuts mit Abscheu von sich weisen würden, ertönt es heute wie aus einem Munde: Die Juden sind unser Unglück!

Treitschkes Traktat wurde im Jahre 1879 in der Novemberausgabe des Journals *Preußische Jahrbücher* veröffentlicht. Nicht einmal er schöpfte ausschließlich aus eigenem Gedankengut. Mehr als dreihundert Jahre früher hatte Luther folgendes gesagt:[70]

Wir haben sie zu (aus) Jerusalem nicht geholt. Zudem hält sie noch jetzt niemand. Land und Straßen stehen ihnen offen, mögen ziehen über Land, wenn sie wollen. Wir wollten gern Geschenke dazu geben, daß wir sie los wären. Denn sie sind uns eine schwere Last, wie eine Plage, Pestilenz und eitel Unglück in unserem Lande.

Treitschkes Lösung dessen, was er als das Judenproblem ansah, gestaltete sich einfach:[71]

Was wir von unseren israelitischen Mitbürgern zu fordern haben, ist einfach: sie sollen Deutsche werden, sich schlicht und recht als Deutsche fühlen – unbeschadet ihres Glaubens und ihrer alten heiligen Erinnerungen, die uns Allen ehrwürdig

69 Heinrich von Treitschke, Unsere Ansichten. In: Der Berliner Antisemitismusstreit, Walter Boelich Hrsg., Insel Verlag, Frankfurt 1965, S. 13.

70 Vgl. 68, S. 17.

71 Vgl. 69, S. 10.

sind; denn wir wollen nicht, daß auf die Jahrtausende germanischer Gesittung ein Zeitalter deutsch-jüdischer Mischkultur folge.

Die meisten gebildeten deutschen Juden, besonders Universitätsprofessoren, hatten bereits vollzogen, was Treitschke verlangte. Aber Treitschke sah Luther und Goethe als repräsentative Giganten der deutschen Kultur an, und er war entsetzt, als er bemerkte, dass einige seiner jüdischen Mitbürger ihre eigenen Helden aufs Podest stellten: Berthold Auerbach [Moses Baruch], ein Schriftsteller, der für Liberalismus und Emanzipation stritt, und Julius Rodenberg [Julius Levy], ein weiterer Schriftsteller, der die *Deutsche Rundschau* gründete, ein kulturpolitisches Monatsblatt, das, mit Unterbrechungen, bis 1964 existierte. Aber selbst diese Juden bewunderten die deutschen Klassiker.

Die Kontroverse um Treitschkes Aufsatz zog sich über mehr als ein Jahr hin. Am 12. November 1880 veröffentlichten fünfundsiebzig Professoren der Berliner Universität die folgende Deklaration:[72]

In unerwarteter und tief beschämender Weise wird jetzt an verschiedenen Orten, zumal den größten Städten des Reiches, der Rassenhaß und der Fanatismus des Mittelalters wieder ins Leben gerufen und gegen unsere jüdischen Mitbürger gerichtet. ... Gebrochen wird die Vorschrift des Gesetzes wie die Vorschrift der Ehre, daß alle Deutschen in Rechten und Pflichten gleich sind. Die Durchführung dieser Gleichheit steht nicht allein bei den Tribunalen, sondern bei dem Gewissen jedes einzelnen Bürgers. ... Noch ist es Zeit, der Verwirrung entgegenzutreten und nationale Schmach abzuwenden; noch kann die künstlich angefachte Leidenschaft der Menge gebrochen werden durch den Widerstand besonnener Männer. ...

Vertheidigt in öffentlicher Erklärung und ruhiger Belehrung den Boden unseres gemeinsamen Lebens: Achtung jedes Bekenntnisses, gleiches Recht, gleiche Sonne im Wettkampf, gleiche Anerkennung tüchtigen Strebens für Christen und Juden.

Unter den Unterzeichnern waren der Rektor der Universität, Rudolf Virchow, und der Historiker Theodor Mommsen. Im Gegensatz zu 1933 hatte 1880 die Vernunft gesiegt.

Die von den Nazis verbreiteten antisemitischen Theorien wurden bei weitem nicht von allen Deutschen geteilt. Die im Folgenden beschriebenen Ereignisse werden demonstrieren, dass Bürckel und seine Gefolgsleute 1929 nicht die politischen Meinungen der Bevölkerung vertraten. In der

---

72 Erklärung. In: Der Berliner Antisemitismusstreit, S. 205-206.

Stadtratswahl vom Dezember 1929 hat sie in ihrer überwältigenden Mehrheit die extremen, nationalistischen, antidemokratischen und antisemitischen Ansichten der Nazis eindeutig zurückgewiesen. Harry Breßlau, ein Kollege Treitschkes in Berlin, wusste, woher der Antisemitismus kam:[73]

> Werden Sie [Treitschke] nicht zustimmen, wenn ich behaupte, daß dieselbe [die Judenhetze] nicht aus dem Instinkt der Massen hervorgegangen, sondern unter Benutzung alter Vorurteile von bestimmten politischen Parteien zu bestimmten politischen Zwecken künstlich in dieselben hineingetragen ist?

Landaus Wähler brachten ihre Meinung mit dem Stimmzettel zum Ausdruck. Vor der Stadtratswahl am 8. Dezember 1929 schütteten Bürckel und seine Gefolgsleute ihr Gift über die Landauer Wahlberechtigten aus zusammen mit ihren Visionen für wirtschaftlichen Aufschwung in der Hoffnung, eine Mehrheit zu erringen. Die Wähler waren noch nicht indoktriniert. Die Nazis waren vom Wahlausgang mehr als deprimiert.

Wie alle Wahlen während der Weimarer Zeit war auch die Wahl am 8. Dezember 1929 sorgfältig vorbereitet gemäß den bayerischen Wahlgesetzen. Mit einer Ausnahme arbeiteten die Mitglieder des Landauer Stadtrats, der dem Gesetz nach nicht mehr als dreißig Mitglieder haben durfte, ehrenamtlich, erhielten aber eine Aufwandsentschädigung. Am 10. Oktober beschloss der alte Rat, der 1924 gewählt worden war, das Maximum von dreißig Mitgliedern für den neuen Rat zu erlauben. Nach bayerischem Gesetz musste jemand, der sich aufstellen lassen wollte, Deutscher sein, mindestens fünfundzwanzig Jahre alt und mindestens ein Jahr in der Gemeinde ansässig sein, in der er sich um einen Sitz bewerben wollte. Außerdem musste er im Besitz der staatsbürgerlichen Rechte sein.

Bis zum 22. November hatte jede Partei oder Wahlbündnis einen Wahlvorschlag einzureichen mit nicht mehr als achtunddreißig Namen. Sechs gültige Listen wurden bei der Wahlkommission unter der Leitung des ersten Bürgermeisters Dr. Ludwig Ehrenspeck eingereicht.[74] Ehrenspeck[75] war Verwaltungsjurist. Er war in die vollbezahlte Position des ersten Bür-

73 Harry Breßlau, Zur Judenfrage. Sendschreiben an Herrn Professor Dr. Heinrich von Treitschke. In: Der Berliner Antisemitismusstreit, S. 60.

74 Stadtarchiv Landau, A II 157. Betreff: Stadtratswahl am 8.12.1929.

75 Ehrenbürger Dr. Ludwig Ehrenspeck, Landauer Monatshefte, 5. Jg., April 1958, Heft Nr. 8, S. 7-8.

germeisters am 1. Januar 1921 für die Dauer von zehn Jahren gewählt worden.

Auf einer öffentlichen Sitzung am 22. November 1929 entschieden Dr. Ehrenspeck und die sechs Mitglieder des Wahlkomitees, dass die eingereichten sechs Listen dem Gesetz entsprachen. Listen waren vorgelegt worden von der Sozialdemokratischen Partei (SPD), dem Bürgerblock (eine liberale Koalition der Deutschen Volkspartei (DVP), der Deutschen Demokratischen Partei (DDP) und anderen lokalen Gruppierungen, die die Mittelschicht, die Industrie und den Kommerz vertraten, darunter die Wirtschaftspartei (WP)), den Kommunisten (KPD), dem Katholischen Volksblock (eine Koalition aus der Bayerischen Volkspartei (BVP) und dem Zentrum), den Nazis (die sich als Hitlerbewegung eingeschrieben hatten) und dem Block der wirtschaftlich Schwachen (der Leute mit kleinem Einkommen, Pensionäre, Kriegsveteranen und Arme). Die SPD-Liste enthielt zwölf Namen, mit dem Weinkaufmann Richard Joseph als Spitzenkandidaten. Der Bürgerblock hatte eine Liste mit achtunddreißig Kandidaten, darunter Victor Weiss. Die KPD bot acht Bewerber an. Dreißig Kandidaten standen auf der Liste des Katholischen Volksblocks. Sie wurde angeführt von Lorenz Orth, Direktor der städtischen Berufsschule in Landau. Die Nazis hatten fünf Kandidaten. Einer von ihnen war Eugen Schaaf, ein kleiner Beamter der Staatseisenbahn. Der Block der wirtschaftlich Schwachen, der für einen beachtlichen Teil der Landauer Einwohner sprach, trat mit zwanzig Kandidaten auf.

Im Jahre 1929 hatte Landau ungefähr 14 500 Einwohner. (Die Volkszählung von 1925, der letzten vor den Wahlen von 1929, gab 14 355 an). Es gab 9 886 Wahlberechtigte (4 188 männlich, 5 698 weiblich), das heißt ungefähr 68 % der Gesamtbevölkerung. Von diesen gaben in der Wahl am 8. Dezember 1929 7 447 (75.33 %) ihre Stimmzettel ab, wovon 47 aus verschiedenen Gründen ungültig waren.

Die konstituierende Sitzung des neuen Landauer Stadtrats fand am 20. Dezember 1929 statt, unter dem Vorsitz von Bürgermeister Ehrenspeck. Der Hauptpunkt der Tagesordnung war die Wahl zweier stellvertretender Bürgermeister, nachdem der Rat beschlossen hatte, diese beiden ehrenamtlichen Stellen zu besetzen. Lorenz Orth wurde in eine der beiden gewählt. Sein Platz im Stadtrat wurde vom Nächstfolgenden auf der Wahlliste eingenommen. Auf der ersten Geschäftssitzung des Rates am 10. Januar 1930 verkündete Dr. Ehrenspeck das offizielle Ergebnis der Wahl vom 8. Dezember des Vorjahres.[76] Es war die letzte freie Wahl in Landau bis nach dem Ende des Zweiten Weltkrieges.

Ergebnisse der Stadtratswahl in Landau am 8. Dezember 1929

Partei	Stimmen	Sitze	Prozent
SPD	859	4	11.53
Bürgerblock	3 145	13	42.23
KPD	209	0	2.81
Kath. Volksblock	1 850	8	24.84
NSDAP	971	4	13.04
Block wirtsch. Schwachen	413	1	5.55
Gesamt	7 447	30	100

Das komplizierte Proportionalsystem bot dem Wähler die Möglichkeit, seine eigenen Präferenzen innerhalb einer Liste zum Ausdruck zu bringen, indem es erlaubte – falls die Partei hinter der Liste es so wollte – Kandidaten mit einem Gewichtungsfaktor zwischen eins und drei zu versehen auf Kosten anderer, die nicht gewünscht wurden. Wähler der drei Blockparteien nutzten diese Möglichkeit. Der führende Kandidat der DVP im Bürgerblock, Landaus Staatsanwalt, erhielt 5 701 persönliche Stimmen, und Victor Weiss von der DDP auf derselben Liste erhielt 3 828. Lorenz Orth von den Katholischen erhielt 4 548 Stimmen. Der Kandidat der wirtschaftlich Schwachen bekam 1 104 persönliche Stimmen. Die anderen drei Parteien machten von der Gewichtungsmöglichkeit keinen Gebrauch. Die vier Delegierten der SPD wurden von Richard Joseph angeführt. Die KPD erhielt keinen Sitz, die NSDAP erhielt vier, mit Eugen Schaaf als Führer. Trotz Bürckels intensiver Wahlkampagne war das Resultat der Nazis schlechter als sie es erwartet hatten. Dies ist nicht erstaunlich, denn, obwohl Landau keine reiche Stadt war, so war ihre Bevölkerung doch solide Mittelschicht, wie die Tatsache zeigt, dass Sozialisten, Kommunisten und Wirtschaftlich Schwache nur relativ wenige Stimmen erhielten.

Es lohnt sich, einen Blick auf die Bevölkerungsstatistik der Stadt Landau zu werfen bezüglich der religiösen Glaubensbekenntnisse. Im Jahre 1929

76 Vgl. 74.

waren ungefähr 7 000 Landauer Einwohner Protestanten, 6 600 Katholiken und 710 Juden. Der Rest fiel unter „Andere".[77] Die Juden machten damals also ungefähr 5 % der Einwohner aus. Wenn man annimmt, dass für die registrierten jüdischen Wähler dieselbe Wahlbeteiligung gilt wie für die Gesamtbevölkerung, nämlich 68 %, dann kommt man auf ungefähr 480 jüdische registrierte Wähler. Selbst wenn man annimmt, dass sie alle am 8. Dezember 1929 einen gültigen Stimmzettel abgegeben haben, ist erkennbar, dass ihr Einfluss auf das Wahlergebnis vernachlässigbar gering war. Nimmt man ferner an, dass 75 % der geschätzten jüdischen Wähler, also 360, wirklich zur Wahl gegangen sind, dann ergibt sich, dass sie nur ungefähr 4.8 % aller Wähler ausmachten. Mit anderen Worten, das starke Ergebnis des Bürgerblocks und die eindrucksvollen Resultate der Kandidaten Weiss und Joseph können nicht den jüdischen Stimmen zugerechnet werden.

In der Tat, Joseph und Weiss hatten bereits seit Jahren mit Erfolg die Interessen der sozialistischen beziehungsweise liberalen Wähler vertreten. Als der „Weiße Vikkes", wie der geborene Landauer Victor Weiss scherzhaft genannt wurde, zur Wiederwahl im Dezember 1929 antrat, konnte er auf viele Jahre hervorragender Arbeit zum Wohle seiner Stadt zurückblicken. Er war bereits am 22. November 1909 in den Landauer Stadtrat gewählt worden und hatte seine politische Tätigkeit nie mehr unterbrochen. Weiss hatte sich während des Ersten Weltkrieges in Wohlfahrtsarbeit hervorgetan und hatte 1915 die Victor und Luzie Weiss-Stiftung mit einem Vermögen von 13 000 Reichsmark eingerichtet, um bedürftige Kriegsveteranen und deren Familien nach dem Ende des Krieges zu unterstützen. Die lokale Wahl am 18. April 1920 – die erste nach dem Zusammenbruch des kaiserlichen Deutschlands – hatte Weiss einen weiteren Sieg eingebracht. Dieselbe Wahl hatte Joseph (SPD) und Orth (BVP/Zentrum) in den Landauer Stadtrat gebracht.

Am 10. Januar 1930 brachte Bürgermeister Ehrenspeck auf einer Sitzung des Gemeinderates seine tiefe Sorge über die Haager Konferenz zum erwarteten Ende der französischen Besetzung der Pfalzregion zum Ausdruck. Diese Angelegenheit rief bei der Bevölkerung erhebliche Erregung hervor. Bereits am 4. Dezember des vorausgegangenen Jahres, auf einer

77 Stadtarchiv Landau, R. Müller, Landau in der Pfalz im Spiegel seiner Zahlen, Landau 1982.

Sitzung des alten Stadtrates, hatte Richard Joseph, in Erwartung des Abzuges der Franzosen, eine Befreiungszeremonie in Landau beantragt, da in der Stadt das größte Kontingent der französischen Streitkräfte in der Pfalz stationiert war. Es gab eine Parade – obwohl sie verfrüht war. *Der Rheinpfälzer*, eine Landauer Tageszeitung mit engen Bindungen zur vornehmlich katholischen Bayerischen Volkspartei, schrieb, dass zu Mitternacht als Zeichen der Befreiung die Kirchenglocken läuten und Freudenfeuer auf der Haardt brennen würden.

Auf der letzten Sitzung der Alliierten Rheinland-Kommission am 29. Juni 1930 sprach der französische Vorsitzende zu den deutschen Vertretern und teilte ihnen mit, dass die Alliierten Streitkräfte die Pfalz und das Rheinland zum 30. Juni verlassen würden. Die Presse schrieb dazu:[78] „Die vorzeitige Räumung solle als Symbol des guten Willens im Interesse einer Politik der Verständigung und des Friedens zwischen den Nationen dienen." Von vielen wurden diese Worte als ein Zeichen des guten Willens verstanden. (Zehn Jahre später wurden diese Hoffnungen auf dauerhaften Frieden zerschlagen durch Hitlers Einmarsch in Frankreich.) Die Landauer Presse erwartete den Abzug schon am 27. Juni und schrieb: „Landau ist frei!"[79] Die Zeitungen berichteten über Bürgermeister Ehrenspecks Höflichkeitsbesuch beim örtlichen französischen Kommandeur. Nach einer Militärparade wurde die Trikolore eingeholt, und die französischen Truppen, die am 3. Dezember 1918 eingezogen waren, verließen ihre Quartiere. Fünfzehn Jahre später, nach einem anderen furchtbaren Krieg, waren sie wieder da. Im Sommer 1930 gab es viel Jubel unter der Bevölkerung über den Abzug der Franzosen. Als Jahrzehnte nach dem Zweiten Weltkrieg, im Jahre 1997 die Franzosen wieder aus Landau abzogen, war die Stimmung bemerkenswert anders. Es war in der Tat ein recht trauriger Abschied auf beiden Seiten. Diesmal verloren die Deutschen Arbeitsplätze, und das wirkte sich negativ auf die Wirtschaft aus. Ferner muss man konstatieren, dass über mehr als fünfzehn Jahre beide Seiten gelernt hatten, sich zu respektieren als Mitglieder der Europäischen Union. Damals jedoch, im Jahre 1930, brachte *Der Rheinpfälzer* eine „Freiheitsausgabe" unter dem Datum 30. Juni/1. Juli heraus. Die Titelseite war mit einer Kohlezeichnung von Max Slevogt geschmückt und trug die Überschrift „Der deutsche Aar wieder über beiden Rheinufern." Der Adler auf des *Rhein-*

78 Der Rheinpfälzer, 30. Juni 1930.
79 Ebd. 27. Juni 1930.

pfälzers Titelseite drückte Slevogts nationale Empfindungen aus. Sein Nationalismus hatte jedoch nichts mit dem Blut-und-Boden-Nationalismus der Nationalsozialisten und deren Rassismus gemein. Slevogt starb vier Monate bevor Hitler das „Land der Dichter und Denker" revolutionierte – und das der Künstler auch. Ihm blieb die Erniedrigung erspart, seine Werke und die anderer im Jahre 1933 in einer von den Nazis veranstalteten Ausstellung „Entartete Kunst" präsentiert sehen zu müssen. Einige Jahre später beging die Hitler-Regierung einen durch Gesetz legalisierten Kunstraub beispiellosen Ausmaßes.[80]

Die Erzeugnisse entarteter Kunst, die vor Inkrafttreten dieses Gesetzes in Museen oder der Öffentlichkeit zugänglichen Sammlungen sichergestellt und von einer vom Führer und Reichskanzler bestimmten Stelle als Erzeugnis entarteter Kunst festgestellt sind, können ohne Entschädigung zu Gunsten des Reiches eingezogen werden, soweit sie bei der Sicherstellung im Eigentum von Reichsbürgern oder inländischen juristischen Personen standen.

Am 30. Januar 1930 wurde die Frage nach der Amtszeit Bürgermeister Ehrenspecks aufgeworfen. Um sie zu entscheiden, trat der Stadtrat am 8. Februar zusammen und beschloss einstimmig, ihm einen neuen Zehnjahres-Vertrag anzubieten. Folglich hatte Ehrenspeck das Recht, bis Ende 1940 in seiner vollen, bezahlten Stellung zu verbleiben. Dem Vertrag nach konnte er nur entlassen werden, wenn er entweder das Entlassungsalter von fünfundsechzig erreichte – das wäre Ende des Jahres 1939 der Fall gewesen – oder bei körperlicher oder geistiger Behinderung.

Die Folgen der wirtschaftlichen Rezession hatten damals auch die Gemeinden erreicht. Gehälter für Angestellte, Zahlungen für Arbeitslose, Rentner und Wohlfahrtsempfänger hatten die Kassen geleert. Bei der Annahme seines neuen Kontraktes erklärte Ehrenspeck, dass er „auf die Dauer dieses Dienstvertrages im Hinblick auf die schweren wirtschaftlichen Verhältnisse auf die Auszahlung des Differenzbetrages zwischen Gruppe B4 und B5 verzichte".[81] Ehrenspeck hatte das Murren der unzufriedenen Nazis gehört.

Im Januar ermahnte der Bürgermeister die Ratsmitglieder, ihre Aufgaben als Repräsentanten ihrer Gemeinde ernst zu nehmen und sich unparteiisch zu verhalten. Es dauerte jedoch nicht lange, bis die Nazis im Stadt-

80 Reichsgesetzblatt I, Nr. 88, 2. Juni 1938, S. 612.

81 Stadtarchiv Landau B II/46c, Stadtrat 1930/1932, S. 41-44.

rat entschieden zu versuchen, ihre eigenen Belange durchzusetzen. Ende des Jahres 1930 begannen sie, Hitlers Verlangen, den Versailler Vertrag für ungültig zu erklären und sich anderen internationalen Vereinbarungen zu entziehen, im Rat in Anträgen einzubringen. Am 3. Dezember 1930 legte die Nazifraktion im Landauer Stadtrat den folgenden Antrag vor:[82]

Der Stadtrat beschließt, daß er gegen die heutige Politik der Reichsregierung [unter Heinrich Brüning] und des Reichstages Protest erhebt, da dadurch die Gemeinden in die allerhöchste Not geraten und schon geraten sind. Der Finanzausgleich muß unbedingt dahin geändert werden, daß den Gemeinden soviel Mittel zugewiesen werden, daß sie die dringendsten Aufgaben des kommunalen Lebens erfüllen können. Es wird gefordert, daß mit der Youngpolitik, d. h. der Erfüllungspolitik gebrochen wird. Zuerst müssen die Kommunen durch Zuweisung ausreichender Mittel gesund gemacht werden, bevor an ausländische Kapitalisten deutsches Geld geliefert wird.

Der Sprecher der Nazis, Eugen Schaaf, verlangte, diesen Antrag der Reichsregierung und der bayerischen Staatsregierung zuzuleiten. Mit Hinweis auf die bayerischen Selbstverwaltungsgesetze lehnten die Katholischen, der Bürgerblock und die Sozialdemokraten den Antrag der Nazis ohne Debatte ab, da ein Stadtrat keine Zuständigkeiten in Sachen der Reichspolitik habe. Einige dieser Stadträte könnten jedoch eine gewisse Sympathie zum Inhalt dieses Antrags gehegt haben.

Während des ganzen Jahres 1930 benutzte die Nazifraktion des Landauer Stadtrates die Not der Bevölkerung, um Maßnahmen durchzusetzen, die den Finanznotstand der Stadt beheben sollten. Die Nazis verlangten zum Beispiel eine Karnevalssteuer; sie wollten die Gehälter der städtischen Angestellten kürzen und eine Sonderverkaufssteuer für Unternehmen mit Sitz außerhalb Landaus einführen. Zwei Drittel der so erzielten Einnahmen sollten zur Arbeitsbeschaffung verwendet werden, der Rest zur Unterstützung der Armen. Populistische Anträge dieser Art wurden konsequent abgelehnt als impraktikabel, als nicht in Übereinstimmung mit dem Gesetz oder als nichtig, wie im Falle der Aufwandsentschädigungen der Ratsmitglieder, die bereits gekürzt worden waren.

Eine Zeit lang wurden die vier Landauer Nazis im Rat nur als unangenehme Störenfriede angesehen. Das änderte sich am 16. Oktober 1931, als

82 Ebd. S. 227-228.

ihr Führer, Eugen Schaaf, in einer langen Ansprache Neuwahlen verlangte. Auf einer Stadtratssitzung an diesem Tage sagte er:[83]

Der größte Teil des deutschen Volkes ist heute der Überzeugung, daß der bisherige Weg der Erfüllungspolitik aller Regierungen seit 1918 nicht der richtige Weg war. Derselbe hat das deutsche Volk in immer tiefere Abhängigkeit von unserem schärfsten Gegner, Frankreich, gebracht. Heute stehen wir mitten im Zusammenbruch des gesamten schaffenden Volkes, und das Ende von Reich, Staat und Gemeinden ist nur eine Frage von wenigen Wochen, ja Tagen. …

Wir fordern, daß das Steuer des Staatsschiffes herumgeworfen wird, und zwar von dem Steuermann Adolf Hitler, der, wie keiner sonst, Jahr um Jahr die jetzigen Zustände sowie den endgültigen Zusammenbruch klar erkannt und vorausgesagt hat, wie weit es mit dieser Katastrophenpolitik kommen wird und wie alles folgerichtig eingetroffen ist. …

Wir fordern Neuwahlen in Reich, Staat und Gemeinden. Das gesamte Volk, das gesamte Ausland soll sehen, wer heute hinter Adolf Hitler steht. …

Einige Monate später, am 23. Mai 1932, verlangten die vier Nazis die Annahme eines potenziell explosiven Antrags:[84]

Bei den Reichspräsidentenwahlen am 13. März und am 10. April 1932 hat die NSDAP Ortsgruppe Landau 4 250 beziehungsweise 4 518 Stimmen für ihren Kandidaten [Adolf Hitler] erhalten. Die Wahl zum bayerischen Parlament am 24. April 1932 ergab für unsere Fraktion 4 700 Stimmen, d. h. die absolute Mehrheit. Die Zusammensetzung des 1929 gewählten Stadtrates entspricht nicht der Machtverteilung der hier repräsentierten Parteien. Die Landauer NSDAP hat gegenwärtig vier Sitze. Sie könnte die Hälfte der Sitze verlangen gemäß des Ergebnisses vom 24. April. Die NSDAP Fraktion verlangt, daß der Stadtrat nicht länger den Willen des Volkes mißachtet, besonders den der 4 700 NSDAP-Wähler, und ein Datum für Neuwahlen festlegt.

Zum Verständnis dieses Antrages sei Folgendes gesagt. Zur Reichspräsidentenwahl am 13. März 1932 waren vier Kandidaten angetreten: Paul von Hindenburg, Adolf Hitler (NSDAP), Theodor Duesterberg (Stahlhelm) und Ernst Thählmann (KPD). Hindenburg erhielt die meisten Stimmen, verfehlte aber die Zweidrittelmehrheit. Bei der Nachwahl am 10. April gab es nur noch drei Kandidaten. Ihre Anteile waren: Hindenburg 53 %, Hitler 37 % und Thählmann 10 %. Damit war Hindenburg wieder-

83 Ebd. S. 409-411.
84 Ebd. S. 499-506.

gewählt. Im Reich – und in Landau – hatte sich der politische Wind gedreht. Hitler war nicht mehr zu übersehen.

Der Text des Naziantrags wurde an die Mitglieder des Stadtrates verschickt vor dessen Sitzung am 23. Mai. Nur der Katholische Bürgerblock gab eine schriftliche Erwiderung ab. Er lehnte den Antrag ab, obwohl er keine Neuwahlen fürchte. Auf der Sitzung äußerte der Sprecher der Katholischen, dass der Naziantrag den verständlichen Wunsch reflektiere, ihre Situation quantitativ und möglicherweise auch qualitativ zu verbessern. Diese Worte waren eine berechnete Abfuhr und zielten auf das intellektuelle Mittelmaß der Landauer Abgeordneten der Nazis ab. Er wies den Antrag zurück, sagte aber, das Zentrum fürchte nicht die Stimme des Volkes. Zur Sache selbst stellte er fest, dass die Beachtung vorübergehender Meinungsschwankungen den Zweck des Stadtrates verfehlen würde, da er sonst zum Spielball der öffentlichen Meinung würde. Er forderte die Nazis auf, ihren Willen und ihre Fähigkeit zur konstruktiven Mitarbeit zu demonstrieren, was sie bislang nicht getan hätten.

Die Haltung der Katholischen wurde von der Mehrheit des Bürgerblocks unterstützt. Ihr Sprecher erinnerte den Rat daran, dass sie kein politisches Parlament seien, sondern eine Institution der Selbstverwaltung für einen gesetzlich festgelegten Zeitraum, daher also unabhängig von Wahlergebnissen in anderen Gebieten. Der Naziantrag verletze die Prinzipien der kommunalen Selbstverwaltung, und seine Annahme würde die Schleusen für den Drang der Nazis zur Macht öffnen. Der Rat würde zum Tummelplatz politischer Experimente.

Die Sozialdemokraten stimmten den beiden Koalitionsblöcken zu. Ihr Sprecher wies den Naziantrag zurück, indem er darauf hinwies, dass der Rat das Vertrauen der Landauer Einwohner genösse und dass innerhalb eines halben Jahres die politische Stimmung vollkommen anders sein werde. Wie viele andere war der SPD-Sprecher wohl überzeugt, dass die braune Gefahr sich in der nahen Zukunft verlaufen werde. Ihre Hoffnungen wurden bitter enttäuscht. Die Debatte zeigte jedoch ohne Zweifel, dass ein dreiviertel Jahr vor Hitlers Machtübernahme die Demokraten in Landau noch nicht bereit waren, sich den Nazidrohungen zu beugen.

Obgleich Bürgermeister Ehrenspeck in allen Einzelheiten den Mechanismus einer Ratsauflösung unter bayerischen Gesetzen und die Notwendigkeit einer Volksbefragung erläuterte, beharrten die Nazis auf ihrem Antrag.[85]

Unser Antrag ist eingereicht worden, weil es nicht belanglos ist, wer die Mehrheit hat. Unsere sozialen, wirtschaftlichen und kulturellen Forderungen können nicht verwirklicht werden, solange die NSDAP nicht die Macht im Reich, in den Ländern und in den Gemeinden hat.

Am Ende wurde der Antrag gegen sechs Stimmen abgelehnt. Vier dieser Stimmen kamen von den Nazis, zwei kamen von abtrünnigen Ratsherren des Bürgerblocks, die wohl bemerkt hatten, was die Stunde geschlagen hatte. Einer der Abtrünnigen äußerte seinen Kollegen gegenüber, dass die Bevölkerung die Gelegenheit haben solle, ihre Meinung zum Ausdruck zu bringen. Trotz Bürckels Bemühungen im Hintergrund blieb der am 8. Dezember 1929 rechtmäßig und frei gewählte Landauer Stadtrat im Amt, bis er kurz nach der Machtergreifung auf Anordnung von oben durch einen anderen ersetzt wurde, der mehr nach dem Geschmack der Nazis war. Bürckel sprach nach der Reichstagswahl am 5. März 1933 zu diesem Thema und bestand auf einer Revision der existierenden politischen Ordnung in Bayern:[86]

Die Zusammensetzung des bayerischen Landtags und der Selbstverwaltungskörper entspricht nicht mehr dem Willen der Mehrheit des bayerischen Volkes.

Der Umsturz kam wenige Wochen später infolge der Gleichschaltungsgesetze. Bürckel wurde daraufhin von seiner Presse gelobt, den Sieg der nationalsozialistischen Revolution in der Pfalz errungen zu haben.

Aus der tiefsten nationalen Schmach hat Gauleiter Bürckel unsere Heimat Pfalz wieder zu einer geschlossenen nationalen Einheit geführt. Heute ist die Pfalz einer der stärksten Eckpfeiler des neuen Reiches. Als unentwegter Kämpfer des deutschen Sozialismus hat er heute schon die neue Schicksalsgemeinschaft von Arbeitern, Bauern und Soldaten verwirklicht. Sein Kampf stand stets unter der Parole: Wir müssen den Armen der Nation das Vaterland zurückerobern. Die nationale Revolution hat Gauleiter Bürckel konsequent in der Pfalz durchgeführt, so daß wir heute schon feststellen können, daß die Pfalz wieder sauber und frei ist.

---

85 Vgl. 84.

86 NSZ Rheinfront. Die folgenden Zitate stammen aus den Ausgaben vom 7. und 21. März 1933.

4. GLEICHSCHALTUNG UND VERGEWALTIGUNG

Als Reichspräsident von Hindenburg am 30. Januar 1933 Adolf Hitler zum Chef einer Reichsregierung aus Nationalsozialisten und Ultranationalisten ernannte, war der am 8. Dezember 1929 gewählte Landauer Stadtrat noch im Amt. Drei seiner ursprünglichen Mitglieder waren inzwischen gestorben, und ein Nazi war aus Gesundheitsgründen ausgeschieden. Sie waren von ihren Nachfolgern auf den entsprechenden Listen ersetzt worden. Die vage Hoffnung einiger Menschen, dass Hitler und seine Naziananhänger wie ein Spuk verschwinden würden, stellte sich als Wunschdenken heraus. Und die Hoffnung einiger anderer, dass alles nicht so schlimm werden würde, wurde ebenso enttäuscht. Diese Gruppen hatten den Willen der Nazis, die totale Macht zu erreichen und sie festzuhalten, vollkommen unterschätzt.

Mit dem sich entwickelnden Prozess der Gleichschaltung wurde Bayern ebenso wie die anderen Länder (mit Ausnahme von Preußen, wo bereits am 1. Februar 1933 Franz von Papen zum Reichsstatthalter ernannt worden war) unter das Joch der Nazis gebracht. Am 9. März 1933 wurde General im Ruhestand Franz Xaver Ritter von Epp zum Reichsstatthalter von Bayern ernannt. Die Grundlage dafür wurde nachgeliefert, und zwar in §1 des Zweiten Gesetzes zur Gleichschaltung der Länder mit dem Reich.[87] Epps Ernennung kam zwei Wochen bevor der Reichstag das Gesetz zur Behebung der Not von Volk und Reich[88] verabschiedete, das so genannte Ermächtigungsgesetz, welches der Reichsregierung erlaubte, Gesetze zu erlassen, was bis dahin dem Reichstag vorbehalten war. Mit wenigen Paragraphen hob Hitler die Verfassung der Weimarer Republik aus den Angeln, ohne sie aufzuheben. Das war der Beginn der Hitlerdiktatur.

Epp war Berufssoldat. Er war militärisches Mitglied der Ostafrikaexpedition von 1900 gewesen, hatte 1904 in der Schutztruppe für Deutsch-Südwestafrika gedient und war im Ersten Weltkrieg Kommandeur des bayerischen Garderegiments gewesen. Er war ein hochdekorierter Offizier, und er war geadelt worden. Nach dem Kriege, 1919, hatte er ein Freikorps kommandiert, mit dem er die Münchner Sowjetregierung stürzte. Von 1921 bis 1923 war Epp kommandierender General einer bayerischen

---

87 Reichsgesetzblatt I, Nr. 33, 7. April 1933, S. 173.
88 Reichsgesetzblatt I, Nr. 25, 24. März 1933, S. 141.

Reichswehrdivision. Nach seinem Ausscheiden aus dem Militär hatte er sich 1923 der Politik zugewandt als Mitglied der Bayerischen Volkspartei. Er war eigentlich ein Verteidiger der bayerischen Monarchie, hatte sich aber 1928 von der Überlegenheit der Hitlerschen Philosophie überzeugen lassen und war der NSDAP beigetreten. Epp gab der verlotterten Nazipartei durch seine Mitarbeit im Bereich der Militärpolitik einiges Prestige. Er blieb bis zum Ende des Zweiten Weltkrieges Reichsstatthalter von Bayern. Im Jahre 1945 wurde er von den Amerikanern festgenommen und starb 1946 in einem US-Militärhospital in München.

Der Ernennung Epps gingen in Bayern Massenkundgebungen und Fackelzüge der jubelnden SA voraus, die den Wahlsieg vom 5. März feierten. Am 7. März wurden Hakenkreuzflaggen über dem Landauer Rathaus und überall im Lande gehisst. Am Tag darauf sah sich Gauleiter Bürckel gezwungen, die Naziauftritte zu untersagen, um ein Ausufern der Demonstrationen in der Pfalz zu verhindern. Nichtsdestoweniger wurden die Nazikundgebungen interpretiert als Ausdruck des Volkswillens, die republikanische Landesregierung aus dem Amt zu werfen und durch Vertreter der neuen Ordnung zu ersetzen. Obwohl die konstitutionelle bayerische Regierung protestierte und erklärte, Herr der Lage zu sein, sah der Reichsminister des Inneren, Wilhelm Frick, die öffentliche Ordnung in Bayern nicht mehr als gesichert an und berief sich auf die Verordnung des Reichspräsidenten zum Schutz von Volk und Staat,[89] um die Berufung Epps zum Reichsstatthalter zu rechtfertigen. Die wesentlichen Paragraphen dieser von Hitler durchgesetzten Verordnung lauten:

§1. Die Artikel 114, 115, 117, 118, 123, 124 und 153 der Verfassung des Deutschen Reiches werden bis auf weiteres außer Kraft gesetzt. Es sind daher Beschränkungen der politischen Freiheit, des Rechtes der freien Meinungsäußerung, einschließlich der Pressefreiheit, des Vereins- und Versammlungsrechts, Eingriffe in das Brief-, Post-, Telegraphen- und Fernsprechgeheimnis, Anordnungen von Haussuchungen und von Beschlagnahmen sowie Beschränkungen des Eigentums auch außerhalb der sonst hierfür bestimmten gesetzlichen Grenzen zulässig.

§2. Werden die in einem Lande zur Wiederherstellung der öffentlichen Sicherheit und Ordnung nötigen Maßnahmen nicht getroffen, so kann die Reichsregierung insoweit die Befugnisse der obersten Landesbehörde vorübergehend wahrnehmen.

89 Reichsgesetzblatt I, Nr. 17, 28. Februar 1933, S. 83.

Die sieben im ersten Paragraphen ausgesetzten Artikel der Weimarer Verfassung[90] garantierten Sicherheit und Freiheit der deutschen Bürger. Mit ihrer Aussetzung wurde die Verfassung zu einem leeren Schriftstück. Der zweite Paragraph war geschickt entworfen worden, um die legale Möglichkeit zur Usurpation der totalen Macht zu haben.

Wenige Stunden nach seiner Ernennung zum Reichsstatthalter von Bayern übernahm Epp die Kontrolle über das gesamte Land Bayern. Am 10. März erließ er die folgende Bekanntmachung an sein bayerisches Volk:[91]

> Auf Grund des §2 der Verordnung zum Schutze von Volk und Staat hat die Reichsregierung durch den Reichsminister des Inneren die Befugnisse der Obersten Landesbehörden auch für das Land Bayern übernommen und mich mit der Wahrnehmung dieser Befugnisse beauftragt. Ich habe die gesamte Polizeigewalt bereits übernommen. ...

Nach einem kurzen tapferen Kampf brach die legitime, von Dr. Heinrich Held geführte bayerische Regierung unter Epps Druck zusammen. Bereits Anfang Februar, als die Absichten der Nazis unmissverständlich klar wurden, hielt sich die bayerische Regierung an die Erklärung des bayerischen Obersten Gerichtshofes, nach der die deutschen Länder unabhängige politische Einrichtungen waren und das Recht auf eigene, aus Wahlen hervorgegangene Regierungen hatten (Artikel 27 der Weimarer Verfassung). Der Artikel 48 gab der Reichsregierung nicht das Recht, Reichsstatthalter zu installieren. Die Auflösung von Landesparlamenten und Regierungen war illegal. Aber legale Feinheiten waren zu diesem Zeitpunkt irrelevant.

Die Machtübernahme in Bayern fand vier Tage nach der Reichstagswahl vom 5. März statt, bei der die Nazis knapp die absolute Mehrheit verfehlten. Sie waren aber mit 43.9 % aller Stimmen die bei weitem stärkste Partei im Reichstag, wo sie 228 von 642 Sitzen mit Rowdies in Braunhemden besetzten. Im Wahlbezirk 27, Pfalz, gaben 91.1 % der Wähler ihre Stimmen ab; die NSDAP erhielt 273 581 Stimmen oder 46.5 %. Es verdient Beachtung, dass die pfälzische NSDAP damals zwischen 18 000 und 20 000 Mitglieder hatte.

Statthalter Epp setzte sofort untergeordnete Kommissare für die verschiedenen bayerischen Staatsministerien ein. Unter ihnen war der Gauleiter von München-Oberbayern, Adolf Wagner, der als Beauftragter die

90 Reichsgesetzblatt Nr. 152, 11. August 1919, S. 1383-1418.
91 NSZ Rheinfront, 11. März 1933.

Aufsicht über das Ministerium des Inneren übernahm. Dr. Hans Frank wurde als Beauftragter für das bayerische Ministerium der Justiz eingesetzt, und Heinrich Himmler wurde kommissarischer Polizeipräsident in München. Ernst Röhm, Stabschef der SA, wurde Kommissar z.b.V. Epp verschwendete auch keine Zeit, seinen Untergebenen zu sagen, wie er sich die Vorgehensweise vorstellte. Am 10. März erklärte er ihnen, dass er sich vorläufig zurückhalten und nicht in ihre Angelegenheiten eingreifen wolle, dass er aber, sollten sie schlampig vorgehen, Konsequenzen ziehen werde. Am 12. März berief Epp eine Zusammenkunft mit seinen Kommissaren und den Präsidenten der bayerischen Regionalregierungen in München ein. Auf diesem Treffen[92] brachte er seine Ansichten zur nationalen Revolution zum Ausdruck. Epp sagte, der Sieg der nationalen Revolution sei ein historisches Ereignis ersten und höchsten Ranges. Das Protokoll fährt fort:

Nun, da der Sieg errungen sei, gehe es weiter wie bei einer Truppe. Eine siegreiche Truppe bleibe nicht stehen, lasse sich auch nicht einfach festhalten, sondern gehe weiter und stoße durch. So auch bei der nationalen Revolution.

So sah der General im Ruhestand die Durchführung der nationalen Revolution.

Auf demselben Treffen informierte Röhm seine Zuhörer:

... den Regierungspräsidenten werden Sonderkommissare zur Verfügung gestellt, in der Regel die obersten SS- und SA-Führer [ihrer Region]. Diese haben den Auftrag, in meinem Namen alle erforderlichen Maßnahmen zu treffen ... und die gesamte Disziplinar- und Strafgewalt auszuüben.

Die vier Regierungspräsidenten saßen still da. Sie waren die höchsten Landesbeamten. Alle hatten akademische Grade; drei von ihnen einen Doktor der Philosophie. Röhm gab auch eine Beschreibung der Aufgaben der neuen Einpeitscher der nationalsozialistischen Doktrin:[93]

Die aktive, treibende Kraft ... ist der Sonderkommissar, der alle für Ruhe und Ordnung notwendigen Maßnahmen selbständig anordnet, die Überwachung gegnerischer und verdächtiger neutraler Kräfte vornehmen läßt, Haftbefehle gegen alle Schädlinge der nationalsozialistischen Freiheitsbewegung und damit des

92 Stadtarchiv Landau A II 112. Durchführung der nationalen Erhebung in Landau.

93 Lothar Meinzer, Die Pfalz wird braun. Machtergreifung und Gleichschaltung in der bayerischen Pfalz. In: Die Pfalz unterm Hakenkreuz, Gerhard Nestler und Hannes Ziegler, Hrsg., Pfälzische Verlagsanstalt, Landau/Pfalz 1993, S. 47.

deutschen Volkes veranlaßt. ... Grundsätzlich muß der Sonderkommissar der Herr in seinem Bezirk sein, dem sich alles unterzuordnen hat.

Am Abend des 12. März berief Adolf Wagner selbst ein Treffen mit den Regierungspräsidenten und einigen hohen bayerischen Verwaltungsbeamten ein, um seine Meinung zur nationalen Revolution zum Ausdruck zu bringen. Als Kommissar für das Innenministerium war Wagner de-facto-Chef der Präsidenten. Seine Absicht war, die Herren zu beeindrucken, ihnen die Notwendigkeit der Vollendung der Revolution klarzumachen und sich ihrer Ergebenheit zu versichern. Wagner teilte ihnen mit:[94]

Ich erblicke meine Aufgabe nicht darin, etwa nach irgendwelchen sonst im normalen Leben üblichen Grundsätzen meine Tätigkeit auszuüben, sondern die nunmehr in vollem Gang befindliche nationale Revolution mit allen mir zur Verfügung stehenden Mitteln zum Erfolg zu bringen. ... Ich erwarte unbedingt erhöhte Aktivität im Sinne von dem, was sich jetzt vollzogen hat. Wir leben in einer außergewöhnlichen Zeit. Ich bitte, diesem Ungewöhnlichen auch Rechnung zu tragen und ein anderes Tempo hineinzubringen als bisher. Es muß mit aller Rücksichtslosigkeit durchgegriffen werden. Das muß mit einem gewissen Tempo geschehen; das ergibt sich schon daraus, daß unsere Bewegung eine soldatische Bewegung ist. ... Bei den Maßnahmen, die ich für nötig halte, hänge ich mich nicht an Paragraphen. Es handelt sich um Dinge vorübergehender Natur. Die Dinge werden, wenn die Übergangszeit vorüber ist, überprüft werden. Es wird dann festgestellt werden, was für die Dauer gilt.

Ich bin der Meinung, daß die Revolution heute schon beendet ist. Ich sehe nirgends mehr die Möglichkeit eines nennenswerten Widerstandes. Wir haben von vornherein schon derart darein geschlagen, haben vor allem die führenden Köpfe der Kommunisten und der Marxisten festgenommen, daß der Feind am Boden liegt. Nunmehr gilt es, konsolidierte Verhältnisse herbeizuführen. 1918 war es Ihnen als Staatsbeamte schwer, sich den veränderten Verhältnissen zu fügen. Ich erwarte, daß es Ihnen leichter gefallen ist, sich auf den Boden der gegenwärtigen Tatsachen zu stellen. ...

In der Tat, bereits am 9. März hatte sich Adolf Wagner auf die Verordnung zum Schutz von Volk und Staat berufen und alle mit der SPD verbundenen Vereinigungen in Bayern aufgelöst. Darunter waren die Eiserne Front und die Sozialistische Arbeiterjugend. Ihre Führer wurden verhaftet und in „Schutzhaft" genommen, „im Interesse der öffentlichen Sicherheit". Den Kommunisten erging es ebenso. Weiterhin erließ Wagner einen

94 Vgl. 92.

Befehl an die bayerische Landespolizei, die Überwachung der NSDAP und ihrer Organisationen sofort einzustellen.

Am 18. März informierte Adolf Wagner die bayerischen Verwaltungen, dass die von Röhm eingesetzten Sonderbevollmächtigten autorisiert seien, von sich aus Sonderbeauftragte für die Kreisverwaltungen einzusetzen. Die Absicht war, sicher sein zu können, dass alles, was von Epp angeordnet war, sofort in die Tat umgesetzt würde. Die Sonderbeauftragten waren bereits ernannt, als Wagner seine Botschaft verschickte. Die Sonderbeauftragten komplettierten das bereits vorhandene hierarchische NSDAP-Kontrollsystem der Gauleiter, Kreisleiter, Ortsgruppenleiter, Zellenleiter und Blockleiter, das schon aus der Zeit vor 1933 stammte. Es war ein System von politischen Kontrolleuren, Spionen und Einpeitschern für Provinzen, Kreise, Gemeinden, Wohnblocks und Nachbarschaften. Für die Pfalzregierung in Speyer ernannte Adolf Wagner auf Anordnung von Röhm am 12. März Fritz Schwitzgebel, Bürckels pfälzischen SA-Chef, als Sonderbevollmächtigten. Einen Tag danach ernannten Röhm und Schwitzgebel Sonderbeauftragte für die fünfzehn Pfälzer Landkreise. Insbesondere: „In Durchführung der Regierungsmaßnahmen bei Stadt und Bezirk Landau ernenne ich [Kreisleiter] Karl Kleemann … zu meinem Beauftragten bei den dortigen Behörden.“[95]

Um sicher zu sein, dass die bayerischen Exekutivorgane sich darüber klar waren, woher der Wind wehte, wandte Wagner sich mit einer Botschaft an die Beamten:[96]

> Der von der Reichsregierung eingesetzte Reichskommissar für Bayern [Epp] hat mich mit der Leitung des Staatsministeriums des Inneren beauftragt. Ich werde das mir übertragene hohe Amt so verwalten, wie es die Ziele der nationalen Erhebung, die Richtlinien der kommissarischen Regierung und meine Weltanschauung mir vorschreiben. Ich betrachte es insbesondere als meine Aufgabe, den Gedanken der nationalen Bewegung in alle Fasern des staatlichen Lebens und bis in das letzte Dorf zu tragen …

Machtergreifung war nicht nur Hitlers an die Macht kommen als Reichskanzler in Berlin. Sie war ein Von-oben-nach-unten-Prozess der Durchdringung der gesamten administrativen Struktur des Reiches mit nationalsozialistischen Machtzentren. Sie war aber auch ein Von-unten-nach-

---

95 Vgl. 92.

96 Ministerialamtsblatt der bayerischen inneren Verwaltung, Nr. 4. München, 30. März 1933, S. 33.

oben-Prozess, der die gesamte soziale Struktur veränderte. Diese Kombination von zwei in entgegengesetzten Richtungen mit großer Geschwindigkeit sich ausbreitenden Prozessen führte in kürzester Zeit zur vollständigen Kontrolle jeglicher Amtsinhaber und jeglichen Bürgers durch die Nationalsozialisten. Innerhalb weniger Wochen war das System der absoluten Tyrannei der Nazis komplett. Ende des Jahres 1933 reichten die scheußlichen Tentakel des Nazi-Oktopus bis in jede Ecke des deutschen Lebens.

Zehn Monate nach dem Eppschen Treffen in München und fünfeinhalb Monate bevor er ermordet wurde, kam Röhm auf das Thema der Sonderbevollmächtigten und -beauftragten zurück, um das System der SA-Kontrolle über die zivilen bayerischen Verwaltungsautoritäten zu formalisieren und den Griff auf die Beamten zu festigen.[97]

Der Stabschef [der SA, Röhm] ist als Stellvertreter des Obersten SA-Führers [Hitler] „Oberster Bevollmächtigter für Bayern". Mit seiner Vertretung hat er „Sonderbevollmächtigte des Obersten SA-Führers" beauftragt, die ihm allein und unmittelbar unterstehen. Dem Sonderbevollmächtigten für das Land Bayern sind die vom Stabschef ernannten Sonderbevollmächtigten bei den Kreisregierungen unterstellt. Die Sonderbevollmächtigten bei den bayerischen Kreisregierungen haben zu ihrer Unterstützung bei den nächst unterstellten Verwaltungsbehörden (Bezirksämter) „Sonderbeauftragte des Obersten SA-Führers" bestellt, die gleichzeitig auch die Sonderbeauftragten bei den kreisunmittelbaren Städten sind, die im Bereich des betreffenden Bezirksamtes liegen.

Die Ernennung und Absetzung aller Sonderbevollmächtigten und ihrer Vertreter ... erfolgt ausschließlich durch mich [Röhm].

Unbedingt notwendig ist, daß sich alle Sonderbevollmächtigten in Wahrung der ihnen anvertrauten Interessen überall rücksichtslos durchsetzen. Daher habe ich auch jedem von mir ernannten Sonderbevollmächtigten (jedoch nicht den Sonderbeauftragten) für die Dauer ihrer Tätigkeit die Befugnis zur Verhängung aller Strafen erteilt. ...

Schlußbemerkung. Die Sonderbevollmächtigten und Sonderbeauftragten müssen in ihren Bezirken die aktive treibende Kraft sein, durch klares, zielbewußtes und energisches Auftreten, gepaart mit klugem selbständigem Handeln sich überall und gerade dort, wo Reibungen und Schwierigkeiten entstehen, rücksichtslos

97 Der Oberste SA-Führer, Ch. Nr. 247/34. Betr. Sonderbevollmächtigte und Sonderbeauftragte des Obersten SA Führers für Bayern. München, den 15. Jan. 34. In: Propyläen Weltgeschichte, Hrsg. Golo Mann u. a., Propyläen Verlag, Berlin 1960, Bd. IV, S. 392 Einschub.

durchsetzen und damit die verantwortungsbewußten Wahrer und Garanten des Ansehens des Führers und der Bewegung sein.

Am 5. März 1933 haben mehr als siebzehn Millionen Wähler des Volkes der Dichter und Denker ihre Stimmen abgegeben, so dass dieser Albtraum der Naziherrschaft wahr werden konnte. Jahrelang hatten Hitler und seine Genossen gesagt, was sie tun würden, wenn ihre Chance käme. Aber die deutschen Massen hörten nur das, was sie hören wollten. Sie sahen vor sich eine helle Zukunft wie sie von den Trommlern der Nazis versprochen wurde. Die Menschen wollten Arbeit, sie wollten eine stabile nationale Finanzsituation, sie wollten den Versailler Vertrag abschütteln – und hin und wieder mit Freunden ein Bier trinken. In vierzehn Jahren konnte die Weimarer Republik das nicht zu Wege bringen, so glaubten sie wenigstens. Nun hatten sie Hitler als Kanzler, sie hatten einen charismatischen Führer, und sie riefen „Heil“ und wieder „Heil“. Diejenigen, die für Hitler gestimmt hatten, rochen den Speck, erkannten aber nicht die Falle. Hatten sie irgendeine Ahnung, was Hitler für jeden einzelnen von ihnen bedeutete und für die ganze Nation? Nach dem 30. Januar 1933, besonders nach dem 5. März, gab es kein Entrinnen mehr aus den Fängen der Nazis.

Unter den gegebenen Umständen wurde lokale Selbstverwaltung eine Farce. Alles, was führende Nazis sagten, reflektierte die wohlbekannten Meinungen ihres Führers und Reichskanzlers, die er am 7. Mai 1933 in einer Rede in Kiel auf einer Kundgebung der SA zum Ausdruck brachte.[98] Er nannte die SA Deutschlands Nationalgarde. (Ein Jahr später änderte er seine Meinung.) In Kiel erklärte er, die sozialistische Weimarer Republik habe Deutschland ruiniert. Aber: „Die Stunde der Abrechnung ist gekommen, in der wir eiskalt die Konsequenzen ziehen.“ Hitler war bereit, jedem die Hand zu reichen, der sich seiner Bewegung anschloss. Jedoch:

> Wer aber glaubt, die Erhebung der Nation weiter sabotieren oder gar aufhalten zu können, der wird sehen, daß die Faust dieser jungen nationalen Garde stark genug ist, um jeden nieder zu brechen. Der soll sehen, daß wir dann nach dem alten Gesetz vorgehen: Auge um Auge, Zahn um Zahn.

Unter diesen Umständen war Kapitulation die einzig Alternative. Alles andere wäre Selbstmord gleichgekommen.

In Übereinstimmung mit Röhm ordnete Wagner den Einsatz von bewaffneten SA- und SS-Leuten zur Unterstützung regulärer Landespolizis-

98 Der Rheinpfälzer, 8. Mai 1933.

ten an. Einerseits bedeutete dies nahezu eintausend irreguläre Polizisten auf den Gehaltslisten der Pfälzer Verwaltung. Andererseits brachte dies Nazimacht in die Straßen und gab arbeitslosen Nazi-Rowdies lang ersehnte Jobs mit Autorität über Mitbürger. Die Maßnahme war nicht völlig unkontrovers, und die Angelegenheit zog sich hin, bis Hitler sie genehmigte.

Die Legalisierung der Veränderungen in den Verwaltungsstrukturen des Reiches, die in den ersten Monaten nach Hitlers Machtergreifung durchgedrückt wurde, kam mit den Gleichschaltungsgesetzen. Mit diesen wurden die Selbstverwaltungskörperschaften von den Landesparlamenten bis hinunter zu den Stadträten umgestaltet gemäß den Wahlergebnissen vom 5. März 1933, und sie machten die Reichsstatthalter zur obersten Landesexekutive mit absoluter Machtbefugnis, die sogar das Recht beinhaltete, Landesbeamte und Richter zu entlassen. Das Gesetz zur Wiederherstellung des Berufsbeamtentums[99] bot die rechtliche Grundlage dafür, Personalentscheidungen zu treffen.

Als die Gleichschaltungsgesetze veröffentlicht wurden, war die lokale Selbstverwaltung vielerorts bereits abgeschafft. Hitlers Ernennung zum Reichskanzler war für viele energische und aufstrebende Nazis, wie zum Beispiel Josef Bürckel und seine Gefolgsleute, das Signal gewesen, ihre Kampagnen zur Zerstörung republikanischen Ordnung zu intensivieren und ohne Rücksicht gegen Marxisten, Katholiken und Juden vorzugehen. Die katholischen Parteien, die Sozialdemokraten und die Juden, „der ewige Fluch des deutschen Volkes", wurden diskreditiert. In Landau waren Victor Weiss (DDP), Richard Joseph (SPD) und Lorenz Orth (BVP) die Hauptziele. Victor Weiss war das erste Opfer der Einschüchterungskampagne. Am 12. März trat er als Stadtratsmitglied zurück. Er schrieb einen Brief an Oberbürgermeister Ehrenspeck, in feiner Sütterlinschrift:[100]

Sehr geehrter Herr Oberbürgermeister!
Infolge der Aufregungen der letzten Tage sind meine Nerven derart angegriffen, daß ich nicht mehr in der Lage bin, mein Stadtratsmandat auszuüben. Ich lege daher hiermit mein Amt als Stadtrat, welches ich durch das Vertrauen meiner Mitbürger über 23 Jahre lang, nach bestem Wissen und Gewissen, verwalten durfte, nieder. Meiner lieben Vaterstadt wünsche ich auch weiterhin das Allerbeste.
Mit vorzüglicher Hochachtung
Ihr sehr ergebener
Victor Weiss

---

99 Reichsgesetzblatt I, Nr. 34, 7. April 1933, S. 175-177.

100 Stadtarchiv Landau A II 157, Stadtrat 1933: Auflösung des Stadtrats.

Richard Joseph war noch nicht bereit, unter dem Druck der Nazis zu kapitulieren. Er hatte aber nicht mit ihrer Brutalität gerechnet. Man warf ihn einfach hinaus.

Im Vollzug meiner Beauftragung als Beauftragter des Kommissars Röhm bei der Kreisregierung in Speyer teile ich Ihnen mit, daß der dem Stadtrate angehörende Jude Joseph in Schutzhaft zu nehmen ist.

Es war Sonderbeauftragter Schwitzgebel, der diesen Befehl[101] am 13. März morgens um 4 Uhr mit Fernschreiber an die Landauer Kreisverwaltung schickte, zu Händen von Kleemann. Joseph wurde prompt verhaftet und in die Landauer Fortkaserne gebracht, wo er bis zum 15. März festgehalten wurde. Am 16. März war Joseph bereit zu kapitulieren. Er reichte seinen Rücktritt ein:

An das Bürgermeisteramt Landau Pfalz
Teile dem Bürgermeisteramte mit, daß ich mit Heutigem aus dem Stadtrat austrete.
Ergebenst
Richard Joseph

Der Rücktritt Richard Josephs und der auf die SPD ausgeübte Druck – nicht nur lokal, sondern über das ganze Land – führte zu einer Kettenreaktion. Am 20. März lehnte Josephs Nachfolger auf der SPD-Liste es ab, seinen Platz einzunehmen. Am selben Tag trat ein weiteres SPD-Mitglied des Stadtrats zurück, und einen Tag später traten die beiden übrigen SPD-Mitglieder des Landauer Stadtrats zurück. Der Auszug der Landauer Sozialdemokraten war komplett.

Um sicher zu sein, dass die Pfälzer Juden wussten, woher der Wind blies, ließ Bürckel ein Ultimatum veröffentlichen.[102]

An alle jüdischen Bürgermeister und Stadträte der Pfalz!
Ich erachte es im Interesse der oben angeführten Personen auf Grund mir gewordener Mitteilungen für notwendig, daß diese ihre Ämter bis heute abend 5 Uhr niederlegen. Im Weigerungsfalle der Betreffenden – die als Saboteure zu betrachten wären – sind die Kommissare der Bezirksämter angewiesen, die sofortige Schutzhaft durchzuführen und die fraglichen Personen ins Arbeitsdienstlager Neustadt zu bringen. Die Amtsniederlegung hat schriftlich, telephonisch oder telegraphisch an den Kommissar zu erfolgen, der um 5 Uhr Vollzugsmeldung an Nr. 3591 Neustadt erstattet.

---

101 Zu diesem und dem folgenden Zitat siehe 92.

102 NSZ Rheinfront, 17. März, 1933.

Bürckel ging noch weiter. Bis zum 28. April mussten in vielen Pfälzer Gemeinden nichtbeamtete (ehrenamtliche) Bürgermeister gewählt werden. Der Gauleiter gab folgende Erklärung heraus:[103]

1. Alle Bürgermeisterkandidaten, die von der NSDAP aufgestellt werden, müssen die vorherige Zustimmung des zuständigen Kreisleiters besitzen. ...
2. In allen Fällen ist ein beauftragter Nationalsozialist als Bürgermeisterkandidat aufzustellen. Wo infolge Mehrheitswahl Kandidaten anderer Parteien als Bürgermeister gewählt werden, ist hiergegen unter allen Umständen Protest einzulegen, weil sonst … Gleichschaltung nicht durchgeführt werden kann. ...
3. Jeder Versuch, die Gleichschaltung durch Wahl eines Nichtnationalsozialisten zu sabotieren, wird durch Nichtbestätigung [durch die Kreisleitung] des Betreffenden verhindert werden.

Obwohl Victor Weiss bereits zurückgetreten war, ließ die Hetzkampagne gegen ihn nicht nach. Auf einer Massenkundgebung am Abend des 25. März in der Landauer Festhalle kündigte Kreisleiter und Sonderbeauftragter Karl Kleemann „einen rücksichtslosen Kampf gegen die Machinationen des internationalen Judentums“ an und fuhr fort:[104]

Wir werden uns nicht mehr bieten lassen, daß ein Jude, und wenn er auch Kommerzienrat ist, über die Geschicke der Landauer Bevölkerung zu befinden hat. Es ist behauptet worden, Kommerzienrat Weiss sei ein Wohltäter der Stadt gewesen. Wir können aber zu 90 v. H. das Gegenteil beweisen. Ich habe in den Akten nachgesucht über das Tun und Treiben dieses Mannes. Nur ein Fall: Regierungsbaumeister Kretzschmar ist wegen seiner deutschen Gesinnung von diesem Juden vertrieben worden. Dieser Jude hat diesem deutschen Manne entgegengeschleudert (hier verliest Kleemann einen Auszug aus einem Protokoll): *Wir Juden sind eine Macht, und wir werden es durchsetzen, daß solch völkische Tendenzen aus der Stadtverwaltung verschwinden* (Pfuirufe). Und wir werden nun durchsetzen, daß die Juden aus der Stadtverwaltung Landau verschwinden (Stürmischer Beifall).

Offensichtlich hatten die Nazis ihre eigene Vorstellung von Legalität. Die „deutsche Gesinnung“ des Mannes, von dem Kleemann sprach, war ganz einfach übelster Antisemitismus. Sie öffentlich zum Ausdruck zu bringen, widersprach den Artikeln 109 und 135 der Weimarer Verfassung, die Gleichheit aller Deutschen und vollkommene Freiheit der Religion und des Gewissens garantierten.

103 NSZ Rheinfront, 25. April, 1933.
104 Landauer Anzeiger, 27. März, 1933.

Die Nazis hatten auch Lorenz Orth vom Katholischen Volksblock im Fadenkreuz. In Schwitzgebels Telegramm vom 13. März, mit dem er die Verhaftung Josephs anordnete, hatte er gefordert: „Zweiter Bürgermeister Orth ist mit sofortiger Wirkung beurlaubt." Am 15. März sandte Bürgermeister Ehrenspeck die folgende Botschaft an die Regierung der Pfalz in Speyer:[105]

Zufolge Verfügung des Beauftragten des Stadtkommissars bei der Kreisregierung in Speyer, Herr Schwitzgebel, vom 13. ds. Mts., wurde 2. Bürgermeister Orth mit sofortiger Wirkung beurlaubt. An seine Stelle wurde Herr Stadtrat Schaaf durch Verfügung des Herrn Kreisleiters Kleemann mit der Wahrnehmung der Geschäfte des 2. Bürgermeisters beauftragt.

Am 22. März berief Ehrenspeck für den 30. März eine Sitzung des Stadtrates – was von ihm übrig war – ein, um die Auflösung des Rates zu besprechen. Ein Mitglied des Katholischen Volksblocks informierte Ehrenspeck, dass er zwei Wochen Krankenurlaub nehmen müsse. Ein weiteres Ratsmitglied, auch von den Katholischen, sagte, er sei verhindert, weil er mündliche Prüfungen an seiner Schule abnehmen müsse. Diese beiden haben vielleicht versucht, einen formellen Rücktritt zu vermeiden. Am 29. März jedoch traten die dreizehn Landauer Ratsmitglieder des Bürgerblocks (die Zahl schließt Weiss mit ein) geschlossen zurück. Dies veranlasste die acht Ratsmitglieder des Katholischen Volksblocks ebenfalls zur Amtsniederlegung, da der Rat unter den herrschenden Umständen nicht mehr beschlussfähig sei.

Diese Entwicklungen bedeuteten das Ende des am 8. Dezember 1929 frei gewählten Landauer Stadtrates. Für Bürgermeister Ehrenspeck stellte dies natürlich ein Problem dar. In einem Brief an die Regierung der Pfalz vom 30. März brachte er sein Dilemma zum Ausdruck:[106]

Nach den gestern und heute eingegangenen Erklärungen, die hier in Abschrift beiliegen, haben die den Stadtratsfraktionen des Bürgerblocks und des Katholischen Volksblocks angehörenden Stadtratsmitglieder ihre Ämter niedergelegt.

Die der SPD angehörenden 4 Stadträte haben bereits unterm 16. bezw. 21. ds. Mts. ihren Austritt aus dem Stadtrat erklärt. ...

Da unter den obwaltenden Verhältnissen eine Einberufung der Ersatzleute nicht in Frage kommt, wird ... gebeten, das Erforderliche geneigtest zu verfügen. Ent-

105 Vgl. 100.
106 Ebd.

sprechend dem Antrage des Stellvertreters des Beauftragten bei der Stadtverwaltung, Herrn Schaaf, Vorsitzenden der Stadtratsfraktion der NSDAP, wird vorgeschlagen bis zur Neubildung des Stadtrates, die demnächst auf Grund des in Aussicht stehenden Gleichschaltungsgesetzes erfolgen wird, die 4 Mitglieder der Stadtratsfraktion der NSDAP, sowie zwei weitere Herren mit der Führung der Geschäfte des Stadtrates vorläufig zu betrauen.

Am 30. März 1933 bestand demnach der Landauer Stadtrat aus sechs Mitgliedern, sämtlich Nazis. Unter den beiden von Schaaf ernannten war Karl Keim, Bauführer im Zivilleben, Landauer SA-Chef im Range eines Obersturmbannführers, und Sonderbeauftragter Schwitzgebels bei der Stadt.

Natürlich war diese Unterwanderung des Selbstverwaltungssystems illegal unter der Weimarer Verfassung. Aber wen interessierte das noch? Auf der Landauer Bühne hatten Bürckel, Schwitzgebel, Kleemann, Schaaf und Keim eines ihrer Hauptziele erreicht: sie waren die Herren in ihrem Bereich. Einiges war jedoch noch zu tun. Unter anderem musste ein neuer Stadtrat in Landau nominiert werden; und man war unter Zeitdruck, weil das Gesetz zur Gleichschaltung der Länder mit dem Reich vom 31. März 1933[107] diese Aufgabe bis zum 30. April als beendet verlangte. Die entsprechenden Paragraphen besagten:

§12 (1) Die gemeindlichen Selbstverwaltungskörper (Kreistage, Bezirkstage, Bezirksräte, Amtsversammlungen, Stadträte, Stadtverordnetenversammlungen, Gemeinderäte u. s. w.) … werden hiermit aufgelöst.
§12 (2) Sie werden neu gebildet nach der Zahl der gültigen Stimmen, die bei der Wahl zum Deutschen Reichstag am 5. März 1933 im Gebiet der Wahlkörperschaft abgegeben worden sind. Hierbei werden die auf die Wahlvorschläge der Kommunistischen Partei entfallenden Sitze nicht zugeteilt.

In Landau lag die Wahlbeteiligung am 5. März bei 93 %. Die NSDAP hatte 6 189 Stimmen, Zentrum/BVP 2 225, SPD 988, KPD 429, DVP 251, Kampffront Schwarz-Weiß-Rot 468 und Deutsche Staatspartei (vormals DDP) 353. Die von Franz von Papen gegründete Kampffront, die nationalistisch-konservative Kreise anziehen sollte, erreichte keine ernsthafte Bedeutung, weder lokal noch national. In der Reichstagswahl erhielt sie 7.97 % der Stimmen und verschwand.

Das bayerische Gleichschaltungsgesetz erlaubte der Stadt Landau zwanzig Ratsmitglieder. Nach dem Reichstagswahlschlüssel ergab das für die

107 Reichsgesetzblatt I, Nr. 29, 2. April 1933, S. 153-154.

Stadt die folgende Verteilung der Ratssitze: NSDAP 13, Zentrum/BVP 4, SPD 2 und Kampffront 1. Erster Bürgermeister Ehrenspeck verkündete dies Ergebnis am 22. April in seiner Eigenschaft als Leiter des „Wahlausschusses“. Man kann nicht wissen, ob die Landauer wirklich eine absolute Nazi-Mehrheit in ihrem Stadtrat haben wollten. Die Ratsmitglieder wurden am Morgen des 22. April von einem „Wahlkomitee“ bestimmt, dem Karl Kleemann von der NSDAP, Volksschullehrer Gustav Wolff vom Zentrum/ BVP, Schuhmachermeister Karl Rapp von der SPD und der Pensionär Hermann Friedrich Nagel von der Kampffront angehörten. Auf der Liste der NSDAP waren siebenundzwanzig Namen, zwölf auf der Liste von Zentrum/BVP, fünf bei den Sozialdemokraten und zwei bei der Kampffront. Unter den dreizehn Nazi-Mitgliedern im Stadtrat waren Eugen Schaaf, Kaufmann Otto Blaurock und Gastwirt Jakob Spies – Bürckels Schwiegervater – in dessen Bahnhofswirtschaft sich SA-Männer trafen, um sich zu betrinken und sich in ihren antisemitischen Empfindungen zu bestärken. Die Vertreter von Zentrum/BVP im neuen Stadtrat waren erfahrene Politiker: Lorenz Orth, Gustav Wolff, Anwalt Theo Höffner und Geschäftsmann Georg Krämer. Orth war als zweiter Bürgermeister von Eugen Schaaf abgelöst worden. Als Orth in den Rat zurückkehrte, mag er noch geglaubt haben, den Nazi-Sturm aushalten zu können. Zwei Monate später wurde er eines Besseren belehrt. Die SPD wurde von Lastwagenfahrer Valentin Moll und Schlosser Paul Rothe vertreten.

Die Landauer Sozialdemokraten waren von den Ereignissen der Hitlerschen Machtergreifung demoralisiert. Am 21. März waren die vier SPD-Mitglieder des Landauer Stadtrates zurückgetreten. Mitte des Monats war ihr Führer, Richard Joseph, für drei Tage in Haft gewesen. Als Bürgermeister Ehrenspeck die Namen der Mitglieder des neuen Rates verkündete, war Joseph wieder in der Landauer Fortkaserne eingesperrt, diesmal für fünfzig Tage, vom 8. April bis zum 27. Mai. Es ist erstaunlich, dass sich die SPD überhaupt an der Schauwahl vom 22. April beteiligte. Vielleicht wäre das nicht geschehen ohne die Ermutigung der Landauer Genossen durch die SPD-Parteizentrale in Ludwigshafen, die sich am 19. April, gerade einen Tag vor dem Ende der Frist, schriftlich an Karl Rapp wandte, der als Vertreter der SPD im „Wahlkomitee“ saß. Die Ludwigshafener Zentrale schrieb:[108]

108 Stadtarchiv Landau A II 157, Stadtratswahl – Wahlperiode 1933-37 I.

An Herrn Schuhmachermeister Rapp, Landau.
Werter Genosse:
Schon einige Zeit fehlt uns jede Verbindung mit Landau. ... Aus der Zeitung wissen wir, daß sich die Ortsgruppe Landau aufgelöst hat. Wer hat denn die Auflösung eigentlich veranlaßt? Die Partei ist doch nicht verboten, und es ist sehr bedauerlich, wenn die Genossen freiwillig die Flinte ins Korn werfen. ... Der letzte Termin zur Einreichung der Vorschlagsliste ist morgen [20. April], Donnerstag, abends 8 Uhr. Vielleicht läßt sich im Laufe des Tages noch eine Liste zusammenstellen. Jedenfalls wäre es sehr bedauerlich, wenn die Sozialdemokratie im Landauer Stadtrat nicht vertreten wäre.

Meister Rapp brachte noch rechtzeitig eine Liste mit fünf Namen zusammen. Es entstand jedoch ein Problem, als Kleemann, das NSDAP-Mitglied im Komitee, Einwände gegen zwei der SPD-Kandidaten erhob. Er erklärte, dass der eine wiederholt wegen ehrenrühriger Vergehen schwer bestraft sei, und der zweite nach Entlassung aus der Schutzhaft erklärt habe, sich nicht wieder politisch zu betätigen. Rapp zog daraufhin diese Kandidaten zurück und ernannte statt ihrer zwei andere, nämlich Moll und Rothe.

Kreisleiter Kleemanns Vetomacht in der Kandidatenauswahl für den neuen Stadtrat beruhte auf Instruktionen des Gauleiters Bürckel, der Anfang April gesagt hatte:[109]

Die Vorbereitungen für die Gleichschaltung in den Gemeindeparlamenten sind sofort zu treffen. Die Ortsgruppenleiter haben die Vorschläge für die Gemeindevertretungen dem zuständigen Kreisleiter zuzuleiten, der eine Überprüfung vorzunehmen hat und alsdann die Liste der Gauleitung zur Genehmigung unterbreitet. Für sämtliche Stadt- und Gemeindeparlamente ist die Zustimmung der Gauleitung erforderlich.

Als sie ihre Ämter antraten, haben die beiden Stadtratsmitglieder der SPD wohl schon ernsthafte Bedenken über eine mögliche Bloßstellung innerhalb der ihnen feindlichen Nazimehrheit im Rat gehabt, und sie suchten wahrscheinlich schon nach einem Ausweg, um ihre Köpfe zu retten. Wie dem auch sei, einen Monat nach ihrer Ernennung repräsentierten die beiden nicht mehr ihre sozialdemokratischen Ideale in ihrer Selbstverwaltungskörperschaft. Auf der ersten Sitzung des neuen Rates, am 24. Mai, für die sich Moll entschuldigt hatte, erklärte Ehrenspeck, dass Moll am Tage zuvor zurückgetreten sei und dass sein Nachfolger auf der Liste

109 NSZ Rheinfront, 7. April 1933.

nicht zur Verfügung stehe, da er seine Mitgliedschaft in der SPD aufgegeben habe.

Rothes Fall entwickelte sich etwas anders. In einer handschriftlichen Notiz vom 24. Mai erklärte er:[110]

Auf Grund meines nationalen Bewußtseins habe ich keinerlei Interesse mehr, mit dieser verräterischen Gesellschaft [der SPD] mitzumachen. Über die Rückgabe des Mandats an die SPD habe ich keinerlei Verpflichtung.

Rothe erklärte, er halte nichts mehr von den marxistischen Versuchen, Deutschlands Probleme zu lösen. Er trat aus der SPD aus und wurde Gast der NSDAP-Fraktion. Der Fraktionsvorsitzende der NSDAP im Rat erklärte daraufhin: „Ich erkläre im Namen meiner Fraktion, daß wir den Herrn Rothe selbstverständlich als Hospitanten in unsere Reihen aufnehmen."

Am 27. April wählte der neu eingesetzte Stadtrat zweite und dritte Bürgermeister. In einem Brief benachrichtigte Ehrenspeck die Regierung der Pfalz in Speyer über das Ergebnis:[111] „Zum zweiten Bürgermeister ist Otto Blaurock, Kaufmann, gewählt worden. Für seine Wahl haben anscheinend Angehörige sämtlicher Parteien gestimmt. Zum dritten Bürgermeister ist Eugen Schaaf, Reichsbahnobersekretär, gewählt worden." Am 6. Mai wurden die Ernennungen der beiden vom Ministerium des Inneren der Regierung der Pfalz, d.h. von Schwitzgebel, bestätigt. Der Brief enthält die Bemerkung, dass die Ernennungen von Gauleiter Bürckel genehmigt waren.

Eugen Schaaf war ein enorm ehrgeiziger Mann. Er wollte eine Rolle spielen. Er war der typische kleine Provinznazi, von Eifer aufgeblasen, gewillt, Hitlers Bewegung zu dienen – und sich selbst nach vorne zu bringen. Er war einer der „alten" Nazis in der Landauer Region, wenn nicht dem Range nach, so doch nach Alter. Schaaf begann wirklich Macht auszuüben, als Kreisleiter Kleemann ihn zu seinem Stellvertreter bei der Landauer Stadtverwaltung machte. Schaaf war ein Mann, „die Leute das Fürchten zu lehren". Er arbeitete sich vom Blockleiter zum Ortsgruppenleiter hoch und beteiligte sich aktiv in verschiedenen NSDAP Unterorganisationen. Nach langer Krankheit starb Schaaf am 19. Juli 1942, vierundsechzig Jahre alt.

110 Vgl. 108.
111 Ebd.

Eugen Schaaf wollte mehr als nur Lippenbekenntnisse, mehr als nur stilles Mitmachen. Er wollte Zustimmung zur Bewegung in verifizierbarer Form, schriftlich dokumentiert. In seiner Stellung als Kleemanns Stellvertreter gab er am 22. März 1933 die „Verfügung Nr. 1," heraus, die an alle Mitglieder der Stadtverwaltung gerichtet war, vom ersten Bürgermeister bis hinunter zum letzten Arbeiter:[112]

Die Übernahme der gesamten Geschäfte bei den Reichs-, Staats- und Kommunalbehörden durch die nationale Revolution ist vollzogen.

Die Träger der nationalen Erhebung müssen verlangen … [daß sich alle] voll und ganz in den Dienst dieser Sache stellen. ...

1. Jeder im Dienste der Stadtgemeinde Landau … hat sich auf Pflicht und Gewissen mit ganzer Hingabe für die nationale Befreiung und Aufbauarbeit einzusetzen.

2. Wer glaubt, die Verpflichtung unter Ziffer 1 nicht einhalten zu können, verlasse den Dienst.

3. Wer nur äußerlich … seinen Dienst versieht und glaubt, die Maßnahmen der nationalen Erhebung sabotieren zu können, hat sich getäuscht und wird rücksichtlos zur Verantwortung gezogen.

Das gesamte Personal der Stadtverwaltung Landau hat durch eigenhändige Unterschrift kundzugeben, ob es gewillt ist, an dem Aufbau mitzuarbeiten oder nicht. Die Unterschrift gilt als Bestätigung zur Mitarbeit. Die Herren Referenten sind für sofortige Durchführung verantwortlich und haben das Ergebnis mir umgehend vorzulegen.

Schaaf war nicht der hellste unter den Landauer Nazis; aber seine Rücksichtlosigkeit machte ihn ziemlich wirkungsvoll.

Der Vorhang fiel für die Sozialdemokraten am 17. Juni 1933, als Adolf Wagner vom bayerischen Staatsministerium des Inneren eine Bekanntmachung herausgab, in der er die nationale SPD-Führung diskreditierte und befahl, die Partei vom politischen Geschehen auszuschalten.[113]

Die Sozialdemokraten [Otto] Wels, [Rudolf] Breitscheid, [Friedrich] Stampfer und Vogel haben den Sitz der „Reichsleitung der Deutschen Sozialdemokratischen Partei" nach Prag verlegt. Sie geben von dort auch den *Vorwärts* heraus und schmähen den Reichskanzler Adolf Hitler und das nationale Deutschland.

112 Stadtarchiv Landau AII 112, Erklärungen sämtlicher Beamten, Angestellten und Arbeiter der Stadt.

113 Bayerischer Staatsanzeiger Nr. 138, 18./19. Juni 1933.

Die Sozialdemokraten haben sich sonach unter den Schutz und damit auch unter den Einfluß des Auslandes gestellt.

In den Kreisen der nationalen Bevölkerung löst es außerordentliche Erbitterung aus, daß sich Angehörige einer solchen Partei noch in den Vertretungen von Gemeinden ... befinden und damit über das Wohl und Wehe von Teilen des deutschen Volkes mitbestimmen. Da die Auswirkungen dieser Erbitterung nicht zu übersehen sind, sind die sozialdemokratischen Mitglieder der Gemeinderäte ..., soweit sie nicht selbst ihr Amt niederlegen, zur Aufrechterhaltung der öffentlichen Sicherheit sowie zu ihrem eigenen persönlichen Schutz bis auf weiteres von den Sitzungen fernzuhalten. Adolf Wagner.

Eine Kopie dieses Dokumentes im Stadtarchiv Landau enthält die am 1. Juli von Dr. Ehrenspeck unterzeichnete Bemerkung, dass sich im Landauer Rat keine SPD-Mitglieder mehr befinden. Am Tag darauf wurde die Sozialdemokratische Partei Deutschlands im gesamten Reich als illegal erklärt.

Während die Parteien des Bürgerblocks bereits stillschweigend verschwunden waren, hegten das Zentrum und die Bayerische Volkspartei immer noch die vage Hoffnung, auch weiterhin an nationalen und lokalen politischen Entwicklungen teilnehmen zu können. Diese Hoffnung zerstob schnell. Ende Juni hatte Himmlers Bayerische Politische Polizei (BPP) bereits fast 2 000 Mitglieder des Zentrums und der BVP des Reichstags, des bayerischen Landtags und der bayerischen lokalen Selbstverwaltungskörperschaften festgenommen. In Landau fanden die Verhaftungen bereits am 26. Juni um 5 Uhr früh statt, wie das Städtische Polizeiamt dokumentierte.[114] Theo Höffner und Lorenz Orth von der BVP und Georg Krämer und Gustav Wolff, beide vom Zentrum, wurden im Landauer Amts- und Landgerichtsgefängnis für fünf Tage festgehalten. Wie die Presse berichtete, wurden sie am 1. Juli aus der Schutzhaft entlassen. Ein Pressekommentar[115] zu der Verhaftungswelle in Bayern besagte:

114 Vgl. 108.
115 Landauer Anzeiger, 26. Juni 1933.

Die Aktion gegen die Bayerische Volkspartei.
Sämtliche Abgeordneten und Stadträte in Bayern verhaftet. ... Wie wir hören, hängen die Verhaftungen zusammen mit der Auffindung hochverräterischen Materials anläßlich der Haussuchungen. Die Tatsache beweist, wie berechtigt das Mißtrauen war, das man den Loyalitätserklärungen der BVP entgegengebracht hat. Auch in Landau in der Pfalz sind heute in aller Frühe Verhaftungen erfolgt.

Natürlich war „hochverräterisch" eine gemeine Behauptung; sie war aber effektiv, jeden in Schrecken zu versetzen, der sich den Nazis noch nicht angeschlossen hatte. Am 30. Juni berichtete der *Landauer Anzeiger* die Selbstauflösung des Zentrums.

Auf der nationalen Ebene verschwanden BVP und Zentrum am 4. bzw. 5. Juni. Nach einem vierzehn Jahre dauernden Experiment fand die Demokratie in Deutschland ein bitteres Ende. Die leeren Sitze in den Selbstverwaltungskörperschaften wurden schnell mit Nazis besetzt. Die Machtergreifung war fast vollständig vollzogen.

Als die Nazis den Stadtrat in Landau umgestalteten, hatten sie bereits ihr organisatorisches Netzwerk über der gesamten Pfalz ausgebreitet. Im Jahre 1933 bestand es im Gau Pfalz aus vierzehn Parteikreisen, die ungefähr den alten bayerischen Landkreisen entsprachen, und die in 224 Ortsgruppen unterteilt waren. Es gab in Landau bereits 1925 eine NSDAP Ortsgruppe; bis 1935 kamen fünfzehn weitere hinzu, die den Kreis Landau abdeckten. Diese sechzehn Ortsgruppen waren in sechsundsiebzig Zellen und 178 Blöcke unterteilt. Jede dieser Einheiten wurde von einem Leiter geführt – und diese Leiter stolzierten Stadt- und Dorfstraßen entlang in fantastischen Uniformen und Reitstiefeln, „von Amtspflicht aufgeblasen", gaben Befehle, spionierten ihren Mitbürgern nach und meldeten alles an höhere Dienststellen.

Diese von pathologischer Selbstüberschätzung aufgeblasenen Narren waren das Rückgrat der Revolution und wurden nach dem 30. Januar 1933 zu Sonderbevollmächtigten oder Sonderbeauftragten gemacht. Einer von ihnen, Karl Keim, konnte seinen pathologischen Zustand nicht verbergen.[116]

Sturmbannführer Keim bemängelte als Sonderbeauftragter für die Polizei, daß der Geist bei der Polizei in Landau nicht der sei, den man erwarten müsse. Wenn der Geist nicht anders werde, werde scharf durchgegriffen. Es sei eine Unverschämt-

116 Landauer Anzeiger, 20. Juni 1933.

heit, wenn ein Sturmbannführer in voller Uniform durch die Straßen gehe und von einem Polizeibeamten nicht gegrüßt werde, während der gleiche Beamte zwei Schritte später einen Judenbuben grüßt. „Diesen Beamten werde ich mir herausholen. Ich verlange eines von heute ab – und die Macht habe ich dazu – daß die Polizei die SA und SS vom Truppführer aufwärts zu grüßen hat. Wer das nicht tut, den nehmen wir wegen Störung der Ruhe und Sicherheit in Schutzhaft. ...“

Keim drohte denen, die nicht gehorchten, mit Arrest und Schutzhaft wegen Friedensstörung und sagte weiter: „Wir werden die Revolution weitertreiben, und daran lassen wir uns von keinem Menschen hindern.“

Das hierarchische Oberaufsichtssystem der Nazis war außerhalb und oberhalb der historisch gewachsenen Verwaltungsstruktur konstruiert. Es war entwickelt worden, der Kanal zur Befehlsvermittlung im totalitären deutschen Einparteienstaat zu werden, sobald die Machtergreifung vollständig war.

Im Anfang war die Mitgliedschaft in der Landauer NSDAP klein. 1928 begann sie mit einunddreißig Mitgliedern. Im Frühjahr 1935 zählte die Landauer NSDAP ungefähr 2 900 Mitglieder, bei einer Gesamtbevölkerung von 73 600 Einwohnern. Dies entsprach ungefähr 3.9 %. Schätzungen zufolge zählte die Partei in der Pfalz vor 1930 3 000 Mitglieder. Zwischen dem 15. September 1930 und dem 30. Januar 1933 wuchs die Mitgliederzahl um 14 038. Weitere 18 317 traten der NSDAP zwischen dem 1. Februar 1933 und dem 1. Mai 1933 bei.[117] Daraufhin wurde eine Aufnahmesperre verfügt, um das System nicht zu überladen. Bürckel sorgte dafür, dass die in diesem Zeitraum beigetretenen Mitglieder keine bezahlten Parteiämter erhielten. Hitler und seine Parteibonzen betrachteten diese „Märzgefallenen“ als unzuverlässige Opportunisten. Die Partei in der Pfalz behielt eine nahezu konstante Mitgliedschaft von etwas mehr als 35 000. Arbeiter stellten die Mehrheit, und fast alle waren ziemlich jung. 75 % waren unter vierzig; 50 % waren unter dreißig.

Der Grund für den Aufnahmestopp war wohl die Notwendigkeit, die Parteistruktur zu konsolidieren. Gauleiter Bürckel brachte das auf einer Kundgebung am 28. Mai 1933 in Kaiserslautern zum Ausdruck. Er war aber gewitzt genug, nicht auf die Mitgliedsbeiträge derer zu verzichten,

117 Diese und einige spätere statistische Angaben finden sich in: Hans-Joachim Heinz, Die Reihen fest geschlossen. In: Die Pfalz unterm Hakenkreuz, Gerhard Nestler und Hannes Ziegler, Hrsg., Pfälzische Verlagsanstalt, Landau/Pfalz 1993, S. 87-117.

die er in „Anwartschaft“ hielt. Nach dem 30. Januar waren viele bestrebt, der Partei beizutreten, um zu zeigen, dass sie die Bewegung unterstützten. Furcht wurde ein machtvolles Instrument; Furcht, den Arbeitsplatz zu verlieren oder das Aufsteigen zu verpassen. In Kaiserslautern sprach Bürckel all diejenigen an, die der NSDAP beitreten wollten und riet ihnen, sich dem Anwartschaftsring anzuschließen, den er geschaffen hatte.[118]

Wir Nationalsozialisten haben jahrelang den Kampf meistens gegen Euch, aber um Euch geführt. ... Der große Durchbruch ist uns gelungen. Nun ist es an Euch, das, was in der Hauptsache unsere SA- und SS-Männer hinter sich haben, zu entgelten. Das geschieht jedoch nicht dadurch, daß man plötzlich Partiegenosse wird. ... Verzichtet auf einen Aufnahmeantrag, tretet dem Anwartschaftsring bei, bezahlt den Monatsbeitrag in derselben Höhe wie den der Parteigenossen, für arme SA- und SS-Männer, die sich schon Jahr und Tag die Schuhsohlen ablaufen, damit Deutschland wieder allen werde.

Die NSDAP war als relativ kleiner, kontrollierbarer Kader entwickelt worden für politisch aktive, fanatische und intolerante Mitglieder. Es gab andere Organisationen, um die Botschaft zu verbreiten und nahezu alle unter Kontrolle zu halten – und Beiträge zu kassieren, um die Kassen der Nazis zu füllen. Daher hatten die Nazis ein Netzwerk von untergeordneten Organisationen geschaffen: die SA, die SS und zum Beispiel die Deutsche Arbeitsfront (DAF), die die verschiedenen, traditionellen Gewerkschaften ersetzte, nachdem diese am 2. Mai 1933 verboten worden waren.

Zwei Jahre nach der Machtergreifung hatte die DAF ungefähr 200 000 Mitglieder im Gau Pfalz. Die SA hatte 65 000 Mitglieder, von denen ungefähr 3 400 in der Standarte 18 waren. Es gab eine Reichsbauernschaft mit nahezu 64 000 Mitgliedern in der Pfalz. Die Pfälzer Hitlerjugend (HJ) – Jungen und Mädchen im Alter von zehn bis achtzehn Jahren – zählte 62 000 Jugendliche. Es gab auch Organisationen für Frauen, Sozialarbeit, Veteranen und Beamte. Hinzu kamen noch Organisationen für Lehrer, Rechtsanwälte, Studenten, Ingenieure und Mediziner. Alle natürlich nur für Arier.

Obwohl die politische Struktur der NSDAP auf Reichsebene organisiert war, standen die Pfälzer Organisationen unter der festen Kontrolle des Gauleiters Bürckel. Im Mai 1930 hatte er sein Hauptquartier nach Neustadt an der Haardt verlegt, eine bedeutende Stadt nördlich von Landau, wo

118 Landauer Anzeiger, 29. Mai 1933.

er einen ausgedehnten Stab einrichtete, um sicherzustellen, dass seine politische Maschinerie funktionierte. Unter den verschiedenen Abteilungen der Gauleitung gab es solche für Finanzen, Propaganda, Inneres, Beamte, Kultur und Rasse, Ackerbau und Wirtschaft.

Versuche der bayerischen Regierung im Frühjahr 1934, die Gauleiter in die staatliche Verwaltungsstruktur einzubinden, indem man sie zu Regierungsbeamten machte, schlugen fehl. Bereits im Juli 1933, nach der Konsolidierung der Nazimacht in Bayern, hatte die Staatsregierung versucht, die politischen Kommissare zu eliminieren und die Macht der Gauleiter zu beschneiden, um die sich zum Teil widersprechenden Zuständigkeiten abzuschaffen. Diese Versuche zielten darauf ab, die Gauleiter zu Landesbeamten zu machen und sie damit der Disziplinargewalt des Landes zu unterstellen. Bürckel war schlau genug, das Angebot, Präsident der Provinz Pfalz zu werden, abzulehnen. Er zog die Position des Gauleiters vor, die ihm wegen ihrer undefinierten Zuständigkeiten und vagen Aufsicht von oben im Wesentlichen unbeschränkte Macht entweder direkt oder durch seine SA und SS sicherte.

Seine Unabhängigkeit bot Bürckel die Gelegenheit, sein Projekt der Volkssozialistischen Selbsthilfe (VS) voranzutreiben. Am 25. August 1933 sprach der Gauleiter auf einer Massenkundgebung in Kaiserslautern, auf der er seine Ideen vom Sozialismus entwickelte:[119] „Sozialismus bedeutet nicht, leben von der Leistung anderer. Wer von der Arbeit anderer zu leben trachtet, ist ein Schmarotzer und Parasit. Sozialismus heißt: Anrecht auf Leistung, gerechte Entlohnung und Leistung im Dienste des Volkes.“ Bürckel verlangte Beiträge von allen, um Arbeitsbeschaffungsprogramme im Rahmen seiner VS in Gang zu bringen. „Wenn jeder Pfälzer im Durchschnitt nur zwei Pfennig täglich gibt, so macht das am Tage 20 000 Mark.“ In Kaiserslautern beschrieb er, wie das System funktionieren werde:

Vor Beginn des Unterrichts: jeder Lehrer wirft seine Spende in die Büchse, jeder Schüler 1 Pf. Es gibt in diesen Tagen kein Büro, in dem nicht zuerst der Direktor, dann der Geschäftsführer und endlich die Angestellten Spenden geben. Kein Gottesdienst, bei dem nicht der praktische Christ spendet. Kein Glas Wein ohne den Ehrenpfennig. Wer sich diesem Gesetz entziehen möchte, weil er den Gedanken

119 Der Rheinpfälzer, 26. August 1933.

des Volksgenossen nicht anerkennt, dem wird nichts geschehen – jedoch das kann er nicht verlangen, daß wir ihm dann noch Volksgenossen sein sollen.

Um sicherzustellen, dass regelmäßig Beiträge eingingen, schlug Bürckel vor, Besserverdienende, besonders Beamte und Geistliche, sollten diese vom Gehalt einbehalten lassen. Die Propaganda für die VS war intensiv. Für den 9. September waren Kundgebungen in verschiedenen Städten geplant. Bürckel eilte von Stadt zu Stadt. Schwitzgebel sprach in Kaiserslautern, Wilhelm Bösing in Landau. Es wurde erwartet, dass sich Einheiten der SA, SS und HJ beteiligten.

In seiner sorgfältigen Art berief Bürckel für seine VS einen Aufsichtsrat unter seiner persönlichen Leitung. An dessen Spitze stand Wilhelm Bösing. Ihm gehörten die höchsten Würdenträger der Protestantischen und Katholischen Kirchen an, ferner Abgeordnete der Arbeitgeber und Arbeitnehmer, der Pfälzer SA-Chef Schwitzgebel und der Pfälzer SS-Chef. Wie Bürckel war Bösing ursprünglich Lehrer, hatte es aber zum Regierungsrat gebracht und war Wirtschaftsberater im Gau Pfalz.

Bürckel startete seine VS am 9. September unter dem Geläut der Kirchenglocken. Mit seinem System brachte er enorme Summen zusammen, zuerst von den Beamten, dann von jedem, der eine bezahlte Arbeit hatte. Und er wollte Beiträge von jedem.[120]

Jeder gibt nach Vermögen, jeder leistet was er kann. Nur die Leistung nach Maßgabe seines Vermögens erwirkt den Ehrennamen „Volksgenosse“, erwirkt den Ehrentitel „nationaler Sozialist“ … **Nun ist Schluß mit dem Lippenbekenntnis! Jetzt gilt allein die Tat!** Verfemt und verachtet, wer sich abseits und damit außerhalb der Volksgenossenschaft stellt.

Beiträge sollten freiwillig sein, sagte Bürckel. Aber das war ein Witz. Wer nicht bezahlen wollte, musste einen Antrag stellen. Die Einkünfte sollten arbeitslosen SA- und SS-Leuten zugutekommen, aber auch der Nazi Hautevolee ein zusätzliches Einkommen bieten und dazu dienen, Parteiaktivitäten zu bezahlen. In der Hauptsache jedoch sollten Arbeitsbeschaffungsmaßnahmen finanziert werden, um die Wirtschaft anzukurbeln. Eines der Projekte war die Deutsche Weinstraße von der französischen Grenze bei Wissembourg nach Norden durch bezaubernde Dörfer entlang der östlichen Vorberge des Pfälzer Waldes. Die Hoffnung war, dass die Straße Touristen zur Südpfalz mit ihren Schönheiten und Weinstuben

120 NSZ Rheinfront, 31. August 1933.

Zugang bieten werde. Heute profitiert die Tourismusindustrie von Bürckels Projekt.

Unter dem Applaus enthusiastischer Massen erklärte Bürckel den 9. September 1933 zum Tag des Sozialistischen Aufbruchs. Er glaubte, seine VS sei die bedeutendste Leistung des Nazisystems, denn sie garantiere die Zukunft des deutschen Volkes und seiner Volksgemeinschaft. „Volksgemeinschaft“ war einer der nebulösen Begriffe in Hitlers Philosophie, einer ihrer Eckpfeiler aus dem nach Nazilogik fast alles andere ableitbar war.

Wäre Bürckel nicht ein virulenter Nationalist und Antisemit gewesen, hätte er als Kommunist durchgehen können. Seine sozialistische Einstellung, die sich aus dem extrem linken Segment der sozialrevolutionären Doktrin entwickelt hatte – später von Hitler verdammt –, wurde bald von Machthabern in Bayern und im Reich angegriffen. Jahrelang versuchte man, seine Aktivitäten im Rahmen der VS einzuschränken, wenn nicht gar zu stoppen. Bürckel wich diesen Bestrebungen aus, indem er die VS von der Partei trennte und sie in einen eingeschriebenen Verein umwandelte. In dieser Form überlebte sie bis 1936, als sie in die Nationalsozialistische Volkswohlfahrt eingegliedert wurde.

Um Geld einzutreiben, übte Bürckel durch Kreisleiter Kleemann Druck aus auf die Landauer Stadtverwaltung, damit diese ihre Personalkosten verringere. Bürgermeister Ehrenspeck hatte schon 1930 sein Gehalt reduziert. Am 1. Juli 1933 verkündete Ehrenspeck, dass fünfzehn Beamte und Angestellte der Stadt beurlaubt worden seien und dass siebenundfünfzig andere Gehaltskürzungen erhalten hätten.[121] Diese Maßnahmen brachten eine Einsparung von 40 000 Reichsmark. Auf einer Ratssitzung am 3. August legte Ehrenspeck einen ausgeglichenen Haushalt vor.[122]

Bürckel und seine Leute hatten mehr als Stadtfinanzen im Sinn. Der Stadtrat bestand schon nur noch aus Nazis. Es war Zeit, unerwünschte Mitarbeiter der Stadt Landau hinauszuwerfen. Am 20. Juni 1933 entschied sich Kreisleiter Kleemann, genau das zu tun. Die Landauer Presse berichtete über das Ereignis.[123]

Heute Vormittag um 8.15 Uhr marschierte die gesamte SA und SS Landaus unter Vorantritt des Spielmannzuges und der SA-Kapelle vor das Stadthaus, um auch so zu bekunden, daß die nationale Revolution noch nicht zum Abschluß gekom-

121 Vgl. 92.
122 Vgl. 108.
123 Landauer Anzeiger, 20. Juni 1933.

men ist. Kreisleiter Bezirkskommissar Kleemann hielt eine Ansprache, zu deren Beginn er darauf hinwies, daß er vor einem Vierteljahr von der gleichen Stelle aus die Forderung aufgestellt habe, der zentrümlich-jüdische Geist müsse aus dem Stadthaus verschwinden. Was in diesem Vierteljahr nicht hat erreicht werden können, das wollen wir jetzt durchsetzen (stürmischer Beifall). Unsere Aufgabe ist es, die Revolution vorwärts zu treiben, das ist im Willen unseres Führers gelegen, daß der Staat komme, wie wir ihn uns wünschen und nicht wie ihn sich die Schwarzen wünschen. ... Heute marschiere die SA und SS genau wie vorher für die Ziele Adolf Hitlers und seiner Bewegung, aber keiner dieser SA- und SS-Männer hätten verlangt, daß sie Posten bekommen, sie stehen heute noch arbeitslos da. **Wir werden jetzt Platz machen**. Wir haben gestern auf dem Stadthaus den Anfang gemacht und zusammen 20 000 Mark abgeknöpft. Wir haben es als ein schweres Unrecht empfunden, daß heute noch Beamte der Stadt mit Gehältern gespeist werden, wie es sich ein kleines Städtchen nicht leisten kann, ... Wir verlangen, daß der Oberbürgermeister sofort **unsere folgenden Forderungen erfüllt**:

Es müssen entlassen werden aus dem städtischen Dienst die Beamten bzw. Angestellten: ... die Jüdin [Erika] **Weglein** [von der Sparkasse] ... **Berufsschuldirektor** [Lorenz] **Orth** ... **Leo Flohr** [Stadtbauamt]. ...

Die vollständige Liste der zu Entlassenden enthielt fünfzehn Namen. Alle wurden tatsächlich entlassen oder suspendiert – wenigstens zeitweise. Unter ihnen waren auch drei städtische Polizeibeamte. Auf diese oder jene Weise hatten sie die Wut der Landauer Nazis hervorgerufen. Es war einer von ihnen, der den Sturmbannführer Keim nicht gegrüßt hatte. Die anderen beiden hatten das Missfallen der Landauer Nazis bereits 1931 erregt während Störungen der am 9. August abgehaltenen Parade der ehemaligen Angehörigen des 18. Infanterie-Regiments, das im Ersten Weltkrieg sein Hauptquartier in Landau gehabt hatte. Während der Nacht zuvor hatte eine Gruppe von Nazis Hakenkreuze und antisemitische Parolen an Hauswände und Schaufenster des Geschäftes der Gebrüder Joseph in der Marktstraße geschmiert. Während der Parade selbst hatten Nazis ständig aus vollem Halse „Heil Hitler, Heil Adolf“ gegrölt. Zuschauer an der Marktstraße hatten sich über diese Störung beschwert und darauf hingewiesen, dass die Parade keine Hitler-Veranstaltung sei. Einer der prominenten Landauer Nazis war am 11. August von der Polizei einbestellt worden. Für die Landauer Polizei war das eine Routineangelegenheit, nicht jedoch für den einbestellten Nazi und seinen Kreisleiter, der zwei Monate nach dem Ereignis, am 15. Oktober 1931, einen Brief an Dr. Ehrenspeck schrieb, in dem er verlangte, den beiden Polizeibeamten einen

Verweis zu erteilen. Der einbestellte Nazi berief sich auf das Recht der Meinungsfreiheit, die von der [Weimarer] Verfassung garantiert sei. Den einen Beamten brachte das dazu, dem Mann ins Gesicht zu lachen. Der andere sagte:[124] „Wenn ihnen [den Nazis] nur die Zunge im Hals stecken bleiben würde."

Beide Polizisten reagierten schriftlich auf die Anschuldigungen Kleemanns, wie es Ehrenspeck verlangt hatte. Der eine erklärte, er habe das Recht als freier Bürger, den ohrenbetäubenden Lärm der Parteimitglieder zu kritisieren. Der andere beschrieb die Vorfälle wie sein Kollege und sagte, die Schmierereien der Nazis seien Übeltaten gewesen. In seinem kurzen Bericht an den Kreisleiter vom 19. November 1931 stellte Ehrenspeck fest, die beiden Polizeibeamten seien nachdrücklich verwarnt worden. Es scheint, die beiden haben die Ermahnung befolgt und die Landauer Nazis besänftigt, obwohl einer von ihnen sie während der Schlageter-Feier am 26. Mai 1933 erneut in Wut brachte, als er die Hand zum „Brüninggruß" erhob anstatt den Arm zum Hitlergruß zu erheben. Der Polizeibeamte war jedoch nicht allein mit diesem Zeichen der Ablehnung. Die Landauer Presse berichtete:[125]

> Zwei katholische Geistliche und ein städtischer Kriminalkommissar erregten den Unwillen in der Bevölkerung, weil sie nicht den Hitlergruß erwiesen, sondern die „Schwurhand" erhoben. Dies war der Gruß des Zentrums, was als „Brüninggruß" als eine Kampfgeste gegen die Nationalsozialisten gesehen wurde. Die nationalsozialistische Bevölkerung Landaus verbittet sich … derartige Störungen ihrer Feiern.

Die Polizisten, die die Wut der Nazis erregt hatten, wurden einstweilig aus dem Dienst entfernt. Sie hatten aber Beamtenstatus und waren gesund. Der Stadt blieb keine andere Wahl, als sie wieder einzustellen. Vier weitere Mitglieder der Landauer Stadtverwaltung wurden ebenfalls wieder eingestellt. Sogar unter dem gesetzlosen Nazisystem konnte man sie nicht entlassen. Acht Angestellte hatten jedoch nicht dieses Glück. Sie wurden unter dem Gesetz zur Wiederherstellung des Berufsbeamtentums vom 7. April 1933 entfernt. Unter diesen Unglücklichen befanden sich Fräulein Weglein und die Herren Flohr und Orth. Am 6. Juli verlangte die bayerische Regierung, dass Beamte und Angestellte städtischer Verwaltungen

124 Stadtarchiv Landau A II 279.
125 Landauer Anzeiger, 29. Mai 1933.

Fragebogen zu ihrer politischen und persönlichen Vergangenheit auszufüllen hätten. Diese sollten bis zum 1. August eingereicht werden. Bürgermeister Ehrenspeck sandte seinen eigenen Fragebogen am 28. Juli an die Regierung in Speyer zusammen mit denen von Weglein, Flohr und Orth.

Fräulein Erika Weglein war fünfundzwanzig Jahre alt. Sie hatte keine kriminelle Vergangenheit. Aber sie war Jüdin, und nach dem Arierparagraphen des Beamtengesetzes besiegelte das ihr Schicksal. Leonhard Flohr war zweiundvierzig Jahre alt und hatte ebenfalls keine kriminelle Vergangenheit. Aber nach Kleemanns Ansicht war sein Fall ebenso klar, denn nach Meinung der Nazis hatte er nicht die richtige politische Vergangenheit. Unter dem Gesetz reichte das aus, eine Person zu disqualifizieren. Bereits am 10. April hatte Kleemann in einem Brief an Ehrenspeck die Entlassung Flohrs gefordert mit dem Argument, der Mann sei in der Separatistenbewegung tätig gewesen. Nach einigem Hin und Her sandte der zweite Landauer Bürgermeister, Otto Blaurock, am 8. August die Entlassungspapiere an Flohr aufgrund seiner früheren politischen Aktivitäten und seiner politischen Unzuverlässigkeit. Das wirkliche Ende der Fälle Weglein und Flohr kam aber erst ein Jahr später. Am 4. September 1934 unterschrieb Ehrenspeck die Entlassungspapiere.

Der Fall Lorenz Orth[126] entwickelte sich etwas anders. Er war weder Jude noch Separatist. Er war zunächst Mitglied des Zentrums, später aber zur BVP übergetreten. Es verhielt sich schlicht so, dass Bürckels Mannschaft Orth nicht leiden konnte. Blaurock teilte ihm mit, Kleemann verlange sein Verschwinden vom Posten des Berufsschuldirektors wegen „gewisser Antipathie“. Ehrenspeck informierte Orth am 21. Juni 1933, dass er vorübergehend beurlaubt sei. Orth protestierte in einem Brief vom 24. Juni:

> Ich habe auf Aufforderung [von Blaurock] erklärt, daß ich voll und ganz hinter der jetzigen nationalen Regierung stehe. Ich bitte den Stadtrat …, die Beurlaubung aufzuheben … und mir die Leitung der mir liebgewordenen Schule, die doch meine Gründung ist, zu überlassen bis zum pensionsfähigen Alter.

Drei Monate zuvor, auf der Feier des Tages von Potsdam (Eröffnung des am 5. März gewählten Reichstags in der Garnisonkirche zu Potsdam), hat-

126 Diese und folgende Bemerkungen zum Fall Orth beruhen auf Orths Personalakte im Stadtarchiv Landau.

te Orth den Versuch gemacht, die lokalen Nazis zu beschwichtigen. In einer Rede an seine in der Landauer Festhalle versammelten Schüler hatte er einige der richtigen Worte benutzt – aber nicht alle.[127]

Mit eiserner Faust müsse alles ausgemerzt werden, was dem deutschen Volke fremd und was von außen an Fremden in unser Volk hineingetragen worden sei. Überall wehen die alten Farben Schwarz-Weiß-Rot und die Fahnen der nationalen Erhebung. Heute sei die Geburtsstunde des geeinten nationalen Deutschlands. ... Auch die Baumeister dieses neuen Deutschen Reiches würden vergeblich bauen, wenn nicht der Lenker der Geschicke und der Völker den Grundstein zu dem neuen Reich lege. Deshalb möge Gottes Hilfe und Segen dem neuen Reich beschieden sein. Der Redner beschloss seine Ansprache mit einem Hoch auf das deutsche Vaterland, den Reichspräsidenten von Hindenburg und den Reichskanzler Adolf Hitler.

Orths Hoffnung, wieder eingesetzt zu werden, wurde enttäuscht. Am 27. Juni bestätigte der Landauer Stadtrat eine Entschließung der Regierung der Pfalz, eine Reihe von Beamten herunterzustufen, und zwei Tage danach wies Bürgermeiser Ehrenspeck die Finanzabteilung der Stadt an, nur 75 % des regulären Ruhestandsgehaltes an die zu zahlen, die suspendiert worden waren. Orth war unter den Betroffenen. Er fand aber einen Ausweg aus dem Dilemma: Er erhielt eine Bestätigung des Vertrauensarztes der Stadt, dass er zu krank sei, seine Lehr- und Verwaltungspflichten wieder aufzunehmen. Am 1. Juli wurde Orth in den vollen Ruhestand versetzt. (Im Jahre 1947 wurde Orth auf Beschluss des Landauer Stadtrats wieder in sein altes Amt als Direktor der Berufs- und Handelsschule eingesetzt. Aus Gesundheitsgründen ging er am 18. Dezember 1950 endgültig in Ruhestand. Im Jahre 1946 wurde Orth als Mitglied von Konrad Adenauers Christlich Demokratischer Union wieder in den Landauer Stadtrat gewählt. 1948 wurde Orth Ehrenbürger Landaus. Zu seinem achtzigsten Geburtstag wurde ihm das Bundesverdienstkreuz verliehen.)

Landaus Oberbürgermeister Ehrenspeck war nicht unter denen, die im Reich aus den Rathäusern hinausgeworfen wurden. Er blieb Oberbürgermeister nach Hitlers Machtergreifung, von den Nazis toleriert und überwacht. Ehrenspeck war kein Nazi. Er beugte sich und vermied ihr Missfallen. Er verhielt sich wie die meisten Beamten: sie arrangierten sich und wurden zu stillen Mitläufern in der Hoffnung, in ihren Ämtern bleiben zu

127 Landauer Anzeiger, 22. März 1933.

können. Nichtsdestoweniger konnte er sich nicht über seine gesamte Amtszeit halten, die nach seinem Dienstvertrag bis Ende des Jahres 1940 lief. Auf einer Stadtratssitzung am 11. September 1935[128] legte Ehrenspeck einen Brief der Gauführung vom 3. August vor, in dem er angewiesen wurde, zurückzutreten und zum 1. Oktober 1935 in den Ruhestand zu gehen. Es ging darum, „den Dualismus zwischen Stadtverwaltung und Kreisleitung zu vermeiden". Ehrenspeck sagte, er verzichte im Interesse der Öffentlichkeit völlig freiwillig auf sein Amt. Auf der Sitzung wurde beschlossen, ihm sein volles Gehalt zu zahlen, bis er das Ruhestandsalter erreicht habe.

Ende September 1935 hatte Gauleiter Bürckel ein weiteres seiner Ziele erreicht: die Positionen von Bürgermeister und Kreisleiter in den größeren pfälzischen Städten in einer Hand zu vereinen. Sein neuer Mann in Landau war Dr. Erich Stolleis, Jurist und NSDAP-Mitglied seit 1931. Stolleis war am 15. August 1935 Kreisleiter in Landau geworden, nachdem Kleemann zum Kreisleiter des neu geschaffenen Kreises Germersheim-Bergzabern ernannt worden war, der sich südlich und östlich von Landau erstreckte. Stolleis blieb in Landau nur zwei Jahre, bis er Oberbürgermeister von Ludwigshafen wurde. Die Ablösung Ehrenspecks durch Stolleis wurde vom stellvertretenden Gauleiter auf einer Ratssitzung in Landau am 26. September 1935 durchgesetzt.[129] „Als erster und einziger geheimer Punkt auf der Tagesordnung war die Neubestimmung des Bürgermeisters zum 1. Oktober. Die Stelle war nicht ausgeschrieben, da die Gauleitung den ersten Bürgermeister selbst bestimme. Dr. Stolleis, Kreisleiter von Landau, sei vorgesehen. ... Sämtliche an der Sitzung Beteiligten stimmten für Stolleis." Stillschweigend verließ Dr. Ehrenspeck Landaus politische Bühne. (Er zog nach München, wo er 1957 starb. Die Stadt Landau machte Ehrenspeck 1954 zum Ehrenbürger.)

Nachdem während des Sommers 1933 Rathäuser und Stadträte durch Druck von unten von „unerwünschten Elementen" gereinigt waren, begannen die bayerischen Nazimachthaber damit, durch Druck von oben die Mitarbeiter des öffentlichen Dienstes fest an ihren Führer und seine Bewegung zu binden. Sie starteten eine Vereidigungskampagne für alle Bürgermeister. Das Ziel war es, alle bayerischen Bürgermeister feierlich und

128 Stadtarchiv Landau B II 46/d. Stadtrat 1933/1937, S. 307-308.
129 Ebd. S. 309-312.

öffentlich ihr Verbundensein mit Hitler zum Ausdruck bringen zu lassen. Dies geschah aufgrund einer Verordnung von Kommissar Adolf Wagner vom bayerischen Ministerium des Inneren, die am 24. Oktober 1933 veröffentlicht wurde:[130]

Die Vereidigung der Ersten Bürgermeister sämtlicher bayerischen Gemeinden wird am 9. November 1933, 3 Uhr nachmittags in München am Königsplatz durch den Staatsminister des Inneren vorgenommen. Sämtliche Ersten Bürgermeister haben sich einzufinden. Die Regierungspräsidenten und [andere Würdenträger] haben teilzunehmen. Die Gauleiter und die Kreisleiter der NSDAP … sind eingeladen. …

Adolf Wagner hatte so etwas bereits Anfang 1933 im Sinne. Eine Landauer Zeitung berichtete über eine Rede, die der Kommissar am Morgen des 10. Mai in Kaiserslautern gehalten hatte und zu der er die Bürgermeister der pfälzischen Gemeinden zusammengetrommelt hatte, um ihnen eine Vereidigungszeremonie anzukündigen. Damit wollte er ihnen die Gelegenheit bieten, in der Öffentlichkeit ihre Loyalität zur nationalsozialistischen Bewegung zum Ausdruck zu bringen. Wagner hatte für seine Bürgermeister einen ganz besonderen Rat:[131]

Wenn wir den Namen Hitler aussprechen, dann finden Sie, meine Bürgermeister und ich, den Weg, der für unsere Arbeit richtungsgebend sein wird. Sie sind nicht mehr gewählt worden im alten Sinne, denn der Parlamentarismus ist tot in Deutschland, und daß er nicht wieder auferstehen wird, dafür werden wir sorgen. ... Diese Bewegung macht … unser Deutschland wieder sauber, und Sie, meine Herren, haben die Gemeinden wieder sauber herzustellen. *Meine Herren Bürgermester, seien Sie hier brutal und rücksichtslos, wo es gilt, aufzuräumen mit dem Dreck der Vergangenheit. …*

Ich teile Ihnen … mit, daß ein Gesetz beschlossen und verkündet wird, wonach der Bürgermeister einen feierlichen Schwur zu erfüllen haben wird. ... *Ich verkünde das heute, bevor das Gesetz herauskommt, damit alle diejenigen, die diesen Schwur nicht zu leisten vermögen, abtreten von der Stelle. ... Der aber, der an seinem Volke einen Meineid schwört, der muß des Todes sein. …*

Das war hitlerscher, drohender Wortschwall. Aber der Kommissar meinte, was er sagte. Adolf Wagner, der es damals zum bayerischen Minister des

130 Stadtarchiv Landau A II 112, Vereidigung der Ersten Bürgermeister.
131 Landauer Anzeiger, 10. Mai 1933.

Inneren gebracht hatte, veröffentlichte seine Schwurformel am 5. November:[132]

> Ich schwöre bei Gott dem Allmächtigen und Allwissenden, daß ich das mir anvertraute Amt nach bestem Wissen und Können im Sinne des Führers gewissenhaft leiten werde, ... daß ich das Amt unparteiisch und gerecht ... ohne Rücksicht auf Namen und Stand ... führen werde, ... daß ich Sitten und Gebräuche der Väter hüten werde. ... So wahr mir Gott helfe.

Die Berufung auf Gott neben der Erwähnung des Führers war sicherlich Blasphemie, hat aber wohl so manches Gemüt beschwichtigt.

Am 11. November berichtete die Presse über die Münchner Zeremonie:[133] „Mehr als 8 000 Bürgermeister erschienen auf dem Königsplatz und wurden von Staatsminister des Inneren Adolf Wagner und Reichsstatthalter von Epp begrüßt." In einer Ansprache an die Bürgermeister – Landaus Ehrenspeck war unter ihnen – sagte der bayerische Ministerpräsident Ludwig Siebert:

> Der heutige Staatsakt soll die Verbundenheit von Reich, Staat und Gemeinden zeigen. Aufgabe der ersten Bürgermeister ist es, die deutsche Kultur und deutsche Kunst aufrechtzuerhalten, ebenso deutsche Art und Sitte. Die Bürgermeister müssen dem geliebten Führer nacheifern, nun da das Parteiensystem abgeschafft ist, das Ihre Arbeit früher behindert hat.

Siebert hatte die oberste Stelle in Bayern übernommen, nachdem der frühere Ministerpräsident Heinrich Held, BVP, von den Nazis hinausgeworfen worden war. Auf dem Königsplatz hatte Adolf Wagner auch noch etwas zu sagen:

> Früher stand der Staat den Bürgern feindlich gegenüber, heute besteht zwischen Volk, Staat und nationalsozialistischer Bewegung kein Unterschied, sie sind eins unter dem Führer Adolf Hitler.

Die Einschwörung am 9. November war mehr oder weniger eine private Naziveranstaltung. Endgültige Unterwerfung sollte zehn Monate später demonstriert werden aufgrund des Gesetzes über die Vereidigung der Beamten und der Soldaten der Wehrmacht vom 20. August 1934.[134] Nach §2 dieses Gesetzes lautete der Diensteid der Beamten folgendermaßen:

---

132 Vgl. 130.

133 Bayerischer Staatsanzeiger, Nr. 261, 11. November 1933.

134 Reichsgesetzblatt I, Nr. 98, 22. August 1934, S.785.

Ich schwöre: Ich werde dem Führer des Deutschen Reiches und Volkes Adolf Hitler treu und gehorsam sein, die Gesetze beachten und meine Amtspflichten gewissenhaft erfüllen, so wahr mir Gott helfe.

Unter denen, die den Eid in Landau schwören mussten, waren die Beamten der städtischen Polizei (auch die, die früher einmal bei den Nazis angeeckt waren), des Schlachthauses, alle Lehrer der Schulen und sogar der Chefarzt des Landauer Krankenhauses, der auch städtischer Beamter war. Natürlich war auch Oberbürgermeister Ehrenspeck dabei. Er leistete seinen Eid im Beisein des zweiten Bürgermeisters Blaurock am 28. August 1934.

Fast alle Deutschen, vom Jugendlichen in der Hitlerjugend bis zum Minister und General waren nun dem Führer persönlich verpflichtet, Kinder und Hausfrauen ausgenommen. Und jeder, der in der Lage war, die Straße entlang zu gehen, grüßte den anderen mit ausgestrecktem Arm und rief „Heil Hitler“, anstatt die der Tageszeit gemäße Grußformel zu gebrauchen oder den Hut zu lüften. Aufgrund der Einführung des „Deutschen Grußes“ durch den Reichsminister des Inneren im Juli 1933 benachrichtigte Ehrenspeck alle bei der Stadt Beschäftigten am 27. Juli, dass die Grußpflicht von ihm ausdrücklich angeordnet sei. Pedanterie führte die bayerischen Staatsministerien dazu, folgendes Dekret zu veröffentlichen:[135]

Es ist durch Erheben des rechten Armes zu grüßen. Es ist freigestellt, dabei die Worte „Heil Hitler“ oder „Heil“ zu gebrauchen oder nichts zu sagen; andere Worte sind mit dem deutschen Gruß nicht zu verbinden. ... Wer wegen körperlicher Behinderung, den rechten Arm nicht erheben kann, grüßt möglichst durch Erheben des linken Armes. ...

Zwei Monate später wurde erklärt:[136]

Es entspricht dem Wesen wahrer Volksgemeinschaft im nationalsozialistischen Staat und dem freudigen Bekenntnis zu ihr, die offiziellen Fahnen, das Hakenkreuzbanner, die Farben Schwarz-Weiß-Rot und die Fahnen der alten Armee zu grüßen. Jeder deutsche Volksgenosse wird es daher … als selbstverständliche Ehrenpflicht betrachten, den Fahnen … seine Achtung durch Erheben des rechten Armes zu erweisen. ...

Machtergreifung bedeutete nicht nur, die Hebel der Macht in Nazihände zu legen, sondern auch die Kontrolle auszudehnen über die deutschen

135 Bayerischer Staatsanzeiger, Nr. 12, 17. Januar 1934.
136 Bayerischer Staatsanzeiger, Nr. 61, 15. März 1934.

Jungen und Mädchen, die zukünftigen Legionäre der Hitlerbewegung, die Garanten der deutschen Zukunft. Am 24. März 1933 versammelten sich die Schüler der Landauer Schulen mit ihren Lehrern auf dem Landauer Paradeplatz. Sogar die Schülerinnen des Instituts der Englischen Fräulein mit ihren Lehrkräften waren dabei. (Dieses Institut – formell bekannt als Institutum Beatae Mariae Virginis – war eine private, vornehmlich katholische Schule für Mädchen, die von der Engländerin Mary Ward 1609 gegründet worden war. Das Institut eröffnete 1858 eine Zweigstelle in Landau.) Wie die lokale Presse berichtete[137], war der Zweck dieser Massenkundgebung, der Jugend die Ideale der nationalsozialistischen Revolution einzutrichtern, sie für die nationale Revolution zu mobilisieren und in ihre jungen Herzen die Idee der großen, neuen Zeit einzupflanzen. Natürlich waren die Nazigrößen auch präsent: Kreisleiter Kleemann, SA Sturmbannführer Keim, der lokale SS-Führer und Vertreter der Stadt. Kleemann erinnerte die Anwesenden daran, dass die Revolution noch nicht abgeschlossen sei und dass die Schulen reformiert werden müssten. Er sagte: „Der neue Staat hat ein Recht zu verlangen, daß die deutsche Jugend in seinem Sinne erzogen wird." Schamlos nutzten die Nazis das Vertrauen der Jugend aus, um sie mit ihren Phrasen vollzustopfen, sie auf Hitlers Ziele einzuschwören und sie den humanistischen Bestrebungen ihrer Lehrer zu entziehen, die ihre beruflichen Fähigkeiten lange vor der Zeit Hitlers erworben hatten. Die Nazis brachten die Jugend gegen ihre Lehrer auf, von denen viele – im Gegensatz zu Bürckel und anderen – sich bemühten, die Erziehungsziele zu erreichen, die in den zwanziger Jahren von Pädagogen wie Kerschensteiner entwickelt worden waren. Diese Erzieher sahen in Charakterbildung die Grundlage dafür, aus jungen Menschen emotional und intellektuell gefestigte Erwachsene zu machen, die für sich selbst und für die demokratische Gesellschaft etwas zu leisten vermochten. Ein Ziel dieser Art war nicht im Sinne der neuen Herrscher. Der unbekannte Witzbold, der Hitlers Erziehungsziele lächerlich gemacht hatte mit seiner Bemerkung „und dumm wie Bohnenstroh", hatte Recht. Baldur von Schirach, Hitlers Reichsjugendführer, wurde 1946 vom Nürnberger Kriegsverbrechertribunal zu zwanzig Jahren Haft verurteilt. Das war wirklich keine harte Strafe für einen Mann, der Verantwortung trug für die intellektuelle Verarmung, die ein großer Teil einer ganzen Generation von Deutschen zu erdulden hatte. Dieses Verbrechen machte diese

137 Landauer Anzeiger, 25. März 1933.

jungen Menschen unfähig, höhere, verfeinerte Stufen mentaler und moralischer Entwicklung zu erreichen. Die Folgen sind noch heute sichtbar.

Die Nazifizierung Deutschlands wurde unablässig bis in die Mitte der dreißiger Jahre fortgesetzt und auf die Lehrerschaft konzentriert. Am 6. September 1935 verlangte das bayerische Erziehungsministerium von den ihm unterstellten Behörden eine Dokumentation der NSDAP-Mitgliedschaft der Lehrer sämtlicher Schulen. Am 26. September wurde diese Aufforderung an die Verwaltungen der Landauer städtischen Schulen weitergeleitet. Die Rückmeldung belegte hundertprozentige Mitgliedschaft. Die Mehrzahl der Landauer Lehrer war am 1. Mai der Nazipartei beigetreten.

Kinder zwischen zehn und achtzehn Jahren waren ein Hauptziel der Nazifizierungsbestrebungen. Insbesondere ging es um die Kinder von Eltern, die im öffentlichen Dienst beschäftigt waren. Am 5. Januar 1936 informierte das bayerische Innenministerium alle untergeordneten Dienststellen, dass[138]

> … der Führer … die Aufgabe gestellt hat, alle deutschen Menschen zum nationalsozialistischen Denken und Handeln … zu erziehen …, daß die Hitlerjugend, die den Namen des Führers trägt, nach seinem Willen allein berufen ist, die deutschen Jungen und Mädchen nationalsozialistisch zu führen und für ihre einstige Aufgabe als Träger des Reiches körperlich und geistig vorzubereiten.

Das Ministerium fügte hinzu:

> Es ist deshalb verständlich, daß alle, die es mit ihrem Bekenntnis zum Führer … ehrlich meinen, ihren Kindern den Weg zur Hitlerjugend freigeben. ... Dies wird insbesondere auch von allen auf den Führer und Reichskanzler vereidigten Beamten des nationalsozialistischen Staates erwartet.

Dr. Stolleis, der Dr. Ehrenspeck als Oberbürgermeister zum 1. Oktober 1935 abgelöst hatte, berichtete am 21. Mai 1936, dass alle in Frage kommenden Kinder der städtischen Beamten und Angestellten mit einer Ausnahme in der Hitlerjugend seien. Das städtische Polizeiamt Landau unterbreitete Stolleis den folgenden Bericht:[139]

> Von den Kindern der städtischen Polizeibeamten im Alter von 10-18 Jahren gehört nur der Sohn Otto … des Polizei Hauptwachtmeisters H. keiner Jugendorga-

---

138 Stadtarchiv Landau A II 113, Beitritt der Kinder von Beamten und Arbeitern zu den Jugendorganisationen der NSDAP, 1936.

139 Ebd.

nisation der NSDAP an. Hierzu hat H. folgende Erklärung abgegeben:
„Über meine beiden Söhne Eugen [älter als achtzehn] und Otto verfüge ich nicht. Sie sind bei den Maristenschulbrüdern in Recklinghausen bezw. Fürth bei Landshut.“

Die Maristenschulbrüder sind eine Laienkongregation für Unterricht, Erziehung und Jugendfürsorge, gegründet 1817 in Lavalla bei Lyon. Sie sind verbunden mit der Societas Mariae mit Sitz in Rom.

In despotischen Systemen gehen Rücksichtslosigkeit und Kleinlichkeit Hand in Hand. Das Nazisystem machte da keine Ausnahme. Obwohl die Nazis Wahrheit und Unbesiegbarkeit ihrer Ideologie in Anspruch nahmen, waren sie doch tief besorgt über mögliche schädliche Auswirkungen von Gedanken und Ideen, die von den ihrigen abwichen. Es war also nicht zu verwundern, dass Deutschland sehr bald von allen äußeren Einflüssen abgeschirmt wurde. Innere Unruheherde zu eliminieren, brauchte etwas länger. Freimaurerlogen und ihnen ähnliche Vereinigungen wurde als illegal erklärt. Einige darunter waren nach ihrer Konstitution nichts weiter als wohltätige soziale Vereine. Dessen ungeachtet gingen die Nazis seit Sommer 1935 gegen deren Mitglieder vor, besonders gegen solche, die im öffentlichen Dienst beschäftigt waren. Am 7. Oktober 1935 wurden an alle Landauer Stadtmitarbeiter Fragebogen der bayerischen Regierung verteilt, um diejenigen herauszufinden, die irgendwann einmal einer Loge angehört hatten oder noch Mitglieder waren. Ein Dokument, das Dr. Ehrenspeck der Pfälzer Regierung in Speyer am 5. September 1935 vorlegte – wenige Wochen bevor er in den Ruhestand ging – identifizierte drei städtische Mitarbeiter als Logenmitglieder. Einer gehörte einem lokalen Wohlfahrtsverband an, die beiden anderen waren Mitglieder der Odd Fellows, einer wohltätigen, Freimaurern ähnlichen Organisation, die aus dem England des achtzehnten Jahrhunderts stammte. Gegen Ende des Jahres bestimmte Hermann Göring, dass die *Schlaraffia* auch zu den logenähnlichen Organisationen gehörte und verlangte, dass alle Beamte zu identifizieren seien, die Mitglieder waren. Schlaraffia war 1859 in Prag von Künstlern, Kunstfreunden und Schauspielern gegründet worden, um Kunst, Freundschaft und Geselligkeit zu fördern. Bis zum 28. Dezember 1935 wurden zwei Mitarbeiter der Stadt Landau als Mitglieder der Schlaraffia identifiziert. Es dauerte fast ein weiteres Jahr, um noch sechs andere zu entdecken.[140] Bis Ende 1936 fand Göring elf Freimaurerlogen in Deutschland und sechsunddreißig weitere Organisationen, die in Struktur und Riten den Logen ähnelten. Er befahl, Mitarbeiter des öffentlichen Dienstes, die ihre Mitgliedschaft in diesen Organisationen nach dem 30. Januar 1933 aufrechterhalten hatten, von Beförderungen auszuschließen. Ein Landauer Beamter war betroffen, ein Inspektor der städtischen Sparkasse. Seine Beförderung vom 1. Juli 1936 wurde am 5. Oktober rückgängig gemacht. Einer seiner Kollegen wurde ebenfalls als Mitglied der Schlaraffia identifiziert. Am 28. Juli 1937 hatte er seine Mitgliedschaft geleugnet.

Ein Jahr später wurde Beamten und Lehrern nahegelegt, berufliche Organisationen zu verlassen, die Verbindungen mit den Kirchen hatten, zum Beispiel die Vereinigung evangelischer Akademiker und den Katholischen Akademikerverband. Im Dezember 1938 wurden Beamte und Lehrer auf eine Anordnung des Reichsinnenministers vom 4. Oktober hingewiesen, ihre Mitgliedschaft in derartigen Organisationen zu beenden und dem nationalsozialistischen Lehrerverband beizutreten. Die Landauer Stadtverwaltung berichtete, dass alle Betroffenen die Anordnung befolgt hätten.

140 Stadtarchiv Landau A II 113. Die folgenden Fakten finden sich in der Akte: Zugehörigkeit von Beamten zu Freimaurerlogen.

5. PRESSE UND KIRCHEN

Hitler und seine Gefolgsleute liebten Menschenmengen. Seit seinen ersten Auftritten in Münchner Bierkellern hatten er und andere Nazis, große und kleine, Massenkundgebungen als effektiven Mechanismus entdeckt, um Individuen in willige Mitläufer oder gar Anhänger zu verwandeln, sobald unreflektierter, uneingeschränkter Enthusiasmus die Vernunft überwunden hatte. Wie alle Demagogen vor ihnen erkannten die Nazis instinktiv die Potenziale von Massekundgebungen, kleinen in Provinzstädten oder gigantischen wie die Reichsparteitage in Nürnberg. Die meisten Nazi-Agitatoren, die die Mengen zu kollektiver Hysterie aufputschten, kannten wahrscheinlich keine schillerschen Werke, ganz zu schweigen von seinen Epigrammen. Eines seiner Distichen enthält ein Stück Weisheit, das Demagogen so oft mit Erfolg ausgebeutet haben:[141]

Jeder, sieht man ihn einzeln, ist leidlich klug und verständig;
Sind sie *in corpore*, gleich wird euch ein Dummkopf daraus.

Die Presse, von der Weimarer Verfassung von den Einschränkungen durch Gesetze der Kaiserzeit befreit, geriet lange vor Hitlers Machtergreifung in die Schusslinie der Nazis. In der Pfalz versuchten Bürckels *Der Eisenhammer* (der seit März 1926 erschien) und die Nationalsozialistische Zeitung NSZ *Rheinfront* (seit 1930, auch mit Bürckel als Herausgeber), mit den etablierten Tageszeitungen und den religiös orientierten zu wetteifern. Die katholische Presse, unter der Aufsicht des Bischofs von Speyer, war definitiv antinazistisch in ihrer Einstellung. Unter zunehmendem Druck gab sie jedoch bald auf, politische Meinungen zu äußern. Ihre Opposition brach Ende März 1933 endgültig zusammen, als das Konkordat in Sichtweite kam. Die katholische Hierarchie und die katholischen politischen Parteien nahmen eine tolerantere Haltung gegenüber dem Nazismus an. Dies garantierte aber nicht das Überleben der katholischen Presse. Tatsächlich verschwanden katholische Veröffentlichungen im April 1936 von der Bildfläche.

Veröffentlichungen der Vereinigten Protestantischen Evangelischen Kirche der Pfalz wandten sich sehr bald den Nazis zu. Sie reflektierten die Sympathie eines beachtlichen Teils der pfälzischen Bevölkerung für die

141 Friedrich Schiller, Gedichte und Prosa, Manesse Verlag, Zürich 1984, S. 197.

NS-Ideologie – besonders deren antisemitische und antikatholische Komponenten. Dennoch lebte keine protestantische Zeitschrift länger als 1939.

Die beiden Tageszeitungen der Pfälzer Sozialdemokratischen Partei, die in Ludwigshafen und Kaiserslautern gedruckt wurden, wurden im März 1933 verboten. Ihre Herausgeber hatten ständig vor den Gefahren der Machtübernahme durch die Nazis gewarnt. Kommunistische Zeitungen wurden bereits Ende Februar 1933 verboten. Die Druckereien der linken Presse und ihr Kapital wurden konfisziert. Nach April 1933 gab es keine Oppositionspresse mehr.

Dies alles besagt aber nicht, dass Gauleiter Bürckels *Rheinfront* die einzige Tageszeitung in Landau war. Es gab in der Tat zwei Tageszeitungen, beide in Landau herausgegeben, die ihre politische Tradition in der Weimarer Zeit hatten. Eine war *Der Rheinpfälzer*, der den Meinungen der vorwiegend katholischen Bayerischen Volkspartei (BVP) zuneigte. Die andere war der *Landauer Anzeiger*, ein ehemals erzliberales Blatt, das sich schon bald den Nazis anschloss, zuerst zögernd, dann aber uneingeschränkt. Am 15. September 1930 hatte der *Rheinpfälzer* den *Anzeiger* beschuldigt, die Nazis vor der Reichstagswahl nach Kanzler Brünings Sturz unterstützt zu haben, und dass die Nazipropaganda des *Anzeiger*s den liberalen und bürgerlichen Parteien 800 Stimmen gekostet habe.

Am 31. Januar 1933 veröffentlichte *Der Rheinpfälzer* die Meinung der BVP über die Regierung Hitler:

> Die neue Regierung müsse als ein Präsidialkabinett angesprochen werden. Das überaus Peinliche an dieser präsidialen Lösung sei darin zu erblicken, daß nunmehr die Macht des Reichspräsidenten von einem Parteimann reinsten Wassers in Anspruch genommen werde, der, wenn irgendmöglich, die Stellung seiner Partei zu einer ausgesprochenen Parteiherrschaft über den Staat anzubahnen versuche.

Genau das hat der Mann getan; und jeder, der Augen und Ohren offen hatte, hätte das erkennen können. Diesen Artikel einen Tag nach der Machtergreifung zu drucken, kam Selbstmord gleich. *Der Rheinpfälzer* versuchte, unabhängig zu bleiben, verbarg auch nicht seine Skepsis und seine Abneigung Hitler und dessen politischen Programmen gegenüber, die der neue Kanzler sofort in die Realität umzusetzen begann.

Der Rheinpfälzer kam in ernsthafte Schwierigkeiten, als er über Ereignisse berichtete, die am Montag, den 20. Februar 1933 in Kaiserslautern stattgefunden hatten. Dort hatte der vormalige Reichskanzler Heinrich Brüning in Vorbereitung auf die Reichstagswahl am 5. März eine Wahlveranstaltung von Zentrum/BVP abgehalten. Nach Ende der Kundgebung war eine Schießerei ausgebrochen, bei der einige Menschen verwundet wurden. Der Bericht des *Rheinpfälzer* erschien zwei Tage nach dem blutigen Zusammenstoß in Kaiserslautern.

Die grenzenlose Verwilderung der politischen Sitten durch die Nazis in der Nacht zum Dienstag … in Kaiserslautern hat blutige Früchte getragen. ... Im Stil der Großstadtunterwelt ist auf die Pfalzwacht [eine Selbstschutzeinheit von Zentrum/BVP] geschossen worden. Drei Menschen wurden schwer, acht leicht verletzt. Was vollführen die Nazis Geschrei, wenn einer der ihren verletzt wird. Kraftausdrücke der Verworfenheit, Niedertracht, Blutdurst, Untermenschentum werden gebraucht von den Nazis. In Kaiserslautern sind keine Nazis gereizt worden. Die Bayerische Volkspartei lehnt Gewalt ab. Die Nazis haben in Kaiserslautern ihren Blutrausch in niederträchtiger Weise ausgetobt. Das sind die Früchte der nationalsozialistischen Volksverhetzung, daß sich das Untermenschentum … auszutoben beginnt.

Noch mehr Ärger bei den Nazis verursachte ein weiterer Artikel im *Rheinpfälzer*, der einen Tag später, am 23. Februar, erschien unter der Schlagzeile „Die Schüsse auf die Pfalzwacht“. Der Artikel war von einer anderen katholischen Zeitung, dem *Pfälzer Tageblatt*, übernommen worden.

Wie bekannt wird, sind zu vorgerückter Stunde des Dienstag … heimkehrende Pfalzwachtleute von Nationalsozialisten aus dem Hinterhalt überfallen worden. Nach der braunen Farbe ihrer Uniformen wie nach ihrem hinterhältigen Gebaren konnte man … in Versuchung kommen zu glauben, man habe es mit Marokkanerbesatzung zu tun, die bekanntlich auch nur Mut bewies, wenn sie in größeren Trupps war. ...

(Die Marokkaner waren Einheiten der französischen Besatzungstruppen, die nach dem Ende des Ersten Weltkrieges in der Pfalz stationiert waren. Sie zeigten Tapferkeit nur, wenn sie in Massen auftraten.)

Die Nazis präsentierten ihre Version der Ereignisse in Kaiserslautern in Bürckels NSZ *Rheinfront* am 21. Februar.

Am gestrigen Abend sprach der ehemalige Reichskanzler Brüning in Kaiserslautern. Beck, Chef der Polizeidirektion, stellte seinen Dienstwagen zur Verfügung. Brüning wurde mit Rufen empfangen: Pfui! Hungerkanzler, wer hat die Renten gekürzt? … „Volksgenossen“ sangen das Deutschlandlied. Polizei schlug mit Gummiknüppeln auf die Leute. „Pfalzwacht“ war zur Bewachung Brünings da. Nach Aussage von Nationalsozialisten war die Pfalzwacht bewaffnet. Sie schoß blindlings in die Menge. Protestanten und Katholiken, vereint im Nationalsozialismus, reichen sich die Hände. Zeugen wissen, daß die Pfalzwacht geschossen hat und nicht die Nationalsozialisten.

Es ist nicht erstaunlich, dass die Nazis ihre eigene Version der Ereignisse hatten. Auf einer vorbereiteten Protestkundgebung in Kaiserslautern am 21. Februar hielt Gauleiter Bürckel eine lange Rede, in der er auf das Zentrum und die BVP – also auf den politischen Katholizismus – eindrosch. Die NSZ *Rheinfront* druckte die gesamte Rede in ihrer Wochenendausgabe vom 25./26. Februar. Hier sind Auszüge:

Die Darstellung der bedauerlichen Zwischenfälle vom gestrigen Abend, die mir geworden ist, belegt die Schuldfrage für die Pfalzwacht. Ganz abgesehen davon möchte ich grundsätzlich das folgende sagen: Wir wissen und haben es am eigenen Leibe schon so oft erfahren, was es zu bedeuten hat, wenn politische Gegner in eine marschierende Kolonne hineinschießen, und haben eine solche politische Betätigung schon immer gebrandmarkt als das, was sie ist: nämlich ein Verbrechen. Wir wissen auch, welche Brutalität und Minderwertigkeit dazu gehören, wenn von Zugteilnehmern in eine wehrlose Menschenmasse hineingeschossen wird. Ich stehe deshalb auch nicht ab, vor Ihnen, meinen Parteigenossen die Erklärung abzugeben, daß ich, falls sich eine Mitschuld eines unserer Mitglieder feststellen läßt, es im Augenblick der Überführung sofort aus der Partei entfernen werde, und ich bitte jeden, der es ernst mit unserer Bewegung meint, die Festnahme der Täter wirksam zu unterstützen. Eine Ausnahme aus parteilichen Gründen kann es nicht geben. Wer zum Verbrecher wird, gehört nicht zu uns, dafür sind wir uns zu gut. Schon deshalb zu gut, weil Hunderte von Kameraden ihr Herzblut für die Bewegung gelassen haben, und sie taten es bestimmt nicht für eine Bewegung, die etwa ein Verbrechen decken würde, sondern für eine Bewegung, die das Verbrechen haßt.

Wie dem auch sei, ich habe dieser grundsätzlichen Feststellung nunmehr Ausführungen anzuschließen, die den intellektuellen Urhebern zu gelten haben. Wenn sie heute eine Zeitung in die Hand nehmen, und zwar eine Zeitung des Zentrums oder der Bayerischen Volkspartei, so finden sie darin die Auslassungen, die ungefähr lauten: Braune Banditen schießen auf Katholiken, oder Nazi-Räuber überfallen katholischen Zug, oder der Haß gegen den Katholizismus fand gestern seine Krönung. ... Sie sehen also, auf was diese Propaganda abzielt. Ganz abgesehen vom wirklichen Tatbestand. Hier versucht das Zentrum aus dem Parteigänger den Träger des Katholizismus zu machen. Es erscheint also der Mann auf der Straße, der Politik treibt, jetzt plötzlich nicht mehr als der fanatische Zentrumshetzer, sondern wenn ihm ein Leid zustößt, dann formt man aus ihm durch einen geschickten Federstrich den Katholiken, der gerade dabei war, seinem Herrgott zu dienen.

Es muß einem geradezu wundern, daß man nicht auch noch den Katholiken ablöst und stellt an seine Stelle den Herrgott selbst als Zugteilnehmer auf.

[Wir wollen die Politik aus der Kirche!] Wir kennen auch angesehene Geistliche, die diese Auffassung mit uns teilen.

Was aber ist die Praxis?
Gar zu oft werden dort Ausführungen gemacht, die Bezug nehmen auf die Dinge im Jenseits und dann aber wieder solche, die sich in offener Sprache damit befassen, wie es anzupacken ist, daß möglichst viele Parteigänger des Zentrums und der Bayer. Volkspartei **ins Parlament kommen, so daß der Kirchenbesucher sich sehr oft im Unklaren ist, wo beginnt die religiöse Rede und wo die Parteirede, bin ich im Gotteshaus oder in einer Versammlung?** So kann es auf die Dauer nicht weiter gehen. Diese Verquickung von Politik und Religion, und zwar an geheiligter Stelle, ermöglicht alsdann dem Versammlungsredner, dem Parteikämpfer die schon angeführten Manipulationen, die also vom Bedarfsfalle bestimmt werden. Das nennen wir üble Geschäftemacherei, und die ist weit ab von Religion. Ich habe eingangs gesprochen von intellektuellen Urhebern für all die politischen Auseinandersetzungen, die in Tätlichkeiten ausarten. Der einfache Mensch ist leicht zu führen, ja er ist dankbar, wenn er geführt wird. So sind denn auch die Inspirationen des Führers sehr oft bestimmend für seine Handlungen. Man kann schon sagen, daß in den meisten Fällen begangener Übeltaten der intellektuelle Urheber die schwerste Verantwortung zu tragen hätte. Ist es nun keine intellektuelle Urheberschaft, wenn man es wagt, uns als Auswurf der Menschheit zu bezeichnen, wenn **von hoher Stelle dem Gläubigen gesagt wird, die Kommunisten seien bessere Menschen als die Nationalsozialisten?**
Ist es keine intellektuelle Urheberschaft, wenn der Herr Kaplan erklärt, die Nationalsozialisten würden den armen Müttern die Kinder entreißen, und sie töten und schwächliche Greise ermorden? [Genau dies haben die Nazis einige Jahre später getan.] **Kann man sich dann von der intellektuellen Urheberschaft lossagen, wenn der einfache Mann aus diesen Darstellungen den Schluß zieht: „Diese braunen Mörder gehören beseitigt, man tut dabei den Willen Gottes."**

Ich appelliere in dieser Stunde an den Herrn Bischof, daß er endlich hier Einhalt gebietet und dafür sorgt, daß die Kirche sich nicht weiter solche Schuld auflädt.

Unter der Überschrift „Mütter klagen an!" brachte dieselbe Ausgabe der *Rheinfront*, was Bürckel noch zu sagen hatte:

In dieser Stunde wenden wir uns auch an die Mütter dieser armen verhetzten jungen Leute, an die gläubigen Frauen, die ihr Christentum im Herzen tragen, wenden uns an die Mütter, die glauben, daß ihre Söhne im Geiste eines wahren Christentums und nicht zu einem bolschewistischen Mordhandwerk erzogen werden. Die Mütter klagen an! Sie klagen die Parteien des Zentrums und der Bayerischen Volkspartei an! Sie klagen die mit dem Gewand des Seelsorgers getarnten Parteihetzer an! Die Mütter klagen an, daß diese Männer ihre Söhne in den Bruderkrieg hineinhetzen, daß sie ihren Söhnen sagen, daß der eine Deutsche nicht so gut wie der andere Deutsche sei. Diese Mütter, diese gläubigen Frauen, verlangen, daß das Zentrum und die Bayerische Volkspartei vernichtet werden, auf daß die Kirche wieder lebe und Friede auf der deutschen Erde sei.

Unter der Überschrift „Vernichtet das Zentrum – rettet die Kirche!" füllten diese arroganten Ergüsse die gesamte Titelseite der *Rheinfront* vom 25./26. Februar. Innerhalb von vier Monaten brachen die beiden Parteien des politischen Katholizismus unter dem Druck der Nazis zusammen und verschwanden von der politischen Bildfläche. Der Kampf gegen sie hatte in der Pfalz begonnen, und der Pfälzer Gauleiter Josef Bürckel war der mächtigste Mann in der Kampagne zu ihrer Vernichtung. Bürckel war überzeugt, dass der Zusammenbruch von Zentrum und BVP nicht lange auf sich würde warten lassen. Er glaubte ebenso, dass die Zeit auf Seiten der Nazis sei. Bürckel hatte sich bereits am 19. Februar auf einer Massenkundgebung nationalsozialistischer Bauern- und Handwerkerverbände in Kaiserslautern mit den „Schwarzen" auseinander gesetzt. Seine *Rheinfront* berichtete darüber am 21. Februar. Interessant an diesem Artikel sind die folgenden Zeilen: „In seiner herzerfrischenden Art führte [Bürckel] aus: Man müsse heute zwei Feststellungen machen. Ersten, daß wir da sind und zweitens, daß wir nicht mehr gehen." Besser konnte man die Einstellung der Nazis nicht zum Ausdruck bringen.

Die Ausgabe der *Rheinfront* vom letzten Wochenende des Februar 1933 enthielt auch einen Frontalangriff auf den Führer des Zentrums, Monsignore Ludwig Kaas.

Als vor wenigen Tagen in Kaiserslautern aus dem Zuge der „Pfalzwacht" in die wehrlose Menge geschossen wurde, wagte es dieser Prälat, ein Telegramm an die Deutsche Reichsregierung zu senden, in dem er gegen den „Terror in Zentrumskundgebungen" protestierte. Vor einigen Jahren, als es im deutschen Grenzland brannte, wagte es dieser selbe Prälat Kaas, seinen Namen unter ein Schriftstück zu setzen, das sogenannte Trierer Bürger aller Stände als begeisterten Gruß vom Moselstrand an die Rheinische Separatistenrepublik sandten. Sein Name steht in

der Mitte dieses Dokuments, das wir in Faksimiledruck veröffentlichen. Der Name dieses Prälaten Dr. Kaas ist umkränzt von Namen des gemeinen Separatistenpacks, das es wagte, sich als Trierer Bürger aller Stände zu bezeichnen. Dieser Prälat Kaas wagt es nun, in die deutsche Pfalz zu kommen, die im schwersten Kampfe mit den Separatisten gestanden hat, und in einer Kundgebung die Bevölkerung der deutschen Pfalz über deutsche Politik zu belehren. Die Zentrumspartei und Bayerische Volkspartei veranstalteten zu Ehren dieses Prälaten einen Umzug durch die deutsche Stadt Ludwigshafen. Die deutsche Pfalz läßt sich eine solche Herausforderung nicht gefallen und protestiert auf das Heftigste gegen diese Provokation. Die deutsche Pfalz, deren Söhne im Abwehrkampf ihr Blut für ihr Vaterland vergossen, hat es nicht notwendig, die Anwesenheit eines Prälaten zu dulden, der seinen Namen unter eines der gemeinsten separatistischen Schriftstücke setzt.
Pfälzer, gebt am 5. März diesen Leuten eine deutliche Antwort. Beweist diesen schwarzen Herren, daß ihr deutsch seid, und deutsch auf ewig bleiben werdet!

Dr. Kaas war katholischer Theologe, seit 1928 Parteivorsitzender des Zentrums und Gegner der Nazis. Er verließ Deutschland 1933 und wurde in Rom Berater von Pius XII. Später leitete Kaas die Ausgrabungen unter der Peterskirche. Dieselbe Ausgabe der *Rheinfront* enthielt einen Aufruf der NSDAP Gau Rheinpfalz „An die Geistlichkeit der Pfalz“.

In ernster Stunde rufen wir der gesamten katholischen Geistlichkeit zu: „Laßt ab von dem Kampf gegen die Vertreter eines positiven Christentums in Deutschland! Löst die unwürdigen und unnatürlichen Bindungen, die nur auf staatsförmlichen Erwägungen aufgebaut sind!“
Wir lehnen es ab, auf die Angriffe einzugehen, die in unwürdiger Weise die Priester Gottes an geheiligter Stätte gegen uns Nationalsozialisten ausstreuen.
Wir lehnen es insbesondere deshalb ab, weil wir uns nicht mitschuldig machen wollen an der Zerstörung der Autorität der Träger der Christlichen Weltanschauung, die wir zur Grundlage des dritten Reiches erheben werden.

Nach diesen Breitseiten war das Überleben der deutschen katholischen politischen Parteien ausgeschlossen. Wenn man die Berichterstattung des *Rheinpfälzer* in Erinnerung ruft, ist klar, dass diese Zeitung auf lange Sicht ebenso keine Überlebenschancen hatte. Immerhin berichtete der *Rheinpfälzer* am 22. März 1933 über den Nationalfeiertag in Landau – den Tag von Potsdam, die feierliche Eröffnung des neuen Reichstages.

Um 8 Uhr hatten sich die Schulen und auch zahlreiche Erwachsene in der [katholischen] Marienkirche eingefunden und füllten das Gotteshaus. H. Geistl. Rat, Stadtpfarrer [Martin] Wothe zeichnete die Bedeutung dieses historischen Tages.

H. Geistl. Rat Wothe führte etwa aus: Der 21. März werde in der Geschichte des deutschen Volkes immer ein bedeutungsvoller Tag bleiben, denn es trete der neugewählte Reichstag zur feierlichen Eröffnung seiner Arbeit zusammen. Aus diesem Anlaß habe die derzeitige Regierung Schulfeiern für alle öffentlichen und privaten Schulen angeordnet, darum sehe man auch die Schulgebäude im Flaggenschmuck; doch nehme man andere Farben wahr, als die bisher gewohnten. Die Regierung habe das so angeordnet, alle Schulleitungen haben im Gehorsam gegen die rechtmäßige Regierung die vorgeschriebenen Farben verwendet. – Ihr seid hier zu einem feierlichen Gottesdienst versammelt. Wir haben denselben freiwillig angesetzt, weil wir wissen, daß die Aufgaben, vor denen die neue Regierung steht, so riesengroß sind, daß der Gottessegen die Arbeit begleiten muß, wenn sie zum Wohle unseres geliebten Volkes ausgeführt werden soll. Die Regierung hat sich drei große Aufgaben gesetzt; er forderte auf, die Reichsregierung in der Erfüllung dieser Aufgaben mit andächtigem Gebet zu unterstützen. Die erste Aufgabe ist die Erringung der Freiheit des Volkes; gewiß ein hohes Gut. Frei will jeder Mensch sein nach göttlichem Naturgesetz. Frei soll das Volk sein von äußeren Bedrängern, frei von der Gefahr des inneren Umsturzes. Damit wäre unseres Erachtens die Aufgabe der Regierung bei weitem nicht erfüllt. Aus unserem katholischen Bewußtsein heraus sagen wir es, daß zur wahren und wohlverstandenen Freiheit unseres Volkes auch das Fernsein der Seelenknechtschaft gehört. Seelen sind aber nur frei, wenn sie in freiem Gehorsam die Gebote Gottes beobachten können. Wir bitten darum zu Gott, daß er es fügen möge, daß die Regierenden selbst in treuer Beobachtung der Gebote Gottes dem Volke voranleuchten und dafür Sorge tragen, daß Gottes Gesetz das bürgerliche Gesetz beherrscht und durchdringt. Als zweite Aufgabe habe die Regierung die Beschaffung von Arbeit und Brot für das notleidende Volk gesetzt und es scheine, wenn wir das Volksempfinden richtig verstehen, daß eine große Masse in der letzten Wahl ihre Stimme den Männern gegeben hat, die ihr Arbeit und Brot versprachen. Das wissen aber unsere Regierenden selbst sehr wohl, daß es leichter ist, Versprechungen zu machen als das Versprechen zu erfüllen. Wie sehr berechtigt ist da das wahre Wort: An Gottes Segen ist alles gelegen. Es bedarf wahrhaftig des Segens des Himmels, daß die Regierung jene Maßnahmen ergreift, die geeignet sind, dem Volke Arbeit und Brot zu geben. Und das wollen wir an zweiter Stelle beten. Die dritte Aufgabe der neuen Regierung heißt: Einheit und Zusammenschluß aller Gutgesinnten des ganzen Volkes. Das ist nun meines Erachtens die schwierigste, und wenn sie gelingt, aber auch die segensvollste Aufgabe. Zur Erreichung dieses Zieles ist aber notwendig, daß alles vermieden wird, was Zwietracht und Erbitterung in das Volk tragen müßte. Darum wünschen wir von Herzen, daß alle unnötige Härte, alles Angeber- und Spitzeltum, aller persönlicher Haß fernbleiben möge. Denn nur wo gegenseitige Achtung, wo Liebe und Voraussetzung des guten Willens vorhanden sind, kann Friede und Ordnung und damit Wohlfahrt des Volkes gedeihen. Weil diese Aufgabe so schwer ist, darum sollt ihr auch bei der heiligen Messe um gutes Gelingen beten. Da ich aber hier zu katholischer Jugend in einer katholischen Kirche spreche, darf ich daran erinnern, daß bei der Durchführung dieser schweren Regierungsaufgaben die wertvollen Kräfte nicht ausgeschaltet werden dürfen, die in unserer katholischen Religion liegen. Ich darf daran erinnern, daß die katholische Kirche es gewesen ist, die vor tausend und mehr Jahren unserem geliebten Vaterland Kultur und Gesittung, Unterricht in den Elementarfächern, in Künsten und Wissenschaften brachte. Und daß jene Zeiten in unserer deutschen Geschichte die glanzvollsten waren, damals war Deutschland hoch in Ehren, es war die Glanzzeit unserer deutschen Geschichte. Kein weiser Regent werde darum auf so tiefgegründete und segensreiche Kräfte verzichten, wenn sich heute unsere Männer zur Mitarbeit anbieten. Es ist als gutes Vorzeichen für die neue Regierung zu deuten, daß sie ihre Tätigkeit mit feierlichem Gottesdienst beginnt. Heute vormittag versammelten sich die katholischen Reichstagsabgeordneten in der katholischen Pfarrkirche und die protestantischen Abgeordneten in der Nikolaikirche zu Potsdam. Erst wenn der Segen Gottes herabgefleht ist, will der neue Reichstag in feierlicher Sitzung seine Tätigkeit zum Wohle des Volkes eröffnen. Mit ihnen wollen wir uns im Geiste vereinen und den Allmächtigen bitten, daß er seinen reichsten Segen über Volk und Vaterland ergießen möge.

Hitler nahm an keinem der Gottesdienste in Potsdam teil. Seine Regierung war auch nicht weise. Nichtsdestoweniger ging es mit ihr ganz gut ohne die Kräfte der Religion, Kultur und Zivilisation – wenigstens einige Zeit lang.

Am 22. März berichtete der *Rheinpfälzer* auch über den protestantischen Gottesdienst zum Tag von Potsdam in Landaus Stiftskirche, wo Pfarrer Hans H. Stempel, Direktor des Landauer protestantischen Predigerseminars, das er 1926 gegründet hatte, zu seinen Zuhörern sprach.

Zum Gottesdienst in der Stiftskirche zogen außer den uniformierten SA, SS und Stahlhelm die vaterländischen Verbände und Jugendbünde unter klingendem Spiel. Auch in diesem Gottesdienst wurde in einer Predigt des bedeutungsvollen Tages gedacht. Direktor Stempel grüßte die Menschen, die Deutschlands Einheit, Größe und Kraft sehnsuchtsvoll im Herzen tragen. Über dem deutschen Feiertag und der deutschen Schicksalsstunde soll ein Gotteswort sein: „[Darum] säet auch Gerechtigkeit und vereint [erntet] Liebe; pflüget ein Neues, weil es Zeit ist, den Herrn zu sehen [suchen], bis daß er komme und [lasse] regne[n] über euch Gerechtigkeit“ [Hosea 10. 12; Luthers Text]. Die Furchen im Acker des Volkes seien tief aufgerissen und nun sei die rechte Saat von Nöten. Jede Macht müsse ruhen auf dem Recht und müsse getragen sein von dem Glauben, der sich einem allmächtigen Willen verantwortlich wisse. Deutschlands Volk und christlicher Glaube hätten von jeher zusammengehört und dürften auch heute nicht getrennt werden. Das deutsche Volk sei erst durch die christliche Kirche zu einem einheitlichen Volk geworden. So müsse auch in der Gegenwart das Volk durch den Glauben wieder neu werden. Ein ewiges Gesetz, das sage: „Wie die Saat, so die Ernte." [Wer da kärglich sät, der wird auch kärglich ernten; und wer da sät im Segen, der wird auch ernten im Segen. 2. Korinther 9. 6; Luthers Text.] Das gelte für alle Regierenden, für alle, die Macht gehabt haben und haben. Wenn unser Volk wieder neu aufbreche zu Gott, Gott von ganzem Herzen suche, dann werde Gott auch antworten und das Volk aufs neue segnen.

In der Ausgabe vom 22. März berichtete der *Landauer Anzeiger* über dieselben Ereignisse mit nur kurzen Kommentaren vom Standpunkt der Nazis. Die Zeitung lobte Pfarrer Stempel und sagte:

[Er] hielt mit dem vollen Einsatz seiner Persönlichkeit eine ergreifende Predigt, in der er den neuen Staatsgedanken vom Standpunkt der Kirche bejahte und untermauerte.

Der Schreiber des Artikels mag wohl etwas übertrieben haben. Es gibt keine Anzeichen, dass der Seminardirektor an die Nazi-Philosophie geglaubt hat. In der Tat, Dr. Stempel war ein hoch angesehener Kirchenmann, nach dem Zweiten Weltkrieg geschätzt und geehrt von Franzosen und Deutschen. Er war ein Gelehrter, er war Germanist, Historiker, Theologe und Kirchenführer. Im September 1934 gründete Stempel die Pfarrbruderschaft, deren Mitglieder die Einmischungen des Reiches in die Angelegenheiten der Protestantischen Kirche ablehnten ebenso wie die Versuche der Deutschen Christen, den Ton anzugeben in Sachen des Glaubens. Es besteht aber auch kein Zweifel, dass Dr. Stempel zur damaligen Zeit flexibler auf der öffentlichen Bühne war als sein katholischer Kollege. Sein Auftritt auf der Schlageter-Feier zwei Monate nach der Rede zum Tag von Potsdam ist Beweis dafür.

Am 23. März brachte der *Rheinpfälzer* Auszüge aus verschiedenen britischen Pressekommentaren zum Tag von Potsdam, die sämtlich skeptische Meinungen enthielten. Der *Daily Telegraph* war am deutlichsten in seiner Voraussage, dass die Feierlichkeiten des Tages von Potsdam das Ende der Bürgerrechte und der Freiheit in Deutschland bedeuteten. Zweifel kam auf über die Friedensliebe des deutschen Volkes. Die britischen Kommentatoren glaubten, Hitlers außenpolitische Initiativen könnten die westlichen Mächte zu einer Allianz gegen Deutschland zwingen. Sechs Jahre später wurde diese Voraussage Realität trotz Hitlers Glaube, dass die Briten bluffen würden und dass die Drohung, Krieg zu führen, ein Trick sei, den das internationale Judentum ausgeheckt habe. Hitler wollte die Briten zu Freunden haben in seinem Kampf gegen den Bolschewismus. Waren denn die Briten nicht „rassisch gleichwertig?“

Die Versuche des *Rheinpfälzer*, objektiv über lokale und internationale Ereignisse und Themen von besonderem Interesse zu berichten, dauerten eine Weile an. Zum Beispiel berichtete die Zeitung am 17. März 1933 über eine Prügelei in der Nacht zum 14. März, in der drei prominente Landauer Bürger brutal zusammengeschlagen worden waren. Eines der Opfer war ein Redaktionsmitglied der Zeitung, das zweite war Staatsanwalt Schleip und das dritte war Gustav Wolff vom Zentrum. Nach Meinung der Zeitung waren SA-Männer für den Überfall verantwortlich. Es wurde aber niemand verhaftet. Am 29. Mai informiere die Zeitung ihre Leser, dass das ehemalige Stadtratsmitglied Richard Joseph, Weinhändler August Schönfeld und Kaufmann Alex Mai, alle aus Landau, aus der Schutzhaft entlassen worden seien. Die Zeitung hatte schon zuvor über die Verhaftungen dieser Leute und anderer Landauer berichtet. Joseph und Schönfeld waren vom 8. April bis zum 27. Mai und Alex Mai vom 18. März bis zum 27. Mai in Haft.

Am 26. Mai hielten die Landauer Nazis eine Kundgebung ab in der Kronstraße, die soeben in Schlageter Straße umbenannt worden war. Anlass war der zehnte Jahrestag der Exekution Albert Leo Schlageters durch die Franzosen. Ein Denkmal für den Nazi-Märtyrer wurde eingeweiht. Der Gastredner, Pfarrer Stempel, sprach zu einer Menge von 5 000 oder 6 000 Menschen, viele in Naziuniform, die die Straße und den angrenzenden Platz füllten. Schwitzgebel, Ehrenspeck, der gesamte Stadtrat und Abgeordnete der Kirchen und des Militärs waren anwesend. Kirchenglocken läuteten. Als Vorbereitung auf seine Eloge für Schlageter sagte Dr. Stempel:[142]

Deutsche Männer und Kämpfer!
Deutsche Mütter und Frauen!
Deutsche Jugend!
Im dunklen Geheimnis deutscher Wälder ragen Rücken deutscher Berge, springen Quellen aus der Tiefe auf zum Tag und erglänzen im Lichte silberhelle, wenn ein Sonnenstrahl auf sie trifft. Murmelnd rinnen die Bäche dahin. Doch unten im Tal,

142 Landauer Anzeiger, 27. Mai 1933.

aus tausend Quellen gespeist, rauschen die Ströme durchs fruchtbare Land, Pulsadern völkischen Lebens, spenden Kräfte unversieglicher Fülle und verbinden die Menschen zu glückhafterem Schaffen, zu neuem Gemeinsinn und zu fröhlichem Sein. Um die stillen Quellen aber blühen Blumen, Kinder spielen bei ihnen und beschauen lächelnd ihr Bild im Spiegel des Wassers, während der Wanderer zur heißen Stunde an ihrer Kühle seinen Durst stillt.

Pfarrer Stempel sagte: Dort wo viele kleine Quellen springen, im hohen Wiesental des südlichen Schwarzwaldes, sei Albert Leo Schlageter geboren, ein Deutscher Befreier, herrlich getreu. Er sprach vom deutschen Blut, das in der Geschichte vergossen und zu einem deutschen Strom geworden sei. Er wandte sich auch an den Himmlischen Vater und ewigen Schöpfer. Er bat ihn, seine Quelle der Gnade fließen zu lassen und die Quelle der Ewigkeit zu öffnen. Er beendete seine Rede mit folgenden Worten: „Herr Jesus Christ: Du bist die Quelle des Lebens! Schenk uns dein Heil.“

(Es war übrigens diese Schlageter-Feier, die zwei Landauer Polizisten und einen katholischen Priester des Brüninggrußes wegen in Schwierigkeiten mit den Nazis brachte.)

Direktor Stempels Rede war reinstes Seelenschmalz – in bester Nazi-Rhetorik.

Die meisten Zuhörer waren wahrscheinlich tief beindruckt von diesem Redeschwall, ein kaum überbietbares Konglomerat rhetorischer Elemente der deutschen Romantik – obgleich korrumpiert, um der neuen Ideologie Rechnung zu tragen. Während der Seminardirektor von spielenden Kindern sprach, gab es wenige Schritte weiter Kinder aus Fleisch und Blut, deren Aussicht auf ein fröhliches Leben soeben in Angst und Verzweiflung umgeschlagen war. Ihre Eltern waren bereits einige Tage zuvor aus dem öffentlichen Leben ausgestoßen worden, stigmatisiert als Angehörige einer dem deutschen Volke feindlichen Rasse. Die Nazis machten Verbrecher aus ihnen. Die Juden wussten damals noch nicht, dass das Schicksal vieler von ihnen Tränen und letzten Endes die Gaskammer war.

Am Dienstag, den 30. Mai 1933 brachte der *Rheinpfälzer* die folgende Ankündigung: „Israelitischer Gottesdienst, Dienstag Abend 7 Uhr mit Chorgesang. Mittwoch Morgen 8½ Uhr, Chor 9 Uhr, Predigt. Abend 7 Uhr mit Chorgesang. Donnerstag Morgen 8½ Uhr, Chor 9 Uhr. Festesausgang 9 Uhr 10.“ Es ist klar, dass der *Rheinpfälzer* den Nazis ein Dorn im Auge war. Am 27. Juni teilten sie einen fast tödlichen Schlag gegen die

Zeitung aus. Der Nazi-Stadtrat verlangte, das Recht der Zeitung, mit amtlichen Anzeigen der Stadt Landau versehen zu werden und diese zu drucken, zu widerrufen.[143] Begründungen waren „unsachliche und gehässige Kritik [der Zeitung] an der nationalsozialistischen Bewegung, geringfügige Auflage in Landau-Stadt und zusätzliche Kosten für die Stadt infolge der Hinzunahmen der NSZ *Rheinfront* als Tageszeitung für städtische Bekanntmachungen". Der Antrag wurde einstimmig angenommen, und man freute sich über eine Einsparung von 2 500 Mark für die Stadt. „Unsachliche und gehässige Kritik" bezog sich auf die Berichterstattung des *Rheinpfälzer* über die Ereignisse am 20. Februar bei der Zentrum/BVP-Wahlveranstaltung in Kaiserslautern. Dort hatten Nazi-Rowdies auf Mitglieder der Pfalzwacht geschossen und elf Menschen verletzt, einige schwer. Der Antrag der NSDAP-Fraktion im Landauer Stadtrat enthielt folgende Begründung:[144]

Der Rheinpfälzer hat sich von jeher nicht durch sachliche, sondern durch äußerst persönliche und gehässige Kritik an der nationalsozialistischen Bewegung und deren Führer hervorgetan. Diese Entwicklung erreichte einen Höhepunkt mit der Veröffentlichung des *Rheinpfälzer* anläßlich der Vorgänge in Kaiserslautern, bei welcher Gelegenheit die SA mit braunen Marokkanerhorden verglichen wurde. Die heute von dem genannten Blatt an den Tag gelegte äußerlich loyale Haltung kann unmöglich ehrlich sein, da von den Parteien, deren Organ der *Rheinpfälzer* ist, täglich Beweise der Illoyalität und des mangelnden Aufbauwillens abgelegt werden.

Eine Tageszeitung ohne Nachrichten von lokalem Interesse – zum Beispiel Änderungen der Daten der Müllabfuhr oder Öffnungszeiten der Behörden – war praktisch tot. Zunächst verteidigte sich der *Rheinpfälzer* tapfer. In einem Brief an den NSDAP-Stadtrat bestand der Herausgeber darauf, dass seine Zeitung stets objektiv berichtet habe, niemals persönlich geworden sei und – mit einer Ausnahme, die er bedauere – niemals irgendjemand angegriffen habe. Die Ausnahme war der „Marokkanerbericht", von dem er jedoch sagte, er habe ihn von einer anderen Zeitung übernommen und die Quelle angegeben. Die Zeitung glaubte, eine Leserschaft von nahezu 6 000 zu haben. Der Herausgeber führte aus, dass der

143 Stadtarchiv Landau B II 46/d, Stadtratssitzung 27. Juni 1933, S. 39.

144 Stadtarchiv Landau A II 77. Verkehr mit der Presse, Der Rheinpfälzer, Ausschluß von städt. Bekanntmachungen. Die folgenden Bemerkungen zum Rheinpfälzer sind ebenfalls dieser Akte entnommen.

Rheinpfälzer eine katholische Zeitung sei und berief sich auf das Konkordat, das drei Tage zuvor paraphiert worden war. Dies war ein unangebrachter Bezug, da das Konkordat absolut nichts über Pressefreiheit enthielt. Sein Artikel 4 garantierte nur die Freiheit offizieller kirchlicher Veröffentlichungen. Immerhin zitierte der Herausgeber Hitlers Worte vom Tag zuvor:[145]

> Ich bin glücklich ..., daß nunmehr eine Epoche ihren Abschluß gefunden hat, in der ... religiöse und politische Interessen ... in ... Gegensätzlichkeit geraten waren. Der ... Vertrag wird ... der Herstellung des Friedens dienen, dessen alle bedürfen.

Der Herausgeber des *Rheinpfälzer* schloss seine Bemerkungen mit dem Hinweis, dass die Einsparungsbehauptung der Stadt nicht stichhaltig sei, da die Zeitung ja etliche Leute beschäftige, die arbeitslos würden, wenn die Zeitung schließen müsse.

Der Herausgeber des *Rheinpfälzer* täuschte sich in zweierlei Hinsicht. Erstens war seine Interpretation des Konkordats – über das viel gesprochen wurde, das aber erst am 20. Juli in Kraft trat – reines Wunschdenken. Dieses Abkommen enthielt im Grunde nicht mehr als eine Garantie des Existenzrechtes der katholischen Kirche als religiöse und kulturelle Einrichtung innerhalb enger Grenzen im Austausch gegen vollständigen und unwiderruflichen Rückzug von der politischen Bühne, auf der sie jahrhundertelang aktiv gewesen war, entweder direkt oder durch Stellvertreterparteien. Zweitens übersah der Herausgeber des *Rheinpfälzer*, dass das Konkordat Hitler mit Legitimität ausstattete, die innerhalb eines halben Jahres Deutschland in einen totalen Polizeistaat verwandelte, in dem nur noch Hitlers Wille zählte.

Das Wort „Frieden", das Hitler in seinen Bemerkungen über das Konkordat benutzt hatte, war ebenfalls ohne Bedeutung. „Frieden, dessen alle bedürfen" war nichts als eine leere Phrase, die – wie alle Phrasen, die Hitler während der Zeremonien am Tag von Potsdam benutzt hatte – dazu dienen sollte, seinem Volke und der ganzen Welt vorzugaukeln, er sei ein vertrauenswürdiger und vernünftiger Führer des neuen Deutschlands. Der himmlische Frieden, den der Herausgeber des *Rheinpfälzer* meinte, war bestimmt nicht das Ziel, das Hitler im Sinne hatte. Er hätte wissen sollen,

145 Max Domarus, Hitler, Reden und Proklamationen 1932-1945. Süddeutscher Verlag, München 1965, Bd. I, Erster Halbband 1932-1934, S. 288.

dass das Wort „Frieden“ in seinem Brief keine Sympathie im Landauer Nazi-Stadtrat hervorrufen würde. Seine Zeitung hatte darüber berichtet, wie rücksichtslos Menschen, Katholiken, Protestanten und Juden, unerwünscht erklärt wurden, wie sie aus dem politischen und gesellschaftlichen Leben ihrer Stadt ausgegrenzt wurden, sogar festgenommen und in der Landauer Fortkaserne und im Neustädter Reichsarbeitsdienstlager eingesperrt wurden. Friede war aus Deutschland verschwunden – ebenso wie gegenseitiger Respekt und Toleranz. Von Anfang an litt die Weimarer Republik unter dem Gespenst der Uneinigkeit, das, nach nur vierzehn Jahren, das Experiment der Demokratie in Deutschland zum Scheitern brachte. Menschlichkeit existierte in Deutschland nicht mehr; die entstandene Leere wurde von Hitlers barbarischem Primitivismus gefüllt.

Am 18. Juli 1933 schickte der *Rheinpfälzer* einen weiteren Brief an den Stadtrat, in dem Bezug genommen wurde auf eine Anweisung des Reichsministers für Arbeit, die die Gauleiter anwies, keine Boykottmaßnahmen oder Drohungen gegen bürgerliche Zeitungen zu richten. Der Stadtrat beschloss jedoch, den *Rheinpfälzer* weiterhin zu boykottieren, solange er noch Annoncen jüdischer Geschäfte und Firmen und Ankündigungen jüdischer Gottesdienste veröffentlichte. Im Oktober und November wandte sich der *Rheinpfälzer* an das bayerische Wirtschaftsministerium, ohne Genugtuung zu erhalten, obwohl das Ministerium Landau anwies, den Boykott zu beenden.

Im Frühjahr 1934 war die Leitung des *Rheinpfälzer* der Verzweiflung nahe. In einem Brief vom 26. April an den dritten Bürgermeister Schaaf erklärte sie sich bereit, Bürckels Volkssozialistischer Selbsthilfe beizutreten, und einen Monat später, am 29. Mai, in einem Brief direkt an diese Organisation schlug man vor, mit einem Monatsbeitrag von 27.70 Mark dabei zu sein. Mehr sei wegen der schlechten Lage nicht möglich. Man könne aber vielleicht mehr entrichten, wenn der Boykott aufgehoben würde. Während die anderen Briefe „mit vorzüglicher Hochachtung“ unterschrieben waren, endete dieser „mit deutschem Gruß“. Die Bemühungen der Zeitung hatten keinen Erfolg. Am 10. November 1934 informierte der zweite Bürgermeister Blaurock den *Rheinpfälzer* über den Ratsbeschluss vom 13. Juli, nach dem amtliche Bekanntmachungen ausschließlich von Bürckels NSZ *Rheinfront* veröffentlicht würden. Zusammen mit allen anderen katholischen Zeitungen stellte der *Rheinpfälzer* sein Erscheinen am 31. März 1936 ein.

Dem *Landauer Anzeiger* erging es besser als seiner katholischen Konkurrenz. Am 1. Juni 1933 druckte einer seiner Herausgeber einen langen Artikel unter der Überschrift „Ein Kapitel Zeitungspolitik", in dem er die politische Einstellung seiner Zeitung erläuterte und verteidigte. Er gab zu, dass sie ehemals liberal gewesen sei. Aber der Liberalismus sei von der überlegenen Philosophie des Nationalsozialismus verdrängt worden.

Gemäß seiner Aufgabe, einerseits publizistisch zu führen und andererseits Spiegelbild der lebendigen Volkskräfte zu sein, hat sich der *Landauer Anzeiger* vom liberalen Blatt zur uneingeschränkt nationalsozialistischen Zeitung entwickelt. Das muß heute einmal mit aller Deutlichkeit festgestellt werden.

Der *Landauer Anzeiger* war schon zwei Jahre zuvor auf die Linie der Nazis eingeschwenkt.

Am 11. und 12. Mai 1933 berichtete die Zeitung über die „Verbrennung von Schundliteratur und Fahnen in Landau". Im selben Atemzug empfahl sie Lesematerial im Einklang mit der Nazi-Philosophie. Am 10. Mai hatte eine Kundgebung auf dem Landauer Paradeplatz stattgefunden, an der der bayerische Hitlerjugendführer, Kreisleiter Kleemann, SA Sturmbannführer Keim und der dritte Bürgermeister Schaaf teilgenommen hatten. Bücher wurden verbrannt, die Hitlerjungen eingesammelt hatten. Sämtliche Schulen mit ihrem Lehrpersonal waren bei diesem „denkwürdigen" Akt anwesend.

Am 1. April 1936 änderte der *Landauer Anzeiger* seinen Namen in *Pfälzer Anzeiger* und wurde eine Regionalzeitung. Es gab einen einfachen Grund für diese Metamorphose. Die Zeitung übernahm den *Rheinpfälzer* und einige andere Blätter zusammen mit deren Angestellten, Druckereien und Kapital. Dies wurde in der letzten Ausgabe des *Landauer Anzeigers* am 31. März 1936 verkündet, in der der Herausgeber „verstärkten Dienst an Volk und Heimat" versprach. Er teilte seinen Lesern mit: „Sie kennen uns, und Sie wissen, daß die Zeitung die neuen Herausforderungen energisch angehen wird." Der Mann hielt sein Versprechen bis zum 16. März 1945, als die letzte Ausgabe des *Pfälzer Anzeigers* erschien.

Was die beiden Landauer Kirchenmänner während der Feiern zum Tag von Potsdam gesagt hatten, war paradigmatisch für ihre Haltung dem hitlerschen nationalsozialistischen Regime gegenüber. Die katholische Hierarchie und die Mehrheit der Katholiken waren anfangs skeptisch, obwohl das Zentrum und die Bayerische Volkspartei am 23. März 1933 unter dem

Applaus der Nazis für das Ermächtigungsgesetz gestimmt hatten. Nach der Unterzeichnung des Konkordats am 20. Juli 1933 wandelte sich die Haltung der Katholiken in gedämpften Optimismus. Desillusion und Befürchtungen entwickelten sich eine Woche später, Ende Juli, als die Nazis damit begannen, den Konkordatsvertrag auszuhöhlen, indem sie daran gingen, katholische Jugendverbände zu belästigen und Geistliche und Ordensmitglieder zu verhaften. Gauleiter Bürckel hatte vorübergehend die Mitgliedschaft im katholischen Jugendverband und in der Hitlerjugend zugelassen. Viele der ungefähr 500 katholischen Priester in der Pfalz litten unter Verfolgungen durch SA und SS. Die deutschen Katholiken fanden sich in einer prekären Situation. In gewissem Sinne waren Katholiken dem Konkordat gemäß Untertanen einer fremdem Macht, der sie Ergebenheit schuldeten, wenigstens in geistlicher Hinsicht, auf Grund der Sakramente der Taufe und Kommunion. Dies war natürlich das alte historische antikatholische Argument der deutschen Protestanten, und die Nazis unterstützten es entsprechend.

Gauleiter Bürckel, ein durchtriebener und weitsichtiger Politiker, war nicht an einer Konfrontation mit der katholischen Kirche der Pfalz interessiert. Er hielt damals sein Auge auf das vornehmlich katholische Saarland gerichtet, wo der Völkerbund die Vorbereitungen für die für den Januar 1935 vorgesehene Volksabstimmung überwachte. Bürckel hatte kräftig in die Propaganda im Saarland investiert. Er wollte einen Modus Vivendi erreichen und versuchte, die öffentlichen Ausschreitungen seiner SA- und SS-Horden einzudämmen. Der Mann, dessen guten Willen oder wenigstens Tolerierung Bürckel am meisten brauchte, war der Bischof von Speyer, Dr. Ludwig Sebastian. Der Bischof war ein hartnäckiger Gegner der Nazis, aber doch diplomatisch genug, Angriffe auf den mächtigen Gauleiter zu vermeiden. Seine Zurückhaltung, die er in einem Hirtenwort am 8. November 1933, vier Tage vor der Reichstagswahl und dem Plebiszit zum Ausdruck brachte, ist unverkennbar:[146]

Reichskanzler Adolf Hitler hat das deutsche Volk zu einer Volksabstimmung am 12. November aufgerufen, um vor der ganzen Welt den Friedenswillen des deutschen Volkes und seine Zustimmung zu den Friedensreden des Reichskanzlers zu bekunden. Die Gauleitung der NSDAP [Bürckel] der Pfalz hat in wiederholten Verhandlungen mich ersucht, daß ich in einer öffentlichen Erklärung zu diesem

146 Hirtenwort des Bischofs von Speyer zur Reichstagswahl am 12. November 1933. Der Christliche Pilger, Sonntagsblatt für das Bistum Speyer, 12. November 1933.

bedeutsamen Tag Stellung nehme. Dabei versicherte sie, namentlich am 6. November, daß sie rückhaltlos mißbillige, was von einzelnen Stellen an Ausschreitungen und Härten gegen Katholiken vorgefallen sei, daß sie einen Strich unter all das Geschehene machen wolle und nicht nur für den 12. November, sondern eine dauernde, wahre und aufrichtige Gemeinschaft mit den Katholiken pflegen wolle. Wir deutschen Bischöfe, die … von je her für den Völkerfrieden eingetreten sind, begrüßen das öffentliche Bekenntnis zum Frieden und erwarten von den Diözesanen, daß sie aus vaterländischem und christlichem Geist ihre Stimme für den Völkerfrieden und für die Ehre und Gleichberechtigung des deutschen Volkes erheben.

Dabei vertrauen wir nach den wiederholten Versicherungen der maßgebenden Stellen, daß das Reichskonkordat auch in Bezug auf den Schutz der Religion, der öffentlichen Sittlichkeit, in Bezug auf die Heiligung des Sonntags, in Bezug auf die Bekenntnisschule, in Bezug auf die Freiheit und das Eigenleben der katholischen Vereine durchgeführt wird und daß die Gleichberechtigung der Katholiken im Gesetz und im Staatsleben anerkannt wird. In diesem Vertrauen rufen wir die Katholiken auf, am 12. November zur Wahl zu gehen und durch ihre Stimme für den Frieden unter den Völkern und für die Ehre und Gleichberechtigung des deutschen Volkes einzutreten.

Die Abstimmung zum Reichstag am 12. November ist eine politische Frage, die dem freien Ermessen und dem Gewissen der Wahlberechtigten überlassen bleibt. Nach den Bestimmungen des Reichskonkordats glaube ich, von einem besonderen Wahlaufruf absehen zu sollen.

Nach neun Monaten Naziherrschaft war die Atmosphäre günstig für Hitler und seine Politik. Deutschland hatte den ausgelaufenen Vertrag mit der Sowjetunion erneuert, hatte vorsichtige Schritte unternommen, mit Italien, Frankreich und England ins Reine zu kommen (ohne Erfolg) und hatte Gespräche mit Polen geführt (um es dem Einfluss der Westmächte zu entziehen). Deutschland hatte lärmend die Abrüstungskonferenz verlassen und war aus dem Völkerbund ausgetreten. Vorbereitungen dafür hatte Hitler bereits in seiner Reichstagsrede am 17. Mai getroffen, in der er sich mit Geschick und einiger Berechtigung mit den deutschen Forderungen für ein Ende der diskriminierenden politischen und militärischen Bedingungen des Vertrages von Versailles auseinander setzte. Hitler hatte Applaus erhalten von den Mitgliedern des Reichstags, auch von denen der SPD, des Zentrums und der Bayerischen Volkspartei und anderen bürgerlichen Parteien. Am 12. November waren die deutschen Wähler aufgerufen, einen neuen Reichstag zu wählen und in einem Plebiszit die Maßnahmen der Regierung zu unterstützen oder abzulehnen. Zur Wahl war nur eine Liste zugelassen, auf der die Namen einiger Nicht-Nazis standen, zum Beispiel die von Alfred Hugenberg und Franz von Papen. Josef Bürckel war einer der Nazi-Kandidaten, und der Gauleiter kam in den neuen Reichstag.

Am 4. November veröffentlichte Landaus Bürgermeister Ehrenspeck die folgenden Instruktionen:[147]

Auf dem weißen Stimmzettel für die Reichstagswahl kennzeichnet der Wähler durch ein Kreuz oder durch Unterstreichen oder in sonst erkennbarer Weise, welchem Kreiswahlvorschlag er seine Stimme geben will.

Bei der Volksabstimmung wird im Anschluß an den Aufruf der Reichsregierung vom 14. Oktober 1933 folgende Frage gestellt:
„Billigst Du, deutscher Mann, und Du, deutsche Frau, diese Politik Deiner Reichsregierung und bist Du bereit, sie als Ausdruck Deiner eigenen Auffassung und Deines eigenen Willens zu erklären und Dich feierlich zu ihr zu bekennen?"

Der Stimmberechtigte, der diese Frage bejahen will, setzt auf dem grünen Stimmzettel … unter dem vorgedruckten Worte „Ja", der Stimmberechtigte, der sie verneinen will, unter dem vorgedruckten Worte „Nein" in dem dafür vorgesehenen Kreis ein Kreuz. ...

Wie zu erwarten, war die Reaktion des deutschen Volkes überwiegend bejahend.

Einen Tag nach Wahl und Volksabstimmung brach der bayerische Reichsstatthalter General Franz von Epp in Jubel aus. Seine Staatsregierung gab eine Siegesproklamation heraus:[148]

Deutsche Volksgenossen! Bayerische Landsleute!
Das gesamte deutsche Volk hat gesprochen. Die Parole des Führers: Für Frieden, Freiheit, Gleichberechtigung hat einen Widerhall gefunden, wie man ihn sich gewaltiger und wuchtiger nicht denken kann. An einer solchen Bekundung deutschen Lebenswillens kann die Welt nicht vorbeigehen.

Aber auch innenpolitisch hat Deutschland seinen Willen zum Ausdruck gebracht. Mit rund 40 Millionen Stimmen für die NSDAP hat das Volk die Aufbauarbeit der Hitler-Regierung in Reich und Ländern anerkannt und ihre Fortsetzung verlangt.

Bei beiden Abstimmungen marschiert Bayern an der Spitze. ...

Alles für unser liebes deutsches Vaterland und damit auch für unsere herrliche bayerische Heimat!

Heil dem deutschen Volk! Heil seinem Führer!

---

147 Stadtarchiv Landau, Reichstagswahl und Volksabstimmung, 12. November 1933.
148 Bayerische Staatszeitung, 15. November 1933, Nr. 264.

Trotz der Ereignisse der vergangenen vier Monate erwartete der Bischof von Speyer im November 1933 immer noch, dass Hitlers Regierung die Bestimmungen des Konkordats einhalten werde und bot zurückhaltend dem Nazistaat Loyalität an. Er und seine Kollegen waren zu dieser Haltung nahezu gezwungen angesichts der Agitation protestantischer Kreise gegen den Katholizismus, die die katholische Kirche durch das Konkordat unangemessen privilegiert sahen. Die katholische Kirche überstand die Bedrängung durch die Nazis und kümmerte sich in aller Stille um ihre geistlichen Angelegenheiten, wobei sie sich gelegentlich in den Straßen zeigte, um in katholischen Gegenden ihre rituellen Prozessionen durchzuführen. Das konnte sogar Hitler nicht verhindern. Mitte 1935 wurden alle öffentlichen Aktivitäten der katholischen Kirche unter dem Druck der Nazis eingestellt. Die katholische Kirche überlebte, und nach dem Zusammenbruch des Hitlerreiches eroberte sie sich ihre alte Stellung zurück.

Ein weiteres Plebiszit war für den 19. August 1934 angesetzt, mit dem Hitler für das Gesetz, das ihn nach dem Tode Hindenburgs zum Staatsoberhaupt machte, Zustimmung erhalten wollte. Auch hier wieder ging es Bürckel um überwältigende Zustimmung, um die Bevölkerung des Saarlandes zu beeindrucken. Diesmal ermahnte Bischof Sebastian seine Diözesanen mit den folgenden Worten:[149]

> In der gläubigen Überzeugung, daß an Gottes Segen alles gelegen ist und daß diese göttliche Hilfe vornehmlich durch vertrauensvolles Gebet erlangt werden kann, wird verordnet, daß am Samstag, den 18. August, nach dem Salve die Litanei vom Heiligen Geist gebetet werde, um unserem Volk zu der bedeutsamen Volksabstimmung am 19. August Erleuchtung und Schutz des allgütigen Gottes zu erbitten. Zu dieser Andacht sind die Gläubigen durch vermehrtes Glockengeläute einzuladen.

Des Bischofs Zurückhaltung spricht deutlich aus diesen Worten, und was er sagte, war weniger als der Pfälzer Gauleiter erwartet hatte. Nichtsdestoweniger, neunzig Prozent der Bevölkerung der Pfalz markierten „Ja“ auf den Stimmzetteln. Was hätten die Leute sonst tun sollen in dieser mehr oder weniger nebensächlichen Sache? Hitler hatte die totale Macht bereits ergriffen. Der Zug der Nazis hatte volle Geschwindigkeit erreicht; jetzt abzuspringen war tödlich. Unter diesen Umständen ist die Naivität der

149 Karl Heinz Debus, Die großen Kirchen unter dem Hakenkreuz. In: Die Pfalz unterm Hakenkreuz, Gerhard Nestler und Hannes Ziegler, Hrsg., Pfälzische Verlagsanstalt, Landau/Pfalz 1993, S. 227-272.

hochrangigen Kirchenmänner erstaunlich. Wie Gott – irgendein Gott – das deutsche Volk hätte beschützen sollen, bleibt ein Geheimnis. Nur ein kosmischer Kataklysmus hätte damals den Lauf der Geschichte zu ändern vermocht. Bis dahin musste aber noch ein Jahrzehnt vergehen.

Es ist dennoch bemerkenswert, dass das Landauer Stadtpolizeiamt dem Bürgermeister einen Bericht einreichte über eine Verletzung der freien und geheimen Wahl durch Angehörige des Reichsarbeitsdienstes. Ein Beamter, der in einem Wahllokal postiert war, hatte bemerkt, dass eine Gruppe von Arbeitsdienst-Männern von ihrem Anführer aufgefordert wurde, auf ihren Stimmzetteln „Ja“ anzukreuzen, so dass die anderen es sehen konnten. Ihnen hätte gesagt werden sollen, die Kabine einzeln zu betreten. Der Beamte sah hierin eine Verletzung der freien und geheimen Wahl, wie sie von Hitler in einem Brief vom 2. August 1934 an den Innenminister Wilhelm Frick versprochen worden war. Die von dem Polizisten geforderte Untersuchung blieb ergebnislos.

Sieben Jahrhunderte lang, trotz Reibungen und sogar Zusammenstößen zwischen Kaisern und Päpsten, hatte der Katholizismus die Rolle eines maßgebenden – wenn nicht gar des einzigen – Partners in der Politik des Reiches gespielt. Martin Luthers Reformation änderte das. Bindungen an Rom wurden zerrissen, Dogmen wurden geändert. Die Christenheit wurde zweigeteilt. Kontroversen, besonders über die Eucharistie, bilden heute noch Stolpersteine auf dem unsicheren ökumenischen Pfad. Luther griff die Römische Kirche und das Papsttum vehement an, besonders in einer Schrift[150] von 1520, der angefüllt ist mit reformatorischen und politischen Inhalten. Er schleuderte wütende Worte gegen Rom:

> Drum lasset uns aufwachen, lieben Deutschen, und Gott mehr denn die Menschen fürchten, daß wir nicht mitschuldig werden an all den armen Seelen, die so kläglich durch das schändliche teuflische Regiment der Römer verloren werden.
> Dieweil denn solches teuflische Regiment nicht allein eine öffentliche Räuberei, Trügerei und Tyrannei der höllischen Pforten ist, sondern auch die Christen an Leib und Seele verderbet, sind wir hier schuldig, allen Fleiß aufzuwenden, solchem Jammer und Zerstörung der Christenheit zu wehren.
> Christus gilt nichts zu Rom, der Papst gilt alles.
> Ach, Christe, mein Herr, dich erhebe; laß her brechen deinen jüngsten Tag und zerstöre des Teufels Nest zu Rom.

---

150 Martin Luther, An den christlichen Adel Deutscher Nation. Philipp Reclam, Stuttgart 1995. Die folgenden Zitate befinden sich auf den Seiten 27, 43, 58, 83-84.

Der Protestantismus als eine Bewegung des Protestes und Nationalismus wurde schnell und notwendigerweise zum Erzfeind der katholischen Kirche und des Reiches. Die protestantische Bewegung wäre zusammengebrochen, wäre ihr nicht der Schutz einiger Territorialfürsten zuteil geworden, was aus der sich ausweitenden Unzufriedenheit der deutschen Fürsten mit der Einmischung Roms und der deutschen Kirche in die Angelegenheiten des Reiches und mit der abstoßenden Korruption innerhalb der Kirche resultierte. Die protestantische Revolution breitete sich schnell in ganz Deutschland aus, bald auch darüber hinaus – innerhalb des Reiches zuerst im kurfürstlichen Sachsen, dann in Hessen, Württemberg, im Albertinischen Sachsen, im kurfürstlichen Brandenburg und, ein Jahr vor Luthers Tod, in der kurfürstlichen Pfalz. Allein die großen Diözesen und Teile ihrer Territorien und Bayern blieben dem katholischen Glauben treu. Die reorganisierte und revitalisierte katholische Kirche wehrte sich jedoch kräftig und eroberte sich nach dem Ende des Dreißigjährigen Krieges ihre ehemalige Stellung in Mitteldeutschland und längs des Rheines zurück. Während Bismarcks Zeit trat sie aktiv in die Politik ein und übte ihren Einfluss mehr oder weniger erfolgreich aus durch die Zentrumspartei – nach 1920 und bis 1933 durch das Zentrum und die BVP. Katholische politische Aktivitäten wurden von den protestantischen Kirchen fast immer mit Misstrauen beobachtet, die in ihnen illegale und unerwünschte Einmischung in deutsche Angelegenheiten von Seiten des Vatikans sahen. Diese Haltung wurde nach der Unterzeichnung des Konkordats im Jahre 1933 offenbar bedrohlich.

Der europäische Humanismus hatte viele Köpfe für längst überfällige Reformen innerhalb der Kirche vorbereitet. Martin Luther setzte sie in Bewegung. Unter politisch anderen Bedingungen begannen die Schweizer einige Jahre später ihre eigenen Reformen. Zwischen den großen Reformbewegungen, dem Luthertum und dem Calvinismus, fanden kleinere ihre Plätze und begannen, ihren Einfluss im religiösen und kulturellen Leben auszuüben. Der Pietismus zum Beispiel entwickelte vom siebzehnten Jahrhundert an – obwohl anfänglich gegen den Widerstand einiger protestantischer Fürsten und Städte – einen beachtlichen Einfluss in Brandenburg-Preußen und anderen Gebieten. Luthers Lehre, mit Hilfe des gedruckten Wortes verbreitet, lud zu Interpretationen ein, die trotz der eifrigen Bemühungen des „Wittenberger Papstes“, sie unter Kontrolle zu halten, letzten Endes zu Chaos geführt hätten, wenn nicht bedeutende Territorialfürsten – lutherische sowohl als auch calvinistische – die Sache in ihre eigenen Hände genommen hätten. Sie organisierten die neuen Glaubensbekenntnisse als Landeskirchen und bestanden auf Einheitlichkeit der Dogmen und der Form des Gottesdienstes. In dieser Entwicklung wurde der Fürst zum summus episcopus als Nachfolger des katholischen Bischofs. Der Staat regierte jetzt die Kirche, und die Kirche unterstützte den Staat ideologisch.

Die geographische Verteilung der protestantischen und katholischen Glaubensbekenntnisse im Reich war nicht statisch. Während des Dreißigjährigen Krieges kam Besorgnis oder Freude auf, je nachdem welche der verschiedenen Armeen, die durchs Land zogen, eine Schlacht gewann oder verlor. Die Lage beruhigte sich einigermaßen, als Klemens Fürst von Metternich sein System des Kräftegleichgewichts einführte, das die politische Landschaft in Mitteleuropa und Deutschland drastisch veränderte. (Die Situation veränderte sich wiederum drastisch nach 1945 infolge der Vertreibungen und Aussiedlungen Deutscher aus ehemals deutschen Gebieten.) Religiöse Ideen der Philosophen der Aufklärung und der Drang der Protestanten, dem Katholizismus eine geschlossene Front entgegen zu setzen, führten zur Bildung protestantischer Unionen und gegen Ende des neunzehnten Jahrhunderts in verschiedenen Ländern zu Evangelischen Kirchen. Diese waren jedoch weder in Glaubensbekenntnissen noch in Dogmen einheitlich und hatten keine Machtbefugnisse in Angelegenheiten des Glaubens und der Gottesdienste wie sie von den Landeskirchen praktiziert wurden. Dennoch entwickelte sich etwas wie der Deutsche Evangelische Kirchenbund.

Unter Hitlers Regime schlossen sich die Protestanten zur Deutschen Evangelischen Kirche zusammen, die ideologisch stark von den Deutschen Christen beeinflusst war, einem Konglomerat nazifizierter virulenter Antisemiten in den Lutherischen Landeskirchen, die sich in Richtung eines arischen, protestantischen Glaubensbekenntnisses bewegten, das auf der nationalsozialistischen Philosophie beruhte und von allem Jüdischen „gereinigt“ war. Dies war eine unglaubliche Bestrebung, wenn man bedenkt, was Karl Jaspers später zu diesem Thema sagte:[151]

151 Karl Jaspers, Die Atombombe und die Zukunft des Menschen, R. Piper & Co. Verlag, München 1958, S. 181.

Die Juden … gehören auf eine einzige Weise zum Abendland. Einst haben die Juden durch die biblische Religion dem Abendland die Tiefen aufgeschlossen, aus denen für uns noch in allem Unheil das Leben möglich, durch die Gottesgewißheit die Menschenwürde unantastbar wurde. Aus Jesus spricht der Jude in seiner überwältigenden Leidenskraft und Liebe, in seiner alle Bande zerreißenden Unbedingtheit, in seiner Gottesgewißheit noch am Kreuze. ... Durch das Alte und das Neue Testament (das fast ganz von Juden stammt) haben sie das Christentum in die Welt gebracht. Damit haben sie neben den Griechen und Römern den Boden des Abendlandes, aber den festesten und tiefsten Boden gelegt, der alles trägt.

Die Reichsregierung bestand auf einem Gesetz, das die Angelegenheiten der Protestanten regeln sollte.

Die Reichsregierung hat das folgende Gesetz beschlossen, das hiermit verkündet wird:
Artikel 1. Der Deutschen Evangelischen Kirche [DEK] ist am 11. Juli 1933 eine Verfassung gegeben, die nebst der Einführungsverordnung von Reiches wegen anerkannt … wird. ...
Artikel 5 (1). Die in der DEK zusammengeschlossenen Landeskirchen führen am 23. Juli 1933 Neuwahlen für diejenigen kirchlichen Organe durch, die nach geltendem Landeskirchenrecht durch unmittelbare Wahl der kirchlichen Gemeindeglieder gebildet werden. ...

Dieses Gesetz über die Verfassung der Deutschen Evangelischen Kirche wurde am14. Juli 1933[152] von Hitler und Frick unterzeichnet. Die Verfassung war dem Gesetz beigefügt. Sie begann mit der folgenden Einleitung:

In der Stunde, da Gott unser deutsches Volk eine große geschichtliche Wende erleben läßt, verbinden sich die deutschen evangelischen Kirchen in Fortführung und Vollendung der durch den Deutschen Evangelischen Kirchenbund eingeleiteten Einigung zu einer einigen *Deutschen Evangelischen Kirche.*
Sie vereinigt die aus der Reformation erwachsenen gleichberechtigt nebeneinander stehenden Bekenntnisse … und bezeugt dadurch: „Ein Leib und ein Geist, ein Herr, ein Glaube, eine Taufe, ein Gott und Vater unser aller, der da ist über allen und durch alle und in allen.“
Abschnitt 1, Artikel 1.
Die unantastbare Grundlage der Deutschen Evangelischen Kirche ist das Evangelium von Jesus Christus, wie es uns in der Heiligen Schrift bezeugt und in den Bekenntnissen der Reformation neu ans Licht getreten ist. ...

152 Reichsgesetzblatt I, Nr. 80, 15. Juli 1933, S. 471-475.

Das Dokument war von Vertretern der deutschen Landeskirchen unterschrieben. Für die Pfalz unterzeichnete Dr. Friedrich Jakob Kessler.

Obwohl die Verfassung der DEK Bezug nahm auf Jesus Christus und die Heilige Schrift, bewegte sich ihre Führung auf ein Heidentum zu, in dem der Führer Adolf Hitler die Offenbarung eines neuen deutschen Glaubens war. In Hitlers Weltanschauung war das Christentum eine für die deutsche Rasse fremde Sache, unangemessen wegen seines Grundsatzes von gegenseitiger Liebe und Verständnis. Die Träume der Deutschen Christen wurden nicht Wirklichkeit. Der Grund dafür war zunehmender Widerstand gegen die Bestrebungen der DEK von Seiten mutiger Mitglieder der deutschen Protestanten, die sich im April 1934 zur Bekennenden Kirche zusammenschlossen und darauf bestanden, die einzige „legitime Evangelische Kirche in Deutschland und vor der gesamten Christenheit" zu sein. Unter den Führern der Bekennenden Kirche waren Martin Niemöller, den die Nazis sieben Jahre lang in „Schutzhaft" in den Lagern Sachsenhausen und Dachau bis zu seiner Befreiung 1945 gefangen hielten, und Dietrich Bonhoeffer, der mit seinem Leben bezahlen musste. Er wurde im Frühjahr 1945 im Konzentrationslager Flossenbürg erschossen, weil er sich angeblich an der deutschen Widerstandsbewegung und am Attentat auf Hitler am 20. Juli 1944 beteiligt hatte. Die Mehrheit der deutschen protestantischen Geistlichkeit arrangierte sich aber mit den Nazis. Im Frühjahr 1938 schworen die Pfarrer dem Führer den Treueeid. Das deutsche Volk schenkte diesen Entwicklungen wenig Beachtung. Es war beeindruckt von den Erfolgen Hitlers, der Verringerung der Zahl der Arbeitslosen und der „friedlichen" Haltung Hitlers in der internationalen Politik. In der Sicht des Volkes hatte Hitler das Ansehen und die Ehre des Vaterlandes wiederhergestellt.

Die turbulente politische und religiöse Geschichte nach dem Dreißigjährigen Krieg führte in der Pfalz zu numerisch fast gleichen Anteilen von Protestanten und Katholiken in der Bevölkerung. Das Einheitsbestreben der Protestanten brachte die Pfälzische Landeskirche hervor, die die geistlichen Bedürfnisse der überwiegend calvinistischen Mitglieder befriedigte. Seit 1930 wurde diese Kirche von Dr. Friedrich J. Kessler geleitet, einem aufrechten Mann, der ein Jahr lang die Versuche der Nazis abwehren konnte, Kontrolle über die Pfälzer Protestanten zu erringen. Die Reichskirche begann sofort mit dem Versuch, die Pfälzer Kirche aufzulösen. Am 28. Juni 1934, auf einem Kirchentreffen in Speyer, wurde Hochwürden

Kessler gezwungen, vom Amt des Präses der protestantischen Pfälzer Kirche zurückzutreten. Kessler wurde hinausgezwungen, weil er sich gegen eine nordisch-germanische protestantische Kirche ausgesprochen hatte. Pfarrer Ludwig Diehl, Mitglied des Reichskirchenvorstandes, wurde an Kesslers Stelle gesetzt. Diehl stand fest hinter der nationalsozialistischen Lehre von Rasse, Blut und Boden.

Es scheint, dass Gauleiter Bürckel es nicht nötig hatte, drakonische Maßnahmen zu ergreifen, um große Teile der Pfälzer Protestanten in die gewünschte politische Richtung zu lenken. Eine beachtliche Zahl der protestantischen Pfarrer waren NSDAP-Mitglieder, und viele Protestanten sahen die Nazi-Bewegung als Vollendung der lutherischen Reformation und als ein Mittel, den Katholizismus aus der deutschen Gesellschaft zu eliminieren. Diejenigen, die Zweifel an der Entwicklung hatten, behielten sie für sich. Das waren aber nur wenige. Der deutsche Protestantismus hatte stets zu starken, weltlichen Herrschern aufgeblickt: die Herzöge von Sachsen und Brandenburg, die Pfalzgrafen, die Könige von Preußen und dann endlich Adolf Hitler. Der deutsche Protestantismus verhielt sich sehr reserviert der Weimarer Republik gegenüber, und er hatte stets ein schwieriges Verhältnis zu Selbstsicherheit und Selbstverantwortung in Sachen des öffentlichen Lebens, trotz gelegentlicher Ausbrüche republikanischer und demokratischer Stimmungen. Das war besonders in der Pfalz der Fall während der ersten Hälfte des neunzehnten Jahrhunderts, als dort die Ideale der Französischen Revolution aufgenommen wurden und zu demokratischen und liberalen Bewegungen führten. Diese wurden jedoch nach dem Hambacher Fest am 27. Mai 1832 schnell von reaktionären Kräften unterdrückt.

Bischof Diehl war weder Demokrat noch liberal. Er war überzeugt, dass Hitlers Philosophie und die Evangelien des Neuen Testaments eng miteinander verbunden seien. Im August 1933 war Diehl die treibende Kraft hinter dem Bestreben, Hans Stempels Landauer Predigerseminar zu schließen, denn er sah in Stempel einen Gegner der Bewegung der Deutschen Christen. Am 19. Oktober 1935 verlangte Diehl eine Kanzelverlesung, in der sich die Worte finden:[153]

Gehorsam zu Volk, Reich und Führer; wir bejahen die nationalsozialistische Volkwerdung auf der Grundlage von Rasse, Blut und Boden; wir bejahen den

153 Hans L. Reichrath, Ludwig Diehl, Evangelischer Presseverlag, Speyer 1995, S. 97.

Willen zur Freiheit, nationaler Würde und sozialistischer Opferbereitschaft bis zur Lebenshingabe für die Volksgemeinschaft; wir erkennen darin die uns von Gott gegebene Wirklichkeit unseres deutschen Volkes.

In einer Ansprache an seine Pfälzer Gemeinde am Vorabend der Reichstagswahl und des Volksentscheides vom 19. August 1934 – in dem Hitler sich die Usurpation des höchsten Amtes im Reiche nach Hindenburgs Tod von seinem Volk sanktionieren ließ – machte Bischof Diehl unmissverständlich klar, wo er stand:[154]

Noch nie ist ein Volk so nach den Grundsätzen der christlichen Sittlichkeit regiert worden, wie es im Dritten Reich Adolf Hitlers geschieht. Es ist deshalb unbedingte Gewissenspflicht all derer, die es mit ihrem Volk und mit ihrem Glauben ernst nehmen, in unerschütterlicher Treue zu diesem Manne zu stehen, der in höchster Not uns als Retter von Gott gesandt worden ist. Ohne ihn wären unsere Gotteshäuser in Rauch und Flammen aufgegangen, ohne sein Kommen würden entmenschte Christenhasser uns verfolgen und knebeln. Wer wagt es als Christ, da noch teilnahmslos und gleichgültig beiseite zu stehen? Evangelisches Christenvolk der Pfalz! Sei nicht undankbar, bekenne Dich als Glied Deines Volkes mit dem Du auf Leben und Tod verbunden bist, zu unserem unvergleichlichen Führer. Für uns gibt es am Sonntag nur eins: Wir stimmen freudigen Herzens: „Ja".

Man muss hier einen Augenblick innehalten, um die Ungeheuerlichkeit der Worte des Bischofs einsinken zu lassen. Ein Jahr nach der Machtergreifung verfolgten die Nazis auf brutalste Weise Menschen, weil sie einer anderen Rasse angehörten, weil sie unerwünscht waren. Vier Jahre später brannten Gotteshäuser in der Pfalz, in der Stadt Landau, überall in Deutschland, angezündet von entmenschlichten Hassern des Judentums und aller Zivilisation. Es ist nicht zu verstehen, wie ein Mann des christlichen Gottes so reden konnte, wie es Diehl getan hat. Anders als Bischof Diehls Worte hören sich die an, die von Papst Pius XI. am Passionssonntag 1937 in seiner Enzyklika „Mit brennender Sorge" verbreitet wurden:[155]

Wer die Rasse, oder das Volk, oder den Staat, oder die Staatsform, die Träger der Staatsgewalt oder andere Grundwerte menschlicher Gemeinschaftsgestaltung … aus ihrer irdischen Wertskala *herauslöst*, sie zur höchsten Norm aller, auch religiösen Werte macht und sie mit Götzenkult vergöttert, *der verkehrt* und verfälscht die gottgeschaffene und gottbefohlene Ordnung der Dinge.

154 Vgl. 149.

155 Bonifatius Druck-Buch-Verlag, Paderborn 1987, S. 53-54.

Nur oberflächliche Geister können der Irrlehre verfallen, von einem nationalen Gott, von einer nationalen Religion zu sprechen, können den Wahnversuch unternehmen, Gott, den Schöpfer aller Welt, den König und Gesetzgeber aller Völker, vor dessen Größe die Nationen klein sind wie Tropfen am Wassereimer (Jesaja 40, 15), in die Grenzen eines einzelnen Volkes, in die blutmäßige Enge einer einzelnen Rasse einkerkern zu wollen.

Es wäre falsch zu glauben, die katholische Kirche und ihre Gläubigen seien eine Keimzelle der Opposition gegen den Nationalsozialismus gewesen. Es wäre ebenso falsch zu schließen, dass alle deutschen Protestanten fanatische Nazis gewesen seien. Die Geistlichen beider christlicher Glaubensrichtungen hatten nur geringen – jedoch keineswegs vernachlässigbaren – Einfluss auf ihre Gemeinden. Trotz der Anforderungen an das religiöse Verhalten als Voraussetzung für die Erlösung der Seele waren nur etwas mehr als die Hälfte der katholischen Bevölkerung in Deutschland praktizierende Gläubige, die die Ermahnungen ihrer Priester und Beichtväter beachteten. Die Protestanten waren noch laxer in ihrer Haltung. Nur ungefähr zwanzig Prozent waren regelmäßige Kirchgänger. Christen außerhalb der beiden großen Konfessionen können vernachlässigt werden. Ihre Zahl war klein, obwohl ihr kultureller Einfluss nicht unbedeutend war.

Bei der Mehrzahl der Protestanten und Katholiken handelte es sich um einfache Leute, deren Bildung nicht über die Volks- oder Mittelschule hinaus reichte. Sie hatten eine berufliche Ausbildung, die es ihnen ermöglichte, ihren Lebensunterhalt als Facharbeiter, als Handwerker oder als Angestellte in Fabriken, im Transportwesen, bei Post und Bahn oder in öffentlichen Verwaltungen zu verdienen. Nur ungefähr zehn Prozent der Erwachsenen hatten Abschlüsse von Oberschulen und Universitäten. Es ist aber bemerkenswert, dass der Anteil der gebildeten Deutschen unter den Nazis wesentlich höher war als der der breiten Masse.

6. EINE JÜDISCHE GEMEINDE

Jahrhundertelang litten die europäischen Juden unter einer Vielzahl von Anschuldigungen der christlichen Mehrheit, die auf aberwitzigen religiösen, sozialen, kulturellen und wirtschaftlichen Argumenten beruhten. Fast immer resultierten diese Anschuldigungen in Abtrennung und ernstlichen Beschränkungen des jüdischen beruflichen und sozialen Lebens. Von Zeit zu Zeit brachten sie Pogrome hervor.

Während der Vorbereitungen für die ersten beiden Kreuzzüge in den Jahren 1096 und 1145 stachelte der antisemitische Hass die Massen und einige Adlige zu Massakern in Frankreich und in den rheinischen Städten auf, besonders in Speyer, Worms und Mainz, den wichtigsten katholischen und wirtschaftlichen Zentren der Pfalz. Viele Christen sahen keinen Anlass, die gefährliche Reise ins Heilige Land zu unternehmen, wo es doch vor der eigenen Haustür genügend Ungläubige gab, die man ohne Anstrengung und ohne Furcht vor Vergeltung erschlagen konnte. War doch die fundamentalistische Botschaft der Heiligen Schrift unzweideutig:[156]

Wer da glaubet und getauft wird, der wird selig werden;
Wer aber nicht glaubet, der wird verdammt werden.

Das Diktum des auferstandenen Christus über ewige Verdammnis – so schrecklich es ist – ist eine Sache. Es zu einem Freibrief zum Totschlagen unschuldiger Menschen zu machen, ist etwas ganz anderes. Diese feinere Unterscheidung zählte damals nicht und wird vielleicht nie zählen. Selbstgerechtigkeit in einer Gesellschaft, die von kohärenten Glaubenssätzen zusammengehalten wird, bedeutet leicht Verurteilung derer, die nach anderen Wertesystemen leben. Beschuldigungen wie die, Ritualmorde begangen zu haben oder Christen parasitisch auszunutzen, machten das Leben der jüdischen Gemeinden in Europa für lange Zeit unsicher. Aus England wurden die Juden 1290 ausgewiesen, und Frankreich folgte 1306. Wer lebend davonkam, ging nach Deutschland, in der vagen Hoffnung, dort Frieden zu finden. Aber tödliche Gewaltausbrüche wiederholten sich in den Jahren 1343 und 1349 auf dem Höhepunkt der Pest, als die Juden beschuldigt

156 Markus 16.16. (Martin Luthers Übersetzung).

wurden, Brunnen vergiftet zu haben. Diese Untaten gegen die Juden wurden trotz der Sicherheitszusagen der Kirche und der Kaiser begangen.

Die dokumentierte Geschichte der Juden in der Stadt Landau in der Pfalz[157] geht zurück auf das Jahr 1273, in dem Papst Gregor X. die deutschen Kurfürsten dahin brachte, die „kaiserlose, die schreckliche Zeit" zu beenden und sich auf einen deutschen König zu einigen. Ihre Wahl fiel auf Rudolf von Habsburg, der in seinem Todesjahr 1291 – er starb in Speyer – Landau zu einer kaiserlichen Stadt erhob. Er gewährte der Stadt das Recht, zusätzliches Einkommen aus der Besteuerung seiner jüdischen Einwohner zu ziehen. Ein königlicher Schutzbrief war praktisch bedeutungslos. Aber wahrscheinlich waren die Juden die einzigen, die Bargeld besaßen, wie wenig auch immer, in einer Zeit, in der Zahlungen und Steuern in Sachleistungen beglichen wurden. Um 1280 zum Beispiel lieferte Landau an die königliche Verwaltung Getreide, Geflügel, Salz und Pfeffer, Waren, die wahrscheinlich von jüdischen Geschäftsleuten beschafft wurden.

Als die Pest nach Landau kam, wurden die Juden hinausgeworfen. Die Beschuldigung war: Vergiftung der Brunnen. Sie mussten auf alle Ansprüche auf Rückzahlung von Landauer Schuldnern verzichten. Die Mehrzahl der ausgewiesenen Landauer Juden ging wahrscheinlich nach Speyer, wo sie bald in der Judenschlacht umkamen. Landau war zu der Zeit als Pfand an den Bischof von Speyer gefallen. Im Jahre 1390 wurden Juden wieder in Landau zugelassen, wo sie – wie überall sonst – ihr Leben unter unwürdigen Bedingungen als Außenseiter verbrachten. Ausweisungen von Juden gab es wieder am Ende des fünfzehnten und am Beginn des sechszehnten Jahrhunderts.

Am 19. April 1511 kehrte Landau aus geistlicher in kaiserliche Herrschaft zurück. Für das Privileg, wieder frei zu sein, war an den Bischof von Speyer eine Ablösesumme von 15 000 Gulden zu entrichten. Natürlich war Landau nicht in der Lage, diese immense Summe aufzubringen. Auf einer Sitzung am 1. April 1517 beschloss der Rat der Stadt, zehn jüdische Familien für die Dauer von zehn Jahren aufzunehmen unter der Bedingung, dass jede Familie jährlich 300 Gulden bezahle,[158] entweder als

157 Städtebuch Rheinland-Pfalz und Saarland, W. Kohlhammer Verlag, Stuttgart 1964, S. 235-236.

158 Stadtarchiv Landau B I 4a, S. 203.

Einmalzahlung oder auf Raten über das gesamte Jahr verteilt. Offensichtlich brachte diese Methode das Doppelte des Betrages ein, der an den Bischof von Speyer zu zahlen war. Es ist unklar, woher die aufgenommenen Juden kamen, aber am 30. März 1517 wies der Bischof von Speyer alle Juden aus seiner Stadt aus.

Trotz wiederholter Versuche, die Juden loszuwerden, existierte in Landau seit jener Zeit bis 1940 eine jüdische Gemeinde, jedoch nicht ohne die üblichen Belästigungen und mehr oder weniger offenen antisemitischen Anfeindungen. Diese wurden im Laufe der Zeit weniger, besonders im Zeitalter des Liberalismus, der Emanzipation und Assimilation. In manchen Gegenden kam es sogar zu einer für beide Seiten einträglichen Koexistenz. In den späten 1920er Jahren kehrten die alten Feindseligkeiten mit schrecklichen Konsequenzen zurück.

Die Ideen der Humanisten, ihre Wertschätzung des Lebens des Menschen auf Erden, seiner Handlungen und seiner moralischen Werte, hätten der jüdischen Bevölkerung zugutekommen können. Johann Reuchlin verhinderte auf Grund seines Einflusses und seines Rufs trotz vehementer Opposition von Seiten der Dominikaner die Vernichtung jüdischer Bücher und führte das Studium der hebräischen Sprache und Literatur als wissenschaftliche Fächer ein. Es gab noch andere, die bereit waren, die antisemitischen Vorurteile abzulegen. Die Reformation war dieser Entwicklung nicht günstig. Martin Luther und die meisten seiner Anhänger, unter ihnen Martin Bucer, der die Reformation in die Pfalz brachte, hatten keine Zweifel an der Einzigartigkeit ihrer Version des Christentums als die wahre Religion, gegründet auf dem Glauben an Christus, den Offenbarer Gottes, den die Juden abgelehnt hatten und in ihrer Halsstarrigkeit immer noch ablehnten. Luthers vulgäres Traktat[159] gegen die Juden erschien 1543. In einer mehrheitlich illiteraten Gesellschaft hatte es keine Breitenwirkung. Im Laufe der Zeit jedoch wurde es zu einer wesentlichen Referenz für antisemitische Gedanken innerhalb protestantischer Kreise. Einige protestantische Kirchenmänner, unter ihnen der Pfälzer Bischof Diehl, fanden Luthers Ansichten sehr angemessen und sahen in ihnen eine Rechtfertigung der hitlerschen antisemitischen Haltung.

159 Martin Luther, Von den Juden und ihren Lügen. Landesverein für Innere Mission, Georg Buchwald, Hrsg., Dresden 1931.

Der Dreißigjährige Krieg und die Kriege des Französischen Jahrhunderts verwüsteten die ehemals blühende Pfalz. Ihre Einwohnerzahl wurde durch Hungersnot und Pest und infolge von Mord und Totschlag durch Soldaten der durchziehenden Armeen stark reduziert. Im Sommer 1673 kamen das Elsass und die elsässischen Städte, Landau unter ihnen, und die nichtkurischen Gebiete der Pfalz unter französische Jurisdiktion. Mit einem gewagten außenpolitischen Schachzug, der von Beratern König Ludwigs XIV. euphemistisch als „Wiedervereinigung“ bezeichnet wurde, annektierte Frankreich diese Gebiete, und sie blieben französisch bis zum endgültigen Fall Napoleons im Jahre 1815. Einige Jahre nach der Annexion der linksrheinischen deutschen Regionen begann Sébastien de Vauban den Bau einer Reihe von mächtigen Festungen entlang der Ostflanke Frankreichs. Die Festung Landau, fertiggestellt 1686 nach nur sechs Jahren intensiver Bautätigkeit, war Vaubans Meisterwerk. Die ehemaligen Befestigungen bestimmen immer noch den Charakter der alten Stadt. Am 1. Mai 1816 wurde die Pfalz eine Provinz des Königreichs Bayern, und sie blieb bayerisch bis zum Ende des Dritten Reiches.

Zu Ende des siebzehnten Jahrhunderts existierte in Landau eine gewachsene jüdische Gemeinde.[160] Sie hatte zunächst einen Schulmeister, später zwei. Am 14. Januar 1698 erklärte Landaus Stadtrat den beiden jüdischen Lehrern, sie müssten die Stadt auf Anordnung des französischen *préfet* innerhalb zweier Wochen verlassen, da sie kein gültiges *brevet* (Lehrerlaubnis) vorlegen konnten. Der Präfekt hatte seinen Amtssitz in Hagenau. Die Dokumente erwähnen im Jahre 1727 wieder einen jüdischen Lehrer, und 1751 waren in Landau wieder zwei Lehrer registriert. Geistliche Aufsicht wurde vom regionalen Rabbiner in Hagenau ausgeübt, obwohl es Ende des siebzehnten Jahrhunderts in Landau eine Synagoge gab.

Während der ersten Hälfte des achtzehnten Jahrhunderts wurde in Landau eine neue Synagoge gebaut, und 1742 werden zwei *chanteurs à la synagogue* (Kantoren) erwähnt. Zu jener Zeit gab es *préposés des Juifs*, die für die jüdischen Angelegenheiten in der Stadt zuständig waren. Sie wurden vom Stadtrat ernannt und stellten die Verbindung zwischen der Stadt und ihrer jüdischen Gemeinde dar. Im Jahre 1752 zählte Landau

160 Hans Heß, Die Landauer Judengemeinde. Verlag Pfälzer Kunst Dr. Hans Blinn, Landau 1983. Dieses Buch ist in der folgenden Dokumentation mehrfach benutzt worden.

3 481 Einwohner. Von diesen waren 117 Juden und davon 22 Männer, 27 Frauen, 35 Jungen und 33 Mädchen. Damals lockerte die Stadt Landau ihre Haltung jüdischer Einwanderung gegenüber. Als Folge wuchs die jüdische Bevölkerung; sie verdoppelte sich in weniger als zwanzig Jahren. 1764 lebten in Landau dreizehn jüdische Familien, 1770 waren es bereits einundzwanzig. Sie wohnten in der Stadtmitte, entlang zweier Judengassen, nicht weit vom Marktplatz. Die wachsende Größe der jüdischen Gemeinde und ihre wirtschaftliche Bedeutung veranlassten den Stadtrat am 5. Juli 1784, den Juden zu erlauben, ein *cabaret pour les étrangers de cette nation* zu eröffnen, mit anderen Worten ein Gasthaus für jüdische Besucher.

Die Französische Revolution führte zu fundamentalen Veränderungen in der gesellschaftlichen Struktur Frankreichs. Sie hatte soziale und wirtschaftliche Ursachen und war Teil einer Phase großer westlicher Revolutionsbewegungen, die ihren Anfang in der Declaration of Independence of the United States of America nahmen. Die französische Déclaration des droits de l'homme et du citoyen, von der Assemblée constituante am 26. August 1789 veröffentlicht, wurde zur Grundlage des Strebens der Aufklärung nach einer freien Gesellschaft. Die neuen französischen Gesetze galten in allen französischen Gebieten gleichermaßen. Sie brachten die Aufhebung aller Beschränkungen, denen Juden zuvor unterlagen. In der Festung Landau wurden alle Sondersteuern und Abgaben abgeschafft. Ein Dekret vom 27. September 1791 gab den Juden volle Bürgerrechte und befreite sie von allen wirtschaftlichen und beruflichen Einschränkungen. Dieses liberale Klima war jedoch nicht von Dauer. Eine Reihe Napoleonischer Dekrete enthielten Einschränkungen der jüdischen Lebensmöglichkeiten. Am 28. Juni 1808 wurde allen erwachsenen Landauer Juden befohlen, vor dem Stadtrat zu erscheinen, um Auskunft über ihre Geschäftstätigkeiten zu geben. Einunddreißig kamen, meistens Lumpen- und Altwarenhändler. Die Liste der Namen enthält keinen Lehrer und keinen Rabbiner. Diese waren wohl nicht als Geschäftsleute eingestuft. Um ein Geschäft zu führen, war ein *patente* erforderlich, das vom Stadtrat nach Vorlage eines Moralitätszeugnisses des Antragstellers vergeben wurde. Diese Bescheinigung wurde vom Synagogenvorsteher ausgestellt. Einen Monat später wurde allen Juden in den besetzten Gebieten, die keinen bestimmten Familien- oder Vornamen hatten, befohlen, solche innerhalb von drei Monaten anzunehmen und sie den Meldeämtern mitzuteilen. Die Landauer Juden befolgten diese Anordnung.

Der Wechsel zu bayerischer Souveränität betraf die Juden der Pfalz kaum. Die französischen revolutionären und Napoleonischen Gesetze blieben in Kraft. Später jedoch brachte das bayerische Gesetz vom 10. Juli 1813, das die gesetzliche Grundlage für die jüdischen Gemeinden in Bayern legte, erhebliche Verbesserungen. Es gab der religiösen jüdischen Gemeinde einen legalen Status relativ zur katholischen Kirche und gewährte Religions- und Gewissensfreiheit und die freie Ausübung des jüdischen Kultus. Gleichzeitig eröffnete das Gesetz den Weg zu nahezu voller Gleichberechtigung der jüdischen Minderheit in bürgerlichen Angelegenheiten und brachte eine Liberalisierung der Berufschancen, obwohl die Vorlage eines Moralitätszeugnisses weiterhin nötig war, um ein Geschäft zu führen. Das bayerische Edikt wurde 1816 in der Pfalz Gesetz.

Der allgemeine Prozess jüdischer Emanzipation, der während der Mitte des achtzehnten Jahrhunderts durch Philosophen und Schriftsteller der deutschen Aufklärung wie zum Beispiel Immanuel Kant, Moses Mendelssohn und Gotthold Ephraim Lessing in Gang gesetzt worden war, gewann an Kraft durch die Revolution von 1848 und die Bereitschaft eines beachtlichen Teils der jüdischen Bevölkerung, sich als Deutsche zu betrachten und doch an der religiösen Tradition festzuhalten. Für viele Juden wurde Integration zu einem wünschenswerten Ziel. In Landau zum Beispiel ermutigte Rabbiner Dr. Elias Grünebaum erwachsene Mitglieder der jüdischen Gemeinde, der Stadtmiliz beizutreten, die während der revolutionären Bewegung gegründet worden war, um ihre bürgerlichen Rechte wahrzunehmen. Im April 1849 hatte die Bürgerwehr 393 Mitglieder, von denen mindestens sechsundzwanzig jüdisch waren.

Solche Bestrebungen wurden von der Reichsverfassung vom 27. März 1849 unterstützt, obgleich sie nie in Kraft trat. König Friedrich Wilhelm IV. von Preußen bestand auf Gottesgnadentum und verweigerte die Annahme der kaiserlichen Krone, die ihm von der Nationalversammlung der Paulskirche in Frankfurt angeboten wurde. Am 29. Juni 1851 verabschiedeten beide Kammern des bayerischen Parlaments ein Gesetz, das alle früheren Beschränkungen jüdischer Aktivitäten abschaffte, mit Ausnahme des passiven Wahlrechts. Diese Beschränkung wurde jedoch 1869 aufgehoben. In eben diesem Jahr wurde Simon Levi, der 1848 nach Landau gekommen war, in das bayerische Unterhaus gewählt als Mitglied der Fortschrittspartei, um die Pfalz zu vertreten. Simon Levi[161] war ein aktives Mitglied der Geschäftswelt, Vorsitzender des Fabrik- und Handelsrates für das Bezirksamt Landau, eines von dreizehn derartigen Gremien in der Pfalz. Sieben Jahre später wurde er in den Verwaltungsrat der Pfälzischen Eisenbahnen gewählt, die er sehr unterstützte, um Handel und Industrie zu stimulieren. Levi war Nationalist, unterstützte die kleindeutsche Lösung des Preußisch-Österreichischen Konflikts und forderte 1870 Bayern auf, an der Seite Preußens in den Krieg gegen Frankreich einzutreten. Bis 1860 war er Vorsitzender der israelitischen Kultusgemeinde Landau.[162]

Die volle Emanzipation der Juden in Deutschland kam erst am 22. April 1871.[163] Dennoch wurden Juden vielfach weiter als Außenseiter angesehen. Schlimmer noch, vom Sieg über Frankreich angestachelt, begannen deutsche Nationalisten eine Kampagne der Diskriminierung gegen Juden. Letzten Endes jedoch blieben diese politisch organisierten Angriffe meistens ohne Erfolg.

Die folgende Tabelle gibt eine Bevölkerungsstatistik Landaus für die Jahre 1864 bis 1940 wieder.[164]

Jahr	Bevölkerung	Juden	Prozent
1864	6 217	377	6.06
1875	6 531	351	5.37
1880	7 244	433	5.98
1895	10 255	658	6.42
1900	12 256	821	6.70
1905	13 065	793	6.07
1910	13 616	763	5.60
1925	14 486	709	4.89
1933	17 123	596	3.48
1937	~ 21 000	385	~ 1.83
1938	~ 22 000	294	~ 1.34
1939	22 428	78	0.35
1940	~ 22 000	~ 50-60	~ 0.23-0.27

161 Elke Back-Schück, Simon Levi (1817-1900). In: Jüdische Lebensgeschichten aus der Pfalz, Evangelischer Presseverlag Pfalz (Hrsg.), Speyer 1995, S. 135-148.

162 Elke Seiter, Simon Levi (1817-1900). Diplomarbeit, Universität Mainz, Lehrstuhl für Neuere Geschichte, April 1994.

163 Reichsgesetzblatt Nr. 17 (Nr. 632), 22. April 1871, S. 87-90.

164 Landau 1990. Landau 2000. Michael Martin, Hrsg. K. F. Geißler, Edenkoben 2001, S. 190, und Landau in der Pfalz im Spiegel seiner Zahlen, R. Müller, Hrsg. Stadtarchiv Landau, Juni 1982, Bd. I, S. 024 und S. 035.

Lange Zeit gab es in Landau drei Elementarschulen, eine für protestantische Kinder, eine für katholische und eine für jüdische. Am 6. April 1869 entschied die hohe königliche bayerische Regierung, es den einzelnen Schuldistrikten zu überlassen, ihre Angelegenheiten selbst zu regeln. Einige Tage später erbaten ungefähr die Hälfte der Landauer eine Volksabstimmung über die Zukunft ihrer Schulen.[165]

Am 27. April jüngst stellten 539 der im Schulsprengel Landau wohnenden volljährigen und selbständigen Männer – die Gesamtzahl dieser beträgt 1 157 – den Antrag auf Neuordnung der hiesigen Confessionsschulen in confessionell gemischte Schulen. ... Das Ergebnis der Abstimmung ist folgendes:

Confession	Zahl der Stimmberechtigten	Zahl der Abstimmenden	Für die Verordnung	Gegen die Verordnung
Protest.	558	503	502	1
Kathol.	539	428	424	4
Israelit.	60	57	57	–
Summa	1 157	988	983	5

Das Ergebnis war offensichtlich überwältigend zustimmend. Am 11. September 1869 wurde das neue Schulsystem genehmigt. Koedukation jedoch wurde als unangebracht angesehen. Die Schulbehörde richtete also eine Schule für Jungen und eine für Mädchen ein. In den verschiedenen Altersklassen gab es einundzwanzig jüdische Jungen und sechzehn jüdische Mädchen. Moses Weil, Schulmeister an der ehemals jüdischen Schule, wurde an die neue Schule für Jungen versetzt und unterrichtete dort die vierte Klasse. Religionsunterricht an beiden Schulen wurde getrennt durchgeführt von Vertretern der drei Konfessionen. Das Schulsystem von 1869 wurde beibehalten bis die Nazis 1936 die jüdischen Kinder von ihren arischen Mitschülern trennten.

Gegen Mitte des neunzehnten Jahrhunderts veranlassten die industrielle Revolution und das dadurch herbeigeführte Wachstum viele Menschen, die relativ armen Landbezirke zu verlassen, um in den Städten bessere Chancen zu suchen. Unter diesen waren zahlreiche Juden. Traditionelle

165 Stadtarchiv Landau A I 14b, T III. Königliches Bezirksamt. Die Neuordnung der confessionellen Schulen in Landau, 25. Mai 1869.

jüdische Trödler und Viehhändler handelten nun mit Wein, Holz und Kohle. Später gingen einige in das Kaufhausgeschäft.

Ende des Jahres 1841 brachte diese Landflucht Zacharias Frank nach Landau. Er hatte die Lizenz erhalten, ein Metallwarengeschäft zu eröffnen. Es scheint, dass er in Verzug geraten war, sein Bürgereinzugsgeld zu bezahlen, denn am 18. Juli 1851 erhielt er eine Mahnung.[166] Im Jahre 1870 erwarb Zacharias Frank ein stattliches Gebäude an der Kaufhausgasse 9, das heute als Frank-Loebsches Haus bekannt ist. Das mitten in der Stadt gelegene, dreistöckige Fachwerkgebäude stammt aus dem siebzehnten Jahrhundert. Es ist um einen großartigen Innenhof gebaut, auf den sich entlang der oberen beiden Stockwerke Galerien öffnen. Der Turm in einer Ecke des Innenhofes mit seiner Wendeltreppe ist ein typischer Renaissancebau. Zacharias Frank war ein Urgroßvater der Anne[liese] Maria Frank, die von den Nazis im Frühjahr 1945 im Alter von sechzehn Jahren ermordet wurde, kurz vor dem Ende der Hitlertyrannei. Das bekannte Tagebuch des Mädchens für die Jahre 1942 bis 1944 ist ein bewegendes Zeugnis für die Schreckenstaten, die von den Nazis in den Niederlanden verübt wurden.

Der zweite Name in der Benennung des Gebäudes Kaufhausgasse 9 ist der von Olga Loeb. Sie war eine hochkultivierte jüdische Dame, deren Mutter eine Tochter des Zacharias Frank war. Olga Loeb erbte das Haus 1927. Im Jahre 1939 emigrierte sie nach Luxemburg und überlebte die Hitlerzeit. Die Stadt Landau erwarb es 1959, renovierte es und machte es zu einem Konferenzzentrum und einer Erinnerungsstätte der jüdischen Geschichte Landaus. Die offizielle Eröffnung fand in der Woche des 4. Mai 1987 unter großer Beteiligung der Landauer Bevölkerung statt, obwohl manche Bürger Verständnislosigkeit zum Ausdruck brachten, dass so viel Geld (drei Millionen Mark) ausgegeben wurde, anstatt wichtigere Projekte zu finanzieren. Die Stadt lud ehemalige jüdische Bürger zu einer „Woche der Begegnung“ ein. Die Ausgaben kamen durch Spenden zusammen. Einhundertsieben jüdische Gäste kamen, zum Teil mit Begleitpersonen. Unter ihnen waren Landaus letzter Rabbiner, Dr. Kurt Metzger, und seine Frau Lore, geborene Scharff. Alle Besucher hatten Landau irgendwann zwischen 1933 und 1939 verlassen unter den zunehmend brutaleren antisemitischen Maßnahmen der Nazis. *Die Rheinpfalz* – eine Pfälzer Tageszeitung, die nach dem Zweiten Weltkrieg gegründet worden

166 Stadtarchiv Landau B II/22, Stadtrat, Protokolle 1848-1852, S. 442.

war – veröffentlichte täglich Berichte über die Ereignisse der Woche.[167] Dr. Metzger brachte seine Freude darüber zum Ausdruck, dass so viele der Einladung der Stadt gefolgt seien. Er sagte, er hoffe, dass viele Vorurteile gegenüber dem neuen demokratischen Deutschland abgebaut werden könnten. Das Haus solle als Stätte der Andacht für alle, dem Erinnern und Verstehen, dem Beten und Danken, dem Kennenlernen und als Treffpunkt für Menschen aller Religionen dienen. Zur Einweihung des Hauses, damit es ein geistiges Zentrum werde, stiftete Metzger eine Thora-Rolle, die sich in einem Thora-Schrein im Synagogenraum des Hauses befindet. Metzgers Frau sagte, sie ließen die Thora als kostbares Gut bei den Gastgebern zurück im Glauben an die in ihr verzeichnete Aufforderung, den Nächsten wie sich selbst zu lieben. „Gepriesen seist Du, ewiger Gott, Herrscher der Welt, der Du uns erlaubt hast, diese Stunde zu erleben." Obwohl die Mehrzahl der Besucher wahrscheinlich mit schwerem Herzen gekommen waren, scheint es, dass sie ihr Kommen nicht bereut haben.

Im frühen zwanzigsten Jahrhundert waren die meisten Landauer Juden Kaufleute, einige von ihnen im Weinhandel, den sie mit ihrem großen Umsatz dominierten. Sie hatten das Weinhandelsgeschäft während der Gründerjahre 1880 bis 1890 intensiviert.[168] Einer von ihnen war David Weil, der, als Bayerischer Hoflieferant, den Willkommenstrunk auf der Madenburg servierte, als Kronprinz Ludwig von Bayern die Ruine der mittelalterlichen Bergfeste nahe Landau am 30. Mai 1911 besuchte.[169] Diese Unternehmer betrieben ihre Weingeschäfte von Grundstücken aus, die hinter stattlichen Villen längs der westlichen und nördlichen Ringstraßen lagen. Die Ringstraßen waren entlang der Peripherie der Vaubanschen Wallanlagen gebaut worden, nachdem man diese in den 1870er Jahren planiert hatte, um der wachsenden Stadt Raum zu verschaffen. Im Jahre 1890 ließen die großen Landauer Weinhändler eine Eisenbahnlinie zu ihren Lagerhallen bauen, die Anschluss an die Landauer Hauptstrecke gewährte, um ihre enormen Mengen an Most und neuem Wein zu verschicken, die von den regionalen Produzenten angeliefert wurden. Diese Mo-

167 *Die Rheinpfalz*, 4.-9. Mai 1987.

168 Günther List, Juden im Landauer Weinhandel. In: Juden in der Provinz, Beiträge zur Geschichte der Juden in der Pfalz zwischen Emanzipation und Vernichtung, Alfred Kuby, Hrsg., Verlag Pfälzische Post, Neustadt a. d. Weinstraße 1988.

169 Walter Appel, Ruine Madenburg, Verlag für Burgenkunde und Pfalzforschung Rolf Übel, Landau 1998, S. 80.

dernisierungsmaßnahme schaffte neue Arbeitsplätze und bot den örtlichen Winzern die Möglichkeit für Wachstum.

In der zweiten Hälfte des neunzehnten Jahrhunderts zeigte sich, dass die alte Landauer Synagoge, erbaut im Jahre 1684, für die angewachsene jüdische Gemeinde nicht mehr ausreichte. Rabbiner Elias Grünebaum setzte es sich zur Aufgabe, eine neue, geräumigere Synagoge zu bauen. Er kam aus der Gegend von Kaiserslautern. Von 1823 bis 1826 studierte er den Talmud in Mainz und Mannheim, und während der beiden Semester 1831 bis 1832 studierte er Philosophie und Arabisch an der Universität Bonn. Grünebaum erhielt den Doktor der Philosophie von der Universität München, wo er seine philosophischen Studien unter Friedrich W. J. Schelling, einem der führenden Philosophen des deutschen Idealismus, vollendete. Grünebaum legte die Rabbinerprüfung 1834 ab und übernahm 1836 die Stelle des Rabbiners in Landau. In dieser Position blieb er siebenundfünfzig Jahre bis zu seinem Tode im Jahre 1893. Er starb im Alter von sechsundachtzig Jahren. Er war der erste akademisch gebildete Rabbiner in Deutschland. 1851 nahm Landau ihn nach Zahlung des Bürgereinzugsgeldes von einhundert Gulden als Bürger auf. Die Gebühr wurde seiner großen Familie wegen reduziert. Der Rabbiner hatte zwölf Kinder. Dr. Grünebaum war ein Repräsentant der Neuen Glaubensbewegung, die außerhalb der jüdischen Orthodoxie stand. Er nahm außerordentlichen Anteil an den Angelegenheiten seiner Gemeinde. Es gelang ihm, einen jüdischen Friedhof einzurichten, gleich neben dem christlichen. Bis dahin gab es nur den jüdischen Friedhof in Esslingen, östlich von Landau. Grünebaum war nicht nur ein aktiver Bürger, sondern auch ein bedeutender Autor über Ethik und über die historischen Erfahrungen der Juden in der Pfalz sowie über deutsch-jüdische Beziehungen.

Am 15. Dezember 1879 einigten sich Landaus jüdische Gemeinde unter Grünebaums Führung und das Landauer Bürgermeisteramt auf das Projekt eines Synagogenneubaus.[170] Die Stadt stellte ein Grundstück von 2 500 Quadratmetern an der nordwestlichen Ecke eines Bauplatzes am südlichen Rande der Stadt zur Verfügung, wo Platz entstanden war, nachdem die Wälle dort geschleift worden waren. Am 4. August 1884 hatte der *Anzeiger für den Landgerichts-Bezirk Landau* dazu Folgendes zu bemerken:

170 Vgl. 160, S. 46.

Unserer Zeit wird nicht selten der Vorwurf gemacht, daß sie auf Kosten der idealen höheren Bestrebungen allzusehr die Verfolgung materieller Ziele begünstige. Im Allgemeinen läßt sich die Berechtigung dieses Vorwurfs nicht bestreiten. Um so wohthuender wirken einzelne Erscheinungen, welche erkennen lassen, daß der Sinn für Höheres unserer Generation doch keineswegs abhanden gekommen ist, daß dieselbe es vielmehr versteht, auch ein rein ideales Ziel mit derselben rücksichtslosen Energie zu verfolgen, welche sie behufs Erlangung materieller Güter in des Daseins hartem Kampfe einzusetzen pflegt. Ein schönes Beispiel hierfür bietet der Tempelbau der israelitischen Kultusgemeinde unserer Stadt, welcher, wie wir hören noch in diesem Monat seiner Vollendung und feierlichen Einweihung entgegensieht. Es ist ein herrliches Bauwerk, das sich am südlichen Ende der Stadt erhebt, wohl für lange Zeiten deren schönste architektonische Zierde, ein schönes Denkmal für das künstlerische Können des Baumeisters – ein Denkmal aber auch für das opferbereite Wollen der israel. Kultusgemeinde Landau. Dem prachtvollen Äußeren des Gebäudes entspricht dessen innere Ausschmückung. Überall begegnen wir der edelsten Formensprache in Stein und Holz, dem feinsten Farbensinne, bei den gemalten Glasfenstern und der Dekoration der Wände. Die Bewunderung des Beschauers verwandelt sich aber in Staunen, wenn derselbe sich vergegenwärtigt, welcher Muth, welche begeisterte Opferfreudigkeit seitens der Mitglieder der kleinen nur 100 Familien zählenden Gemeinde erforderlich waren, um so Großes zu beginnen und durchzuführen. Um die Bausumme von nahezu 200 000 M. zu verzinsen und zu amortisieren, mußten sich natürlich die Lasten der Gemeinde bedeutend erhöhen. Wie wir nun hören, haben 62 Familien zu hohen Preisen Synagogenstühle erstanden, so daß, abgesehen von den gering Bemittelten, denen dies unmöglich ist, und den hochbetagten Leuten, denen eine solche Erwerbung nicht wohl zugemuthet werden kann, nur ganz wenige Gemeindemitglieder es unterlassen haben, freiwillig für das schöne Werk einzutreten, und sich so „vor Gott und Menschen angenehm zu machen". Wir freuen uns, diesem einmüthigen und erfolgsgekrönten Streben auf dem Wege des Guten, Wahren und Schönen unsere warme Anerkennung aussprechen zu dürfen.

Die Kosten für den Bau der Synagoge sollten bis 1930, spätestens jedoch bis 1933 amortisiert sein. Einige Mitglieder der jüdischen Gemeinde Landaus spendeten beachtliche Beträge. Zum Beispiel spendete 1892 die Familie Grünebaum 1 000 Mark, und Simon Levi steuerte 6 500 Mark bei. Weitere Beiträge kamen sogar aus New York, Paris und Straßburg. Levi machte übrigens auch sonst großzügige Schenkungen. Er gab 100 Gulden – das war vor der Einführung der Mark im Jahre 1871 – an das Landauer Gymnasium zur Unterstützung eines Schülers für ein Jahr, unabhängig von seiner Religionszugehörigkeit. Nach Levis Tod wurden aus seinem Vermögen 10 000 Mark für das Mädchenwaisenhaus zur Verfügung gestellt.

Am 6. September 1884 berichtete der *Anzeiger* über die Einweihungsfeierlichkeiten für die neue Synagoge:

Zu Ehren der Einweihung der neuen Synagoge hatte unsere Stadt gestern ein festliches Kleid angelegt. Ein reicher Flaggenschmuck entfaltete sich in den Straßen, viele Häuser waren mit Blumen, Girlanden, Kränzen u.s.w. geziert und am Ausgang der Schustergasse, in welcher die alte Synagoge liegt, sowie vor der neuen Synagoge Triumphbogen errichtet. Auch hatte der Gott des Regens ein Einsehen und stellte gestern soweit seine Thätigkeit ein, daß der Festzug vom alten zum neuen Tempel Nachmittags gegen 4 Uhr ungestört vor sich gehen konnte. Dem Festzug schritt ein Musikkorps voran, dann folgte ein Fahnenträger und 2 Ehrendamen, die Schuljugend, der Synagogenchor, die Festjungfrauen, die Jungfrau mit dem Schlüssel, begleitet von 2 Herren mit Fahnen, die Träger der Thorarollen von kleinen Mädchen mit einem Kranz umgeben, der Bezirksrabbiner, Kantor und Chordirigent, der Synagogenausschuß, der Bezirksamtsassessor Herr Fischer, Herr Bürgermeister Dr. Eichborn mit den Adjunkten Herren Weber und Koch, der Stadtrat, Bautechniker und Übernehmer von Arbeiten an der Synagoge, Beamte und eingeladene Gäste und zum Schluß die israelitische Kultusgemeinde. Unter den Klängen eines frischen Marsches bewegte sich der Zug, überall von vielen Schaulustigen erwartet, durch die Marktstraße, Kirchgasse und Königstraße zum neuen Gotteshaus.

Während des Einzugs in den Vorhof der neuen Synagoge spielte die Musik einen Choral. Vor der Thüre hielt die Trägerin des Schlüssels, Fräulein Bertha Weil, eine schwungvolle Ansprache an den Vertreter der k. Regierung, Herrn Bezirksamtsassessor Fischer, welche in dem Wunsche gipfelte, unser geliebter Landesvater möge noch lange wie seither zum Wohle seines Landes das Szepter führen und das Haus Wittelsbach blühen bis in die fernsten Zeiten! Herr Assessor Fischer erwiderte: Am Zielpunkt des festlichen Aufzuges angekommen, dem imposanten, prächtigen Bau, fühle er sich gedrungen, der Stimmung der Freude Ausdruck zu geben, bevor wir das Heiligthum betreten. Eine monumentale Zierde unserer Stadt stehe es da, weithin sichtbar, für spätere Geschlechter ein Zeichen glaubensfreudiger Opferwilligkeit. Mit stolzer Genugthuung könne die Gemeinde heute die Zeichen der Bewunderung entgegen nehmen, die ihr allseits gezollt werden. Nicht genug vermöge es gewürdigt zu werden, daß in unserem materiellen Zeitalter ein Volksstamm, der bei der herrschenden Jagd nach irdischen Gütern allen vorangehe, festhaltend an dem überkommenen Kultus erfolgreich bestrebt ist, in opferwilligster Weise eine würdige Stätte der Gottesverehrung zu schaffen. Indem er dies rühmend konstatiere, überweise er als Vertreter der königl. Regierung das erhabene Prachtgebäude seinem bestimmungsgemäßen Gebrauch und ersuche den Vorstand der israelitischen Kultusgemeinde die Pforten zum Einzug zu öffnen. Nachdem hierauf Herr Simon Levi die Thüre geöffnet, erfolgte unter Orgelspiel der Einzug in die prächtigen Hallen und die religiösen Ceremonien nahmen, durch die Vorträge des Synagogenchors verherrlicht, ihren programmgemäßen Verlauf.

Abends gegen 9 Uhr versammelten sich Angehörige aller Konfessionen in großer Zahl zu einem Bankett im Schwanensaale, der in sehr geschmackvoller Weise mit Bäumchen, Epheu, Büsten, Inschriften u.s.w. zum Festsaal hergerichtet war. Hier entwickelte sich sehr bald unter den fröhlichen Klängen der Artilleriemusik von Germersheim ein reges Leben, dessen festtägliche Stimmung durch das Mozart'sche Bundeslied eingeleitet, durch eine Reihe Trinksprüche gewürzt und durch passende Männerchöre, unter sehr vielem Beifall vom Musikverein vorgetragen, gehoben wurde. Den ersten Trinkspruch brachte der Vorstand des Synagogenausschusses Herr Simon Levi auf Se. Maj. den König Ludwig II. aus, indem er ausführte, daß es heute, wo wir dem König der Könige ein Haus geweiht, sich vor allem zieme, des Landesherrn zu gedenken, unter dessen Szepter auch die Israeliten in Ruhe und Sicherheit wohnen. Der zweite Redner war der Erbauer der Synagoge, Herr Bezirksbauschaffner Staudinger. Er wies auf den Aufschwung hin, den das Kunstgewerbe in Deutschland genommen und pries als den Urheber des neu erwachten nationalen Kunstsinns, aus welch letzterm auch die neue Synagoge hervorgegangen, den Kaiser Wilhelm. Diesem als Protektor der Kunst und Industrie und dem Förderer des Volkswohlstandes bringe er sein Hoch. Herr Lehrer Weil begann: Weß das Herz voll ist, deß geht der Mund über! [Matthäus 12.34; Weil benutzte Luthers Übersetzung.] Sein Herz sei voller Freude, daß der herrliche neue Tempel endlich vollendet, er erinnere aber daran, daß es der israelitischen Kultusgemeinde nie möglich geworden wäre diesen Prachtbau herzustellen, wenn nicht die Regierung und die Verwaltungsbehörden, insbesondere Herr Regierungspräsident v. Braun, durch ihre Theilnahme das Werk so kräftig unterstützt hätten. Diesen bringe er ein dreifaches Hoch. An diese Worte anknüpfend machte dann Herr Simon Levi der Versammlung nähere Mittheilung, in welch lebhafter Weise sich Se. Exc. Herr Regierungspräsident v. Braun für den Synagogenbau interessiert habe und noch interessiere und verlas eine Stelle aus einem Briefe, in welchem Herr v. Braun einen Besuch zur Besichtigung des Tempels in Aussicht stellt. Herr Levi erbat sich von der Versammlung die durch lebhafte Zustimmung gewährte Erlaubnis, Herrn v. Braun im Sinne der Worte des Vorredners telegraphisch den Dank der Versammlung auszusprechen. Der nächste Redner Herr Geschäftsmann Dannheißer (der auch die Versammlung leitete) rief mit dem Psalmisten aus: Wie schön ist's, wenn die Menschen in Eintracht miteinander leben! [Psalm 133. Herr Dannheißer war sehr taktvoll, Menschen statt Brüder zu sagen.] Er betonte, daß in Landau die Konfessionen friedlich neben einander leben; wenn man sich auch in politischer Beziehung bekämpfe, so sei doch in konfessioneller Beziehung nie Zwietracht aufgetaucht. Ein neuer Beweis für diese Eintracht sei das heute eingeweihte Gotteshaus. Die städtische Verwaltung habe unentgeltlich einen Bauplatz überlassen. Der Tempel stehe auf kommunalem Gebiet, möge er deshalb eine Stätte sein, an der jeder ohne Unterschied des Glaubensbekenntnisses sein Herz zu Gott erheben könne. Die Theilnahme der Einwohnerschaft habe sich durch Beflaggen und Beteiligung am Festzuge in so hohem Maße gezeigt, daß es ihm leid thue, daß man mit Rücksicht auf den beschränkten Raum nur eine kleine Zahl Einladungskarten zu den Festlichkeiten habe ausgeben können. Im Namen der israelitischen Kultusgemeinde spreche er den christlichen Mitbürgern seinen tiefempfundenen Dank aus. Herr Adjunkt Weber wies darauf hin, was Opferwilligkeit, und zwar eine Opferwilligkeit, die nur im religiösen Sinne begründet ist, hier geschaffen. Die Barmittel seien bei Beginn des Baues bekanntlich nur klein gewesen. Der Gemeinde, die solches zu leisten verstehe, bringe er ein dreifaches Hoch! In einer längeren ausgezeichneten Rede feierte sodann Herr Max Frank die Verdienste des Herrn Bezirksbauschaffners Staudinger, der mit deutscher Kunst den Prachttempel erbaut hat. Herr Alphons Pfeiffer brachte ein Hoch dem Dirigenten des Synagogenchors Herrn Lehrer Folz, der seit dem zweijährigen Bestehen des Chors aus ungeschulten Kräften treffliche Sänger geschaffen, wie die Gesänge bei der Einweihungsfeier bewiesen haben. Herr Alb. Brunner dankte dem Männerchor des Musikvereins für seine freundliche Mitwirkung und brachte ihm ein Hoch. Damit war die Reihe der Trinksprüche beendet. Mittlerweile war es schon recht spät geworden, aber nur allmählich lichteten sich die Reihen der Theilnehmer an der in jeder Hinsicht gelungenen Versammlung.

Die Worte des Bundesliedes auf eine Melodie von Wolfgang Amadeus Mozart stammen übrigens von Johann Gottfried Hientzsch (1787-1856):[171]

Brüder, reicht die Hand zum Bunde!
Diese schöne Freundschaftsstunde
Führ' uns hin zu lichten Höh'n!
Laßt, was irdisch ist, entfliehen;
Unsrer Freundschaft Harmonien
Dauern ewig, fest und schön.

171 Allgemeines Deutsches Commersbuch, 20. Aufl., Moritz Schauenburg, Lahr, um 1859, S. 159-160.

Am 8. September 1884 brachte der *Anzeiger* einen Nachtrag:

In unserem Bericht über das am Freitag stattgehabte Bankett im Schwanensaale sind durch ein unliebsames Versehen die Trinksprüche zweier Herren unerwähnt geblieben. Nach dem Adjunkt Weber nahm Herr Joseph Mayer das Wort, um das große Verdienst, das sich der Synagogenausschuß um den Synagogenbau erworben, hervorzuheben. Viele Schwierigkeiten seien zu überwinden gewesen; aber im Vertrauen auf die altherkömmliche tolerante Gesinnung der Landauer Bürgerschaft habe der Ausschuß die Aufgabe glücklich zu Ende geführt. Hierauf gedachte Herr Sal. Dannheißer mit beredten Worten des langjährigen Wirkens des Herrn Bezirksrabbiners Dr. Grünebaum, dem es nach 50jähriger Thätigkeit dahier noch vergönnt war, seine Gemeinde in den neuen Tempel einzuführen. Er rühmte die liberale Gesinnung des allverehrten Mannes: ein dreifaches Hoch auf Grünebaum.

Die ungekürzte Wiedergabe des langen Berichtes des Journalisten über die Ereignisse, die die Einweihung der neuen Landauer Synagoge umgaben, soll zweierlei betonen. Erstens zeigt er, dass gegen Ende des neunzehnten Jahrhunderts die Beziehungen zwischen Juden und Christen – zumindest an einem Ort in Deutschland – ein Stadium erreicht hatten, das Hoffnung auf ein harmonisches Zusammenleben aufgrund gemeinsamer moralischer Werte erlaubte. Diese Beurteilung bleibt gültig trotz der Tatsache, dass zwei Tage nach der Feier im Schwanensaal Randalierer Steine auf die Synagoge warfen. In der Ausgabe vom 8. September schrieb der *Anzeiger*:

Wir haben heue leider über einen Akt der unglaublichsten Roheit zu berichten. An der neuen Synagoge wurde heute Nacht eine Scheibe der Rosette über dem Hauptportal eingeworfen und an dem Triumphbogen vor der Synagoge die Tücher und die Inschriften heruntergerissen und zerfetzt und erstere an der Ecke der Weißquartierstraße in der Nähe der alten Reitschule verbrannt. Hoffen wir im Interesse des guten Rufes unserer Stadt, daß es der Polizei gelingen möge, die Verüber dieses abscheulichen Streiches zu ermitteln. Zwischen 5 und 6 Uhr heute früh wurde ferner auch an anderen Stellen der Stadt Unfug verübt.

Es ist nicht bekannt, ob die Polizei die Übeltäter erwischt hat. Wahrscheinlich war es eine Bande von Jugendlichen, die in der Stadt Unfug getrieben hatten. Zweitens zeigen die Beobachtungen des Journalisten, dass viele Menschen zu jener Zeit eine positive Einstellung zu Deutschlands Zukunft hatten. Deutschlands Geschichte hätte zivilisierter verlaufen können, hätten nicht weniger als vier Jahrzehnte später ein österreichischer

Vagabund und eine Handvoll seiner besessenen, antisemitischen Anhänger sich entschlossen, diese Entwicklung aus dem Gleis zu bringen. Die Bestrebungen dieser Leute wurden umso mehr erleichtert, je mehr die Weimarer Demokraten ihre Standhaftigkeit verloren. Sie wurden umso erfolgreicher, je mehr Wähler sich entschieden, mit den Nazis zu marschieren. In der Tat hatte Professor Breßlau Recht, als er seinen Kollegen Treitschke zurückwies, indem er bemerkte, dass der Antisemitismus nicht aus dem Instinkt der Massen, sondern aus absichtlicher Indoktrination entstand. Dies bleibt richtig, trotz der Tatsache, dass wirtschaftliche und rassische antisemitische Tendenzen in der akademischen Welt, in nationalistischen Kreisen und ihrer Presse und im Bodensatz der Gesellschaft im Aufschwung waren. Hitler hatte keine Schwierigkeiten, den zunehmenden Antisemitismus auszunutzen und ihn in eine Massenepidemie zu verwandeln.

Nach Grünebaums Tod und kurzer Amtszeit des aus Eschwege gekommenen Dr. Gustav Oppenheimer wurde Dr. Berthold Einstein vom Landauer Synagogenausschuss zum Rabbiner gewählt und am 31. März 1894 von der Regierung bestätigt. Einstein war Sohn des Ulmer Synagogenkantors. (Es scheint keine direkte Verwandtschaft zwischen ihm und dem ebenfalls aus Ulm stammenden Physiker Albert Einstein zu bestehen.) Bertold Einstein erhielt seine talmudische Ausbildung in Stuttgart. Er studierte an der Universität Berlin in den frühen 1880er Jahren und dann an Zacharias Frankels Jüdischem Theologischen Seminar in Breslau. Dort erhielt er den Doktorgrad, bevor er das Rabbinerexamen in Tübingen ablegte. Einstein, ein religiöser Freidenker, stark beeinflusst von Frankels positiv-historischem Judaismus, profitierte von den Erfolgen der Gleichberechtigung der Bismarckzeit und von der Assimilationsbewegung. Er wurde zu einem Vorbild des deutschen Bürgers jüdischen Glaubens. Vom Ende des Jahres 1889 bis zum Ende des folgenden Jahres diente er als einjähriger Freiwilliger im deutschen Heer. Seine Tochter, Anne Wald, schrieb eine kurze Biographie ihres Vaters.[172]

Das Judentum war für meinen Vater eine Glaubenssache, die er in seinem Deutschtum in reinster Synthese verwirklichen zu können glaubte. Auf alle Fälle lebte er darnach. ...

---

172 Anne Wald, Kleines Porträt meines Vaters. In: Jahresheft 1964 der Vereinigung der Freunde des Eduard-Spranger-Gymnasiums Landau in der Pfalz, S. 15-16.

Zum Aufgabenkreis meines Vaters gehörte auch der Religionsunterricht an den höheren Schulen und so auch der Religionsunterricht am Humanistischen Gymnasium [in Landau]. Er hielt wenig von den Äußerlichkeiten unserer Religion (wie übrigens jeder Religion), verstand es aber wundervoll, ihre hohen ethischen Werte uns nahe zu bringen. Treu seiner eigenen Gesinnung versuchte er auch, uns alle zu guten deutschen Staatsbürgern zu erziehen. ...
Mein Vater war wegen seiner Bescheidenheit und absoluter Zuverlässigkeit allgemein beliebt. Im Lehrerkollegium unseres Gymnasiums wurde er noch besonders geschätzt wegen seiner hervorragenden Kenntnisse in Latein und Griechisch. Bis in sein hohes Alter hat er die Vorliebe für die alten Klassiker bewahrt und Homer und Horaz im Urtext gelesen.
Eine andere Seite seines Wesens gehörte ganz der Musik. In unserem Haus wurde sehr viel musiziert. Mein Vater selbst war ein unermüdlicher Klavierspieler. Manch einer der Lehrer des Gymnasiums fand seinen Weg in unser Haus und wurde dort als Geiger oder Cellist in die wöchentlichen Kammermusikabende eingespannt. Ich glaube, die Musik war es auch, die ihm half, den schwersten Verlust in seinem Leben zu ertragen. Es war der Tod seines einzigen Sohnes, meines Bruders, der im Ersten Weltkrieg fiel. Von da an wurde mein Vater ein stiller, in sich gekehrter Mann. ...
Im Jahre 1933 las mein Vater Hitlers „Mein Kampf“. Er meinte, dies sei das Buch eines Wahnsinnigen. Er wollte und konnte es nicht glauben, daß die Ideale, zu denen er sich ein Leben lang bekannt hatte, auf einmal nicht mehr existieren sollten, daß er als Jude, daß alle Juden Menschen dritter Klasse seien, die man wie Ungeziefer vernichten müsse.
Ich habe es immer als einen besonderen Akt der Gnade Gottes angesehen, daß mein Vater in seinem 72. Lebensjahr von einem Schlaganfall im Jahre 1935 [am 4. Juni] dahingerafft wurde, noch bevor er an sich selbst und an seiner Familie erfahren mußte, wie ernst es Hitler mit der Verwirklichung seiner Ideen war. Er hat nicht mehr erleben müssen, wie mit der Ausrottung der deutschen Juden auch das von ihm so geliebte Deutschland vernichtet wurde.

Das jüdische Gemeindeleben in Landau und in der gesamten Pfalz blühte zu Einsteins Zeit. Im Großen und Ganzen änderte sich die wirtschaftliche und gesellschaftlich-kulturelle Vielfalt der jüdischen Gemeinde in Landau kaum. Es gab reiche Handelsleute, deren Häuser der Stadt noch heute ihren besonderen Reiz geben. Da waren Rechtsanwälte, Mediziner und Lehrer, Geschäftsleute, Angestellte und Arbeiter. Das Verlangen nach höherer Bildung wuchs unter den Juden. Der Landauer Synagogenausschuss beschloss, eine private Religionsschule einzurichten, um die wissenschaftliche und geistige Erziehung der jüdischen Jugend zu verbessern. Die Entscheidung dazu fiel am 11. Juni 1904, und das Projekt wurde zwei Tage später von der Landauer Kreisverwaltung genehmigt. Dreizehn Jahre später gründete Einstein den Verband der israelitischen Kultusgemeinden der Pfalz. Sie umfasste sechsundsechzig lokale Kultusgemeinden mit 8 500 Mitgliedern, oder 94.5 % der gesamten jüdischen Bevölkerung der Pfalz. Am 12. Februar 1921 erteilte das bayerische Kultusministerium Einsteins Verband den rechtlichen Status eines eingeschriebenen Vereins. Diese Entscheidung brachte der Vereinigung beträchtliche Steuervorteile. Sie wurde Ende März 1938 widerrufen.

Als Dr. Kurt Metzger 1934, nachdem Dr. Einstein in den Ruhestand gegangen war, die Leitung des Landauer Rabbinats übernahm, waren die Hoffnungen derer, die 1884 die Einweihung der neuen Synagoge gefeiert hatten, bereits unter den Maßnahmen der Nazis zerstoben. Hitler saß fest im Sattel. In der Pfalz hielt Josef Bürckel die Zügel in der Hand. Und die meisten Deutschen marschierten im Gleichschritt mit ihrem Führer und zeigten ihre Arroganz und einen tödlichen Antisemitismus.

7. HOFFNUNGSLOSIGKEIT

Drei Monate nach Hitlers Machtergreifung kam das öffentliche jüdische Leben in Deutschland fast völlig zum Erliegen. In Landau traten im März 1933 die jüdischen Stadtratsmitglieder Victor Weiss und Richard Joseph zurück. Sie wurden von den lokalen Nazis für einige Zeit eingesperrt. Jüdische Geschäfte, Rechtsanwalt- und Arztpraxen wurden am 1. April boykottiert. Plakate wurden angeschlagen auf Landaus Marktplatz, auf denen die Bevölkerung ermahnt wurde: „Kauft nicht beim Juden; die Juden sind unser Unglück!“Auf der Grundlage des Gesetzes zur Wiederherstellung des Berufsbeamtentums und des Gesetzes über die Zulassung zur Rechtsanwaltschaft[173] vom 7. April 1933 wurden Landaus jüdische Juristen beurlaubt und daran gehindert, das Gerichtsgebäude zu betreten. Juden durften keine Aufführungen mehr in der großartigen städtischen Festhalle besuchen, in der in der Vergangenheit hervorragende Theater-und Musikdarbietungen stattgefunden hatten. Klubs warfen ihre jüdischen Mitglieder hinaus. Der Landauer Tennisklub Schwarz-Weiß, zum Beispiel, der 1895 gegründet worden war, entschied auf einer Vorstandssitzung am 19. April 1933:[174]

> … wir sind der Auffassung, daß die politische Lage ein Ausscheiden der jüdischen Mitglieder des Klubs notwendig mache. Diese sollen daher aufgefordert werden, ihren Rücktritt zu erklären.

Ausschlussmaßnahmen wurden auf berufliche Organisationen ausgedehnt. Die Neuwahl des Ausschusses des Verbandes der Weinhändler und Weinkommissionäre von Landau und Umgebung[175] war der Anlass für die „28. ordentliche Jahres-Mitgliederversammlung am Donnerstag den 27. April 1933, nachmittags 2 Uhr im kleinen Saale der städtischen Festhalle in Landau“. Dies hatte folgenden Hintergrund:

> Gemäß Erlaß des Herrn Kreisleiters der NSDAP [Kleemann] hier mußten alle Ausschußmitglieder jüdischen Glaubens ihre Ämter niederlegen. Aus diesem Grunde muß eine Neuwahl des gesamten Ausschußes stattfinden.

---

173 Reichsgesetzblatt I, Nr. 36, 10. April 1933, S. 188.

174 Hans Heß, Die Landauer Judengemeinde, Verlag Pfälzer Kunst Dr. Hans Blinn, Landau 1983, S. 66.

175 Stadtarchiv Landau A II 318, Vereine in Landau (Verschiedenes) 1922/1935.

Die dreizehn betroffenen jüdischen Mitglieder wurden namentlich erwähnt. Diese Maßnahme bedeutete natürlich das Ende des jüdischen Weinhandels.

Die Unsicherheit unter den Juden wuchs, als Mitglieder der jüdischen Gemeinde aufs Geratewohl verhaftet wurden. Am 16. März 1933 wurde der Weinhändler August Schönfeld verhaftet und für zwei Tage in der Fortkaserne eingesperrt. Drei Wochen später wurde er wieder zusammen mit dem früheren Ratsmitglied Richard Joseph verhaftet und für fünfzig Tage bis zum 27. Mai in Haft gehalten. Alex Mai, ein Kleinhändler, wurde am 18. März in die Fortkaserne gebracht, wo er für einundsiebzig Tage bis zum 27. Mai festgehalten wurde. Und der Warenhausverkäufer Kurt Levy verbrachte sechs Tage in der Fortkaserne, vom 27. Mai bis zum 1. Juni.[176] Diese wahllosen Verhaftungen wurden von SA-Leuten unter dem Kommando von Obersturbannführer Karl Keim durchgeführt. Keim war Führer der SA-Standarte 18, er hatte sein Hauptquartier in Landaus Hotel Schwan. Die Gefangenen – Juden sowohl als auch Nichtjuden – wurden als Zwangsarbeiter benutzt, um einen Sportplatz für Keims SA-Einheit anzulegen. Der Versuch der Stadt Landau, ihre Auslagen für die Verpflegung, die in das Schutzhaftlager für die vier Juden geliefert worden war, zurückerstattet zu bekommen, entartete in eine schäbige Farce, die die Anmaßung der SA überdeutlich aufzeigt. Damals erhielt die SA noch die Illusion aufrecht, die treibende Kraft der nationalsozialistischen Revolution zu sein. In einem internen Memorandum vom 11. August führte das Büro des Bürgermeisters 842.27 Mark auf, die bereits von der Finanzverwaltung für gelieferte Rationen bezahlt worden waren und weitere 811.87 Mark, die noch nicht bezahlt waren. Insgesamt waren also 1 654.14 Mark für die Verpflegung der vier Juden in der Fortkaserne für 182 Tage zu zahlen. Das Bürgermeisteramt entschied, dass Kurt Levy nicht in der Lage war zu zahlen. Die Zahl der Rationstage wurde daher auf 176 reduziert, so dass der Tagessatz auf 9.40 Mark kam. Es wurde dann entschieden, Joseph, Schönfeld und Mai mit diesem Satz zu belasten und das Geld bis zum 20. August einzuziehen. Bereits am 26. Mai hatte Bürgermeister Ehrenspeck von Kleemann verlangt, der Stadt die Unkosten für die in „politischer Schutzhaft" befindlichen Gefangenen zu erstatten, da die Stadt in dieser Angelegenheit keine Verantwortung trage. Das Amtsgericht lehnte

176 Stadtarchiv Landau A II 434, Schutzhaftlager in der Fortkaserne in Landau/Pfalz. Diese Akte ist in der folgenden Dokumentation mehrfach benutzt worden.

ebenfalls die Zuständigkeit ab, da die vier Juden nicht für ein Verbrechen eingesperrt seien. Eine Reaktion kam von Keim; er schlug vor, zu versuchen, die Kreisregierung der Pfalz in Speyer zahlen zu lassen. Ehrenspecks entsprechender Vorstoß veranlasste die Regierung in Speyer, die Angelegenheit dem Kommandeur der Bayerischen Politischen Polizei (BPP) in München vorzulegen, da sie keine Kenntnis von der Errichtung eines Schutzhaftlagers in Landau habe. Der Brief wurde am 14. Juli nach München geschickt. Das bayerische Staatsministerium des Inneren, dem die Politische Polizei unterstand, brauchte zehn Monate, um zu antworten.

Die vom städt. Wohlfahrtsamt Landau in d. Pf. gemachten Ausgaben für die Herstellung eines Sportplatzes für die SA durch Schutzhaftgefangene im Betrage von 1 138.53 RM eignen sich nicht zur Übernahme auf die Staatskasse, da die Arbeitsleistungen der Schutzhäftlinge im Interesse der SA ausgeführt und die zusätzliche Verpflegung auf deren Veranlassung erfolgt ist.
Dem städt. Wohlfahrtsamt bleibt anheimgestellt, sich wegen des Kostenersatzes an die örtliche SA- oder an die Oberste SA-Führung zu wenden.

Dieser Brief wurde am 14. Mai 1934 an Landaus Stadtkommissar Keim und an das Landauer Wohlfahrtsamt geschickt. Ehrenspeck befolgte den Rat und wandte sich am 13. Juni an Keim. Er fragte ihn, wer die Kosten für den Bau des SA-Sportplatzes übernehmen würde. Keim machte keine Ausflüchte. Am 23. Juni erklärte er dem Bürgermeister:

Auf Ihre Anfrage vom 13.6.34 teile ich Ihnen mit, daß eine Übernahme … der Kosten durch die SA schon aus dem einfachen Grunde nicht erfolgen kann, weil die SA nicht über die erforderlichen Mittel verfügt.
Im übrigen wird darauf hingewiesen, daß ja sämtliche Arbeiten an städtischem Besitz ausgeführt wurden, so daß durch die Übernahme der … Kosten durch die Stadtgemeinde ein Schaden nicht entstehen kann. Das fragliche Gelände besitzt ja nun einen höheren Wert.

Die Bosheit von Keims Haltung in dieser Angelegenheit wird besonders deutlich, wenn man zum 8. September 1933 zurückgeht und nachliest, was die NSZ *Rheinfront* zur Eröffnung des SA-Sportplatzes geschrieben hatte:

Der SA-Sportplatz und die Wehrsportbahn im Landauer Fort, die von der SA im freiwilligen Arbeitsdienst erstellt wurden, werden am Sonntag, 1. Oktober, feierlich eingeweiht. Sturmbann II/18 wird aufmarschieren.

Während diese Farce aufgeführt wurde, wurden am 16. August 1933 von Bürgermeister Ehrenspeck unterschriebene Briefe an Joseph, Schönfeld, Mai (der Ende 1933 nach Saarbrücken ging) und Kurt Levy – obgleich festgestellt worden war, dass er nicht zahlen konnte – verschickt mit der Aufforderung, der Stadt die Kosten für Verpflegung zu erstatten, und zwar in Höhe von 530 RM, 520 RM, 710 RM, beziehungsweise 60 RM. Die Stadt hatte den Tagessatz auf 10 RM aufgerundet. Levy und Schönfeld antworteten am 19. August. Levy argumentierte, dass er seit vier Jahren arbeitslos sei, nachdem er während der Depression seine Stelle als Verkäufer in einem Warenhaus verloren hatte und dass er folglich nicht in der Lage sei, 60 RM zu bezahlen, und er könne auch nicht auf Raten zahlen. Er schloss seinen Brief mit den Worten: „Ich hoffe, daß Sie mir Zahlungsaufschub bewilligen, wofür ich jetzt schon meinen Dank ausspreche. Hochachtungsvoll." (1935 emigrierte Levy nach Jugoslawien.) Schönfeld wies darauf hin, dass er, da er ein Nierenleiden habe, sich seine Verpflegung in das Lager habe bringen lassen, eine Tatsache, die die Wache bestätigen könne. Weiterhin führte er Schwierigkeiten im Weingeschäft an. Er habe einen Kredit von 10 000 RM aufnehmen müssen, von dem noch eine Schuld von 6 300 RM verbliebe. „Ich habe die höfliche Bitte, den Betrag zu erlassen. Wenn das nicht geht, den Betrag zu ermäßigen und Ratenzahlungen zu erlauben." (Schönfeld ging 1938 in die Vereinigten Staaten.) Es finden sich keine Dokumente, die zeigen, ob die beiden anderen auf Ehrenspecks Brief reagiert haben, auch nicht darüber, ob einer der vier jemals für seine Rationen bezahlt hat.

Nur sechs Wochen nach Hitlers Machtergreifung lebten die Juden in Deutschland in einem Zustand der Depression und Verzweiflung. Jüdisches Selbstbewusstsein war jedoch noch nicht vollkommen ausgelöscht. Neben der Angst bildete sich Trotz aus, und in zunehmendem Maße entwickelte sich ein Rückzug auf die Wurzeln des Jüdischseins. Das war eine Bewegung gegen die früheren Ideale der Assimilation und des Deutschseins, Ideale, die über Generationen hochgehalten, die aber unter der Rassenpolitik der Nazis leer geworden waren.

Anne Wald, Rabbiner Einsteins Tochter, die Landau im Mai 1936 verließ und nach Haifa ging, schrieb das Gedicht „Ich bin ein Jud." In ihm schwingen Desillusion, Verwirrung, aber auch Stolz mit.[177]

177 Rundschreiben des Rabbinatsbezirks Landau/Pfalz, Nr. 13. Dezember 1936.

Draußen dreht sich die Welt,
Auf den Kopf ist alles gestellt.
Was früher dir schön war und gut,
Dir gilt's nicht – denn du bist ein Jud!

Nicht Volk, nicht Heimat, nicht Land,
Man hat dich aus allem verbannt.
Fremd ist deine Rasse, dein Blut,
Du bist ein Fremder – ein Jud!

So dröhnt es mir tags im Gehirn,
So legt sich's mir nachts auf die Stirn!
Wo nimmst du zum Leben den Mut?
So stirb – denn du bist ein Jud!

Doch nein – ich lebe und will,
Was früher versteckt war und still,
Das bricht aus mir sich Bahn mit Glut:
Ich bin voller Stolz heut ein Jud!

Immerhin glaubten einige deutsche Juden, dass sie den Naziterror überleben könnten, der sich über ganz Deutschland ausgebreitet hatte, über das Land, das auch sie als ihres ansahen. Im Jahre 1937 schrieb der Landauer Zahnarzt und Amateurdichter Dr. Eugen Fried:[178]

Wie eine Mutter ehr ich diese Erde
Und hab sie in mein Innerstes geschlossen.
Bin blind und wehrlos in ihr Bild verschossen,
Und nicht der rauheste der „Volksgenossen"
Ertrotzt, daß ich ihr jemals untreu werde.

Als Dr. Kurt Metzger am 6. Juni 1935, ein Jahr nach dem Tode seines Vorgängers Dr. Einstein, das Amt des Rabbiners des Landauer Bezirkes übernahm, war die jüdische Gemeinde bereits gesellschaftlich tot. Nichtsdestoweniger leitete Dr. Metzger sie so gut er konnte durch die wenigen Jahre vor der totalen Auflösung des jüdischen Lebens in Landau, indem er versuchte, wenigstens den Schein der Normalität zu retten. Er war der letzte Rabbiner in Landau. Metzger war am 10. Dezember 1909 in Nürnberg geboren. Nach dem Abitur am dortigen Reformgymnasium studierte

178 Günther Volz, Juden in Bergzabern und in der Südpfalz vom Ende des Mittelalters bis zur Deportation von 1940. In: Mitteilungsblatt 7/1988, Historischer Verein der Pfalz e. V., Bezirksgruppe Bad Bergzabern, S. 21.

er am berühmten Theologischen Seminar in Breslau, wo er das Rabbinerexamen ablegte. Er schloss sein Studium an der Universität Würzburg ab und erhielt den Doktorgrad in Philosophie.

Metzger war ein eifriger Verfechter jüdischer Jugendaktivitäten. In Nürnberg hatte er 1927 einen Jüdischen Jugendbund gegründet und für zwei Jahre geleitet. Nach seiner Ankunft in Landau gründete er einen solchen Bund in seiner neuen Heimatstadt. Er war dessen Vorsitzender bis 1938. Und er wurde die treibende Kraft fast aller Anstrengungen der jüdischen Gemeinde in Landau, um wenigstens ein gewisses Maß an Würde im täglichen Leben aufrecht zu erhalten.

Im August 1935 gründete Metzger den Jüdischen Kulturbund der Pfalz, der jüdischen Künstlern ein Forum bieten sollte, da ihnen untersagt war, in Konzerten und Theatern aufzutreten. Als den Juden in zunehmendem Maße der Zugang zu Informationen über tägliche Ereignisse erschwert wurde, begann er, ein Nachrichtenblatt zu veröffentlichen, das *Rundschreiben des Rabbinatsbezirkes Landau/Pfalz*, das zum ersten Mal im September 1935 erschien. Zwei Jahre später wurde dessen Name in *Jüdisches Gemeindeblatt für das Gebiet der Rheinpfalz* geändert. Die Zeitschrift wurde in der gesamten Pfalz verteilt. Ihr Erscheinen wurde vom Reichsminister für Propaganda genehmigt. Blätter dieser Art dienten zur Überwachung der intellektuellen und kulturellen Aktivitäten der Juden im Reich. Die letzte Ausgabe von Metzgers Blatt erschien im November 1938.

Das *Rundschreiben* sollte dazu dienen, die Sorgen seiner Leser zum Ausdruck zu bringen und Furcht zu zerstreuen. Auf vielseitigen Wunsch druckte Metzger in der Novemberausgabe 1936 die Predigten, die er am Vorabend des Rosch Haschanah Festes und am Sabbat des Laubhüttenfestes in der Synagoge zu Landau gehalten hatte. Beide erschienen unter dem Titel „Jüdische Wanderung". In der ersten Predigt waren Erzvater Abraham und dessen Gedanken über das Leben, insbesondere über das Fortgehen, die zentralen Themen.

Wir haben im vergangenen Jahr viel Schweres, Lastendes erlebt. Abraham beginnt die ewige Gesetzlichkeit des Wanderns für unser Volk. Massen lösen sich von der Heimatscholle und wandern aus, vor allem junge Juden, nach Erez Israel, nach Westen, nach Süden. Sie wandern aber unter Beibehaltung von Gottesgläubigkeit und Treue zum Gottesgesetz. Es ist Zeit, Abschied von Verwandten und Freunden zu nehmen. Und wir müssen schweigen.

Zum Laubhüttenfest brachte Metzger zum Ausdruck, dass die Ahnen durch die Wüste zogen, dass sie Hütten bauten und dass Gott mit den Wanderern war. Er sagte dann:

Es gibt auch kein Beispiel in der Weltgeschichte, daß Vertriebene und Verjagte trotzdem der Heimat solche Treue erweisen, daß sie sogar deren Sprache nicht nur selbst mit hinausnehmen, sondern sie auch allen Geschlechtern im neuen Heimatland weiterbewahren, wie es Juden getan haben und noch tun. Das Aufbrechen heute entspricht ganz gewiß nicht unserer Lebensauffassung. Es entspringt nicht unserem freien Willen, sondern dem Muß der Gegenwart.

Belästigung der jüdischen Gemeinden und Unterdrückung ihrer kulturellen und gesellschaftlichen Aktivitäten begannen sehr früh unter der neuen politischen Ordnung der Nazis. Am 19. Juli 1933 schickte die Bayerische Politische Polizei (BPP) im Staatsministerium des Inneren einen dringenden Funkspruch[179] an alle bayerischen Polizeiämter, Stadtkommissare und weitere Offizielle, in dem verlangt wurde:

Geschäftsstellen und Heime jüdischer Organisationen, sowie Wohnungen der Vorstände, ausgenommen Synagogen, Betsaal, Schul-, Wohltätigkeits- und Wohlfahrtsvereine, sind zu durchsuchen und das gesamte Vermögen und Schriftmaterial zu beschlagnahmen. Geschäftsstellen sind zu schließen. Schutzhaft gegen den Vorstand ist zu verhängen, sofern dieser auf Grund vorgefundenen Materials staatsgefährlicher Umtriebe verdächtig ist. Veröffentlichung dieser Anordnung in der Presse hat nicht zu erfolgen.

Auf der Rückseite dieses Dokuments befindet sich die folgende Bemerkung der Landauer Stadtverwaltung:

Nach dem Adreßbuch bestehen hier folgende israelitischen Vereine:
1.) Israelitischer Frauenverein (Wohltätigkeitsverein). Vors. Frau Betty Einstein, Glacisstr. 9.
2.) Reichsbund jüdischer Frontsoldaten, Ortsgr. Landau. Vors. Rich. Michel, Mahlastr. 12.
3.) Zentralverein deutscher Staatsbürger jüdischen Glaubens, Ortsgr. Landau. Vors. Josef Weiller, Rheinstr. 8.
4.) Verein „Concordia“ (Unterhaltungsverein, nicht mehr in Tätigkeit). Vors. Arthur Schwarz, Fr. v. Eppstr. 12.
5.) Elias Grünebaum-Loge, gegr. 21.XI.26. Vors. Josef Weiller.

179 Stadtarchiv Landau A II 299, Jüdische Vereine und Organisationen. Allgemeine Weisungen 1933/38. Diese Akte ist in der folgenden Dokumentation mehrfach benutzt worden.

Concordia und Grünebaum-Loge wurden verboten und aufgelöst. Es gab noch einen anderen jüdischen Klub, der nicht auf der obigen Liste steht, den jüdischen Kegelklub unter Heinrich Kahn. Ein Polizeibericht vom 14. September 1935 besagt, dass der Klub inaktiv sei. Es stand nämlich für Juden keine Kegelbahn mehr zur Verfügung.

Am 20. Juli schickte der Kommandeur der BPP eine weitere Direktive, in der er anordnete, „... daß lediglich Personen in Schutzhaft zu nehmen sind, bei denen staatsfeindliches Material vorgefunden wurde und Fluchtgefahr besteht".

Es scheint, dass die Polizei den Befehl mit größter Schnelligkeit ausgeführt hat. Einen Monat später bemerkte der Kommandeur der BPP, dass „die Aktion als abgeschlossen und durchgeführt gilt". Am 20. Juli schickte Bürgermeister Ehrenspeck seinen Bericht über die Durchsuchungen an den Landauer Stadtkommissar Kleemann.

Im Vollzuge des [BPP Funkspruchs vom 19. Juli 1933] wurde von der städt. Polizei bei nachstehenden Personen Durchsuchungen vorgenommen und die dabei vermerkten Gegenstände beschlagnahmt und zwar:
1.) bei Richard Michel, Kaufmann, Mahlastr. 12 dahier, 1. Vorsitzender des Reichsbundes jüdischer Frontsoldaten [RjF], Ortsgruppe Landau i. d. Pf.:
1 Paket mit Schriftstücken.
2.) bei Max Zeilberger, Lehrer, Vogesenstr, Nr. 4 dahier, Schriftführer des RjF:
1 Paket mit Schriftstücken.
3.) bei Paul Alexander, Kaufmann, Kaiserstr. Nr. 9 dahier, Kassierer des RjF:
Bargeld 150.30 RM,
1 Sparbuch, Konto Nr. 9826 bei der Städt. Sparkasse Landau i.d. Pf. mit einem Einlagestand von 700.00 RM.
4.) bei Josef Weiller, Kaufmann, Moltkestr. Nr. 7 dahier, 1. Vorsitzender des Centralvereins deutscher Staatsbürger jüdischen Glaubens, Ortsgruppe Landau i. d. Pf.:
(nichts beschlagnahmt).
5.) bei Leo Levy, Kaufmann, Nordring Nr. 27/29 dahier, Schriftführer des Centralvereins:
1 Bündel Schriftstücke.
6.) bei Siegfried Günzburger, Kaufmann, Ludowicistr. Nr. 25 dahier, Rechner des Centralvereins:
einige Schriftstücke,
Bargeld 147.42 RM,
1 Sparbuch Nr. 10421 der Städt. Sparkasse Landau i. d. Pf. mit einem Einlagestand von 73.64 RM.

Geschäftsstellen und Heime unterhalten die genannten jüdischen Vereine nicht. Belastendes Material wurde nicht vorgefunden.
Außer den beiden genannten Vereinen (RjF und Centralverein) besteht hier noch ein Israelitischer Frauenverein, der aber ein Wohltätigkeitsverein ist. Der jüdische Unterhaltungsverein „Concordia“ ist schon seit einigen Jahren nicht mehr tätig gewesen. Sonstige jüdische Organisationen bestehen hier nicht.
Das beschlagnahmte Schriftenmaterial wird anbei übermittelt. Das beschlagnahmte Bargeld und die beiden Sparbücher werden vorerst beim Städt. Polizeiamt Landau i. d. Pf. verwahrt.

Es brauchte ein Jahr, um die Angelegenheit zu erledigen. Am 8. Juni 1934 unterzeichnete Paul Alexander, Kassierer des RjF, ein Dokument, in dem er die Rückgabe des beschlagnahmten Materials bestätigte.[180] Am 6. Juli 1934 wurden das Bargeld und die Sparbücher dem Vorstand des RjF zurückgegeben. Die Rückgabe des Eigentums des RjF war eine Folge einer Anordnung der BPP vom 3. Februar 1934.

Mit sofortiger Wirkung wird die Freigabe der beschlagnahmten Vermögenswerte derjenigen Organisationen, die ausgesprochen caritative Zwecke verfolgen, verfügt.

Von dieser Anordnung wurden der RjF, der CV und der Israelitische Frauenverein verständigt. Beim Frauenverein war nichts konfisziert worden, und es scheint, dass der CV nicht als caritativ angesehen wurde. Über den Verbleib seines Vermögens sagen die Dokumente nichts.

Am 20. März 1934 informierte die BPP alle Stadtkommissare,

daß dem Reichsbund jüdischer Frontsoldaten und den jüdischen Jugendorganisationen, die einem der dem Landesausschuß Bayern des Reichsauschusses der jüdischen Jugendverbände unterstellten jüdischen Jugendverbände eingegliedert sind, eine Betätigung, jedoch unter Auflagen, wieder gestattet wird.

Diese Anweisung war von Reinhard Heydrich unterschrieben worden. Er war der Kommandeur der BPP und Heinrich Himmlers Stellvertreter für Angelegenheiten der politischen Polizei. Die „Auflagen“ verlangten, dass die Vereine keine politischen Ziele haben durften, dass nur Juden Mitglieder waren, dass den Polizeiämtern Mitgliedslisten vorzulegen waren, dass Änderungen des Mitgliedstandes angezeigt werden mussten und dass der

180 Stadtarchiv Landau A II 299, Reichsbund jüdischer Frontsoldaten, Ortsverband Landau 1933/39. Diese Akte ist in der folgenden Dokumentation mehrfach benutzt worden.

Vorstand sämtliche Anordnungen der Polizei zu befolgen hatte. Das Dokument vom 20. März enthielt noch den Hinweis, dass jüdische Turn- und Sportvereine keinen Beschränkungen unterlägen, sofern an einem Ort nur ein einziger Verein besteht.

Jüdische Organisationen mussten Genehmigungen für geplante Veranstaltungen vom lokalen Polizeiamt einholen, damit man sie beobachten konnte. Es scheint, dass diese Bedingung häufig umgangen wurde, denn am 18. Juli 1934 gab die BPP ein Memorandum heraus, in dem den Stadtkommissaren und Polizeiämtern Folgendes zur Kenntnis gebracht wurde.

> Von Angehörigen jüdischer Organisationen ist in letzter Zeit wiederholt die Pflicht zur Anmeldung jüdischer Versammlungen dadurch umgangen worden, daß von ihnen Zusammenkünfte in Ausflugsorten, Landhäusern und anderen Privaträumen vorbereitet und abgehalten wurden, ohne daß der für den Versammlungsort zuständigen Polizeibehörde hiervon rechtzeitig Kenntnis gemacht wurde. Dieses Verhalten steht im Gegensatz zu den gesetzlichen Bestimmungen und wird in Zukunft unter keinen Umständen geduldet werden.

Am 23. Juli 1934 informierte das Landauer Polizeiamt die jüdischen Organisationen in der Stadt von diesem Memorandum. Angeschrieben wurden Arthur Schwarz von der Israelitischen Kultusgemeinde, Richard Michel vom RjF, Erna Scharff, Ehefrau des Kaufmanns Alfred Scharff, vom Israelitischen Frauenbund, und Sigmund Kahn von der Israelitischen Kegelgesellschaft, der für seinen Sohn Heinrich die Empfangsbestätigung unterschrieb.

Der RjF in Landau existierte noch für ungefähr vier weitere Jahre als „Eingeschriebener Verein“, wurde aber zunehmend von lokalen Nazis und der Polizei überwacht. Am 9. Oktober 1936 erließ Himmler, damals Reichsführer SS und Chef der Deutschen Polizei innerhalb des Reichsministeriums des Inneren, eine Anweisung, die die Aktivitäten jüdischer Organisationen im Reich betraf und die zur Referenz für spätere Maßnahmen diente. Das Bayerische Staatsministerium des Inneren bezog sich auf sie in einer Direktive vom 31. Oktober 1936, die an alle bayerischen Verwaltungsbehörden und alle Polizeiämter gerichtet war.

> Der Reichsbund jüdischer Frontsoldaten e. V. betreut die jüdischen Kriegsopfer. ... Ich ersuche ergebenst, die Tätigkeit des RjF, soweit sie der Betreuung jüdischer Kriegsopfer dient, nicht zu behindern. Versammlungen [zu diesem Zweck] sind nicht zu verbieten. Zwecks Erleichterung der Kontrolle müssen Versammlungen vorher angemeldet werden.

Ungefähr einen Monat später, am 25. November, gab die Geheime Staatspolizei (Gestapo) in München Instruktionen an alle Stadtkommissare heraus: „Die Versammlungen des RjF sind eingehend zu überwachen und gegebenenfalls … zu verbieten.“ Am 3. Mai 1937 hielt es der Landauer Stadtkommissar für nötig, dem Bürgermeister zu schreiben:

Es besteht Veranlassung darauf hinzuweisen, daß der Erlaß des Reichsführers … vom 9.10.36 nicht genügend beachtet wird.
Der RjF führt jedoch dessen ungeachtet [der Einschränkungen des Erlasses] noch immer Veranstaltungen durch, die nicht ausschließlich der Betreuung jüdischer Kriegsopfer dienen, und zu denen sogar die Angehörigen der Mitglieder eingeladen werden.
Der Erlaß vom 9.10.1936 bietet die Möglichkeit, die rege Versammlungs- u. Vereinstätigkeit des assimilatorisch eingestellten RjF auf das Mindestmaß zu beschränken. ...
Ich bitte um Mitteilung bis spätestens 8. Mai 1937 ob noch Ortsgruppen des RjF bestehen und ob Verfehlungen … bekannt geworden sind.

Die Antwort des städtischen Polizeiamtes kam prompt.

Die hiesige Ortsgruppe des RjF besteht noch. Seit 9.10.36 hat [sie] eine einzige Veranstaltung durchgeführt und zwar einen Kameradschaftsabend am 10.11.36 im jüdischen Gemeindesaal in Landau i. d. Pf. Die Veranstaltung war ordnungsgemäß angemeldet und genehmigt.

Der pleonastische Gebrauch des Wortes „assimilatorisch“ im Brief des Stadtkommissars an das Bürgermeisteramt hatte im Jahre 1937 eine besondere Bedeutung angenommen. Was immer die Absichten der Nazis zu dieser Zeit den Juden gegenüber waren: ihre physische Ausrottung stand noch nicht auf dem Programm. Was die Nazis auf jeden Fall wollten, war die totale Abtrennung der Juden von ihrer Umgebung, ihre Gettoisierung und ihre Erniedrigung als Individuen und als Volk ohne jegliche Rechte. Heydrich und andere glaubten, es wäre das Beste für Deutschland, wenn die Juden allesamt das Land verließen. Assimilation war genau das, was die Nazis nicht wollten. Aber im Zusammenhang mit dem RjF war das Wort „assimilatorisch“ vollkommen unsinnig. Die Mitglieder des RjF waren stolze deutsche Bürger und Veteranen des Großen Krieges, in dem sie tapfer gekämpft, sich ausgezeichnet und gelitten hatten wie ihre nichtjüdischen Kameraden.

Zu jener Zeit hielten es die Nazis nicht für opportun, den RjF zu verbieten; sie machten der Veteranenorganisation einfach das Leben schwer. Mit dieser Absicht gab die BPP am 20. Februar 1935 folgende Anweisung heraus:

In letzter Zeit mehrt sich die Zahl der Vorträge in jüdischen Organisationen, in denen Propaganda für das Verbleiben der Juden in Deutschland getrieben wird. Es wird angeordnet, daß sämtliche Versammlungen jüdischer Organisationen, soweit in ihnen Propaganda für das Verbleiben der Juden in Deutschland gemacht werden soll, bis auf weiteres zu verbieten sind.

Hierauf folgte am 5. April 1935 eine weitere vertrauliche Anweisung:

Beim Vorliegen der Voraussetzungen sind Versammlungen deutsch-jüdischer Organisationen in eigener Zuständigkeit zu untersagen und die örtlichen Verhältnisse zum Gegenstand des Verbotes zu machen.

Die meisten Juden, die zu jener Zeit in Deutschland lebten, sahen sich ohne Einschränkungen als Deutsche und Mitglieder der deutschen Gesellschaft. Dass sie ihren Gottesdienst in der Synagoge hielten, während ihre christlichen Mitbürger in ihre protestantischen oder katholischen Kirchen gingen, war ganz natürlich in einer multikulturellen Gesellschaft. Was die meisten deutschen Juden während der ersten Jahre des Hitlerregimes wohl am tiefsten schockierte, war die Erfahrung, dass sie plötzlich aus der deutschen Gesellschaft ausgestoßen wurden und als Fremde, die keinen Anteil mehr an ihr haben sollten, angesehen wurden, obgleich ihre Familien seit Generationen in Deutschland gelebt hatten. Bevor man die Juden ausrottete, machten die Nazis sie zu Ausgestoßenen. Und sie trichterten jedem „echten" Deutschen ein, dass dies ganz in der Ordnung sei.

Im Rückblick wundert man sich, dass es im Jahre 1935 noch einige deutsche Juden gab – ja, sogar noch einige „echte" Deutsche – die daran glaubten, dass das Hitlerregime doch noch verschwinden würde. Aber die einzige potenziell wirksame politische Opposition, die Parteien der Linken, waren gleich nach der Machtergreifung vernichtet worden. Ihre Führer waren eingesperrt oder geflohen. Die einzige andere Kraft, mit der man hätte rechnen können, die deutsche Wehrmacht, war bereits nach dem Tode des Präsidenten Hindenburg auf die Linie der Nazis eingeschwenkt. Nur noch eine außerdeutsche Kraft konnte Hitlers Terrorregime stürzen.

Eine weitere Anordnung der BPP kam am 21. Juni 1935 heraus:

> Betreff: Versammlungstätigkeit der Juden.
> In letzter Zeit ist eine erhebliche Steigerung der Tätigkeit der sogen. deutsch-jüdischen Organisationen (Assimilanten) beobachtet worden. Veranlassung hierzu gab ihnen insbesondere die Wehrgesetzgebung, bei der sie eine Gelegenheit erhofft hatten, sich wieder dem deutschen Volkstum zu nähern.
> Die starke Versammlungstätigkeit der Juden kann in Zukunft in dem bisherigen Maße nicht mehr geduldet werden. ... Versammlungen jüdischer Organisationen sind auf Grund des §1 der Verordnung des Herrn Reichspräsidenten [Hindenburg] zum Schutz von Volk und Staat vom 28.2.1933 zu verbieten.

(Man erinnert sich, dass der erste Paragraph dieser Verordnung „Beschränkungen der persönlichen Freiheit … und [des] Versammlungsrechts“ zuließ.) Drei Ausnahmen wurden in der Anordnung vom 21. Juni gemacht:

> 1) Örtliche Kulturorganisationen, soweit sie dem Reichsbund jüdischer Kulturbünde in Deutschland angeschlossen sind.
> 2) Sportorganisationen.
> 3) Zionistische Organisationen.

Darauf folgte aber gleich eine Drohung:

> Sofern jedoch Veranstaltungen … zur Tarnung benutzt werden und in ihnen offen oder versteckt Propaganda für den Verbleib der Juden in Deutschland gemacht werden sollte, sind [die Organisationen] sofort aufzulösen und bis auf weiteres zu verbieten.

In diesem Zusammenhang muss ein anderes BPP Memorandum erwähnt werden:

> [Es ist die Tendenz beobachtet worden,] wichtige Veranstaltungen [jüdischer Organisationen] auf Sonntage, bezw. christliche Feiertage zu verlegen. ... Da den Außendienstbeamten auf die Dauer nicht zugemutet werden kann, an den Festtagen jüdische Veranstaltungen zu überwachen, ersuche ich, … jüdische Veranstaltungen an christlichen Feiertagen nur noch in ausnahmsweisen Fällen zuzulassen.

In der zweiten Hälfte des Jahres 1935 entschieden die Nazis, eine „Judenkartei“ anlegen zu lassen, die alle in Deutschland lebenden Juden erfassen sollte. Am 1. September schickte die BPP die folgende Anordnung[181] an sämtliche Polizei- und Kreisämter, an die Stadtkommissare und andere Offizielle, um Einzelheiten festzulegen:

Zur Erfassung der Juden in Deutschland soll eine Judenkartei angelegt werden. Um eine Grundlage hierfür zu schaffen, sind sämtliche im Bereich der dortigen Dienststelle befindlichen jüdischen Organisationen zur Einreichung von Mitgliederlisten nach beiliegendem Muster in dreifacher Ausführung zu veranlassen. Diese Mitgliederlisten müssen den Stand vom 1.10.1935 wiedergeben. ...

Die Listen sind zu sammeln und in 3 Ausfertigungen zuverlässig bis zum 15. Oktober 1935 spätestens vorzulegen. Eine vierte Ausfertigung verbleibt der dortigen Dienststelle zur Auswertung und Anlage einer Bezirkskartei.

Die eintretenden Veränderungen sind dann ohne besondere Aufforderung jeweils am Vierteljahresersten als Stichtag in einer Nachtragsliste ... zu melden. Diese Liste soll enthalten:

1.) den Abgang, getrennt nach
  a.) durch Austritt
  b.) durch Tod
  c.) durch Auswanderung
2.) den Zugang.

Am 12. September erhielt Bürgermeister Ehrenspeck diese Anordnung vom Stadtkommissar und schickte sie weiter an das städtische Polizeiamt. Ehrenspeck war noch bis zum 30. September im Dienst. Das Berichtsformat verlangte Auskunft über die Beziehungen von Organisationen zu anderen, besonders zu im Reich zugelassenen, und über ihre politische Orientierung, wie z. B. assimilatorisch, zionistisch oder orthodox. Ferner mussten für jedes Vereinsmitglied Name (Vor- und Familienname), Funktion im Verein (falls es eine hatte), Geburtsdatum und Ort, Beruf und Adresse mitgeteilt werden. Am 3. Oktober ging Landaus Kreisleiter Dr. Stolleis – der seit dem 1. Oktober auch Landaus Bürgermeister war – noch einen Schritt weiter. Er schrieb dem Polizeiamt:

Die Kreisleitung der NSDAP sowie der SS-Abschnitt XXIX benötigt dringend ein Verzeichnis sämtlicher jüdischen Einwohner, sowie sämtlicher jüdischen – auch getarnten – Firmen.
Ich bitte Sie, die dazu benötigten Unterlagen dem SS-Oberscharführer E. Sch. zur Abschrift vorübergehend auszuhändigen.

181 Stadtarchiv Landau A II 301, Judenkartei. Allgemeine Weisungen 1935/40, Polizeiamt Landau (Pfalz). Diese Akte ist in der folgenden Dokumentation mehrfach benutzt worden.

Stolleis' Anordnung war eine Reaktion auf die Unsicherheit in der BPP über Wege, wie man diejenigen Juden registrieren solle, die keinen Organisationen angehörten.

Am 16. September 1935, auf die Judenkartei-Anordnung vom 1. September reagierend, identifizierte das Landauer Polizeiamt die folgenden jüdischen Organisationen, die in der Stadt registriert waren:

1.) Jüdischer Turn- und Sportverein, Landau i. d. Pf. Vorsitzender Herr Richard Michel.
2.) Reichsbund jüdischer Frontsoldaten, Ortsgruppe Landau i. d. Pf. Vorsitzender Herr Richard Michel.
3.) Centralverein deutscher Staatsbürger jüdischen Glaubens, Ortsgruppe Landau i. d. Pf. Vorsitzender Herr Josef Weiller.
4.) Israelitischer Frauenverein, Landau. Vorsitzende Frau Betty Einstein.
5.) Jüdischer Kegelclub. Vorsitzender Herr Heinrich Kahn.
6.) Zentrale Wohlfahrtsstelle „Hilfe und Aufbau". Vorsitzender Herr Arthur Schwarz.

Diese wurden aufgefordert, die verlangten Angaben zu machen. Josef Weiller reagierte auf das Verlangen nach Auskunft und berichtete:

Auf ihre Anfrage teile ich Ihnen andurch mit, daß die Ortsgruppe dieses Vereins seit zwei Jahren nicht mehr besteht. Von dem Zeitpunkt an, wo das Vermögen des Vereins beschlagnahmt wurde (das bis heute noch nicht zurückgegeben wurde), hat die Ortsgruppe nichts mehr unternommen.

Eine weitere negative Reaktion kam von Heinrich Kahn: „Auf Ihre Anfrage teile ich Ihnen mit, daß der jüdische Kegelclub seine Auflösung beschlossen hat." Der Frauenverein war vor einiger Zeit in die Zentrale Wohlfahrtsstelle aufgenommen worden, existierte also nicht mehr. Am 5. Oktober schickte das Polizeiamt die vorhandenen Auskünfte an Stolleis zusammen mit den Mitgliedslisten des Turn- und Sportvereins, des RjF und der Zentralen Wohlfahrtsstelle und unterrichtete ihn über die drei anderen Vereine.

Die vom 5. Oktober 1935 datierende Mitgliederliste des RjF enthält neunundvierzig Namen. Änderungen wurden periodisch eingereicht. Zum 1. Oktober 1936 hatten drei Mitglieder Deutschland verlassen, unter ihnen Richard Michel, der in die USA ausgewandert war. Er war durch Siegfried Günzburger ersetzt worden. Zwei Jahre später war die Mitgliederzahl des RjF auf sechsundzwanzig gesunken, im Wesentlichen als Folge von Auswanderung. Das Ende des RjF kam am 9. Januar 1939. Günzburger informierte den Bürgermeister „daß sich der Ortsverband des RjF infolge Abwanderung der meisten Mitglieder in Auflösung befindet“. Gegründet worden war der Landauer Ortsverband 1924 von Michel als geselliger Klub zur Unterstützung bedürftiger Kameraden und als Plattform für den Kampf gegen üble Nachrede von Antisemiten über Feigheit der jüdischen Soldaten im Kriege. Auf nationaler Ebene war der RjF im Jahre 1919 gegründet worden trotz des Widerstandes einiger jüdischer Veteranen, die befürchteten, dass sich eine Kluft zwischen ihnen und ihren nichtjüdischen Kameraden auftun könne.

Der Zentralen Wohlfahrtsstelle „Hilfe und Aufbau“, die in „Zentralwohlfahrtsstelle der israelitischen Kultusgemeinde Landau“ umbenannt wurde, erging es nicht besser. Am 21. Oktober 1935 reichte ihr Vorstand Arthur Schwarz die verlangte Mitgliederliste[182] in fünffacher Ausfertigung ein und bezeichnete die Stelle als „neutral in ihrer jüdisch-politischen Einstellung“. Vierteljahresberichte wurden bis Oktober 1938 eingereicht. Der letzte, vom 5. Oktober, zeigt, dass Paul Alexander, ehemals Kassierer des RjF, und Betty Einstein, ehemals Vorstand des jüdischen Frauenvereins, Deutschland verlassen hatten. Die Wohlfahrtsstelle hatte noch 108 Mitglieder, und Arthur Schwarz agierte als Vorstand, Kassierer und Schriftführer. Am 9. Januar 1939 informierte Landaus Bürgermeister den Stadtkommissar, dass sich gemäß einer Zuschrift vom 6. Januar die jüdische Zentralwohlfahrtsstelle auflösen werde, „da die Gebenden von Landau fort sind, und die meisten noch hier wohnenden Juden zu den Nehmenden gehören“. Diese deprimierende Notiz endete mit dem Zusatz: „Die Zentralwohlfahrtsstelle Landau kann wohl schon heute als nicht mehr bestehend betrachtet werden.“

Neben dem RjF und der Zentralwohlfahrtsstelle führt ein Bericht des Landauer Polizeiamtes die folgenden Organisationen auf: den Jüdischen Kulturbund für die Pfalz und den Jüdischen Jugendbund, beide unter der Leitung von Rabbiner Kurt Metzger; den Zionistischen Ortsverband Landau und den Jüdischen Turn- und Sportverein Makkabi, beide unter Egon Rosenblum; die Verwaltung der israelitischen Kultusgemeinde Landau unter Arthur Schwarz; und den Verband der israelitischen Kultusgemeinden der Pfalz unter Albert Joseph, dem älteren Bruder von Richard Joseph.

182 Stadtarchiv Landau A II 299, Zentralwohlfahrtsstelle der isr. Kultusgemeinde Landau (Pfalz). Diese Akte ist in der folgenden Dokumentation mehrfach benutzt worden.

Der jüdische Turn- und Sportverein war am 17. April 1935 von Richard Joseph nach Einreichung der Satzung und einer Mitgliederliste gegründet worden.[183] Zum Vorstand gehörte der Landauer Weinhändler Emil Mai, ein Bruder von Alex Mai, der eine leer stehende Lagerhalle auf seinem Grundstück für den Turnbetrieb zur Verfügung stellte. Der Verein war vom Stadtkommissar genehmigt worden unter den Bedingungen, dass er sich nicht politisch betätige, dass alle Mitglieder Juden sein müssen und dass er sich dem Reichsauschuss jüdischer Turn- und Sportvereine anschließe. Das Schreiben des Stadtkommissars endet mit den Worten: „Der Vorstand ist verpflichtet, Anträgen des Stadtkommissars auf Ausschluß von Mitgliedern bedingungslos nachzukommen." Im Oktober 1935 hatte der Verein 141 Mitglieder; der Beitrag betrug 50 Pfennig pro Vierteljahr. Angaben zu Veränderungen in der Mitgliedschaft wurden bis Ende 1938 eingereicht. Eine der Listen zeigt, dass Heinrich Kahn, der sich im jüdischen Kegelklub betätigt hatte, am 1. Dezember nach Argentinien ausgewandert war.

Irgendwie fühlten sich die Nazis nicht wohl bei dem Gedanken an jüdische athletische Aktivitäten. Am 11. März 1935 gab die BPP folgende Anweisung heraus:

> Mit Rücksicht auf außenpolitische Fragen hat der Herr Reichssportführer [Baldur von Schirach] nach Einholung der Zustimmung des Herrn Reichsministers des Inneren die Bildung eines einheitlichen Reichsauschusses der jüdischen Turn- und Sportvereine angeordnet und den dem Reichsausschuß angeschlossenen Vereinen die Vorbereitung und Beteiligung an der Olympiade 1936 zugesichert.

Die Olympischen Spiele waren für die Zeit vom 2. bis zum 16. August 1936 in Berlin geplant. Ein Gefühl der Dringlichkeit spricht aus einer Direktive, die die BPP am 1. September 1935 herausgab:

> Um die reibungslose Abwicklung der Vorarbeiten für die Olympiade nicht zu hemmen, und um der jüdischen Auslandshetze den Boden zu entziehen, wird den Makkabi-Organisationen und dem Sportbund des Reichsbundes jüdischer Frontsoldaten in Bayern bis zur Olympiade 1936 die sportliche Betätigung erlaubt.
> Eine generelle Regelung des jüdischen Sports wird nach Ablauf der Olympiade erfolgen.

Diesem Dokument ist ein langer Anhang beigefügt:

---

183 Stadtarchiv Landau A II 299, Jüdischer Turn- und Sportverein Landau. Diese Akte ist in der folgenden Dokumentation mehrfach benutzt worden.

Die antisemitischen Ausschreitungen der letzten Zeit sind in der ausländischen Presse aufgebauscht wiedergegeben worden. Das jüdisch beeinflußte Ausland hat diese übertriebenen Nachrichten zum Anlaß genommen, die Durchführung der Olympiade 1936 in Berlin in Zweifel zu stellen. So ist bereits aus interessierten Auslandskreisen dem Herrn Reichssportführer der Vorschlag zu Verhandlungen mit der versteckten Absicht gemacht worden, die Olympiade nach Rom oder in eine andere Weltstadt zu verlegen.
Nach dem Willen des Führers soll die Olympiade 1936 jedoch unter allen Umständen in Berlin stattfinden. Um ihre Durchführung nicht zu gefährden, erscheint es angebracht, den dem Reichsausschuß jüdischer Sportverbände angeschlossenen Sportkreisen … bis zur Durchführung der Olympiade nach Möglichkeit Hindernisse nicht in den Weg zu legen.
Es ist wiederholt berichtet worden, daß örtliche Stellen den jüdischen Sport durch Verbote … unmöglich machten. Diese Behinderung erscheint im Hinblick auf die gegenwärtige Lage insbesondere bezüglich der dem Reichsausschuß angehörenden Vereine des Makkabi-Kreises und des Reichsbundes jüdischer Frontsoldaten unangebracht.

Diese Anweisungen waren jedoch mit Auflagen verbunden. Jüdische Athleten durften nur jüdische Sportanlagen benutzen. Nichtjüdische Sportplätze und Schwimmbäder durften nur benutzt werden, wenn sie nicht von Ariern gebraucht wurden. Auf jeden Fall durften keine Wettkämpfe zwischen Juden und Nichtjuden stattfinden. Beide Gruppen mussten streng getrennt bleiben.

Es scheint, dass sich die Landauer jüdischen Turner sicherer glaubten, wenn sie sich dem RjF anschlössen.

Der Jüdische Turn- und Sportverein Landau in der Pfalz hat sich in seiner Hauptversammlung am 5. Mai 1936 nach Genehmigung des Herrn Beauftragten für Bayern des Herrn Reichssportführers vom 24.10.35 unter [dem Namen „Schild"] dem Reichsbund jüdischer Frontsoldaten angeschlossen, der dem Reichsausschuß Jüdischer Sportverbände angehört.

Erster Vorsitzender des neuen Vereins war Siegfried Weiss. Der bisherige Vorsitzende Richard Michel wurde zum Ehrenvorsitzenden ernannt. Rabbiner Kurt Metzger wurde in den Vorstand berufen. Ein Bericht des Landauer Polizeiamtes vom 16. Juli 1936 besagt, dass der Turnverein 139 erwachsene Mitglieder hatte und vierundvierzig Schüler. Der Bericht besagt ferner, „bis jetzt ist nichts Nachteiliges zu unserer Kenntnis gelangt". Den Nazis kamen aber bald Bedenken über einen dem RjF angeschlossenen

Sportverein. Sie meinten, im RjF „assimilatorische Tendenzen“ zu wittern.

Die Olympiade fand in Berlin vom 2. bis 16. August wie geplant statt. Deutsche jüdische Athleten nahmen nicht an ihr teil. Die leichtgläubige Führung des internationalen Sports hatte sich einlullen lassen, trotz besseren Wissens über den wahren Zustand in Deutschland. Drei Wochen nach der Olympiade, am 8. September, gab die BPP die folgende Weisung heraus:

Im Benehmen mit dem Politischen Polizeikommandeur der Länder wird künftig in Bayern an ein und demselben Ort nur noch *ein* jüdischer Turn- und Sportverein zugelassen und zwar ein Verein ohne innerjüdische politische Bindung (neutraler Verein). Demgemäß ist kein Raum mehr für die Sportvereine des Makkabi-Kreises und des Reichsbundes jüdischer Frontsoldaten. Soweit derartige Vereine bestehen, sind sie unter entsprechender Belehrung aufzulösen. Neugründungen [sind erlaubt nur wenn] es sich um neutrale Vereine handelt.

In Landau betraf dies den Turnverein Schild. Die Instruktionen der BPP erreichten die Landauer Kreisverwaltung am 24. Oktober. Sie brauchte weitere sieben Wochen, um darauf zu reagieren. Am 3. Dezember 1936 berichtete das Landauer Polizeiamt über eine Vereinsversammlung am 2. Dezember im jüdischen Gemeindehaus in der Schützengasse:

Vorsitzender Siegfried Weiss gibt die Auflösung des Vereins „Schild“ Landau Pfalz im Sportbund des Reichsbundes jüd. Frontsoldaten bekannt. Im Anschluß daran Neugründung eines *neutralen* jüd. Turn- und Sportvereins. Vorsitzender Siegfried Weiss wiedergewählt. Zirka 30 Personen anwesend.

Die Stadtbehörden wurden am 6. Januar 1937 von Weiss über die Existenz des neuen Vereins informiert.

Es scheint, dass der Chef der BPP aus eigener Initiative handelte, ohne Absprache mit seinen Berliner Vorgesetzten. Am 10. März schaltete sich Heydrich, zu jener Zeit bereits Chef der Gestapo, in die Angelegenheit der jüdischen Sportorganisationen ein. In Bayern war dies schon nicht mehr aktuell. Die Gestapo in Berlin gab die folgende Botschaft heraus, von Heydrich selbst unterschrieben:

Wie ich aus verschiedenen Eingaben ersehen habe, ist in mehreren Fällen die Betätigung der Sportgruppe „Schild“ des Reichsbundes jüdischer Frontsoldaten untersagt worden. … eine Einschränkung der Betätigung der Sportgruppe „Schild“… war nicht beabsichtigt.

Ich ersuche daher, grundsätzlich die Veranstaltungen der Sportgruppe „Schild"... nicht zu behindern, es sei denn, daß im Einzelfall auf Grund besonderer Umstände polizeiliche Maßnahmen geboten sind.

Der Wortlaut dieser Botschaft war kein Zeichen des Wohlwollens, denn Heydrich fuhr fort:

Die Beschränkung der Betätigung des Reichsbundes jüdischer Frontsoldaten selbst muß auch aus besonderen Gründen in gewisser Hinsicht gelockert werden, um eine sonst mit Sicherheit zu erwartende Selbstauflösung zu vermeiden, die nicht im Interesse staatspolizeilicher Überwachung liegt. In Zukunft ist daher monatlich einmal eine Mitgliederversammlung des Reichsbundes jüdischer Frontsoldaten zu gestatten.

Für Landaus „Schild" kam diese Botschaft ein Jahr zu spät.

Im Spätjahr 1936 waren die Bayerischen Nazibehörden jedoch noch mit den jüdischen Sportaktivitäten beschäftigt. Am 8. Dezember schickte die BPP eine Anweisung an die Staatspolizeistelle Ludwigshafen, die an die Stadtkommissare weitergeleitet wurde:

Die Anordnung [Entschluß vom 8. September 1936], daß nur noch ein jüdischer Turn- und Sportverein zugelassen wird, und zwar ohne innerjüdische politische Bindung (neutraler Verein), hat bei den zionistisch eingestellten Organisationen die Auffassung hervorgerufen, daß ihnen nunmehr in diesen Sportvereinen jede Betätigung im zionistischen Sinne verboten sei.

Im Hinblick darauf, daß die staatspolizeilichen Maßnahmen auf eine Förderung der zionistischen Bestrebungen mit dem Ziele der Auswanderung nach Palästina abzustellen sind, werden in den neutralen Sportvereinen gegen eine Betätigung im zionistischen Sinne keine Bedenken erhoben, eine solche Betätigung ist vielmehr erwünscht.

Ich ersuche, die in dem dortigen Bereich bestehenden zionistischen Organisationen im vorstehenden Sinne zu unterrichten und dafür Sorge zu tragen, daß die Leitung der neutralen jüdischen Sportvereine nach Möglichkeit in den Händen von Zionisten liegt.

Am 9. Januar 1937 wurden der Jüdische Turn- und Sportclub Landau (Siegfried Weiss) und die Zionistische Ortsgruppe Landau (Ernst Sender) vom Landauer Polizeiamt entsprechend informiert. Es informierte auch den Stadtkommissar auf dessen dringende Anfrage, dass es in der Stadt nur einen jüdischen Sportklub gibt unter dem Vorsitzenden Siegfried Weiss. „Der Vereinsvorstand ist angeblich nicht zionistisch eingestellt." Es war also klar, dass Weiss gehen musste. Am 25. Januar wurde er gezwungen zurückzutreten. Der Landauer Zionist Paul Alexander wurde zu seinem Nachfolger bestellt. Im September 1938 befanden sich die Zionistische Ortsgruppe und der Turn- und Sportverein beide unter der Leitung von Egon Rosenblum. (Alexander und Rosenblum gingen später in die Vereinigten Staaten.) Am 3. Januar 1939 unterrichtete der Kaufmann Erich Kahn im Namen Rosenblums das Landauer Bürgermeisteramt von der Selbstauflösung des Sportvereins.

Die Zionistische Ortsgruppe Landau[184] war am 13. Oktober 1935 von Ernst Sender, einem Landauer Kaufmann, gegründet worden. In einer Aufstellung der jüdischen Vereine in Landau vom 16. Juli 1936 findet sich die Bemerkung:

> Der Vorstand Sender war früher ein frecher Jude, hält sich jetzt aber auch zurück, so daß z. Zt. nichts Nachteiliges über ihn gesagt werden kann. Die übrigen Mitglieder haben sich öffentlich bis jetzt auch nicht bemerkbar gemacht, und bei Überwachung der Versammlungen haben sich noch keine Beanstandungen ergeben.

Die Zionisten hatten siebenunddreißig Mitglieder, eine kleine Zahl verglichen mit einer jüdischen Gesamtbevölkerung von ungefähr 200 zu jener Zeit in Landau. Die Landauer Zionisten waren dem Zionistischen Verein für Deutschland e. V. in Berlin angeschlossen.

Der politische Zionismus hat seine Wurzeln in Osteuropa und entstand als Folge wiederholter Unterdrückungen und Pogrome im zaristischen russischen Imperium während der zweiten Hälfte des neunzehnten Jahrhunderts. Die zionistische Bewegung vertrat nationalistische Ziele und erstrebte einen jüdischen Staat. Sie fand Anhänger unter den Juden in Mittel- und Westeuropa, wo die Mehrheit jedoch sich längst mit den Nationen identifiziert hatte, in denen sie lebten. Sie hatten ihre Sprache, Sitte und Kultur angenommen und betrachteten diese Länder als ihre Heimat. Wie dem auch sei, um die Jahrhundertwende wurde Berlin zum Zentrum der zionistischen Bewegung und blieb es bis zum Ausbruch des Ersten Weltkrieges. Die Zionisten konzentrierten ihre Aktivitäten später in London.

Auf der konstituierenden Sitzung der Zionistischen Ortsgruppe Landau im jüdischen Betsaal in der Schützengasse sollte ein geladener Gast aus Mannheim über das Thema „Jüdische Haltung“ sprechen. Senders Bitte

184 Stadtarchiv Landau A II 299, Zionistische Ortsgruppe Landau (Pfalz) 1935/39. Diese Akte ist in der folgenden Dokumentation mehrfach benutzt worden.

um Genehmigung der Veranstaltung wurde vom Bürgermeisteramt an den Stadtkommissar weitergeleitet mit der Bemerkung:

> Ich bitte, das Gesuch [Senders] nicht zu genehmigen, weil nach dem Verhandlungsthema die Vermutung gerechtfertigt ist, daß es sich um eine getarnte zionistische Versammlung handeln soll, um den eigentlichen Zweck – engeren Zusammenschluß aller Juden in Deutschland – zu verschleiern und eine zunehmende Versammlungstätigkeit der hiesigen Juden zu ermöglichen. Diese Vermutung wird noch dadurch bestärkt, daß auch anderwärts eine unerwünschte Zunahme der jüdischen Versammlungstätigkeit beobachtet wurde.

Einen Tag später jedoch empfahl der Stadtkommissar, nach Rücksprache mit der BPP in Ludwigshafen, dem Bürgermeister, Senders Veranstaltung zu genehmigen, sie von der Polizei überwachen zu lassen und Sender aufzufordern, eine Mitgliederliste in vierfacher Ausfertigung einzureichen und durch vierteljährliche Nachträge zu ergänzen. Der Kommissar fuhr fort mit dem Hinweis:

> Nach Mitteilung der Außenstelle Pfalz der Bayerischen Politischen Polizei ist die zionistische Vereinigung diejenige Organisation, die die Auswanderung der Juden aus Deutschland in die Hand genommen hat. Ihre Tätigkeit ist daher grundsätzlich erwünscht und es ist nur dafür Sorge zu tragen, daß sich diese Tätigkeit in dem umschriebenen Rahmen hält.

Auf diese Weise gedeckt genehmigte der Landauer Bürgermeister die zionistische Versammlung am 12. Oktober und beorderte einen Polizisten, sie zu beobachten. Dieser fand nichts auszusetzen, wie sein Bericht an den Stadtkommissar vom 15. Oktober zeigt:

> Die Rede des [eingeladenen Sprechers] erstreckte sich über die Ansiedlungsmöglichkeiten in Palästina und der Gestaltung eines neuen jüdischen Volkslebens der bereits dorten in Eretz Israel tätigen jüdischen Jugend. ... [Der Sprecher] machte für die Auswanderung nach Palästina Propaganda. ... Von einem Verbleiben der Juden in Deutschland sprach er nicht. ...
>
> Als künftiger Vorstand der Ortsgruppe kommt jedenfalls Ernst Sender in Betracht. ...

Sender wurde gewählt, und Rabbiner Metzger wurde sein Stellvertreter.

Die deutschen Zionisten verstärkten ihre Tätigkeit unter dem Druck der Nazis, nicht nur, indem sie auf Palästina als „Land der Verheißung" hinwiesen, sondern auch auf praktische Weise, indem sie Geldsammlungen durchführten, um Emigration zu ermöglichen. Hierin wurden sie von den

Nazis ermutigt, wie eine Mitteilung der BPP vom 9. Juli 1935 an alle Stadtkommissare belegt:

Von den zionistischen Organisationen werden seit einiger Zeit bei ihren Mitgliedern und Sympathisierenden Geldsammlungen zur Förderung der Auswanderung, zum Bodenkauf in Palästina und zur Unterstützung des Siedlungswesens in Palästina durchgeführt. Diese Geldsammlungen sind *nicht* genehmigungspflichtig. ... Auch von staatspolizeilicher Seite bestehen gegen diese Veranstaltungen keine Bedenken, zumal es sich um solche Fonds handelt, mit deren Hilfe die politische Lösung der Judenfrage gefördert wird. ... Die Geldsammlung der staatszionistischen Organisationen für den Keren Hamenorah ist zu gestatten.

Seit 1935 ging es den deutschen Juden nicht mehr darum, sich als Individuen in ihrer gewohnten gesellschaftlichen Umwelt zu erhalten. Es ging nur noch um Selbsterhaltung. Das bedeutete einen Kampf gegen unüberwindliche Hindernisse, denn die Nazis zogen den Strick enger und machten ein Leben in Würde unmöglich. Mitte Oktober 1935 ersuchte die Freie Vereinigung israelitischer Lehrer und Kantoren der Pfalz, die ihren Sitz in Zweibrücken hatte, um Erlaubnis, eine Fortbildungskonferenz in Landau abzuhalten. Als Themen waren Neuere Strömungen der Pädagogik, Standes- und Berufsfragen und eine Aussprache über Jugendfragen vorgesehen. Die Konferenz wurde vom Stadtkommissar genehmigt und fand am 27. Oktober statt. Nach dem Bericht der Kriminalpolizei waren ungefähr 35 Personen anwesend, darunter einige Frauen und verschiedene auswärtige Lehrer. Der Gastredner war Prof. Dr. Curt Bondy.

Dr. Bondy, früher Direktor des Jugendgefängnisses Eisenach, jetzt in Frankfurt a./Main wohnhaft, führte einleitend aus, daß wenn noch im Jahre 1931 die jüdische Jugend vorwiegend darauf bedacht war, in Deutschland zu bleiben, dies Verhältnis im Jahre 1933/34 sich dahin geändert hat, daß etwa die Hälfte ... schon auswanderte, während jetzt die ganze Jugend sich darauf abstellen muß, ins Ausland zu gehen. ...

Dr. Bondy führte aus, dass höhere Bildung für die jüdische Jugend nicht mehr möglich sei, so dass man sich auf die Grundbildung konzentrieren müsse. Um Isolierung zu vermeiden, sollten Jugendbünde gegründet werden. Wie der Bericht besagt, warnte Dr. Bondy jedoch vor Panik.

Die Sache würde ja gesetzlich geregelt und es würde dann auch Beruhigung eintreten.
Irgendwelche Beschlüsse wurden nicht gefaßt. Zu irgendwelchen Beanstandungen war kein Anlaß gegeben. ...

Gegen Ende des Jahres 1935 gab es tatsächlich keine Möglichkeit mehr für junge Juden, eine höhere Schule oder eine Universität zu besuchen. Am 10. September 1935 gab Dr. Bernhard Rust ein Memorandum heraus, in dem er die Haltung der nationalsozialistischen Regierung zur Ausbildung der Juden darlegte. Rust war SA-Mann, eifriger Nazi und ehemaliger Volksschullehrer. Die Schulbehörde des Landes Niedersachsen hatte ihn 1930 wegen psychischer Instabilität entlassen. Er hatte es dann bis zum Reichs- und Preußischen Minister für Wissenschaft, Erziehung und Volksbildung gebracht. Rusts Memorandum lautete wie folgt:[185]

Eine Hauptvoraussetzung für jede gedeihliche Erziehungsarbeit ist die rassische Übereinstimmung von Lehrer und Schüler. Kinder jüdischer Abstammung bilden für die ... ungestörte Durchführung der nationalsozialistischen Jugenderziehung ... ein starkes Hindernis. ... Ich beabsichtige ..., vom Schuljahr 1936 ab für die reichsangehörigen Schüler aller Schularten eine möglichst vollständige Rassentrennung durchzuführen. ... Die Errichtung öffentlicher Volksschulen für Juden [wird] erforderlich werden.
Voraussetzung für die Errichtung einer öffentlichen jüdischen Volksschule ist das Vorhandensein einer ausreichenden Zahl jüdischer Kinder innerhalb einer Gemeinde oder eines unter Berücksichtigung zumutbarer Schulwege abgegrenzten Gebietes. ... Dabei müssen gegebenenfalls mehrere oder sämtliche Jahrgänge in einer Volksschulklasse zusammengefaßt werden. Als eine Richtzahl ... wird die Zahl von zwanzig Kindern anzunehmen sein.

Rust bemerkte, dass aus politischen Gründen eine Finanzierung der jüdischen Schulen aus der öffentlichen Hand nicht erwartet werden könne.

Dagegen empfiehlt es sich vielleicht ... die Elternschaft der Schule oder die jüdischen Einwohner des Schulorts bezw. des Schulgebiets zum Unterhaltsträger zu erklären und Staat und Gemeinden durch angemessene Beihilfen zu beteiligen. ...

Die Regierung der Pfalz brauchte bis Mai 1936, um die Forderungen Rusts umzusetzen. Sie entschied, Volksschulklassen für jüdische Kinder an verschiedenen Orten einzurichten. Landau war einer von ihnen. Die Pfälzer Regierung verlangte in ihrer Verfügung vom 27. Juli 1936 an die Bezirks- und Schulbehörden[186]

185 Die nationalsozialistische Judenverfolgung in Rheinland-Pfalz 1933 bis 1945, Johannes Simmer Hrsg., Selbstverlag der Landesarchivverwaltung Rheinland-Pfalz, Koblenz 1974, Dokument 52, S. 60.

186 Ebd., Dokument 71, S. 83.

für die Verständigung der Eltern der in Frage stehenden Kinder zu sorgen. Dabei ist festzustellen, ob die Eltern ihre Kinder überhaupt in die zu errichtenden neuen Schulklassen schicken wollen, insbesondere bei hohen Fahrtkosten und weiten Schulwegen.

Lehrkräfte sollten zugeteilt werden, sobald die Anforderungen bekannt waren. Und es durften nur Kinder aufgenommen werden, die „Juden sind im Sinne des §5 der Ersten Verordnung zum Reichsbürgergesetz vom 14. November 1935“.[187] (In ihren §§3 und 4 besagte diese Verordnung, dass Reichsbürger volle politische Rechte besaßen und wahlberechtigt waren. Juden waren keine Reichsbürger und besaßen daher auch kein Wahlrecht.)

Auf einer Sitzung des Landauer Stadtrates am 4. Juni 1936[188] informierte Bürgermeister Stolleis die Anwesenden:

Zufolge Entscheidung der Regierung der Pfalz vom 8. Mai 1936 muß für die Volksschulen der Stadt Landau eine eigene Klasse für jüdische Schulkinder gebildet werden, der auch Schulkinder aus den benachbarten Gemeinden aus dem Bezirk Landau zugeteilt werden. Bürgermeister Stolleis gibt davon Kenntnis, daß die Schulklasse im Schulgebäude des Schulhofs untergebracht wird.

So endete das auf Wunsch der Bevölkerung 1869 eingeführte Gemeinschafts-Schulsystem. Man hatte erwartet, dass die Sonderklasse für jüdische Kinder vierundvierzig Schüler umfassen werde. Ein Verzeichnis vom 14. Oktober 1936[189] zeigt jedoch eine Gesamtzahl von zweiundzwanzig registrierten jüdischen Schülern in Landau.

Professor Bondy hatte Auswanderung empfohlen, nicht nur nach Palästina. Er hatte auch Afrika und die amerikanischen Staaten erwähnt. Aber wer wollte in diese Länder gehen? Es gab auch keinen großen Enthusiasmus, nach Palästina auszuwandern zu einer Zeit, in der politische Unruhen die Aussicht dort zu leben wenig attraktiv erscheinen ließen. Ernst Sender in Landau versuchte, die Möglichkeiten im Heiligen Land trotz allem als positiv erscheinen zu lassen. Am 27. Februar 1936 bat er das städtische Polizeiamt um Erlaubnis, einen Film vorführen zu dürfen, der Mut zur Auswanderung nach Palästina machen sollte.

Wir bitten um die bau- und feuerpolizeiliche Genehmigung, den großen Saal der jüdischen Gemeinde Landau/Pfalz, Schützengasse 4, für die Aufführung des Pa-

187 Reichsgesetzblatt I, Nr. 125, 14. November 1935, S. 1333-1334.
188 Stadtarchiv Landau B II 46/d, Stadtrat 1933/37, S. 369.
189 Vgl. 185, Dokument 71, S. 85.

lästina-Tonfilms „Land der Verheißung" verwenden zu dürfen. ... Die Vorführungsdauer ist ohne die Umrahmung etwa eine Stunde.
Veranstalterin im Sinne des Gesetzes ist die Palästina-Filmstelle der Zionistischen Vereinigung für Deutschland, Berlin, W. 15, Meinekestr. 10, in deren Auftrag wir um Genehmigung bitten.
Die Anmeldungen bei der Gaufilmstelle und der Versammlungspolizei erfolgen gesondert.

Die Gaufilmstelle nahm sich Zeit mit der Genehmigung. Die Vorführung des Films musste mehrfach verschoben werden und fand endlich am Sonntag, den 5. April 1936 um 11 Uhr und nochmals um 14.30 Uhr statt. Die Polizei machte eine Ausnahme von der „niemals sonntags" Regel. Sender hatte zuvor eine Broschüre über den Film vorgelegt: „Land der Verheißung", der erste Palästina-Tonfilm, hergestellt im Auftrage des Keren Hajessod, Jerusalem. Ein Fox Movietone (New York) Film der Urim Palestine Film Company Ltd., Jerusalem. Der Film zeigte das Leben im Kibbuz. Deutsche Gründlichkeit zeigte sich am Vormittag des Aufführungstages:

Die Abnahme der Bildwerfereinrichtung erfolgte am Vormittag des 5. April 1936 vor Beginn der Vorstellung durch einen Beamten der städtischen Polizei. Die Gebühr für diesen Bescheid beträgt 2.40 RM.
Der Vorführer, Otto Blümel, geb. am 4.10.[18]96 in München, wohnhaft daselbst, ist im Besitze eines Prüfungszeugnisses, ausgestellt am 28.5.29 von der Vorführerprüfstelle München.

Zur Unterstützung seiner Bemühungen im Rahmen der Zionistischen Ortsgruppe Landau versuchte Sender einen hebräischen Sprachkurs einzurichten mit Rabbiner Metzger als Lehrer. In einem Brief vom 27. Januar 1937, gerichtet an Herrn Ernst Sender, genehmigte der Stadtkommissar das Projekt. (Beiläufig bemerkt, begannen damals noch alle offiziellen Schreiben an jüdische Organisationen mit der üblichen formellen Anrede „Herr".) Unterricht fand nicht vor Juni 1937 statt und dann nicht wie vorgesehen im jüdischen Gemeindehaus, sondern im Hause der Familie Rosenblum. In einem Brief vom 2. Juni 1937 an die Landauer Versammlungspolizei informierte Metzger die Behörden.

Durch familiäre Verhältnisse bei der Familie Rosenblum (Herr und Frau Rosenblum nehmen am hebräischen Sprachkurs teil) bin ich gezwungen, ab heute den hebräischen Sprachkurs in der Wohnung des Herrn Rosenblum, Annweilerstr. 35, abzuhalten. Durch die Abreise der Mutter von Frau Rosenblum würde das Töch-

terchen dieser Familie zu lange und dazu noch abends ohne Aufsicht bleiben. Da im ganzen nur vier Personen … teilnehmen, ist es sehr gut möglich, ihn in dieser Wohnung abzuhalten. ...
Ich erlaube mir, ihnen diese Tatsache hiermit mitzuteilen. Ergebenst! Metzger.

Indem Rabbiner Metzger den Hebräischkurs in ein Privathaus verlegte, gelang es ihm, die polizeiliche Überwachung zu vermeiden. Es ist jedoch ungewiss, ob dies beabsichtigt war.

Es lag kein Wohlwollen für die Juden in der Erlaubnis, ihre alte Sprache zu erlernen, in der die meisten von ihnen wenig oder keine Kenntnisse hatten. Im Frühjahr 1936 verboten die Nazis den Gebrauch des Hebräischen in der Öffentlichkeit, wie ein Schreiben der BPP vom 27. April an die Stadtkommissare zeigt:

Vielfach werden in öffentlichen jüdisch-politischen Versammlungen Vorträge in hebräischer Sprache gehalten. ... Eine ordnungsgemäße Überwachung derartiger Versammlungen und die Verhinderung staatsfeindlicher Propaganda wird hierdurch unmöglich gemacht.
Ich ersuche daher gemäß §§1, 4 der Verordnung des Herrn Reichspräsidenten zum Schutz von Volk und Staat … den Gebrauch der hebräischen Sprache in *öffentlichen* Versammlungen zu verbieten und ihnen aufzugeben, sich ausschließlich der deutschen Sprache zu bedienen. Ausgenommen sind *geschlossene* Veranstaltungen, Übungsabende u. s. w., zu denen die Mitglieder der veranstaltenden jüdischen Organisationen … zusammenkommen, um sich zur Erleichterung der Auswanderung nach Palästina in dem Gebrauch der hebräischen Sprache zu üben, sowie Veranstaltungen der jüdischen Schul- und Kultusgemeinden.

Im dritten Quartal 1938 wanderten Ernst Sender und seine Frau nach Palästina aus. Nach dem Ende des Zweiten Weltkrieges kamen sie nach Deutschland zurück. Ernst Sender starb 1987 in Baden-Baden. Er und seine Frau kamen gelegentlich nach Landau, um die Grabstätten seiner Eltern zu besuchen. Krankheit hinderte Sender nach Landau zu kommen, um an der Einweihungsfeier des Frank-Loebschen Hauses teilzunehmen. Er schrieb aber einen Brief an die Organisatoren der Feierlichkeiten, den die *Rheinpfalz* am 16. September 1987, kurz nach seinem Tode, veröffentlichte. In ihm schrieb der ehemalige Landauer: „Am Tage der Eröffnung des Frank-Loebschen Hauses werden meine Frau und ich daran denken, was uns Juden in Landau geblieben ist: ein Friedhof und eine Ausstellung.“

Nach Senders Ausreise wurden die Angelegenheiten der Landauer Zionisten in die Hände von Egon Rosenblum gelegt. Bis Ende 1939 wurden

Vierteljahresberichte über die Mitgliedschaft der Ortsgruppe eingereicht. Dann informierte er die Behörden von seinem Rücktritt und löste die Ortsgruppe auf. (Einer der Berichte besagt, dass Erika Weglein, die von Kreisleiter Kleemann im Juni 1933 aus ihrem Stelle bei der Landauer Sparkasse entfernt worden war, Landau am 24. Januar 1937 verlassen hatte.)
Rosenblums Brief war „Egon Israel Rosenblum“ unterzeichnet. Die meisten deutschen Juden zu der Zeit hatten deutsche Vornamen. Hatten doch im Frühling 1871 Kaiser Wilhelm I. und Kanzler Bismarck ein Gesetz[190] verkündet, das implizit den Juden volle Gleichberechtigung gab. Abschnitt 10 des Gesetzes besagt, dass das „Gesetz, betreffend die Gleichberechtigung der Konfessionen in bürgerlicher und staatsbürgerlicher Beziehung vom 3. Juli 1869 [des Norddeutschen Bundes]“ im gesamten Reich Anwendung findet. Am 18. August 1938 wurden die Vornamen der Juden jedoch eine Staatsangelegenheit. Der Reichsminister des Inneren veröffentlichte ein Gesetz in diesem Sinne. Das schreckliche Dekret besagte:[191]

§1 (1) Juden dürfen nur solche Vornamen beigelegt werden, die in den vom Reichsminister des Inneren herausgegeben Richtlinien über die Führung von Vornamen aufgeführt sind.

(2) Absatz 1 gilt nicht für Juden, die eine fremde Staatsangehörigkeit besitzen.

§2 (1) Soweit Juden andere Vornamen führen, als sie nach §1 Juden beigelegt werden dürfen, müssen sie vom 1. Januar 1939 ab zusätzlich einen weiteren Vornamen annehmen, und zwar männliche Personen den Vornamen Israel, weibliche Personen den Vornamen Sara.

(2) Wer nach Abschnitt 1 einen zusätzlichen Vornamen annehmen muß, ist verpflichtet, hiervon innerhalb eines Monats seit dem Zeitpunkt, von dem ab er den zusätzlichen Vornamen führen muß, dem Standesbeamten, bei dem seine Geburt und seine Heimat beurkundet sind, sowie der für seinen Wohnsitz oder gewöhnlichen Aufenthaltsort zuständigen Ortspolizeibehörde schriftlich Anzeige zu machen. ...

Zuwiderhandlung war mit sechs Monaten Gefängnis zu bestrafen. Für viele Juden, die in Gebieten geboren waren, die nicht mehr zum Deutschen Reich gehörten, wurde dieses Gesetz zum Alptraum. Die zulässigen Vornamen wurden am 23. August veröffentlicht. Die Liste beginnt für Männer mit Abel und endet mit Zewi; für Frauen beginnt sie mit Abigail und

190 Reichsgesetzblatt des Deutschen Bundes, Nr. 17, 22. April 1871, S. 87-90.
191 Reichsgesetzblatt I, Nr. 130, 18. August 1938, S. 1044.

endet mit Zorthel. Das *Jüdische Gemeindeblatt* vom 1. September 1938 druckte die Namensliste ab und beendete seine Spalte mit der Bemerkung:

> Da es vermutlich in Deutschland nur sehr wenige Personen geben wird, die die in dem Verzeichnis enthaltenen Namen führen, so wird die zusätzliche Bestimmung, betreffend Israel und Sara, für die bereits geborenen Juden in Deutschland von sehr großer Bedeutung werden.

Unsicherheit über die Zukunft ihrer Kinder bereitete vielen deutschen Juden große Sorgen. Schulkinder hatten jegliche Gelegenheit, ein sorgenfreies Leben zu führen, verloren. Sie waren völlig isoliert von ihrer Umgebung, in der sie bis zum Frühjahr 1933 gelebt hatten. Eltern hatten Angst, ihre Kinder auf die Straße zu lassen. Rabbiner Metzger versuchte, den jüdischen Kindern Landaus in ihrer Isolation wenigstens noch etwas Kindheit zu bieten, ihnen noch einige kindliche Aktivitäten zu ermöglichen: miteinander zu spielen, Tischtennis und Ball zu spielen, durch die schönen Wälder der südlichen Pfälzer Berge zu wandern. Am 30. April 1936 wurde Rabbiner Metzgers Antrag vom 10. Februar, den Jüdischen Jugendbund Landau zu gründen, von den Landauer Stadtbehörden genehmigt[192] und am 2. Juli vom Stadtkommissar bestätigt. Die Genehmigung war an Bedingungen geknüpft: kein Marschieren in der Öffentlichkeit, keine Uniformen oder Abzeichen und keine Fahnen. Am 5. November 1936 informierte Metzger die Stadt, dass sein Jüdischer Jugendbund Makkabi Hazair dem Verband der Jüdischen Jugendvereine Deutschlands Brith Jehudim Zeirim mit Sitz in Berlin angeschlossen sei. Und „der Verband bekennt sich zum Zionismus als der verpflichtenden Bindung an Gestalt und Geist des Jüdischen Volkes. Er sieht in der Verwirklichung des zionistischen Aufbaus in Palästina das entscheidende Werk jüdischer Erneuerung, dem sich seine Menschen verpflichten." Metzger war Vorstand seines Vereins, und Erich Kahn war Kassierer.

Im Jahre 1935 war Verbundenheit mit der Zionistenbewegung nahezu Voraussetzung für die Tolerierung organisierter jüdischer Aktivitäten von Seiten der Nazi-Behörden. Am 28. Januar 1935 schickte die BPP eine Mitteilung an alle Stadtkommissare, jüdische Jugendorganisationen betreffend:

---

192 Stadtarchiv Landau A II 299, Jüdische Jugendverbände. Allgemeine Weisungen 1934/36. Diese Akte ist in der folgenden Dokumentation mehrfach benutzt worden.

Die Tätigkeit der zionistisch eingestellten jüdischen Jugendorganisationen, die sich mit der beruflichen Umschichtung von Juden zu Landwirten und Handwerkern vor ihrer Auswanderung nach Palästina befassen, liegt im Sinne der nationalsozialistischen Staatsführung. ...
Jedenfalls sind die Bundesmitglieder der zionistischen Verbände im Hinblick auf die auf Auswanderung nach Palästina gerichtete Tätigkeit nicht mit derjenigen Strenge zu behandeln, wie sie gegenüber den Angehörigen der sogen. deutsch-jüdischen Organisationen (Assimilanten) notwendig ist. Es obliegt natürlich der eine Ausnahme genehmigenden Stelle nachzuprüfen, ob die Berufsumschichtung tatsächlich mit dem Ziele der Auswanderung erfolgt.

Eine weitere, als „vertraulich" eingestufte Nachricht wurde am 13. April 1935 verbreitet. Sie bezog sich auf Uniformen für Mitglieder jüdischer Jugendgruppen:

Der Staatszionistischen Organisation wurde ausnahmsweise und stets widerruflich die Genehmigung erteilt, den Mitgliedern ihrer Jugendgruppen „Nationale Jugend Herzlia" und „Brith Haschomrim" das Tragen von Uniformen in geschlossenen Räumen zu gestatten, weil die Staatszionisten sich als diejenige Organisation erwiesen haben, die auf jede auch illegale Weise versucht hat, ihre Mitglieder nach Palästina zu schaffen und die durch ihre ernstlich auf Abwanderung gerichtete Tätigkeit der Absicht der Reichsregierung, die Juden aus Deutschland zu entfernen, entgegenkommt. Die Möglichkeit, eine Uniform tragen zu können, soll den Angehörigen der deutsch-jüdischen Jugendorganisationen einen Anreiz geben, den staatszionistischen Jugendgruppen beizutreten, in denen sie vermehrt zur Abwanderung nach Palästina angehalten werden.

Auf der Rückseite dieses Dokuments befindet sich die Bemerkung, dass es in Landau keine staatszionistische Jugendgruppe gibt.

Wie alle jüdischen Organisationen führte auch Metzgers Jugendgruppe eine sehr eingeschränkte Existenz. Es gab für sie eigentlich nichts zu tun. Auslandsreisen waren nahezu unmöglich, wie der Fall Lore Scharff – der späteren Frau von Kurt Metzger – zeigt. Sie hatte einen Reisepass beantragt, um am Ferienlager der jüdischen Jugend in England vom 31. Juli bis zum 9. August 1936 teilzunehmen. Das Lager war für Jugendliche im Alter von elf bis sechzehn Jahren angekündigt. Lore Scharff aus Landau war fünfzehn Jahre und acht Monate alt. Am 17. Juli erklärte die BPP:

Gegen den Besuch jüdischer Jugend in dem angegebenen Alter bestehen erhebliche Bedenken. Der Reichsführer SS hat kürzlich entschieden, daß Auslandsfahrten jüdischer Jugendlicher nur bis zu einem Alter von zehn Jahren zu genehmigen sind. Ich ersuche, einschlägige Anträge ohne Angabe von Gründen abzulehnen.

Auf der Rückseite dieses Dokuments steht die Bemerkung des Stadtkommissars an den Bürgermeister: „Damit erledigt sich Ihre Anfrage vom 3.7.36, betr. Ausstellung eines Reisepasses für Lore Scharff.“ Weiter steht dort: „Lore Scharff hat ihre Absicht, an einem Ferienlager in England teilzunehmen, aufgegeben.“ Für den Jüdischen Jugendbund war nichts weiter zu tun, als die Jugendlichen aus der Öffentlichkeit herauszuhalten. Landaus Polizeiamt informierte den Stadtkommissar am 6. Januar 1939, dass der Jüdische Jugendbund Makkabi Hazair aufgehört habe zu bestehen. Ein Schreiben dieses Inhalts war am 3. Januar an die Polizei geschickt worden. Es war unterschrieben von Erich Kahn für Kurt Metzger, der am 10. November 1938 nach Buchenwald gebracht worden war.

Seit 1917 waren die jüdischen Gemeinden der Pfalz im Verband der israelitischen Kultusgemeinden der Pfalz mit Sitz in Landau organisiert. Der Verband, der auch religiöse Unterweisung und Hebräischunterricht außerhalb der regulären staatlichen Schulen für jüdische Kinder anbot, war im Wesentlichen ein Mittel zur eigenen Identitätsfindung und Vertretung spezieller jüdischer Interessen innerhalb der christlichen Umgebung. Er war als Organisation vergleichbar mit entsprechenden protestantischen und katholischen Vereinigungen, die ebenfalls ihre spezifischen Interessen vertraten. Die Mitglieder der Kultusgemeinden waren Juden, aber Juden, die sich in der Mehrzahl ohne Einschränkung als Deutsche betrachteten. Nach Hitlers Machtergreifung wurde der Verband der israelitischen Kultusgemeinden der Pfalz jedoch infolge der herrschenden Atmosphäre wachsender Unterdrückung gezwungen, seine Tätigkeit auf die geistige – manchmal auch materielle – Unterstützung der jüdischen Gemeinden zu konzentrieren, die sich mehr und mehr in einem Zustand der Sorge, Verzweiflung und Gettoisierung befanden. Die unabhängigen jüdischen Kultusgemeinden wurden am 4. Juli 1939 gezwungen sich aufzulösen, als die Reichsvertretung der Juden in Deutschland durch die Reichsvereinigung der Juden in Deutschland ersetzt wurde, die dann zu einem Instrument der totalen Kontrolle aller jüdischen Aktivitäten gemacht wurde.

Am 16. Juli 1936 wurden die Israelitische Kultusgemeinde Landau und die Centralwohlfahrtsstelle Landau vereinigt unter der Leitung von Arthur Schwarz. Die vereinigte Organisation hatte damals 132 zahlende Mitglieder. Ein Polizeibericht über sie enthält die Bemerkung: „Bis jetzt ist nichts Nachteiliges bekannt geworden.“ Nach einer Liste der jüdischen Organisationen in Landau vom 13. September 1938 war Albert Joseph Vorstand des Verbandes der israelitischen Kultusgemeinden der Pfalz.

Es scheint, dass Rabbiner Metzger die Tätigkeiten des Verbandes gemessen an den Bedürfnissen seiner Gemeinde für unzureichend hielt. Er wollte einen Jüdischen Kulturbund der Pfalz, der besonders die kulturellen Bedürfnisse der zunehmend isolierten jüdischen Bevölkerung befriedigen sollte. In einem Schreiben vom 17. August 1935 unterrichtete das Bürgermeisteramt das Bezirksrabbinat Landau von der erteilten Genehmigung des Stadtkommissars, am 18. August eine Zusammenkunft von Vertretern der israelitischen Kultusgemeinden von Landau, Kaiserslautern, Pirmasens und Neustadt in der Landauer Synagoge abzuhalten, um die Gründung eines Kulturbundes zu diskutieren.

Offizielle Richtlinien zur Behandlung jüdischer Kulturorganisationen wurden am 29. August 1935 vom Hauptquartier der BPP herausgegeben, versehen mit einem Hinweis auf den am 28. April gegründeten Reichsverband der jüdischen Kulturbünde in Deutschland mit Sitz in Berlin.[193]

Die Gründung des Reichsverbandes der jüdischen Kulturbünde erfolgte, um sämtliche kulturellen jüdischen Vereinigungen zur leichteren Erfassung und zentralen Überwachung zusammenzufassen. Da somit für kulturelle jüdische Organisationen, die nicht dem Reichsverband angeschlossen sind, kein Raum mehr besteht, sind diese, sofern sie die Eingliederung in den Reichsverband noch nicht vollzogen haben bzw. ablehnen, aufzulösen. Eine Ausnahme ist lediglich für jüdische Schul- und Kultusgemeinden zu machen, die wegen ihres öffentlich-rechtlichen Charakters dem Reichsverband … nicht einzugliedern sind. ...
Es wird zur besonderen Pflicht gemacht, darauf zu achten, daß in den örtlichen Kulturbünden assimilatorische Bestrebungen unterdrückt werden. ... Es ist tunlichst darauf zu achten, daß der Vorstand der örtlichen Kulturbünde sich aus zionistischen bzw. staatszionistischen Kreisen zusammensetzt.

Diese Anweisung war am 5. September vom Landauer Stadtkommissar an den Bürgermeister weitergeleitet worden mit einem Anhang, der elf spezifische Instruktionen über Einschränkungen der Aktivitäten der Kulturbünde enthielt. Punkt 10 machte die Vorstände verantwortlich dafür, dass nichts gegen den nationalsozialistischen Staat, gegen seine Gesetze und

193 Stadtarchiv Landau A II 299, Jüdischer Kulturbund für die Pfalz, Reichsverband der jüdischen Kulturbünde in Deutschland. Allgemeine Anweisungen. Diese Akte ist in der folgenden Dokumentation mehrfach benutzt worden.

seine Philosophie gesagt wurde. Punkt 11 besagte: „Ein Verstoß gegen diese Anordnung hat die Auflösung des jüdischen Kulturbundes zur Folge."

Auf der Zusammenkunft, die Dr. Metzger für den 18. August einberufen hatte, wurde beschlossen, sich am 27. Oktober wieder zu treffen, um ein endgültiges Kulturprogramm für den Winter festzulegen. Dieses Treffen wurde am 26. Oktober genehmigt. Ein Polizeibericht vom 28. Oktober gibt eine Zusammenfassung der Versammlung:

> In der Zusammenkunft des Kulturbundes wurde lediglich das Programm des Jüdischen Kulturbundes der Pfalz für die kommenden Wintermonate festgelegt. Dabei wurde die Auswahl der Musikstücke usw. und der evtl. zu verpflichtenden Kräfte – notleidende jüdische Künstler – besprochen. ... Nur das Beste in kultureller, religiöser, künstlerischer und wissenschaftlicher Art [soll] geboten [werden]. Es soll besonders aber auch darauf Wert gelegt werden, daß die in den einzelnen Gemeinden zerstreut lebenden Juden, die an Veranstaltungen in der Stadt [Landau] nicht teilnehmen können, durch Veranstaltung von Vorträgen, die aber wegen der Kosten von fähigen Mitgliedern des Kulturbundes gehalten werden sollten, geistig angeregt werden, weil gerade diese vielfach keinen Verkehr mit den übrigen in den Gemeinden wohnhaften Personen mehr haben.
>
> Die Regelung der Angelegenheit wurde dem Rabbiner Metzger, Landau, und dem Rabbiner von Pirmasens übertragen.
>
> Die Aussprache, die um 6 ¼ Uhr beendet war, gab zu Beanstandungen keinen Anlaß.

Metzger wurde aufgefordert, am 7. November auf dem Polizeiamt zu erscheinen und eine Mitgliederliste des Kulturbundes vorzulegen. Die Liste, die 343 Namen enthielt, wurde am 26. November eingereicht. Am 16. Juli 1936 hatte der Kulturbund 358 Mitglieder. Der Bund gab keinen Anlass zu Beanstandungen; seine Mitglieder fielen in der Öffentlichkeit nicht mehr auf, und, was immer Metzger im Sinne hatte, unter den bedrückenden Umständen kam kein Kulturprogramm mehr zustande.

Von Zeit zu Zeit muss man innehalten, um sich an die Stelle jener Menschen zu versetzen, deren einziges Vergehen es war, Juden zu sein, um die Ausweglosigkeit ihres Lebens in Deutschland unter der Hitlertyrannei zu verstehen, ihre Hoffnungslosigkeit und Hilflosigkeit zu begreifen und die Nutzlosigkeit ihrer Bemühungen zu erkennen. Gleichzeitig sollte man sich die Schadenfreude der Nazibürokraten vorstellen, mit der sie ihre Anweisungen herausgaben, um das jüdische Leben in Deutschland so erbärmlich wie möglich zu machen.

Wie alle übrigen jüdischen Organisationen damals in Deutschland genoss der Kulturbund keine Handlungsfreiheit. Am 6. Februar 1936 gab das Regionalamt der BPP in Ludwigshafen die folgende Anweisung heraus:

Ferner mache ich darauf aufmerksam, daß nach einem Erlaß des Reichspropagandaministeriums zur Aufrechterhaltung der öffentlichen Ruhe und Sicherheit bis auf weiteres alle Veranstaltungen des jüdischen Kulturbundes in Bayern zu unterbleiben haben.

Die Vorbereitungen für die Olympiade und der Wunsch, die Reaktionen des Auslands auf alles, was in Deutschland vor sich ging, zu manipulieren, veranlassten die Nazis, etwas nachzugeben und das Verbot der Tätigkeiten der jüdischen Kulturbünde aufzuweichen. Dieses Nachgeben war jedoch nur kosmetischer Natur. Die Bedingungen über Zusammenkünfte und Bühnenaufführungen waren derart, dass sie unmöglich erfüllt werden konnten. Eine Bedingung brachte die Reichskulturkammer ins Spiel. Diese war von Joseph Goebbels geschaffen worden, um die Preußische Akademie der Künste an die Seite zu drücken. Am 4. März 1936 benachrichtigte die BPP alle Polizeiämter, Stadtkommissare und andere Behörden:

Es ist eine Regelung dahingehend getroffen worden, daß für die Folgezeit den örtlichen Polizeistellen durch die betreffenden jüdischen Kulturbünde eine Originalgenehmigung mit der Unterschrift des Geschäftsführers der Reichskulturkammer … für die einzelnen Veranstaltungen vorgelegt werden muß.

Eine geplante Veranstaltung ohne Originalgenehmigung musste verboten werden. Vielleicht wurde die Reichskulturkammer mit Anträgen überschwemmt. Zehn Tage später nämlich erklärte die BPP: „Wie der Politische Polizeikommandeur der Länder bekannt gibt, sind nach Mitteilung der Reichskulturkammer die Veranstaltungen der jüdischen Kulturbünde ab 15. ds. Mts. wieder gestattet.“ Wie dem auch sei, am Ende des Jahres 1938 war alles wieder wie am 4. März 1936. Die Behörden wurden angewiesen, die Instruktionen vom 4. März genau zu beachten.

Dr. Metzger hat sich nicht nur als Rabbiner und Herausgeber des *Rundschreibens* und des *Gemeindeblatts* und als Vorstand des Kulturbundes um seine jüdischen Mitbürger gekümmert. Er versuchte, mehr zu tun. Nachdem man den meisten deutschen Juden ihr Deutschsein genommen hatte, kehrten sie sich den Fundamenten des Judentums zu und zogen sich in ihrer Hilflosigkeit aus ihrer Umgebung zurück in den inneren Bezirk der Geistigkeit. Im Frühjahr 1936 versuchte Metzger, seiner Gemeinde, die sich bereits in einer Art Belagerungszustand befand, geistige Anregungen und Ausbildungsmöglichkeiten zu bieten. Am 4. Februar 1936 schrieb Metzger einen Brief an die Landauer Kreisverwaltung, in dem er um die Erlaubnis bat, ein jüdisches Lehrhaus eröffnen zu dürfen. Er hatte bereits im November 1935 um Genehmigung seines Lehrhausprojektes gebeten, nämlich nach dem Treffen der Pfälzer Israelitischen Kultusgemeinden am 27. Oktober. Es wäre zu viel gesagt, wenn man Metzgers Lehrhaus als eine Hochschule bezeichnen würde. Er hatte nur eine Bezeichnung gewählt, die für jüdische Bildungseinrichtungen zur jener Zeit in Städten wie Berlin, Breslau, Frankfurt am Main, Karlsruhe und Mannheim gebräuchlich war. Metzgers Lehrhaus jedenfalls sollte der Stärkung von Identitätsgefühl und Selbstbewusstsein innerhalb der jüdischen Gemeinde Landaus dienen. In seinem Brief führte Dr. Metzger aus: [194]

> Die israelitische Kultusgemeinde und das Bezirksrabbinat beabsichtigen, für die Mitglieder des Rabbinatsbezirkes eine Reihe von Sprachkursen und Lehrgängen über Wissenschaft durchzuführen. ... Das jüdische Lehrhaus ist lediglich eine Institution der [jüdischen] Gemeinde.
> Es ist beabsichtigt, in diesem Semester mit folgenden Kursen zu beginnen:
> Kurse für englische, französische, spanische und hebräische Sprache, für Geschichte des jüdischen Volkes und Lektüre der Bibel.
> Wir wären Ihnen sehr verbunden, wenn Sie die Errichtung eines derartigen Lehrhauses freundlichst genehmigen wollten.

Ein solcher Brief konnte nicht geschrieben werden ohne das Gefühl der Erniedrigung und Demütigung. Rabbiner Metzgers Hingabe an seine Gemeinde war außerordentlich.

Es gab keinen großen Enthusiasmus bei den Landauer Nazioffiziellen, Metzgers Projekt zu genehmigen. Sein Lehrhaus kam in der Tat nie zustande. Am 7. Februar 1936 bat der Landauer Stadtkommissar die BPP in Ludwigshafen um Rat in dieser Angelegenheit und sagte: „Mit dem Aufzug des neuen Rabbiners [Metzger] haben die Aktivitäten der jüdischen Kultusgemeinde drastisch zugenommen.“ Die Antwort der BPP wurde am 20. März abgeschickt und besagte, es gäbe keine Einwände, vorausgesetzt, es würden keine Gesetze gebrochen oder umgangen. Da war aber ein Haken: Kurse waren „gemäß der Verordnung über das nichtstaatliche

194 Stadtarchiv Landau A II 300, Jüdisches Lehrhaus, Schützengasse 4, 1936/1939. Diese Akte ist in der folgenden Dokumentation mehrfach benutzt worden.

Erziehungs- und Unterrichtswesen vom 26.8.1933“ genehmigungspflichtig. Elf Tage später wurde der Bürgermeister entsprechend informiert und ermahnt, dass ohne offizielle Genehmigung keine Kurse beginnen könnten. Noch eine Woche später wurde Metzger von der Sachlage unterrichtet. Ein genauer Lehrplan wurde von ihm verlangt mit Angabe der Daten, „damit jederzeit eine Überwachung der Kurse möglich ist und um beobachten zu können, daß die Kurse nicht zur Umgehung versammlungspolizeilicher Gebote … mißbraucht werden“. In seiner Antwort vom 14. April an das Polizeiamt erbat Metzger noch einmal um Erlaubnis, mit den Kursen beginnen zu können und betonte, dass sie nicht missbraucht werden würden. „Für die Genehmigung dieses Gesuches wäre ich Ihnen sehr verbunden. Mit vorzüglicher Hochachtung, das Bezirksrabbinat.“

Anstatt die Genehmigung zu erteilen, stellten die Behörden weitere Fragen, auf die Metzger am 7. Mai antwortete: „Das Jüdische Lehrhaus wird vom Bezirksrabbinat gegründet. ... Es ist keine Schule im strengen Sinne, sondern eine Bildungsstätte für Erwachsene auf den Gebieten der jüdischen Wissenschaft.“ Er fügte hinzu, dass Sprachkurse und Vorträge über Tagesthemen dazugehörten und dass die Kurse von Angehörigen des Landauer Bezirksrabbinats gehalten würden. Metzger wurde aufgefordert, Pläne des Gebäudes Schützengasse 4 einzureichen. Das Gebäude befindet sich in der Landauer Altstadt. In ihm befand sich damals die Israelitische Kultusgemeinde, und es beherbergte den Betsaal. Am 9. Juli ließ die Stadtverwaltung das Gebäude vom Gesundheitsamt begutachten. Zwei Tage später bestätigte ein Hilfsarzt, dass das Gebäude allen einschlägigen Vorschriften entspreche. Das Gesundheitsamt verlangte 5.00 RM für die Inspektion.

Die hier vorgelegte Dokumentation demonstriert die schäbige Taktik von Ausweichen und Verzögern innerhalb der verschiedenen lokalen und regionalen Verwaltungen. Die eine schob Verantwortung auf die andere, um eine eigene Entscheidung zu vermeiden und den Antragsteller zu frustrieren. Am 7. September schrieb Rabbiner Metzger einen weiteren Brief an das Bürgermeisteramt, um noch einmal die Ziele des Lehrhauses zu erläutern und um Lehrer für historische Themen und Englisch zu benennen. Er selbst wollte Hebräisch unterrichten und Vorträge über Bibelstudien halten. Er erläuterte, dass Lehrer für Französisch, Spanisch und Portugiesisch noch nicht gefunden seien, dass er aber nach geeigneten Personen Ausschau halte. Er schrieb: „Die Sprachkurse stellen ein *dringendes* Bedürfnis für diejenigen dar, welche in Bälde auswandern wollen." Metzger erwähnte dann Lehrhäuser, die bereits in einigen deutschen Städten existierten und schloss: „Ich bitte Sie, es ermöglichen zu wollen, daß mit den Kursen bald begonnen werden kann, da das Bedürfnis hierfür immer stärker wird." Als Anlage schickte er das Programm des Mannheimer Lehrhauses für das Wintersemester 1936/37. Ungefähr einen Monat später legte er das Programm des Lehrhauses in Frankfurt am Main vor. Dort wollte der bedeutende Religionsphilosoph Martin Buber, Professor für jüdische Religion und Ethik an der Universität Frankfurt, eine Reihe von Vorträgen zum Thema „Das Judentum im Zusammenhang der Weltreligionen" halten.

Unter den Mannheimer Vorträgen – zum Beispiel „Probleme jüdischer Musik" und „Wege, die die Juden nicht gingen (Islam und Christentum des Mittelalters)" – war einer mit dem Titel „Die aramäischen Teile im Buche Daniel". Dieser Vortrag musste Aufsehen erregen. Das Buch Daniel drückt die Versicherung aus, dass das Leiden der Juden nicht ewig dauern wird, dass sogar der Tag der Erlösung nicht fern ist. In der antisemitischen Atmosphäre, in der dieser Vortrag gehalten wurde, war sein Thema fast brandstifterisch zu nennen. Daniels Deutung des ersten Traumes Nebukadnezars besagt, dass vier Königreiche aufeinander folgen werden, das letzte hart wie Eisen mit Füßen aus Eisen und Ton vermengt. Daniel beendet seine Traumdeutung mit der Prophezeiung:[195]

> Und das vierte wird hart sein wie Eisen; denn wie Eisen alles zermalmt und zerschlägt, ja, wie Eisen alles zerbricht, so wird es auch alles zermalmen und zerbrechen.
>
> Aber zur Zeit solcher Königreiche wird der Gott des Himmels ein Königreich aufrichten, das nimmermehr zerstört wird; und sein Königreich wird auf kein ander Volk kommen. Es wird alle diese Königreiche zermalmen und verstören; aber es selbst wird ewiglich bleiben.

Später interpretiert Daniel die Schrift an der Wand des großen Saales, in dem Nebukadnezars Sohn Belsazar ein Festmahl hielt, zu dem aus den goldenen Gefäßen getrunken wurde, die aus dem Tempel zu Jerusalem geraubt worden waren:[196]

---

195 Daniel 2.44 (Luthers Übersetzung).
196 Daniel 5.25-28 (Luthers Übersetzung).

Das ist aber die Schrift, allda verzeichnet: **Mene, Mene, Tekel, U-pharsin.**
Und sie bedeutet dies: **Mene**, das ist: Gott hat dein Königreich **gezählt** und vollendet.
Tekel, das ist: man hat dich in einer Waage **gewogen** und zu leicht gefunden.
Peres, das ist: dein Königreich ist **zerteilt** und den Medern und **Persern** gegeben.

Niemand bei rechten Sinnen hätte damals vorhergesagt, dass der deutsche Belsazar in weniger als neun Jahren tot von eigener Hand in seinem Bunker unter der Reichskanzlei in seiner Hauptstadt Berlin liegen würde und dass das Reich, das tausend Jahre dauern sollte, von den siegreichen Westmächten und der Sowjetunion zerstückelt sein würde. Und niemand konnte damals wissen, dass die meisten der europäischen Juden nicht lebend aus den Feueröfen der Nazis entkommen würden. Ende des Jahres 1936 brauchte es Mut und Widerstandsgeist, um über das Buch Daniel einen Vortrag zu halten.

Am 17. Oktober 1936 wandte sich das Landauer Bürgermeisteramt an das Büro des NSDAP Kreisleiters – Dr. Erich Stolleis war damals sowohl erster Bürgermeister als auch Kreisleiter – , um Dr. Metzgers Lehrhausprojekt zu erläutern und führte aus, dass aufgrund der Verordnung über private Schulen und Lehrhäuser das regionale Rabbinat eine Genehmigung einer geeigneten Stelle brauche. Dies war die Meinung der BPP bereits im März. Offensichtlich war das Bürgermeisteramt im Zweifel darüber, welche Stelle dies sein könne. Denn das Bürgermeisteramt sagte, dass gemäß der Verordnung die in Frage kommende Stelle wohl die Regierung der Pfalz in Speyer sei. Das Schreiben an den Kreisleiter endete mit dem Satz:

Anbei folgen die bis jetzt erwachsenen Akten zur gefl. Kenntnisnahme mit der Bitte um Stellungnahme, ob und unter welchen Bedingungen die Erteilung der Genehmigung befürwortet werden kann.

Die ausweichende Antwort von Stolleis – in seiner Eigenschaft als Kreisleiter – kam einige Tage später, am 22. Oktober 1936:

Gegen die Errichtung eines jüdischen Lehrhauses in Landau im vorgesehenen Rahmen bestehen keine Bedenken. Zur Bedingung muß jedoch gemacht werden, daß nur Juden dort beschäftigt werden.

Mit dieser Antwort wandte sich das Bürgermeisteramt an die Regierung in Speyer in einem Schreiben vom 28. Oktober. Es erläuterte das Problem und bat um Genehmigung. Die Regierung in Speyer fällte aber keine Entscheidung. Sie schickte das Schreiben aus Landau vielmehr an verschiedene Dienststellen, darunter die Gestapo in Ludwigshafen, und erbat Stellungnahmen. Der Brief an die Gestapo trägt das Datum 11. Februar 1937. Die Geheime Staatspolizei antwortete am 22. Februar:

Die Verhandlungen über die Errichtung eines „Jüdischen Lehrhauses" in Landau i. d. Pf. habe ich dem Geheimen Staatspolizeiamt Berlin vorgelegt und um Weisung gebeten, ob gegen die Errichtung Bedenken bestehen. Die Entscheidung liegt mir noch nicht vor.

Am 7. April wandte sich die Gestapo in Neustadt an die Pfälzer Regierung. Eine Kopie des Schreibens ging an das Bürgermeisteramt in Landau.

Gegen die Errichtung eines jüdischen Lehrhauses in Landau i. d. Pf. werden Bedenken nicht erhoben, sofern im Interesse der Auswanderung hierfür ein Bedürfnis vorliegt und ausschließlich Juden beschäftigt werden. Von der getroffenen Entscheidung bitte ich, mir Kenntnis zu geben.

Auf der Rückseite dieses Dokuments befindet sich eine Notiz eines Landauer Stadtamtes vom 5. Mai:

Allerdings liegt in der Zulassung der hebräischen Sprache eine gewisse Gefahr, da hierdurch die Möglichkeit der Umgehung von Versammlungsverboten und staatsabträglichen Äußerungen entsteht … (wonach ihnen aufzugeben ist, sich ausschließlich der deutschen Sprache zu bedienen.) Im Hinblick auf die Stellungnahme der zuständigen Kreisleitung und der Geheimen Staatspolizei dürfte jedoch die Genehmigung zu erteilen sein.

Man mag sich fragen, wie man Hebräischkurse in deutscher Sprache abhalten kann.

Am 22. Juli 1937 sah sich die Regierung der Pfalz in der Lage, auf das Schreiben des Landauer Bürgermeisteramtes vom 28. Oktober 1936 zu antworten:

[Das Lehrhaus] ist anzusprechen als ein gewerbsmäßiges sonstiges Unternehmen (…) zu dessen Genehmigung und Beaufsichtigung … die Bezirksverwaltungsbehörde zuständig ist.
Der Herr Bürgermeister wolle in eigener Zuständigkeit das Weitere veranlassen und das Bezirksrabbinat verständigen.

Nun war der Bürgermeister wieder am Zug. Sein Amt hatte jedoch noch nicht einmal auf das Ersuchen nach Informationen der Gestapo in Neustadt vom 7. April 1937 reagiert. Der Bruch in der Kommunikation mag auf die Übergabe der Amtsgeschäfte des Bürgermeisters von Stolleis an seinen Nachfolger Karl Maschemer am 1. Mai 1937 zurückzuführen sein. Am 9. August 1937 erinnerte die Gestapo den neuen Bürgermeister daran, „umgehend“ Informationen über den Stand der Verhandlungen über das Lehrhaus einzureichen. Endlich, auf das Verlangen der Neustädter Gestapo vom 9. August 1937 eingehend, wandte sich das Landauer Bürgermeisteramt an Dr. Metzger, „umgehend“ die genauen Personalien derjenigen Personen anzugeben, die im jüdischen Lehrhaus Unterricht erteilen sollten. Metzger antwortete am 21. Oktober: „Ihre Anfrage wegen des jüdischen Lehrhauses wird in Kürze erledigt werden. Nur bitte ich Sie, sich noch einige Tage gedulden zu wollen.“ Am 7. November hatte er alles zusammen. Er nannte sich selbst für die Fächer jüdische Geschichte, Bibelwissenschaft und jüdische Philosophie und Hebräisch. Er nannte auch die Namen von Lehrern für Liturgie, Sprachen, wissenschaftliche Themen und für Fragen zur Auswanderung.

Mit diesen Informationen ausgerüstet wandte sich Landaus Bürgermeister am 20. Januar 1938 an die Gestapo in Neustadt, um auf deren Anfrage vom 9. August 1937 einzugehen. Nach einer Zusammenfassung dessen, was bislang geschehen war, teilte er der Gestapo mit:

> Mit Bericht vom 28.10.1936 wurde das Gesuch des Bezirksrabbinats Landau zur Errichtung eines jüdischen Lehrhauses der Regierung der Pfalz zur Entscheidung vorgelegt.
> Mit Entschließung vom 22.7.1937 hat die Regierung sich für unzuständig erklärt und mir die Entscheidung in eigener Zuständigkeit überlassen.
> Im Hinblick auf die Stellungnahme der Kreisleitung, der Geheimen Staatspolizei und der Regierung beabsichtige ich die … erforderliche Genehmigung zu erteilen mit der Auflage, daß bei den Unterrichtskursen ausschließlich Juden beschäftigt werden.
> Ich gestatte mir anzufragen, ob sich mittlerweile Bedenken gegen das Unternehmen ergeben haben.

Inzwischen hatte Dr. Metzger weitere Erinnerungsschreiben geschickt und wiederholt um Genehmigung seines Projektes gebeten. Am 5. November 1936 hatte er den Lehrplan des neuen Lehrhauses in München für das Wintersemester 1936/37 vorgelegt und an das Bürgermeisteramt geschrieben:

Ich erlaube mir, Ihnen mitzuteilen, daß in München soeben ein Jüdisches Lehrhaus eröffnet wurde, und bringe Ihnen diese Tatsache zur Kenntnis, weil vielleicht hierdurch mein Antrag eine Förderung erfahren könnte.

Martin Buber war Gastredner am Münchner Lehrhaus. Er sprach über das Thema „Eigenwelt und Umwelt in der Bibel“ unter dem Motto:[197]

Es ist dir gesagt, Mensch, was gut ist
und was der Herr von dir fordert,
nämlich Gottes Wort halten und Liebe üben
und demütig sein vor deinem Gott.

Ein weiterer Sprecher war Dr. Leo Baeck, ein führender jüdischer Gelehrter und Privatdozent an der Hochschule für die Wissenschaft des Judentums in Berlin. Er hatte während des Ersten Weltkrieges als Seelsorger in der kaiserlichen Armee gedient. Obgleich unter ständiger Beobachtung durch Heydrichs Gestapo, konnte Baeck in seiner Eigenschaft als Vorsitzender der Reichsvertretung der Juden in Deutschland großen Einfluss ausüben. Er überlebte seine Gefangenschaft in Theresienstadt, wohin ihn die Nazis 1943 brachten. Baecks Vortrag trug den Titel „Die jüdische Lehre – die jüdische Tat“ und wurde zur Unterstützung der jüdischen Winterhilfe und des Lehrhauses gehalten.
Großstädte wie Berlin, München oder Frankfurt, in denen sich ständig Korrespondenten der ausländischen Presse und Rundfunkstationen aufhielten, konnten von den Nazis als Vorzeigeobjekte benutzt werden um darzutun, dass den Juden „kein Haar gekrümmt“ werde, dass sie in der Tat volle Freiheit hatten, ihre jüdischen Studien an ihren eigenen Institutionen zu betreiben. Zwei Tage nach der berüchtigten Kristallnacht (die Nacht vom 9. zum 10. November 1938, in der Nazibanden Synagogen in Deutschland in Brand setzten und Juden tot schlugen), am 12. November, berichtete der *Pfälzer Anzeiger*:

Joseph Goebbels in seiner Eigenschaft als Präsident der Reichskulturkammer hat den Leitern von Theatern, Konzert- und Vortragsveranstaltungen, Filmhäusern, artistischen Unternehmungen, Tanzvorführungen, öffentlichen Ausstellungen etc. untersagt, jüdischen Personen den Besuch ihrer Unternehmungen zu gestatten. Goebbels verweist darauf, daß der nationalsozialistische Staat den Juden seit über fünf Jahren innerhalb besonderer jüdischer Organisationen die Pflege ihres eige-

197 Micha 6.8 (Luthers Übersetzung).

nen Kulturlebens ermöglicht hat. Damit besteht keine Veranlassung mehr, Juden den Besuch der bezeichneten Veranstaltungen zu gestatten.

Wie der *Pfälzer Anzeiger* am 14. November berichtete, wurden diese Bemerkungen in einem Interview gemacht, das Goebbels dem Sonderkorrespondenten Gordon Young vom Nachrichtenbüro Reuters gegeben hatte. Der Minister sagte ferner, dass Juden aus dem Wirtschaftsleben Deutschlands entfernt werden müssten, dass sie aber frei seien, ihre eigene Kultur zu pflegen im Rahmen ihres jüdischen Kulturbundes. Juden sei ihr eigenes Winterhilfswerk gestattet. „Juden können Deutschland verlassen; die eingezogenen Pässe werden [mit einem Kennzeichen versehen] zurückgegeben. Sie dürfen auch einen Teil ihres Vermögens mitnehmen, solange die Devisen reichen.“ (Die Reisepässe der Juden wurden am 7. Oktober 1938 konfisziert.[198]) Vom Standpunkt des Ministers war dies eine wohlwollende und großzügige Haltung, besonders weil er eine „reinliche Trennung zwischen Juden und Deutschen“ verlangte.

Nebenbei bemerkt: Die jüdische Winterhilfe-Organisation, die von Baeck in seinem Münchner Vortrag und von Goebbels in seinem Interview mit Reuters erwähnt wurde, hatte Ende 1938 große Schwierigkeiten. Dies belegt eine an die jüdische Gemeinde der Pfalz gerichtete Notiz, die Albert Joseph am 1. November 1938 im jüdischen *Gemeindeblatt* veröffentlichte.

Unterm 6. Oktober 1938 empfingen Sie die Mitteilung, daß die jüdische Winterhilfe in der Pfalz eröffnet ist, mit dem Hinweis, daß die Verantwortung von Jahr zu Jahr gegenüber unseren Armen größer wird.
Währenddessen hat der Verband wie alljährlich so auch dieses Jahr per 1. Oktober 1938 die Seelenzahl der Juden in der Pfalz ermittelt:
Am 1. Oktober 1936: 4 953 Seelen,
Am 1. Oktober 1937: 4 294 Seelen,
Am 1. Oktober 1938: 3 302 Seelen,
so gegenüber dem 1. Oktober 1937 eine weitere Abnahme von 992 Seelen oder 23.1 % der jüdischen Bevölkerung. Dieses Zahlenbild muß all denjenigen Spendern klar vor Augen führen, daß wir mehr wie unsere Pflicht zu erfüllen haben. Ich weiß, daß Sie trotz großer Abwanderung und Verarmung nicht hören wollen, daß es in der Pfalz hungernde und frierende Glaubensgenossen gibt. Die wird es nicht geben im Winter 1938/39, wenn man in Stadt und Land statt viele Worte, sofort Taten sprechen läßt.

198 Reichsgesetzblatt I, Nr. 159, 7. Oktober 1938, S. 1342.

Nach dieser Abschweifung über das jüdische Winterhilfe-Programm ist es an der Zeit, zu Rabbiner Metzgers Lehrhausprojekt zurückzukehren. Natürlich war Landau nicht Berlin, und die Pfälzer Nazis hatten nichts im Sinn mit einem jüdischen Kulturprogramm oder mit einem Lehrhaus – oder dem Schicksal der Juden überhaupt. Fast verzweifelt hatte sich Metzger am 13. Januar 1937 an die Regierung der Pfalz gewandt:

In zehn Zuschriften habe ich seit dem 15. November 1935 mit dem hiesigen Bürgermeisteramt und dem Bezirksamt Landau … verhandelt, ohne daß mir bis heute ein Genehmigungsbescheid zugestellt wurde. ...
Ich wäre Ihnen sehr verbunden, wenn Sie das Lehrhaus freundlichst genehmigen würden.

Des Bürgermeisters am 20. Januar 1938 zum Ausdruck gebrachte Absicht wurde jedoch nicht in die Tat umgesetzt. Am 9. Februar 1938, auf seine Eingabe vom 7. November 1937 Bezug nehmend, schrieb Metzger dem Bürgermeister: „Seit dieser Mitteilung sind in der Zwischenzeit drei Monate verflossen, ohne daß ich von Ihnen die Genehmigung zur Aufnahme der Lehrtätigkeit erhalten habe.“ Am 10. Februar 1938 informierte die Gestapo in Neustadt das Landauer Bürgermeisteramt:

Gegen die Errichtung eines jüdischen Lehrhauses in Landau i. d. Pf. werden keine Einwendungen erhoben, wenn die in meinem Schreiben vom 7.4.37 erwähnten Voraussetzungen gegeben sind. Über die getroffene Entscheidung bitte ich, mir Mitteilung zu machen.

Der Bürgermeister antwortete erst am 13. Juni, obgleich die Gestapo zweimal Mahnungen geschickt hatte, nämlich am 22. April und am 30. Mai. Er schickte eine Kopie seiner Genehmigung vom 18. Mai 1938 und eine Kopie des Briefes, in dem Dr. Metzger die letzten Erläuterungen des Lehrhausprojektes vorgelegt hatte. Die Genehmigung des Bürgermeisters vom 18. Mai wurde Metzger durch Boten zugestellt.

Auf Grund [der Verordnung über Privatschulen] wird dem Bezirksrabbinat bzw. der israelitischen Kultusgemeinde Landau in stets widerruflicher Weise die Genehmigung erteilt zur Führung eines Unterrichtsunternehmens mit der Bezeichnung „Jüdisches Lehrhaus “.

Beigefügt war eine Rechnung in Höhe von 15.00 RM, nämlich eine Verwaltungsgebühr von 10.00 RM und 5.00 RM für ein Gutachten über die Unterrichtsräume. Metzger antwortete dem Bürgermeister am 8. Juni 1938:

Die Einrichtung eines geregelten Unterrichtsbetriebs war in der Zwischenzeit noch nicht möglich und wird auch noch einige Zeit beanspruchen.
Um aber dem dringenden Verlangen zahlreicher Gemeindemitglieder Rechnung zu tragen, wurde sofort mit der Erteilung von Unterrichtskursen in der amerikanisch-englischen Sprache begonnen.
Die Unterrichtskurse finden im Gemeindehaus, Schützengasse 4, wie folgt statt:
Dienstag
17:15-18:15 für Fortgeschrittene
18:15-19:15 für ziemlich Fortgeschrittene
19:15-20:15 für Anfänger.
Diesen Unterricht erteilt Herr Paul Feibelmann, Frankfurt/Main, Beethovenstr. 4.

Mitte Juli wurden weitere Kurse angeboten für „etwas Fortgeschrittene“ und für „völlige Anfänger“. Ungefähr einen Monat später kündigte Metzger an, dass der Englischlehrer aus Gesundheitsgründen aufgeben musste. Ein neuer Plan wurde vorgelegt. Einen weiteren Monat später war Metzger gezwungen, nochmals Personalwechsel anzukündigen. Am 3. November 1938 musste Metzger – damals gerade in Breslau – erneut Änderungen bekanntgeben. Lehrkräfte, die er erwartet hatte, konnten nicht kommen.

Mehr als einige Englischkurse konnte Metzger in seinem Lehrhaus nicht zustande bringen. Die Staatsmaschinerie arbeitete aber weiter. Am 7. November 1938 – zwei Tage vor der Kristallnacht – wollte die Gestapo wissen, ob das Lehrhaus einen Lehrplan aufgestellt habe. Auf der Rückseite des Schreibens befindet sich folgende Bemerkung:

Auf fernmündliche Anfrage hat der Vorsitzende der israelitischen Kultusgemeinde, Kaufmann Arthur Schwarz mitgeteilt, daß das Jüdische Lehrhaus nicht mehr in Betrieb ist und auch nicht mehr in Betrieb genommen wird.

Am 16. Januar 1939 informierte der Landauer Bürgermeister die Gestapo in Neustadt entsprechend.

Am 10. November 1938, während der Rauch noch aus der Ruine der einstmals großartigen Landauer Synagoge quoll, wurde Rabbiner Dr. Metzger nach Buchenwald geschafft. Das Konzentrationslager, acht Kilometer von Weimar entfernt, am Hang des Ettersberges gelegen, war eine Erfindung Heinrich Himmlers. Der Ettersberg war eine Art Wallfahrtsort. Maler, Musiker und Dichter sind dort im Schatten des herrlichen Buchenwaldes spazieren gegangen. Er war ein Lieblingsplatz für Johann Wolfgang von Goethe, der dort am 12. Februar 1776 sein Gedicht *Wanderers Nachtlied* schrieb:[199]

Der du von dem Himmel bist,
Alles Leid und Schmerzen stillest,
Den, der doppelt elend ist,
Doppelt mit Erquickung füllest.
Ach, ich bin des Treibens müde!
Was soll all der Schmerz und Lust?
Süßer Friede,
Komm, ach komm in meine Brust!

Ende Dezember wurde Metzger entlassen, durfte aber nicht nach Landau zurückkehren. Er ging nach Nürnberg und war dort als Rabbiner tätig. Am 21. Oktober 1939 verließ er Deutschland und ging in die Vereinigten Staaten, wo er eine kulturell und akademisch höchst produktive Tätigkeit aufnahm. Er heiratete Fräulein Lore Scharff, die mit ihren Eltern im Dezember 1938 in die Vereinigten Staaten ausgewandert war. Dr. Metzger und seine Frau besuchten Landau nach dem Zweiten Weltkrieg aus verschiedenen Anlässen. Am 10. November 1968 weihte er einen Erinnerungsstein an der Stelle der zerstörten Synagoge zum Gedenken an Landaus ehemalige jüdische Gemeinde. Der Korrespondent der *Rheinpfalz* berichtete über das Ereignis am 11. November 1968 unter der Überschrift: „Wir wollen einander die Hände reichen. Erinnerung an den Synagogenbrand“.

„Meine Freunde“ nannte Dr. Kurt Metzger die zahlreichen Landauer Bürger, die sich gestern an der neu errichteten Gedenkstätte zur Erinnerung an die … Zerstörung der Landauer Synagoge eingefunden hatten. „Wir wollen einander die Hände reichen in Menschenliebe und Gotteserkenntnis.“
Oberbürgermeister Walter Morio [CDU, 1964-1984] sagte: „Wir gedenken in Scham jener Nacht vor dreißig Jahren, in der jüdische Gotteshäuser angezündet wurden als Fanal des Beginns neuer Not und neuen Todes.“
Kirchenpräsident a. D. Dr. Hans Stempel erinnerte an das Wort eines jüdischen Philosophen: „Ehrfurcht vor dem, was über uns ist, vor dem, was um uns ist, und vor dem, was unter uns ist.“

199 Goethe Werke, Insel-Verlag, Frankfurt 1965, Bd. 1, S. 64.

8. JUDENFREI

Weniger als zwei Monate nach Hitlers Machtergreifung sahen sich diejenigen im Irrtum, die geglaubt hatten, dass sich die anbahnende Naziherrschaft in Kürze verflüchtigen würde, aber auch jene, die geglaubt hatten, dass die Konservativen in Hitlers Koalitionskabinett den revolutionären Naziführer in Schach halten könnten. Der Auszug der Juden und anderer „Unerwünschter“ begann kurz nach der Machtergreifung. Tatsächlich begann er bereits wie ein Tröpfeln vor dem 30. Januar 1933. Zum Beispiel verließ der in Ulm geborene Nobelpreisträger des Jahres 1921 Albert Einstein, seit 1900 Schweizer Bürger, sein Heimatland im Dezember 1932. Einstein war Direktor des Kaiser-Wilhelm-Instituts und Professor an der Berliner Universität. Er reiste nach Amerika als Gast des California Institute of Technology in Pasadena. Der Physiker und seine Frau kehrten niemals nach Deutschland zurück. Im Frühjahr 1933 erklärte Einstein:[200]

As long as I have any choice in the matter, I shall live only in a country where civil liberty, tolerance and equality of all citizens before the law prevail. ...
These conditions do not exist in Germany at the present time.

Es mag für Einstein ein Schock gewesen sein als er bemerkte, dass „patriotische“ und christliche Fundamentalisten versucht hatten, ihn vom „Land der Freien“ fernzuhalten und dass, als er dort war, sie versuchten, ihn ausweisen zu lassen. Trotz des untergründigen Rassismus der amerikanischen Nation, ihres nicht so offensichtlichen Antisemitismus, ihres traditionellen Antisozialismus und trotz ihrer mehr oder weniger offen ausgesprochen Sympathie für die Nazis, waren die Vereinigten Staaten das bevorzugte Refugium derer, die es sich leisten konnten, dorthin zu gehen und die im Besitz der nötigen Einreisepapiere waren. Etliche prominente Emigranten wurden von den Nazis beschuldigt, in der ausländischen Presse abfällig über Deutschland zu schreiben. Mit Schadenfreude berichtete die Nazipresse über Maßnahmen gegen diese Leute. Am 26. August 1933 schrieb *Der Rheinpfälzer*:

Aberkennung der Staatsangehörigkeit.
Auf Grund des §9 des Gesetzes über den Widerruf von Einbürgerungen und der Aberkennung der deutschen Staatsbürgerschaft vom 14. Juli 1933 hat der

200 Fred Jerome, The Einstein File, St. Martin's Press, New York 2002, S. 24.

Reichsminister des Inneren im Einvernehmen mit dem Reichsminister des Auswärtigen durch eine im Reichsanzeiger veröffentlichte Bekanntmachung vom 23. August 1933 zunächst folgende im Ausland befindlichen Reichsangehörigen der deutschen Staatsangehörigkeit für verlustig erklärt, weil sie durch ein Verhalten, das gegen die Pflicht zur Treue gegen Volk und Reich verstößt, die deutschen Belange geschädigt haben: ... Dr. Rudolf Breitscheid ... Lion Feuchtwanger ... Emil Gumbel, Heinrich Mann ... Wilhelm Pieck ... Dr. Kurt Tucholsky, Otto Wels. ... Gleichzeitig ist das Vermögen dieser Personen beschlagnahmt worden.

Bereits Ende März 1933 begannen die Nazis, Journalisten zahlreicher ausländischer Zeitungen und deren Heimatländer zu beschuldigen, Verleumdungen des neuen nationalsozialistischen Deutschlands zu veröffentlichen. Es wurde über die scheußliche Behandlung zahlreicher deutscher Bürger – meistens Juden – während der ersten Monate der Naziherrschaft berichtet; zum Beispiel über deren Entlassung aus dem öffentlichen Dienst und aus Wahlämtern, über Schutzhaft und körperliche Angriffe auf Juden und Nazigegner und über andere Gemeinheiten. Meldungen dieser Art brachten die Nazis in Rage. Am 24. März 1933 schrieb *Der Rheinpfälzer*:

Gegen die Greuelpropaganda.
Regierung kündigt Maßnahmen an.
Zu den immer wieder von gewissen auswärtigen Kreisen verbreiteten falschen Greuelnachrichten über Deutschland wird darauf hingewiesen, daß die verantwortlichen Regierungskreise mit allem Nachdruck Maßnahmen gegen derartige Lügenmeldungen ergriffen haben und auch weiterhin ergreifen werden. Die deutschen Botschafter und Gesandten sind angewiesen worden, in jedem einzelnen Falle eine Demarche zu unternehmen. ... Weiter ist man entschlossen, auch Maßnahmen gegen die beteiligten Zeitungen selbst zu ergreifen und ihnen das postdebit [das Recht zur Verteilung durch die Post] zu entziehen und außerdem auch gegen ihre hiesigen Vertreter vorzugehen.
Wenn im übrigen, wie es wiederholt in Äußerungen aus amerikanischen Kreisen zum Ausdruck gekommen ist, mit einem Wirtschaftsboykott gegen Deutschland gedroht wird, so mögen die betreffenden Kreise sich vor Augen halten, daß wir gerade gegenüber Amerika eine passive Handelsbilanz haben, also viel mehr kaufen als verkaufen und daß man sich demzufolge mit einem Wirtschaftsboykott ins eigene Fleisch schneiden würde. Außerdem dürfte man sich dann auch ruhig die Frage vorlegen, wie eine geordnete Regelung der privaten Schulden erfolgen solle, wenn man wirklich einen Boykott gegen Deutschland verhängen wollte.
Die von gewissen ausländischen Kreisen gegen die Regierung der nationalen Erhebung betriebene Hetz- und Wühlarbeit, die schon vor Tagen einsetzte, dauert in

unverminderter Heftigkeit an. Hauptausgangspunkt der antideutschen Propaganda ist zweifellos New York. ...

Die Berichterstattung auf den Titelseiten der ausländischen Presse – besonders der *New York Times* – wurde heftiger nach dem Reichstagsbrand am 27. Februar 1933. Sie begann am 1. März, kurz vor der Reichstagswahl am 5. März, und wurde ausgeweitet bis zum Boykott jüdischer Geschäfte am 1. April.

Reichsminister Hermann Göring und führende Kabinettsmitglieder versuchten, die deutschen Maßnahmen und die Vorfälle, die in der amerikanischen Presse kommentiert wurden, herunterzuspielen. Am 25. März zum Beispiel berichtete der Landauer *Rheinpfälzer* über eine Pressekonferenz, auf der Göring den „Verleumdungen" entgegenzutreten versuchte. Der Minister sagte: „Berichte über Schändungen jüdischer Friedhöfe und Synagogen sind maßlose Entstellungen und Hetze." Einige Leute seien verhaftet, besonders Kommunisten. „Sie werden wie jeder andere Gefangene behandelt." Und weiter: „Die Regierung würde es niemals dulden, daß ein Mensch nur deshalb Verfolgungen ausgesetzt werden sollte, weil er Jude ist." Das war eine Lüge, und jeder wusste das. Göring sagte ferner, dass einige Juden entlassen worden seien, weil sie Mitglieder der SPD waren. In Landau, zum Beispiel, waren zwei Wochen zuvor die Juden Victor Weiss und Richard Joseph und der Katholik Lorenz Orth gezwungen worden, ihre Stadtratsmandate niederzulegen. Von diesen war nur Joseph Sozialdemokrat. Erika Weglein, Leonhard Flohr und fünf andere waren aus dem öffentlichen Dienst entlassen worden. Weglein war Jüdin; keine dieser Personen war in der SPD. Göring versuchte auch, den amerikanischen Antikommunismus auszunutzen: „Vielleicht wird die Welt es doch einmal Deutschland danken, die kommunistische Welle auf deutschem Boden zum Stillstand gebracht zu haben." Insgesamt, berichtete die Zeitung, erhielt Göring Beifall. Am Ende der Pressekonferenz bekamen die Journalisten Ausweise zum Besuch der Gefängnisse, in denen sie u. a. mit Ernst Thälmann (Kommunist, Reichstagsabgeordneter, 1944 in Buchenwald ermordet), Carl von Ossietzky (Schriftsteller, Friedensnobelpreis 1935[201], starb 1938 infolge KZ-Haft[202]) und Ernst Torgler (KPD-Fraktionsführer im Reichstag, starb im KZ) sprechen konnten.

201 Hitler verbot daraufhin Deutschen, den Nobelpreis anzunehmen.

202 In diesem Zusammenhang ist es von Interesse, den Bericht zu lesen, den Carl J. Burckhardt als Führer einer Delegation des Internationalen Komitees vom Roten

Am 27. März berichtete der *Rheinpfälzer* über den Versuch des Vizekanzlers Franz von Papen – über den die *New York Times* einen Tag zuvor berichtet hatte – , den Berichten über die sich verschlechternde Situation in Deutschland entgegenzutreten. In einem Telegramm an die Deutsch-Amerikanische Handelskammer in New York, so die Zeitung, habe von Papen gesagt, es sei das Ziel der nationalsozialistischen Revolution, Deutschland von schwerer kommunistischer Gefahr zu befreien und die Verwaltung von minderwertigen Elementen zu säubern. Diese Revolution habe sich in bemerkenswerter Ordnung vollzogen. Hunderttausende von Juden lebten in Deutschland völlig unbehelligt, und der Betrieb in zahlreichen jüdischen Geschäften verlaufe normal und ungestört. Gewisse Quellen hätten ein Interesse daran, die freundschaftlichen Beziehungen zwischen Deutschland und Amerika zu vergiften und die nationale Regierung zu diskreditieren.

Einen Tag später berichtete der *Rheinpfälzer* über ein Treffen von Hitler und Goebbels in Berchtesgaden am Sonntag zuvor. Beide waren der Meinung, dass die Boykotthetze gegen Deutschland von Juden im Ausland ausginge, und dass der Kampf gegen sie eine gewaltige Bewegung werden müsse. Außerdem verlangten die deutschen Juden mehr als ihnen zustünde: es gäbe zu viele jüdische Professoren, Rechtsanwälte und Ärzte. Dies müsse geändert werden.

Die „gewaltige Bewegung" sollte ein Boykott jüdischer Geschäfte sein, der den deutschen Juden zeigen sollte, dass sie nicht mehr willkommen seien. Im Grunde konnten die Ereignisse des 1. April 1933 für niemanden überraschend kommen. Hitler hatte in seinem Buch *Mein Kampf* schon Jahre zuvor erklärt, dass die Juden aus Deutschland entfernt werden müssten. Er erwartete sicherlich Proteste des Auslands gegen seine Judenpolitik. Er erwartete sicherlich auch, dass ausländische Juden von ihren Staatsregierungen energische Maßnahmen gegen Hitlerdeutschland verlangten. Es ist aber ebenso sicher anzunehmen, dass Hitler nicht erwartete, von den USA, Großbritannien oder Frankreich militärisch angegriffen zu werden, um seiner Bösartigkeit ein Ende zu bereiten. Sie taten das nicht und konn-

---

Kreuz über seinen im Jahre 1934 erfolgten Besuch im Konzentrationslager Esterwegen, nahe Wilhelmshaven, verfasste. Burckhardt hatte auf diesem Besuch bestanden, um Ossietzky zu treffen. Den erschütternden Bericht findet man in Carl J. Burckhardt, Meine Danziger Mission 1937-1939, Verlag Georg D. W. Callwey, München 1960, S. 53-62.

ten es auch nicht tun. Unter den Statuten des internationalen Rechts waren Maßnahmen gegen einen souveränen Staat seiner inneren Angelegenheiten wegen ausgeschlossen. Die freie Presse der westlichen Demokratien konnte Deutschland wegen seines schäbigen Verhaltens gegenüber Juden und anderen Gruppen angreifen, ihre Regierungen konnten das nicht. (Der Begriff der Souveränität ist nach dem Zweiten Weltkrieg erheblich verändert worden.) Die Situation im Spätsommer 1939 war grundverschieden von der im Frühjahr 1933. Deutschlands Angriff auf Polen war keine innere deutsche Angelegenheit, und Verträge zur gegenseitigen Hilfeleistung machten das Eingreifen der beiden europäischen Westmächte unausweichlich.

Im März 1933 machten die Anstrengungen der Nazis, die Juden aus dem gesellschaftlichen und wirtschaftlichen Leben – und, wenn möglich, aus dem Lande – zu vertreiben, rapide Fortschritte. Aber Deutschland aus eigenem Willen zu verlassen war nur für diejenigen möglich, die es sich leisten konnten, das heißt nur für die, die Verwandte oder Freunde in anderen Ländern hatten, die bereit waren, sie aufzunehmen, die die nötigen Dokumente beschaffen konnten und finanzielle Mittel besaßen, von denen sie eine Weile im Ausland leben konnten. Die meisten jedoch mussten im Lande bleiben und die Verschlechterung ihrer Situation und die zunehmenden Erniedrigungen ertragen. Schlimmeres kam dann einige Jahre später.

Die jüdische Geschäftswelt spielte in der deutschen Wirtschaft eine große Rolle. Zu Beginn der Nazizeit – in Ermangelung von Gesetzen gegen jüdische Beteiligung am deutschen Wirtschaftsleben – konnte man den Juden wirtschaftlich nur dadurch schaden, dass man ihre Kunden fernhielt. Jüdische Geschäftsleute betrieben ihre Unternehmen oft mit günstigen Preisen für Qualitätswaren. Einigen ging es dabei sehr gut. Warenhäuser, wie zum Beispiel die Ehape AG, eine beliebte jüdische Billigpreis-Kette, konnten die niedrigsten Preise bieten, indem sie den Vorteil großer Umsätze innerhalb ihrer das gesamte Land überspannenden Verteilungssysteme ausnutzten. Da waren auch noch die Ärzte und Rechtsanwälte, die die Nazis ebenfalls ruinieren wollten. Wie alle führenden Nazis wusste auch Gauleiter Josef Bürckel, dass ungefähr neunzig Prozent des jüdischen Umsatzes von nichtjüdischen Kunden, Patienten und Klienten herrührte. Man wusste auch, dass diese Leute weiterhin in jüdischen Geschäften kaufen und die Dienste jüdischer Ärzte und Juristen, die ihr Vertrauen besaßen, in Anspruch nehmen würden. Um dieses Verhalten zu ändern, mussten Zwangsmaßnahmen ergriffen werden. Am 17. März 1933 erklärte der allgewaltige Gauleiter, dass er eine Änderung der alten Gewohnheiten erwarte. Er nahm kein Blatt vor den Mund und sprach einfach eine Drohung aus:[203]

Nicht die Kleinen werden gehängt. Wir greifen durch – legal aber gründlich!
Parteigenossen, SA- und SS-Kameraden!
Im Vollzug unserer nationalsozialistischen Aufgabe bringe ich zur Kenntnis und ordne an:
Im gesamten Gaugebiet hat jede Ortsgruppe zu statistischen Zwecken einen Überwachungsdienst einzurichten. Dieser hat mitzuteilen:
a) wer im Ramschwarenhaus kauft,
b) wer zum jüdischen Arzt läuft,
c) wer sich vom jüdischen Rechtsanwalt verteidigen läßt,
d) welcher Metzger beim Juden Vieh kauft,
e) wer Auslandsobst, Gemüse usw. verwendet.

Am 27. März 1933 publizierte Landaus Kreisleiter Kleemann die folgende Ankündigung im *Landauer Anzeiger*:

Angehörige der jüdischen Rasse, die als Vorsitzende bzw. Ausschußmitglieder in Vereinen, Berufs- und Standesvertretungen sowohl privater als auch öffentlich-rechtlicher Art tätig sind, werden hiermit aufgefordert, bis spätestens Mittwoch, den 29. März, abends 6 Uhr, von ihren Posten zurückzutreten.
Der Kampf gegen die Warenhäuser hat auf der ganzen Linie eingesetzt. Es darf erwartet werden, daß die gesamte Beamtenschaft … den schwer um seine Existenz ringenden ortsansässigen Mittelstand … unterstützt. Beamte und Beamtenfrauen, die im Ehape Landau ihre Einkäufe besorgen, sollen künftighin gemeldet werden.

Die Aufforderungen Bürckels und Kleemanns „Kauft nicht beim Juden, die Juden sind unser Unglück“ waren an die arischen Kunden jüdischer Geschäfte und Unternehmen gerichtet. Man erwartete eine konzertierte Aktion gegen die Juden. Die Nazis versuchten nicht, die Tatsache zu vertuschen, dass ein von oben organisierter Boykott jüdischer Geschäfte und Unternehmen in Vorbereitung war, obwohl man eine Zeitlang den zu erwartenden Boykott als einen spontanen Protest des aufgebrachten Volkes gegen üble Machenschaften des Auslandes erscheinen lassen wollte. Ende

203 NSZ Rheinfront, 17. März 1933.

März jedoch machte man keinen Hehl mehr daraus, dass die nationalsozialistische Führung einen offen Angriff auf die Juden wünschte.

Am 28. März gab die Reichspropagandaleitung der NSDAP spezifische Instruktionen für den geplanten Boykott heraus. Verlangt wurde die Aufstellung von „Aktionskomitees", die die geplanten Maßnahmen auf lokaler Ebene zu organisieren hatten. Es sollte so aussehen, als sei der Boykott vom gesamten deutschen Volk getragen. Zeitungen sollten auf ihre Mitarbeit beobachtet werden. Und Datum und Uhrzeit wurden festgelegt: „Der Boykott wird schlagartig am Sonnabend, den 1. April genau um 10 Uhr beginnen." Es wurde befohlen, SA- und SS-Posten vor jüdischen Geschäften aufzustellen, um Kunden davon abzuhalten, sie zu betreten. „Nationalsozialisten! Am Sonnabend um genau 10 Uhr, wird das Judentum wissen, wem es den Krieg erklärt hat."

Am 29. März berichtete der *Rheinpfälzer* unter der Überschrift „Die Abwehr der Greuel-Propaganda":

Kommunistische und marxistische Verbrecher und ihre jüdisch-intellektuellen Anstifter sind mit ihrem Kapital ins Ausland geflüchtet. Von dort verbreiten sie Hetz- und Greuelpropaganda gegen die nationalsozialistische Revolution. Die NSDAP steht jetzt im Abwehrkampf gegen die Lügen und Verleumdungen.

Am selben Tage wurde ein Aufruf[204] der Gaupropagandaleitung der NSDAP-Pfalz in Neustadt a. d. Weinstraße (Aktionskomitee zur Abwehr jüdischer Pressehetze) bei sämtlichen Pfälzer Behörden verbreitet, der Einzelheiten über den gewünschten Boykott enthielt:

Die jüdische Internationale ruft zum Boykott deutscher Waren auf. Man will den deutschen Arbeiter und mit ihm das deutsche Volk brotlos machen, es auf die Knie zwingen und derart dem Willen Weltjudas unterordnen. Die Reichsleitung der NSDAP forderte daher bereits zu wirksamen Gegenmaßnahmen auf. … Ab kommenden Samstag, den 1. April, vormittags 10 Uhr setzt ein rücksichtsloser Boykott der jüdischen Geschäfte ein. ...
Um den Erfolg der Aktion … hundertprozentig sicherzustellen, erwartet die Gauleitung den vollen Einsatz aller Stellen sowie jedes einzelnen Beamten, um derart die unerhörte Sabotage des Weltjudentums und seiner landesverräterischen Trabanten schon im Keime zu ersticken. …

---

204 Die nationalsozialistische Judenverfolgung in Rheinland-Pfalz 1933 bis 1945, bearbeitet von Johannes Simmert. Selbstverlag der Landesarchivverwaltung Rheinland-Pfalz, Koblenz 1974, Dokument 6, S. 13.

In demselben Aufruf wurde angeordnet, jüdische Geschäfte daran zu hindern, Anzeigen in den lokalen Zeitungen zu veröffentlichen, „um diesen Boykott vollständig zu machen."

1. Keine Zeitung der Pfalz … darf amtliche Bekanntmachungen zur Veröffentlichung erhalten, sofern in ihr heute am Donnerstag oder Freitag auch nur ein jüdisches Inserat veröffentlicht worden war.
2. Sämtlichen Ämtern wird … nahegelegt, sofort ab 1. April diese Zeitungen abzubestellen.

Der Autor dieses Aufrufs meinte, was er sagte, und er glaubte wirklich an „Rücksichtslosigkeit". Sie war eine Charaktereigenschaft der Nazis.

Organisation und Leitung des Boykotts im ganzen Reich lagen in den Händen von Julius Streicher, dem Vorsitzenden des Zentralkomitees zur Abwehr jüdischer Greuel- und Boykotthetze. Er war ehemaliger Volksschullehrer, dann Chef-Antisemit des Dritten Reiches und seit 1923 Herausgeber der vulgären, antisemitischen Wochenzeitung *Der Stürmer*. Wie die NSZ *Rheinfront* in ihrer Wochenendausgabe vom 1. und 2. April berichtete, stellte Streicher fest:

Heute, 1. April 1933, um 10 Uhr, beginnt der von der Reichsleitung der NSDAP befohlene Abwehrkampf. Dieser Kampf ist vom deutschen Volk nicht gewollt. Er ist ihm aufgezwungen worden.

Es ist von Interesse, dass der Reichsbund jüdischer Frontsoldaten [RjF] sich angeblich auf die Seite der Nazis geschlagen hatte. Am 27. März berichtete der *Rheinpfälzer*, der RjF habe ein Telegramm an die amerikanische Botschaft in Berlin geschickt:

Wir haben Kenntnis von der Propaganda, die in Ihrem Lande über die angeblichen Greueltaten gegen Juden in Deutschland gemacht wird. Wir halten es für unsere Pflicht, nicht nur im vaterländischen Interesse, sondern auch der Wahrheit wegen zu diesen Vorgängen Stellung zu nehmen. Es sind Ausschreitungen und Mißhandlungen vorgekommen …; dies war nicht zu vermeiden. Die Regierung mißbilligt sie aufs schärfste. Die ins Ausland gegangen sind, haben kein Recht, zu Vorgängen in Deutschland Stellung zu nehmen und in deutschen Angelegenheiten mitzureden. Dies soll in der amerikanischen Presse veröffentlicht werden. Diese Angelegenheit ist eilig, da am Montag [3. April] eine amerikanische Protestaktion starten soll.

Dieses Dokument erschien bereits am 26. März in der *New York Times*. Es scheint, dass die deutschen jüdischen Kriegsveteranen immer noch glaubten, die Dinge würden sich zum Besseren wenden, wenn sie nur mit den Wölfen heulten.

Presseberichte über die Vorgänge am 1. April fielen kurz und bündig aus. Zum Beispiel schrieb der *Landauer Anzeiger* am 2. April:

> Punkt 10 Uhr bezogen SA und SS ihre Posten vor den jüdischen Häusern … und Lokalen, die sämtlich durch schwarze Plakate mit einem gelben Kreis in der Mitte gekennzeichnet waren. Abends hat ebenso schlagartig wie begonnen die Boykottbewegung um 7 Uhr ihr Ende erreicht; die Posten wurden zurückgezogen.

Die Zeitung fügte schadenfroh hinzu: „Das Geschäft für die Juden am 1. April war null."

Es war vorgesehen, den Boykott jüdischer Einrichtungen in Deutschland fortzusetzen, wenn die ausländische Presse ihre „Hetze" nicht einstellte. Wie der *Rheinpfälzer* am 1. April berichtete, hatte Goebbels vorgesehen, am 5. April um zehn Uhr einen zweiten Boykott zu beginnen, „dann allerdings mit Wucht und Vehemenz, die bisher noch nicht dagewesen ist, bis die Drahtzieher der ausländischen Greuelhetze sich eines Besseren besonnen haben". Innerhalb der Nazi-Führung war man jedoch sehr bald der Meinung, dass der erste Boykott seine Wirkung getan habe. Am 3. April berichtete der *Rheinpfälzer*, Streicher habe am Tage zuvor auf einer NSDAP-Versammlung in München gesagt: „Ich habe das Gefühl, daß wir am Mittwoch [5. April] den Kampf nicht mehr weiterführen werden." Einen Tag später berichtete dieselbe Zeitung über weitere Äußerungen Streichers: das internationale Judentum habe eingesehen, dass Deutschland nicht mit sich Schindluder treiben lasse, und dass die ganze Welt auf das jüdische Problem aufmerksam gemacht worden sei. Was die Welt wirklich eingesehen hatte war, dass das nationalsozialistische Deutschland ein Problem darstellte.

In der Pfälzer Stadt Landau wurden spezifische Maßnahmen gegen die jüdische Geschäftswelt vom Stadtrat beschlossen und von Bürgermeister Ehrenspeck am 27. Juni 1933 in einer Verordnung an alle Abteilungen der Stadtverwaltung bekanntgegeben:[205]

---

205 Stadtarchiv Landau A II 298, Verbot der Warenlieferungen durch jüdische Geschäfte 1933/38.

Der Stadtrat hat in seiner Sitzung vom 27. Juni 1933 beschlossen, mit sofortiger Wirkung jüdische Geschäfte von allen Lieferungen für die Stadt und ihre Werke und Anstalten auszuschließen. Für die genaue Durchführung dieses Beschlusses ist Sorge zu tragen.

Diese Verordnung enthielt auch die Anweisung an alle öffentlichen Bediensteten, nicht bei Juden zu kaufen. Die Landauer Nazis waren besonders eifrig bemüht, die Juden aus dem wirtschaftlichen Leben auszuschalten.

Ende 1937 hatten die meisten jüdischen Geschäftsleute in Landau das Handtuch geworfen. Ihres Eigentums waren sie größtenteils verlustig gegangen. Am 30. November 1937 schrieb der *Pfälzer Anzeiger* unter der Überschrift: Häuser wechseln ihre Besitzer: „In letzter Zeit war am Landauer Grundstücksmarkt eine ziemlich lebhafte Tätigkeit. Zahlreiche Anwesen wechselten ihren Besitzer. Zum großen Teil ging es aus nichtarischen Händen in arische über." Juden wurden als Individuen und als Gruppe angegriffen. Ein besonderer Vorfall verdient der Erwähnung, denn er zeigt, wie großmannssüchtige Nazis, die keine Autorität in rechtlichen Angelegenheiten besaßen, sich an der Kampagne gegen Juden beteiligten in ihrem Wunsche, dem Willen des Führers vorauszueifern.

Wie in den meisten anderen Städten gab es in Landau einen regelmäßigen Wochenmarkt, auf dem an bestimmen Tagen landwirtschaftliche Produkte und Fleischwaren angeboten wurden. Diese Märkte waren beliebt bei Hausfrauen, weil sie glaubten – zu Recht oder nicht – dort Qualitätswaren zu niedrigen Preisen kaufen zu können. Der jüdische Fleischermeister Sigmund Kahn erschien regelmäßig auf dem Landauer Wochenmarkt, um seine Fleischwaren anzubieten. Am 8. August 1935 wandte sich Karl Keim – inzwischen zum Chef der Landauer SA-Standarte 18 aufgestiegen – mit einer Beschwerde an das Bürgermeisteramt:[206]

Betrifft: Jude Kahn als Metzger auf dem Wochenmarkt.
Wie ich in Erfahrung gebracht habe, ist es heute noch möglich, daß auf dem Landauer Wochenmarkt der jüdische Metzger Kahn seine Waren in einem offenen Stande darbietet. Schon lange erregt diese Tatsache den Unwillen der nationalen Bevölkerung Landaus.
Sowohl in meiner Eigenschaft als Ratsherr, als auch als Führer der Standarte 18, bitte ich hiermit das Bürgermeisteramt, dem Juden Kahn die Genehmigung für

206 Ebd., Juden auf Messen und Märkten. Diese Akte ist in der folgenden Dokumentation mehrfach benutzt worden.

seinen Stand auf dem Wochenmarkt sofort zu entziehen, bezw. ihm eine Weitergenehmigung für den Verkauf auf dem Wochenmarkt nicht mehr zu erteilen.
Ich bitte um Stellungnahme bezw. Rückäußerung. Heil Hitler!

Als man Kahn dieses Verlangen vorlegte, kapitulierte er sofort. Was hätte er auch sonst tun können? Er konnte es jedenfalls nicht mit Keims SA-Standarte 18 aufnehmen. Am 18. August unterschrieb Kahn die folgende vom Bürgermeisteramt vorbereitete Erklärung:

Im Hinblick darauf, daß das gesamte Landauer Metzgergewerbe, mit wenigen Ausnahmen, von dem Verkauf frischen Fleisches auf dem Landauer Wochenmarkt keinen Gebrauch macht, verzichte auch ich freiwillig auf diese Art des Absatzes meiner Erzeugnisse. Ich werde künftighin auf dem Landauer Wochenmarkt kein Fleisch mehr feilbieten.

Am selben Tage, an dem Metzger Kahn „freiwillig“ sein Recht aufgab, auf dem Landauer Wochenmarkt seine Waren zu verkaufen, antwortete das Bürgermeisteramt auf das Schreiben Keims. Unter weniger deprimierenden Umständen könnte man die Argumentation des Bürgermeisters als ein Meisterstück juristischer Logik ansehen. Bürgermeister und Jurist Ehrenspeck mag versucht haben, sein Gewissen rein zu halten, in dem er sich auf salomonische Weise aus der Klemme zog:

An die S.A. der N.S.D.A.P., Standarte 18.
Betreff: Jude Kahn als Metzger auf dem Landauer Wochenmarkt.
Es muß gesagt werden, daß nach Maßgabe der gesetzlichen Bestimmungen bis jetzt keine Möglichkeit besteht, dem Juden Kahn den Verkauf von frischem Fleisch auf dem Wochenmarkt zu verbieten.
Nach der bayer. Min. E. für Wirtschaft, Abt. Handel, Industrie u. Gewerbe, vom 12. Dezember 1934, Nr. Ic 28577, ist die Beschränkung der Gewerbefreiheit auf Messen und Märkten für Nichtarier sogar streng untersagt.
Demgegenüber steht fest, daß … die Landauer Metzger, mit Ausnahme des Juden Kahn, von diesem Recht fast keinen Gebrauch machen.
Wenn man daher von der Ortssitte ausgeht, daß die Landauer christlichen Metzger ihr Fleisch in der Regel nur im Laden verkaufen, der Jude Kahn aber darüber hinaus noch wöchentlich dreimal den Wochenmarkt besucht, so bedeutet dieser Wochenmarktverkauf eine Bevorzugung und deshalb seine Untersagung vom Standpunkt des gesamten hiesigen Metzgergewerbes für Kahn keine Gewerbebeschränkung, sondern lediglich eine Gleichstellung den übrigen Metzgermeistern gegenüber.

Von diesem Gesichtspunkt aus wurde dem Metzger Kahn nahegelegt, mit sofortiger Wirkung auf den Fleischverkauf auf dem Landauer Wochenmarkt zu verzichten, wozu sich dieser laut beiliegender Erklärung auch bereit fand.

Es liegt Ironie in der Tatsache, dass ungefähr drei Jahre später das bayerische Ministerium für Wirtschaft, Abt. Handel, Industrie und Gewerbe eine Anordnung herausgab, in der implizit die Einhaltung der Bestimmungen vom 12. Dezember 1934 verlangt wurde.

Betreff: Zulassung von Juden zu Messen und Märkten.
In letzter Zeit mehren sich wieder die Fälle, daß Juden vom Markthandel ausgeschlossen oder daß gegen sie, wenn sie zum Markt erschienen, unzulässige Einzelaktionen durchgeführt werden.
Diese Vorkommnisse haben dem Herrn Reichs- und Preußischen Wirtschaftsminister Veranlassung gegeben, daß zwischen ihm, dem Herrn Reichs- und Preußischen Minister des Inneren und dem Stellvertreter des Führers eine Übereinstimmung über die Gewerbe erzielt worden sei, aus denen Juden ausgeschlossen werden sollen; an einen Ausschluß der Juden vom Markthandel sei dabei nicht gedacht. ... Den Juden sei daher innerhalb der z. Z. geltenden Bestimmungen Gelegenheit zum Besuch von Märkten zu geben. ...
Die Bezirksverwaltungsbehörden werden daher erneut angewiesen, jüdischen Markthändlern ... den Besuch öffentlicher Märkte nicht zu verwehren und rechtswidrige Einzelaktionen zu unterbinden.

Diese Anordnung, datiert vom 5. Oktober 1937, ging am 19. Oktober beim Landauer Bürgermeisteramt ein – und wurde sofort zu den Akten gelegt.

Von der Mitte der dreißiger Jahre bis zum Ende des Jahres 1938 wurde die bereits erbärmliche Lage der deutschen Juden ständig schlechter unter einem Trommelfeuer von Gesetzen, die dazu dienten, das ehemals rege jüdische gesellschaftliche und wirtschaftliche Leben zu ruinieren. Zunächst kamen die Nürnberger Gesetze, die auf Hitlers „Reichsparteitag der Freiheit“ in Nürnberg am 15. September 1935 verkündet und auf einer Sondersitzung des nach Nürnberg einberufenen Reichstags einstimmig angenommen wurden. Das erste der beiden Gesetze, das Reichsbürgergesetz,[207] bestimmte: „Reichsbürger ist nur der Staatsangehörige deutschen oder artverwandten Blutes ....“. Damit waren Juden keine deutschen Reichsbürger mehr. Das zweite Gesetz (dem ersten angehängt), das Ge-

207 Reichsgesetzblatt I, Nr. 100, 16. September 1935, S. 1146.

setz zum Schutze deutschen Blutes und der deutschen Ehre, verbot unter anderem „Eheschließungen und außerehelichen Verkehr zwischen Juden und Staatsangehörigen deutschen oder artverwandten Blutes“ und die Beschäftigung „weiblicher Staatsangehöriger deutschen oder artverwandten Blutes unter 45 Jahren in ihrem [jüdischen] Haushalt“.

Zwei weitere Gesetze brachten jüdischen Besitz und Vermögen unter die Kontrolle der Nazis, genauer gesagt unter die direkte Kontrolle Hermann Görings, der seit Oktober 1936 Bevollmächtigter Hitlers für den Vierjahresplan – mit anderen Worten Wirtschaftsdiktator – war.[208] Das erste Gesetz[209] verlangte die Anmeldung und Bewertung des Vermögens der Juden. Göring wurde ermächtigt, „den Einsatz des jüdischen Vermögens im Einklang mit der deutschen Wirtschaft sicher zu stellen“. Das zweite Gesetz,[210] das sich auf das erste bezog, erklärte „Verkäufe von Juden brauchen Genehmigung“.

Das endgültige Aus für die Juden im deutschen Wirtschaftsleben wurde von Göring vier Tage nach der Kristallnacht verfügt.[211] Das neue Gesetz verbot Juden, Geschäfte zu führen oder in leitenden Stellungen tätig zu sein.

Im November 1938 verschwand die Menschlichkeit aus Deutschland. Die unglaublichen Verbrechen, die einige Jahre später von Hitlers „willigen Vollstreckern“ verübt wurden, überstiegen die Ereignisse der Kristallnacht zwar in Dimension und Tödlichkeit, nicht jedoch in dem zugrunde liegenden Vernichtungswillen der damaligen deutschen Führerschaft und ihrer fanatischen Anhänger, die in Hitler ihren Messias sahen.

Die Schüsse, die auf den deutschen Diplomaten Ernst Ludwig vom Rath in der deutschen Botschaft in Paris am 7. November 1938 abgefeuert wurden, boten den Nazis die Gelegenheit, den ersten entscheidenden Schritt zu der – damals noch nebulösen – „Endlösung des Judenproblems“ zu tun. Ernst vom Rath erlag seinen Verletzungen am 9. November. (Ende

208 Reichsgesetzblatt I, Nr. 96, 19. Oktober 1936, p. 887. Diese von Hitler unterzeichnete Verordnung besagt: „Die Verwirklichung des von mir auf dem Parteitag der Ehre [September 1936] verkündeten neuen Vierjahresplans erfordert eine einheitliche Lenkung. ... Die Durchführung des Vierjahresplans übertrage ich dem Ministerpräsidenten [von Preußen] Generaloberst Göring.“

209 Reichsgesetzblatt I, Nr. 63, 26. April 1938, S. 414.

210 Ebd. S. 415-416.

211 Reichsgesetzblatt I, Nr. 189, 14. November 1938, S. 1580.

Oktober 1940, nachdem die deutsche Armee Frankreich besetzt hatte, wurde der Attentäter, Herschel Seibel Grynszpan (Grünspan) der Gestapo ausgeliefert.) Hitler und seine alten Kämpfer trafen sich im Münchner Bürgerbräukeller, um sich an den Putschversuch am 9. November 1923 zu erinnern. Er sprach zu seinen Getreuen am 8. November, erwähnte aber das Attentat in Paris mit keinem Wort. In der Tat sprach er in der Öffentlichkeit niemals darüber. Nazi-Propagandisten zögerten jedoch nicht, hasserfüllte Aufrufe in der Presse zu lancieren. Am 8. November, zum Beispiel, schrieb der *Pfälzer Anzeiger*:

Man weiß in Deutschland, daß Grynszpan ... im Auftrage und als Werkzeug des internationalen Judentums gehandelt hat. ... Und es ist nur recht und billig, wenn für die Schüsse in der Pariser Botschaft das Judentum in Deutschland zur Verantwortung gezogen wird.

Hitler ließ Goebbels die schmutzige Arbeit verrichten, einen Pogrom zu starten, und dieser benutzte die SA – die seit der Affäre Röhm im Jahre 1934 Hitlers Wohlwollen verloren hatte – ihn auszuführen.

In München hielt Goebbels eine Brandrede gegen „Jüdische Kriminelle" und ließ lokale Partei- und SA-Bosse glauben, dass ein verheerender Pogrom großen Stils erwünscht sei. Himmler instruierte Heydrich, die SS aus dem Spiel zu lassen, aber den Sicherheitsdienst und die Gestapo anzuweisen, darauf zu achten, dass kein deutsches Eigentum Schaden litte, aber ansonsten den Ereignissen freien Lauf zu lassen.

Am 10. November um 1.20 Uhr nachts sandte Heydrich geheime und eilige Instruktionen des Reichsministeriums des Inneren an Polizei- und Sicherheitsdienstämter:[212]

Auf Grund des Attentats gegen Legationssekretär vom Rath in Paris sind im Laufe der heutigen Nacht, 9. auf 10. November 1938, im ganzen Reich Demonstrationen gegen Juden zu erwarten. Für die Behandlung dieser Vorgänge ergehen die folgenden Anordnungen:

1. Die Leiter der Staatspolizeistellen oder ihre Stellvertreter haben sofort nach Eingang dieses Fernschreibens mit den für ihren Bezirk zuständigen politischen Leitungen, Gauleitung oder Kreisleitung, fernmündlich Verbindung aufzunehmen und eine Besprechung über die Durchführung der Demonstrationen zu vereinbaren, zu der der zuständige Inspekteur oder Kommandeur der Ordnungspolizei zuzuziehen ist. In dieser Besprechung ist der politischen Leitung mitzuteilen, daß die deutsche Polizei vom RFSS u Ch d Dt Pol [Reichsführer SS und Chef der

212 Vgl. 204, Dokument 105, S. 129-131.

Deutschen Polizei] die folgenden Weisungen erhalten hat, denen die Maßnahmen der politischen Leitung zweckmäßig anzupassen wären:
a) Es dürfen nur solche Maßnahmen getroffen werden, die keine Gefährdung deutschen Lebens oder Eigentums mit sich bringen (z. B. Synagogenbrände nur, wenn keine Brandgefahr für die Umgebung vorhanden ist).
b) Geschäfte und Wohnungen von Juden dürfen nur zerstört, nicht geplündert werden. Die Polizei ist angewiesen, die Durchführung dieser Anordnung zu überwachen und Plünderer festzunehmen.
c) In Geschäftsstraßen ist besonders darauf zu achten, daß nichtjüdische Geschäfte unbedingt gegen Schäden gesichert werden.
d) Ausländische Staatsangehörige dürfen, auch wenn sie Juden sind, nicht belästigt werden.
2. Unter der Voraussetzung, daß die unter 1 gegebenen Richtlinien eingehalten werden, sind die stattfindenden Demonstrationen nicht zu verhindern, sondern nur auf die Einhaltung der Richtlinien zu überwachen.
3. Sofort nach Eingang dieses Fernschreibens ist in allen Synagogen und Geschäftsräumen der jüdischen Kultusgemeinden das vorhandene Archivmaterial zu beschlagnahmen, damit es nicht im Zuge der Demonstrationen zerstört wird. Es kommt dabei auf das historisch wertvolle Material an, nicht auf neuere Steuerlisten usw. Das Archivmaterial ist an die zuständige SD-Dienststelle abzugeben.
4. …
5. Sobald der Ablauf der Ereignisse dieser Nacht die Verwendung der eingesetzten Beamten hierfür zuläßt, sind in allen Bezirken soviel Juden, insbesondere wohlhabende, festzunehmen, als in den vorhandenen Hafträumen untergebracht werden können. Es sind zunächst nur gesunde männliche Juden nicht zu hohen Alters festzunehmen. Nach Durchführung der Festnahmen ist unverzüglich mit den zuständigen Konzentrationslagern wegen schnellster Unterbringung der Juden in den Lagern Verbindung aufzunehmen. Es ist besonders darauf zu achten, daß die auf Grund dieser Weisung festgenommenen Juden nicht mißhandelt werden.
6. Der Inhalt dieses Befehls ist … weiterzugeben mit dem Hinweis, daß der RFSS u Ch d Dt Pol diese polizeilichen Maßnahmen angeordnet hat. ...

Während der Schreckensnacht und während des folgenden Tages wurden in Deutschland nahezu einhundert Juden, Männer, Frauen und Kinder, ermordet oder starben vor Aufregung. Ungefähr 26 000 Juden wurden verhaftet und in Konzentrationslager geschafft, wo einige hundert starben. Fast zweihundert Synagogen wurden in Brand gesteckt und mehr oder weniger zerstört. Der Schaden an Eigentum belief sich auf mehrere Millionen Reichsmark.

Anweisungen für die Vorbereitung der abscheulichen Ereignisse der Nacht vom 9. zum 10. November wurden aus München ungefähr eineinhalb Stunden nach Mitternacht telefonisch an die SA-Chefs der Bezirke gegeben und von diesen ebenfalls telefonisch an ihre Unterorganisationen weitergeleitet. Fünf Jahre nach dem Ende des Zweiten Weltkrieges, am 11. Juli 1950, sind die Ereignisse der Kristallnacht in Landau von Landaus Staatsanwaltschaft durch Aussagen der Hauptakteure dokumentiert worden.[213]

Am Abend des 9. November 1938 fand in der damaligen Schlageterstraße (ex. off. jetzige Pestalozzistraße) vor dem dort befindlich gewesenen Schlageterdenkmal eine Kundgebung statt. Es nahmen daran sämtliche politischen Formationen von Landau teil. Es war ein Lautsprecher aufgestellt, durch den die Rede von Rudolf Heß aus München übertragen wurde. … Ich wußte in diesem Augenblick bereits, daß der Botschaftsrat vom Rath gestorben war. Nach der Kundgebung ging ich nach Hause zu meiner Wohnung Westring 23 im Hintergebäude des Landratsamts. Ich zog Zivilkleidung an und ging dann wieder fort, um im „Goldenen Kreuz“ ein Glas Bier zu trinken. Es war jetzt kurz vor Mitternacht. Gegen 1 Uhr nachts kam ich wieder zu Hause an. Es kam gleich darauf ein telefonischer Anruf von Brigadeführer D aus Neustadt. Der Befehl lautete: „Heute nacht ist die Synagoge Landau zu sprengen oder in Brand zu setzen.“ Mir wurde weiter erklärt, daß ich mich in das Haus der SA zu begeben habe, um weitere Befehle in Empfang zu nehmen. Ich verließ darauf meine Wohnung und ging in das Haus der SA, Südring Ecke Ravelinstraße. Dort traf ich den Standartenführer K, der schon Bescheid wußte von dem Befehl. K erklärte mir, ich solle die Synagoge in Brand stecken. Es wurde mir überlassen, mit wem und auf welche Weise ich das Werk durchführen würde. Ich verließ das Gebäude und traf an der Ravelinstraße 3 Kameraden aus meinem Sturmbann. Es waren Sturmführer Ho und die Männer S und H. Die 3 Männer waren gerade aus dem „Goldenen Kreuz“ gekommen, um nach Hause zu gehen. Ich fragte die 3 Männer, ob sie mitgehen wollten und habe sie bekannt gemacht mit dem Inhalt des mir erteilten Befehls. Die Männer erklärten sich sofort bereit mitzumachen, weil es sich um die Erledigung eines Befehls handelte. Ich selber habe den Männern keinen Befehl erteilt, sondern es ihnen freigestellt, ob sie mitmachen wollten.

Wir begaben uns zur Tankstelle Ecke Königstraße-Reiterstraße. Die Garage hatte Tag- und Nachtbetrieb. Wir verlangten eine Kanne Benzin. Es waren 10 bis 15 Liter. Dann gingen wir auf das benachbarte Grundstück der Synagoge. Wir gin-

213 Staatsanwaltschaft Landau, Prozess Ks 3/50. Rheinland-Pfalz, Landesarchiv Speyer, Bestand J 74, Akte Nr. 5399. Diese Akte ist in der folgenden Dokumentation mehrfach benutzt worden.

gen hinten um das Haus herum und drückten eine Scheibe ein. Einer von uns vieren griff durch das Loch und öffnete den Fensterflügel. Meine drei Kameraden stiegen ein. Ich blieb draußen. Die 3 Männer übergossen die Bänke mit Benzin und steckten sie an. Soviel ich weiß, wurde keine Demolierung an der Inneneinrichtung durch sonstige Gewalteinwirkung vorgenommen. Es wurden auch keine Sachen herausgeholt. Nach ¼ Stunde stiegen die Männer wieder durch das Fenster nach draußen. Es war jetzt etwa 2 Uhr nachts. Beim Fortgehen sah ich durch die Fenster der Synagoge hindurch einen Lichtschein, so daß ich erkennen konnte, daß es dort brannte. Das Feuer ging aber bald wieder zurück. Ich habe etwa 2 bis 3 Minuten gestanden. Ich war der Meinung, daß durch das Feuer nur die Inneneinrichtung der Synagoge ausbrennen würde und daß das Feuer dann ausgehen würde. Ich bin überzeugt, daß durch unsere Brandlegung nur die Bänke zerstört worden sind, denn die Synagoge war innen ein reiner Steinbau. Das Feuer konnte gar nicht auf die Höhe der Kuppel übergreifen. Ich bin überzeugt, daß das Feuer bald erloschen ist.

Der sechzigjährige Angeklagte Karl R. machte seine Aussage in ziemlich prosaischer Form. Er war ein Veteran des Ersten Weltkrieges im Range eines Sergeanten. Er wurde im Sommer 1944 wieder zum Wehrdienst einberufen und kam in Kriegsgefangenschaft, aus der er kurz vor Weihnachten 1945 entlassen wurde. Bis Juli 1950 lebte er bei einem Kameraden in Nordrhein-Westfalen. Der Mann sagte aus, es sei ihm bekannt gewesen, dass gegen ihn ein Haftbefehl der Landauer Staatsanwaltschaft wegen Verbrechens gegen die Menschlichkeit vorlag. Dem Staatsanwalt gegenüber äußerte er: „Ich stelle mich freiwillig, um endlich Ruhe zu bekommen und die Möglichkeit zu haben, später wieder bei meiner Familie wohnen zu können."

Nach Ende des Ersten Weltkrieges war Karl R. aufgrund seines Zivilversorgungsscheines als Regierungsobersekretär zum Landratsamt Landau gekommen. Im September 1926 war er in die NSDAP eingetreten, zu einer Zeit, als es noch ziemlich unwahrscheinlich war, dass Hitler jemals an die Macht gelangen würde. Am 1. Mai 1933 war er SA-Mann geworden. 1938 zum Sturmbannführer befördert, hatte Karl R. die Führung des Sturmbanns III/18 übernommen, einer Einheit der Standarte 18 in Landau, die zur Brigade 51 mit Hauptquartier in Neustadt an der Weinstraße gehörte.

Der Brandstifter setzte seine Aussage im Tenor von Selbstrechtfertigung und Selbstmitleid fort. Was hätte man sonst erwarten können?

Gegen ½ 3 Uhr kam ich zu Hause an und legte mich ins Bett. Da ich sehr müde war, schlief ich bis etwa 12 Uhr mittags. Ich wurde dann von meiner Frau geweckt, die mir sagte, daß die Synagoge brenne und daß jüdische Privathäuser geplündert worden seien. Ich gab meiner Entrüstung über die Plünderungen Ausdruck, da ich derartige Übergriffe für unsauber hielt. Ich machte mich gegen 12 ½ Uhr auf und ging zum Platz vor Hotel Körber. Dort sah ich von weitem die Synagoge brennen. Die Flammen schlugen durch die Kuppel. Ich kann mir nicht denken, daß unsere Brandlegung einen solchen Erfolg herbeigeführt hat. Ich bin der Meinung, daß nach dem Heruntergehen des von uns gelegten Feuers andere Personen neu Feuer gelegt haben müssen. Ich habe allerdings keinen Beweis für diese Vermutung.

Auf Vorhalt des Staatsanwalts fuhr der Angeklagte fort:

Ich gebe zu, daß möglicherweise auch unsere Brandlegung zu dem völligen Ausbrennen des Gebäudes geführt haben kann. Mir bleibt es allerdings unerklärlich, wie es möglich war, daß die Flammen vom Fußboden bis in die Kuppel hinaufschlagen konnten.

Ich war über mein Werk keineswegs erfreut. Nachdem ich von meiner Frau erfahren hatte, daß jüdische Häuser geplündert worden waren, und als ich sah, wie durch die Reiterstraße 3 Juden ohne Kragen von SS-Männern abgeführt wurden, empfand ich einen inneren Druck über das, was ich gemacht hatte. Ich habe mich daher an den weiteren Aktionen in Landau nicht beteiligt.

Nichtsdestoweniger gestand der Angeklagte Karl R., sich unter Führung des Standartenführers K. an der Zerstörung der Synagoge in Oberlustadt beteiligt zu haben. Karl R. sagte: „Unsere Absicht war die, dafür zu sorgen, daß die Juden keinen Gottesdienst mehr halten konnten. Das Gebäude als solches wollten wir nicht zerstören und haben es auch nicht getan. Ob nach dem Verlassen der Synagoge die Bevölkerung noch etwas getan hat, ist mir nicht bekannt.“

Der scheinbar zerknirschte Angeklagte Karl R. beendete seine Aussage mit folgenden Worten:

Ich habe meine Beteiligung an der Judenaktion 1938 hiermit erschöpfend dargestellt. An weiteren Aktionen war ich nicht beteiligt, insbesondere auch nicht an der Aktion im jüdischen Betsaal. Mit Jakob B hatte ich keine Verbindung. Er gehörte der SS an, mit der ich wegen der Spannung zwischen SA und SS nicht gut stand.

Ich sehe heute ein, daß ich mich an der Judenaktion nicht hätte beteiligen dürfen. Es tut mir leid, daß ich den Befehl ausgeführt habe. Aber es war uns damals gelehrt worden, daß jeder Befehl ausgeführt werden müsse. Ich hatte den SA-

Diensteid geleistet, der dahin lautete, daß jeder Befehl des Führers und der SA-Führer widerspruchslos auszuführen sei, da von uns nichts Ungesetzliches verlangt werden würde.

Die Behauptung, die Ausschreitungen während der Kristallnacht seien eine spontane Reaktion des deutschen Volkes nach dem Mord an vom Rath gewesen, war eine grausame Lüge. Nicht jeder Deutsche hat diese Behauptung als wahr betrachtet. Am 10. und am 11. November 1938 schrieb die Kunstmalerin Maria Magdalena Herbig aus Kaiserslautern, Mitglied der Akademie der bildenden Künste, zwei Briefe[214] an die Reichskulturkammer, die dort am 11. bzw. 12. November eingingen.

Anständige Juden sind unserer Menschlichkeit oder Unmenschlichkeit ausgeliefert. Wir selber zeigen uns, wer wir sind in der Art, wie wir sie behandeln. Es ist der 11. November, soeben ziehen Gesellen der Stadt durch die Stadt, um Wohnungen von Juden zu demolieren – anläßlich des Vorfalls in Paris. Ich bin empört über den Vandalismus, den unsere Vorgesetzten unterstützen.
Ich protestiere!

Der zweite Brief ist noch deutlicher.

Es ist nicht die Bevölkerung, die sich diese traurigen Ausschreitungen erlaubt hat. … [Ausschreitungen sind] an selbst friedlichen alten einheimischen, wehrlosen Juden durchgeführt, auf sinnlose zuchtlose Weise [haben wir] uns an ihrem Eigentum vergriffen, die Wohnungen grauenvoll kurz und klein geschlagen. Nationalsozialistischer Mob ist geschürt worden, niedrige Instinkte haben sich austoben dürfen. – Ich betone, die Bevölkerung ist es nicht, das Volk ist empört, die breite Masse hat damit nichts zu tun, sie lehnt das ab.

Frau Herbig wurde am 23. November verhaftet.

Der Landauer Synagogenbrandstifter betrachtete das Plündern jüdischer Wohnungen als „unsauber". In der Tat wurde damals viel unsaubere Arbeit von Nazibanden verrichtet. Lore Metzger, geborenen Scharff, lieferte einen Bericht über die Vorgänge in Landau in der Nacht des 9. November und während der folgenden Tage.[215] Lore Metzger war die Tochter von Alfred und Erna Scharff. Sie war damals achtzehn Jahre alt. Sie war es auch, der man die Erlaubnis verweigert hatte, ein Sommerlager in England zu besuchen.

---

214 Vgl. 204, Dokument 108, S. 133-135.

215 Stadtarchiv Landau, Judendokumentation, M.

In diesen Novembertagen war die beklommene, neblig-naßkalte Stimmung der Natur ein getreues Spiegelbild unserer eigenen deprimierende Gedanken und Gefühle hinsichtlich unserer bevorstehenden Auswanderung.
So beschäftigt waren wir mit unseren eigenen Sorgen, daß wir kaum der schrecklichen Nachricht gebührende Achtung schenkten, daß in Paris ein fanatischer, polnischer Jude einen Beamten der deutschen Botschaft aus Vergeltung für die zwangsweise Deportation seiner Eltern aus Deutschland über die polnische Grenze, erschossen hatte. …
Um so erschütternder war der Schock, als am Morgen des verhängnisvollen 10. November kurz vor 7 Uhr unsere Hausangestellte mich aus dem Schlaf riß und mir zuflüsterte „Wenn du die Synagoge noch einmal sehen willst, eil' dich, denn die Synagoge brennt lichterloh!“ Zitternd zog ich mich an und lief, mantellos, den Südring hinunter in die Richtung der Synagoge.
Es war ein nebliger, naßkalter Morgen. Beim Verlassen unseres Hauses (Südring 1) bemerkte ich schon den Brandgeruch in der Luft. Meine Beine zitterten, als ich die Xylanderstraße überquerte und am Hotel Körber anhielt, um Atem zu schöpfen. Da sah ich plötzlich riesengroße Flammen aus der großen Kuppel der Synagoge herausschlagen.
Fassungslos blieb ich ein paar Sekunden, vielleicht auch Minuten stehen. Nicht nur der Schrecken, das geliebte Gotteshaus in Flammen zu sehen, sondern auch das Benehmen etlicher, langjähriger, christlicher Bekannten, denen ich auf der Straße begegnete und die mich, ohne ein Wort zu sagen, feindselig anstarrten, war für mich unfaßbar und unerträglich. So rannte ich in Tränen zu unserem Haus zurück.
Gerade wollte ich meine Eltern, die ihr Frühstück einnahmen, von meinem schrecklichen Erlebnis erzählen, als wir laute Männerstimmen in der Diele hörten. In meiner Aufregung hatte ich die Eingangstür nicht verschlossen, sondern nur angelehnt. Augenblicklich öffnete sich die Zimmertür. Ungefähr sieben oder acht Männer drängten sich herein. Während einer wortlos das Tuch mit dem Zwiebelmusterfrühstücksgeschirr vom Tisch riß, faßte ein anderer meinen Vater unsanft beim Arm und teilte ihm mit, daß er verhaftet sei. Als mein Vater ihn zu fragen wagte „Warum?“ bekam er die kurzbündige Antwort, „Heute kriegen wir alle Juden!“
Während ich den Mantel meines Vaters holte, bat er die Männer, ihn zuerst in das Haus meines Onkels zu begleiten, welches neben dem unsrigen lag, mit dem er das Geschäft „I. Scharff und Sohn, Ledergroßhandlung“ führte. Höhnisch teilte ihm einer der Männer mit: „Das ist nicht nötig. Ihr Bruder [Alfons Scharff] ist schon verhaftet und im Gefängnis.“
Minuten nachdem mein Vater abgeführt war, stürzten etwa 15 bis 20 Menschen in unsere Wohnung, einige von ihnen mit Äxten und Hämmern ausgerüstet. Was

an diesem Tag und vor allem in den nächsten Stunden geschah, wird ein ewiger Schandfleck in der Geschichte Deutschlands bleiben.
Wie Raubtiere sich auf ihr Opfer stürzen, so sprangen diese Unholde von einem Zimmer zum anderen, meine Mutter, meinen jüngeren Bruder [Heinz, zwölf Jahre alt] und mich mit gezücktem Revolver vor sich hertreibend. Zusehen mußten wir zudem, wie sie mit Wollust Möbel und Porzellan zerschlugen, Teppiche und Anzüge zerschnitten, Federkissen auseinanderrissen und die von meiner Mutter selbstgemalten Ölgemälde aus den Rahmen zerrten.
Gerade als meine Mutter sah, wie einer unter der Bande eine von ihr mit viel Liebe gemalte Pfälzer Landschaft anfing zu zerschneiden, fand sie den Mut und fragte die Männer: „Was wollen Sie eigentlich von uns? Meine Familie und ich haben Deutschland stets treu gedient.“ Dabei deutete sie auf ein in der Vitrine liegendes Samtkissen hin, auf dem die Orden und Ehrenzeichen lagen, die mein verstorbener Großvater [väterlicherseits] schon im Kriege von 1870/71 erhielt und die mein Vater und meine Mutter für ihre Verdienste im Ersten Weltkrieg vom Deutschen Reich bekommen hatten. Als die Männer diese Ehrenzeichen sahen, gab einer den Befehl, sofort mit der Zerstörung aufzuhören.
Doch zu spät! Kaum gab es etwas in der Wohnung, das nicht zerbrochen war. So schnell wie die Horde erschienen war, so rasch zogen die Zerstörer wieder ab. Aber zurück ließen sie nicht nur drei völlig verstörte Menschen, sondern auch eine zerstörte und verwüstete Wohnung, die noch eine Stunde zuvor so schön und friedlich aussah.

Die Scharffs fürchteten weitere Gewalttaten. Sie zogen warme Kleidung an. „Niedergeschlagen und ganz apathisch gingen wir … zum jüdischen Friedhof, wo wir, auf dem Grabstein der [väterlichen] Großeltern sitzend, die Nacht verbrachten.“ Früh am Morgen des nächsten Tages, 11. November, kehrten sie halb erfroren in ihr Haus zurück. Das Telefon läutete.

Auf meiner Armbanduhr war es gerade 9.10 Uhr. … Eine barsche Männerstimme befahl [mir] am Telephon, meine Mutter zu rufen. Als ich dem Manne sagte, daß sie gerade auf dem Weg zum Hause meines Großvaters sei, gab er mir folgenden Auftrag: „Ruf sie an und sag’ ihr, sie soll sofort zurückkommen. Dann packt alles, was ihr wollt und kommt sofort zum Hauptbahnhof.“ Dann fügte der Mann hinzu: „Nehmt auch alles Geld und allen Schmuck mit, denn ihr dürft nie wieder nach Landau zurück.“
Wie befohlen, rief ich beim Großvater [Kuhn, Vater von Erna Scharff, geborene Kuhn] an, dessen Wohnung meine Mutter gerade betrat, und gab ihr die schreckliche Botschaft. … In kurzer Zeit hatten meine Mutter und ich drei Koffer gepackt, und wir machten uns auf den Weg.
Unser Weg zum Bahnhof war für uns ein richtiger Passionsgang. Das schwere Gewicht der Koffer machte uns keine Mühe. Aber wir mußten an der immer noch

brennenden Synagoge vorbeigehen. Auch passierten wir die Wohnungen etlicher Bekannten, wo man die Zerstörung schon von außen sehen konnte. Teilweise zerschnittene Teppiche hingen aus den Fenstern einer Wohnung, während wir zerbrochene Möbelstücke, ja sogar Teile eines Klaviers auf dem Gehsteig sahen.
Am schlimmsten waren jedoch die Blicke der Landauer Bürger zu ertragen. Ehemalige Nachbarn, Bekannte und Geschäftsleute, welche meine Großeltern, meine Eltern und uns Kinder schon von Geburt an kannten und die uns immer freundlich zugetan waren, sahen uns feindselig an. Ja, in der Ostbahnstraße wurden wir sogar gezwungen, den Gehsteig zu verlassen und mit dem Gepäck auf der belebten Straße zu laufen. Die Namen dieser Leute habe ich längst vergessen, aber ihre grausame mitleidlose Haltung wird mir immer im Gedächtnis verbleiben.
Auf dem Landauer Bahnhofsplatz standen jüdische Frauen und Kinder im Novemberregen, ohne zu wissen, was mit ihnen geschehen sollte oder auch nur eine Ahnung zu haben, wo ihre Männer und Väter waren. …
Eine Familie nach der anderen wurde in ein kleines Zimmer des Bahnhofs geführt, wo die jüdischen Frauen von Mitgliedern der NS-Frauenschaft beleidigt wurden und sich einer körperlichen Untersuchung unterziehen mußten. Unser Geld und Schmuck wurde uns abgenommen.
Bis heute ist es mir unfaßbar, daß sich meine Mutter alle diese Unwürdigkeiten gefallen lassen mußte. Warum sollte eine Frau so schamlos behandelt werden, die nicht nur im Ersten Weltkriege als Krankenschwester Deutschland treu gedient, sondern während der schweren Nachkriegsjahre der Stadt Landau durch ihre Tätigkeit auf vielen Gebieten mehr als ihre gewöhnliche Bürgerpflicht erfüllt hatte?
Kurz nach 8 Uhr wurden wir in einen Zug gesetzt, der nach Mannheim fuhr. Wir waren eine der letzten Familien, die Landau an diesem traurigen Tage verlassen mußten.
Zwei Tage hatten wir ohne Nahrung verbracht. Als ein Speisewagenkellner durch das Abteil kam, bat ihn meine Mutter um ein belegtes Brot für meinen Bruder und mich. Die Antwort, die sie von dem Kellner bekam, ließ sogar die christlichen Mitreisenden im Abteil beschämt den Kopf hängen. Doch keiner brachte den Mut auf, etwas dagegen zu tun. Der Kellner fertigte sie einfach mit den Worten ab: „Wir verkaufen nichts an Judenschweine!"

Die beiden Frauen, die damals die Leibesvisitation am Landauer Bahnhof vorgenommen hatte, wurden nach dem Ende des Zweiten Weltkrieges von der Staatsanwaltschaft über die Vorgänge vernommen. Die eine der beiden [Gefängnis-Oberwachtmeisterin B.], zur Sache befragt, gab folgendes an:[216]

216 Vgl. 204, Dokument 162, S. 197-198.

Ich habe seinerzeit am Bahnhof Landau i. d. Pfalz gemeinsam mit der Kohlenhändlersfrau A die körperlichen Durchsuchungen der Jüdinnen durchgeführt. Die vorgefundenen Geldbeträge wurden von uns jeweils gemeinsam und im Beisein der jüdischen Inhaber gezählt, und dann wurde die jeweils festgestellte Summe unter Bezeichnung der Inhaberin von Frau A in eine besonders aufgestellte Liste eingetragen. In einigen Fällen wurde der Eintrag auch von mir vollzogen. Am Schlusse der Aktion haben wir den Gesamtbetrag (etwa 6 000 RM) an Hand der Liste dem ehemaligen SS-Sturmführer W übergeben.

Während seine Familie im Zug nach Mannheim saß, wurde Alfred Scharff nach Dachau gebracht, aber bald darauf entlassen. Als die Familie Scharff wieder zusammen war, reisten sie in die Vereinigten Staaten.

Teil 5 der Instruktionen Heydrichs – die Verhaftung männlicher Juden – wurde in großer Eile ausgeführt. In Landau begannen die Verhaftungen früh am 10. November und dauerten den ganzen Tag. Sie wurden von regulärer Polizei durchgeführt und von der SS unterstützt. Mehr als vierzig Verhaftete wurden in das Landauer Gefängnis gebracht. Eine andere Gruppe von ungefähr vierzig Verhafteten wurde in den jüdischen Betsaal in der Schützengasse geschafft. Am Morgen des 11. November wurden einige der im Betsaal festgehaltenen Juden nach Dachau transportiert, und die im Gefängnis inhaftierten wurden in den Betsaal verlegt. Während der Nacht des 11. November wurde der jüdische Weinhändler Salomon Wolff aus Böchingen, einem Weinort etwas nördlich von Landau, von Gestapo-Beamten verhört. Wolff, ein älterer Mann, starb während des Verhörs. Die Gestapo behauptete, Wolff habe das Geld der israelitischen Kultusgemeinde versteckt.

Es scheint, als hätten die Nazischurken ihre Bestialität den wehrlosen und verängstigten Juden gegenüber genossen. Sie scheinen auch überzeugt gewesen zu sein, dass das Tausendjährige Reich genügend lange existieren und ihre Ruchlosigkeit nie ans Licht kommen würde. Diese armen Narren haben sich verrechnet. Sie wurden nach Ende des Zweiten Weltkriegs ausfindig gemacht, und ihre Taten kamen ans Licht. Während des Jahres 1948 klagte die Landauer Staatsanwaltschaft diejenigen an, die an der „Judenaktion“ in Landau zehn Jahre zuvor beteiligt gewesen waren und derer man habhaft werden konnte.[217] Der Landauer Synagogenbrandstifter Karl R. war einer von ihnen. Unter den Belangten befanden sich der

217 Vgl. 213, J 74, Akte Nr. 5388. Diese Akte ist in der folgenden Dokumentation mehrfach benutzt worden.

ehemalige Kreisleiter Wilfried Lämmel, der SA-Standartenführer K., beide aus Landau, Jakob B., Landwirt und Kaufmann aus Ilbesheim und Jakob R. aus Landau. Sie alle wurden angeklagt, „Verbrechen gegen die Menschlichkeit begangen zu haben in Tateinheit mit Mord, Freiheitsberaubung, Brandstiftung, Land- und Hausfriedensbruch, Nötigung, Erpressung, Raub, Körperverletzung u. a."

Unter den am 10. November 1938 Verhafteten befanden sich Arthur Schwarz, Dr. Eugen Fried, Alfred und sein Bruder Alfons Scharff und der Konditormeister Max [Markus] Mai. Ihre Peiniger glaubten sicher nicht, dass diese Leute jemals mit beschworenen Aussagen über die Ereignisse der Tage vom 10. bis zum 12. November 1938 gegen sie hervortreten würden. Diese ehemaligen Landauer jüdischen Bürger waren unter den wenigen Überlebenden der Nazi-Diktatur, und sie wagten sich hervor. Arthur Schwarz legte seine Aussage vor, die er vor einem Notar in New York am 15. März 1948 gemacht hatte.

Ich war bis zu meiner Auswanderung im August 1940 1. Vorsitzender der israelitischen Kultusgemeinde in Landau (Pfalz), und auch ich wurde an dem berüchtigten 10. November 1938 am Spätnachmittag von einem Polizeibeamten und einem SS-Mann verhaftet, die ich beide nicht persönlich kannte, und in den Betsaal der isr. Kultusgemeinde in der Schützengasse verbracht. Dort waren schon eine größere Anzahl von Juden aus Landau und Umgebung eingeliefert, da das Gefängnis bereits überfüllt war.
In unserem Betsaal, der bereits übel zugerichtet war, waren viele Leute in SS- und SA-Uniform vertreten, die sich dort auch als Gebieter und Herrscher aufspielten. Wir mußten alles, was wir bei uns hatten, bis auf Taschentuch und evtl. Brille, abgeben.
In der Nacht zum Donnerstag kam nach Mitternacht der genügsam bekannte Jakob B aus Ilbesheim, der anscheinend das Kommando im Betsaal inne hatte, wieder mit einer Rotte SS- und SA-Leuten zu uns, wo wir auf Stroh auf der Erde lagen und kommandierte: „Auf den Bauch legen, wer sich umschaut hat nichts zu lachen." Dann wurde eine Anzahl Juden namentlich aufgerufen, die entweder allein oder zu zweien in ein Nebenzimmer kommen mußten. Dort hatte sich B mit einer Anzahl SS- und SA-Leuten installiert und die dort hinein befohlenen Juden wurden mehr oder weniger gepeinigt, gedemütigt oder mißhandelt. Über das, was mit den anderen Juden im Betsaal bezw. in dessen Nebenzimmer geschah, weiß ich nicht mehr viel. Die Leute schämten sich, darüber zu reden, oder wurden zu sehr eingeschüchtert wenn sie darüber sprechen würden.
Ich war auch bei den in das Nebenzimmer gerufenen und ich glaube mich zu entsinnen, daß B mich mit dem Ausdruck empfing „Da kommt der Judde-Vorstand."

B verlangte dann, daß ich ihm ins Gesicht spucken soll, was ich trotz mehrfacher Aufforderung standhaft verweigerte mit der Erklärung, daß ich noch keinem Menschen ins Gesicht gespuckt habe und auch nicht tun werde.
B schlug mir dann vor Zorn, weil ich seinem Befehl nicht nachkam, mit der Faust an die Zähne. Dieser Sadist wollte nur haben, daß ich ihm ins Gesicht spucke, um mich dann schlagen oder erschlagen zu können, weil ich mir dann erlaubt hätte, einem SS-Häuptling ins Gesicht zu spucken, wenn er es selbst absolut haben wollte.
Nachdem B bei mir nichts erreichte, ließ er den Häftling Nathan Weiss ins Nebenzimmer kommen und ich glaube wohl, er empfing ihn mit einem Schlag ins Gesicht. Um seiner Gier Ausdruck zu geben, füllte er oder einer seiner Getreuen einen Schöpflöffel mit Wasser – ob dies rein war, es kam aus einem Eimer, weiß ich nicht – und Weiss und ich mußten einen Mund voll davon nehmen und uns dann das Wasser – zum Gaudium der Anwesenden – ins Gesicht blasen.
In jenem Nebenzimmer lagen auch unsere heiligen Gesetzes- und Gebetsrollen besudelt und zerrissen auf der Erde. Der Betsaal war als Hilfssynagoge eingerichtet und mit unseren Rollen ausgestattet. Auf diese Rollen stieß mich B und ich mußte darauf herumtrampeln, ich hörte auch später, daß er von anderen verlangte darauf zu spucken.

Dr. Eugen Fried, Zahnarzt aus Landau, damals in Straßburg lebend, machte am 27. September 1948 die folgende Aussage:

Ich möchte noch eine Aussage zu dem Mord Salomon Wolff Böchingen (bei Landau) machen. Ich bin einer der wenigen Überlebenden, die diese Sache aus nächster Nähe betrachten konnten. Ich hatte einen schweren Ohnmachtsanfall an jenem Tage und wurde mit dem heute in Amerika lebende jüdischen Arzt Dr. [Paul] Jeremias, Landau, deshalb separat in ein kleines Zimmer gelegt, das dicht neben dem Zimmer lag, in dem in jener Schreckensnacht die Leiter der Aktion ([Jakob] B, Ilbesheim b./ Landau und die Chefs der Gestapo, Kreisleiter [Wilfried] Lemmel [sic, Lämmel] usw.) „wirkten".
Ich hörte dabei (es war wohl zwischen 11 und 12 nachts) folgendes, was man zu dem in dieses Zimmer geholten Wolff sagte. „Saujud, sag' wo hast du das Geld hingetan? Gesteh', mehr als 5 Minuten lebst Du ja doch nicht mehr!" Wolff bemühte sich mit verzweifelter, winselnder Stimme den Fall klarzulegen. (Man warf ihm vor, er habe morgens in Böchingen, als ihn ein Gendarm verhaftete, Geld versteckt.) Sag' die Wahrheit. Du Schwein, wir geben Dir noch 2 Minuten Zeit!" Wiederum winselte Wolff und versuchte sich zu rechtfertigen. *Plötzlich wurde es mäuschenstill.* Kurz darauf wurde tatsächlich die Leiche (was ich nicht sah, aber hörte) die Treppe hinuntergetragen.

Man gab am nächsten Morgen bekannt, Wolff habe einen Herzschlag erlitten. Ich glaube das absolut nicht, da man vorher 2-3 Mal zu Wolff drohend gesagt hatte, er lebe nur noch einige Minuten.

Max Mai, der nach Ende des Krieges nach Landau zurückgekehrt war, machte am 19. Januar 1948 vor der Militär-Regierung der Französischen Besatzungszone in Landau und acht Tage später vor der Staatsanwaltschaft in Landau folgende Aussagen:

Am 10. November 1938, am Tage des Judenpogroms in Landau, wurde ich mit einer größeren Anzahl von jüdischen Männern aus Landau und Umgebung verhaftet. Die Verhaftung erfolgte durch Schutzleute. Wir wurden im hiesigen Gefängnis inhaftiert. Am nächsten Tage, etwa um 18.00 Uhr herum, wurden wir in den damaligen jüdischen Betsaal in Landau in der Schützengasse überführt.
Am gleichen Abend unserer Überführung in den Betsaal, wurde der ebenfalls inhaftiert gewesene Salomon Wolff aus Böchingen b./L. aus dem Lagersaal gerufen. Bald danach hörten wir furchtbare Schreie. Nach etwa 10 Minuten wurde es still. Etwa 1 ½ Stunden später rief man mich mit noch drei Männern aus dem Saal. Dazu gehörte außer mir der Lederhändler Alfons Scharff, der jetzt in Chicago 15 III, 4721 Ingleside Ave. wohnt, … Man führte uns in den eigentlichen Betsaal – wir kampierten nicht im Betsaal selbst, sondern in einem größeren Vorraum. Dort lag Wolff blutüberströmt mit aufgetriebenem Kopf tot am Boden. [Jakob] B erklärte uns, dem Mann sei schlecht geworden, wir sollten ihn auf eine Pritsche legen, er würde sich wohl bald wieder erholen. Wir legten Wolff auf die Pritsche und hatten keinen Zweifel daran, daß man ihn totgeschlagen hatte. Wir wurden dann wieder zurückgeführt. Nach etwa zwei Stunden wurden wir wieder herausgerufen. Im Betsaal stand jetzt ein Sarg. Wir mußten Wolff in den Sarg legen und ihn auf die Straße transportieren und von dort in einen Leichenwagen, der bereits vor dem Hause wartete.

Am 3. November 1948 wurde der Landwirt und Kaufmann Jakob B. aus Ilbesheim bei Landau vom Oberstaatsanwalt in Landau wegen Mord, Brandstiftung, Verbrechen gegen die Menschlichkeit und anderer Straftaten angeklagt. B. war Untersturmführer der SS und später Sturmführer bei der Waffen-SS gewesen. In Landau war er als gefürchteter Nazi-Terrorist bekannt. Die Anklage enthielt folgende Punkte:

Die damalige Verhaftung, Verwahrung und der Abtransport in das Konzentrationslager Dachau der damaligen jüdischen Bürger von Landau und Umgebung stand unter seiner maßgeblichen Führung. Er ist verdächtig, bei der Verwahrung der jüdischen Männer im früheren jüdischen Betsaal in Landau, den Weinkaufmann Salomon Wolff, aus Böchingen b./L., ermordet zu haben.

B ist mit verantwortlich dafür, daß die damals inhaftierten jüdischen Männer gezwungen wurden, der Saarpfälzischen Vermögensverwertungs-Gesellschaft m. b. H., einer Organisation der damaligen Gauleitung, Neustadt, die niemals in das Handelsregister eingetragen wurde, Vollmacht zu erteilen. Diese General-Vollmacht sollte dazu dienen, die hiesigen Juden ihres Grundvermögens zu berauben.
B ist auch verdächtig, sich des Verbrechens gegen die Menschlichkeit u. a. während seiner Dienstleistung bei der Waffen-SS, nämlich bei der Bewachung des Konzentrationslagers Dachau, des Konzentrationslagers Oranienburg und des Konzentrationslagers Neuengamme schuldig gemacht zu haben.
B ist im übrigen verdächtig, die hiesige Synagoge in Brand gesteckt zu haben; insofern sind Ermittlungen im Gange.

Die Auskünfte über die Karriere von Jakob B. als KZ-Wachmann stammen vom Französischen Oberkommando in Deutschland, Baden-Baden, datiert vom 19. Juli 1948. Während der Angeschuldigten-Vernehmung am 26. April 1949 sagte B.:

Die gegen mich erhobenen Vorwürfe im Zusammenhang mit der Judenaktion im November 38 in Landau sind unbegründet. ... Abends [am 10. November] begab ich mich wieder in den Betsaal, nachdem ich gesehen hatte, daß Männer meines Sturmes zur Bewachung der Juden aufgestellt waren. Ich habe die Bewachung der Juden durch SS-Männer nicht veranlaßt. Dieselben unterstanden auch nicht meinem Kommando. Der Sturm unterstand dem damaligen SS-Untersturmführer W. ... Trotzdem habe ich mich in den Ablauf der Dinge eingeschaltet, weil ich darauf bedacht war, daß die Juden den Verhältnissen entsprechend untergebracht wurden und zu essen bekamen. Aus dem Grunde habe ich schon nachmittags veranlaßt, daß Stroh in den Saal verbracht wurde. Während meines Aufenthaltes in dem Betsaal habe ich mich mit 3 Gestapo-Beamten unterhalten, die seinerzeit in Landau stationiert waren. Die Namen derselben sind mir nicht mehr bekannt. Ich wollte von ihnen erfahren, wer den Befehl zur Verhaftung der Juden gegeben hat. Dieselben erklärten mir, daß sie es selbst nicht wüßten. Wie man hörte, sollten die Juden aus Sicherheitsgründen wegen des Westwallbaues aus der Pfalz entfernt werden. Im Betsaal hielt ich mich vielleicht eine Stunde auf. Wieviel Uhr es war, weiß ich nicht. Es war auf jeden Fall vor Mitternacht. Während meines Aufenthaltes im Betsaal wurde der Jude namens Wolff von einem Gestapo-Beamten vernommen, weil derselbe 2 SA-Männern erklärt haben soll, daß er jeden totschießt, der seine Schwelle betritt. Ich habe mich in die Vernehmung auch etwas eingemischt und hielt Wolff vor, wie er so etwas sagen könne. Während ich mich mit Kameraden weiter unterhielt, fragte der Gestapo-Beamte den Wolff noch verschiedenes, was mich wenig interessierte. Der Gestapo-Beamte saß auf einem Stuhl, während Wolff etwa 2 Schritte von ihm entfernt stand, und zwar mit dem

Gesicht gegen den Gestapo-Beamten. Plötzlich fiel Wolff zusammen, wobei er einen kurzen, nicht überlauten Schrei von sich gab. Einer der Umstehenden sagte: Wie der Jud sich doch verstellen kann. Ich sah, daß seine Lippen sich blau verfärbten, worauf ich sofort jemanden zum Arzt schickte. Ob der zuständige SS-Arzt in Albersweiler zunächst angerufen wurde, weiß ich nicht mehr. Ich kann auch nicht sagen, wer den Arzt in Landau geholt hat. Auf jeden Fall blieb ich solange, bis der Arzt ... kam. Derselbe stellte den Tod durch Herzschlag fest.

[Mit der Aussage Max Mais konfrontiert, sagte B:] An Wolff war kein Blutstropfen zu sehen, auch keinerlei nichtblutende Wunde. Die Meinung, Wolff sei totgeschlagen worden, ist vollständig falsch. Wolff ist weder von mir, noch von irgend jemand anderem berührt worden. [Mit der Aussage eines seiner Kameraden konfrontiert, sagte B:] ..., daß Wolff sich dann in seiner Verzweiflung gegen mich gestellt habe, worauf ich ihn dann niedergeschlagen hätte, ist erlogen. Ich kann nicht begreifen, wie ein Mensch etwas derartiges über mich sagen kann.

[Auf Vorhalt der Angaben des zuvor befragten SS-Untersturmführers W sagte B:] Die Behauptung, mir hätte die Bewachung der Juden im Betsaal unterstanden, ist unwahr. Ich war damals noch nicht Untersturmführer, sondern erst Oberscharführer. Mir war von keiner Stelle aus ein Befehl zur Übernahme des Kommandos über die Bewachungsmannschaft erteilt. Daß ich mich eingeschaltet habe, war meine eigene Initiative.

[Auf Vorhalt weiterer Angaben Ws sagte B:] Ws Angabe, die SS-Leute im Betsaal seien unter meinem Kommando gestanden, stimmt nicht. Dieselben unterstanden der Polizei in Landau, von welcher jeder einzelne SS-Mann als Hilfspolizist eingesetzt war. Ich habe mich lediglich aus persönlichem Interesse auch dorthin begeben und einzelne Anordnungen getroffen, damit nichts geschieht, was uns einen schlechten Ruf einbringen konnte. Beim Abtransport der Judenfrauen am Bahnhof Landau war ich schon am Bahnhof. Ich kann allerdings nicht sagen, ob dieselben auch wirklich abtransportiert wurden. Es saßen nur eine Reihe von Frauen am Bahnhof herum. Daselbst erfuhr ich, daß die Frauen veranlaßt wurden, Wertsachen und Geld abzugeben. Davon war mir bis jetzt nichts bekannt, daß die Judenfrauen einer eingehenden Leibesvisitation unterzogen wurden.

[Mit der Aussage Arthur Schwarzs konfrontiert, sagte B:] Unter einem Juden Arthur Schwarz, der in Landau erster Vorsitzender der israelitischen Kultusgemeinde war, kann ich mir nichts vorstellen. Seine Angaben, ich sei nachts mit einer Rotte SS- und SA-Leuten in den Betsaal gekommen, wo die Juden auf der Erde lagen und hätte kommandiert: „Auf den Bauch legen, wer sich umschaut, hat nichts zu lachen“, ist vollständig falsch. Ich habe in meinem Leben noch nie Perversitäten begangen. Es ist deshalb auch nicht wahr, daß ich jemals einen Juden aufgefordert hätte, mir ins Gesicht zu spucken. Ganz bestimmt weiß ich, daß ich im Betsaal keinen Juden geschlagen habe. Auch ist in meiner Gegenwart kein Jude mißhandelt worden. Ich hätte etwas derartiges nicht geduldet. Mir ist auch nichts davon bekannt, daß Schwarz und ein anderer Jude aufgefordert wurden, aus einem Schöpflöffel einen Mund voll Wasser zu nehmen und sich dieses dann – zum Gaudium der Anwesenden – ins Gesicht zu blasen. ... Die weitere Erzählung des Arthur Schwarz, ich hätte ihn auf die herumliegenden Gebetsrollen gestoßen mit der Aufforderung, darauf zu spucken, ist gleichfalls unwahr. Auch von weiteren angeblichen Gewalttaten gegen Juden weiß ich nichts.

Dies war das typische Auftreten eines treuen Nationalsozialisten, nachdem sich das Blatt gewendet hatte. Jakob B. und andere wurden für schuldig befunden und zu Zuchthaus verurteilt. In Revisionsprozessen wurden die Strafen nahezu halbiert. Diese brutalen Judenhasser haben jedoch nicht viel Zeit hinter Gittern verbracht, denn die Untersuchungshaft wurde ihnen angerechnet. Jedoch hatten sie nur noch wenige Freunde.

Am 10. November 1938, so als sei eigentlich nichts passiert, sagte Goebbels:[218]

Die berechtigte und verständliche Empörung des deutschen Volkes über den feigen jüdischen Meuchelmord ... hat sich in der vergangenen Nacht in umfangreichem Maße Luft verschafft. In zahlreichen Städten ... sind Vergeltungsmaßnahmen gegen jüdische Gebäude und Geschäfte vorgekommen.
Es ergeht nunmehr die strenge Aufforderung, von weiteren Demonstrationen und Aktionen gegen das Judentum sofort abzusehen. Endgültige Antwort auf das jüdische Attentat ... wird auf dem Wege der Gesetzgebung bzw. der Verordnung dem Judentum erteilt werden.

Der Propagandachef fuhr fort, die Ausschreitungen der Kristallnacht als Ausbruch der Wut des deutschen Volkes über die Machenschaften des deutschen und internationalen Judentums zu rechtfertigen. Er widersprach Berichten der ausländischen Presse, wonach die Ereignisse vom 9./10. November von oben befohlen und gelenkt worden seien.

Nach den tödlichen Schüssen auf Wilhelm Gustloff am 4. Februar 1936, die von einem jungen Juden abgefeuert worden waren, gab es keine „spontanen“ antisemitischen Demonstrationen in Deutschland. Gustloff war Direktor der meteorologischen Station in Davos und deutscher Führer der Schweizer Nazis. Obgleich fanatische Nazis gern Rache genommen hätten, sahen Hitler und seine führenden Gefolgsleute es als opportun an, sich aus politischen Gründen zurückzuhalten. Am 6. Februar 1936 eröffnete Hitler die IV. Olympischen Winterspiele in Garmisch-Partenkirchen.

218 *Pfälzer Anzeiger*, 11. November 1938.

Pläne für die Besetzung des entmilitarisierten Rheinlandes – die am 7. März stattfand – lagen in der Schublade. Und die XI. Olympischen Sommerspiele sollten am 30. Juli in Berlin beginnen. Der November 1938 war anders. Die Österreicher und Sudetendeutschen waren „heim ins Reich“ gebracht worden, und Hitler, der die westlichen Demokratien reichlich beeindruckt und irritiert hatte, war dabei, seine Pläne zur Beschaffung von Lebensraum im Osten auszuarbeiten. Ein Pogrom konnte seinem Ruf nicht weiter schaden.

Nach der Ermordung Raths wollten Hitler und die radikalen Antisemiten eine „Demonstration“, und sie wollten die Juden in Deutschland so weit wie möglich ruinieren. Gleich nach den barbarischen und mörderischen Ereignissen vom 9./10. November 1938 begann Göring seiner Unmenschlichkeit den traumatisierten Juden gegenüber freien Lauf zu lassen in einer Reihe von drei Gesetzen, die am 12. November unterzeichnet wurden. Göring tat das, was Goebbels angekündigt hatte. In der Einleitung zu einem seiner Gesetze sagte Göring:[219]

Die feindliche Haltung des Judentums gegenüber dem deutschen Volk und Reich, die auch vor feigen Mordtaten nicht zurückschreckt, erfordert entschiedene Abwehr und harte Sühne. Ich bestimme daher das folgende:
§1. Den Juden deutscher Staatsangehörigkeit in ihrer Gesamtheit wird die Zahlung einer Kontribution von 1 000 000 000 Reichsmark an das Deutsche Reich auferlegt. …

Das zweite – bereits erwähnte – Gesetz eliminierte die Juden aus dem deutschen Wirtschaftsleben. Das dritte Gesetz[220] verlangte, dass die Juden für alle ihnen an ihrem Eigentum während des Pogroms zugefügten Schäden aufzukommen hätten und legalisierte die Konfiskation aller Zahlungen von Versicherungsgesellschaften durch das Reich.

Auf Grund der Verordnung zur Durchführung des Vierjahresplans vom 18. Oktober 1936 verordne ich folgendes:
§1. Alle Schäden, welche durch die Empörung des Volkes über die Hetze des internationalen Judentums gegen das nationalsozialistische Deutschland am 8., 9. und 10. November 1938 an jüdischen Gewerbebetrieben und Wohnungen entstanden sind, sind von dem jüdischen Inhaber oder jüdischen Gewerbetreibenden sofort zu beseitigen.
§2 (1) Die Kosten … trägt der Inhaber. …

219 Reichsgesetzblatt I, Nr. 189, 14. November 1938, S. 1579.
220 Ebd. S. 1581.

(2) Versicherungsansprüche von Juden … werden zugunsten des Reiches beschlagnahmt.

Man wundert sich, wie die Nazis ihre Gesetzlosigkeit im Reichsgesetzblatt zum Ausdruck brachten. Sie waren überzeugt, dass ihnen niemand ihren Machtanspruch streitig machen könne. Sie waren ebenfalls davon überzeugt, dass die Geschichte eines Tages ihre Weltanschauung als überlegen ansehen würde gegenüber jedem anderen Ideensystem eines zivilisierten Lebens auf der Grundlage von moralischen Prinzipien und Vorstellungen von menschlicher Persönlichkeit, die im Laufe von zweieinhalb Jahrtausenden von abendländischen Philosophen entwickelt worden waren.

Natürlich hatten die Nazis ein Auge auf die Geschichte. Am 5. Januar 1939, zum Beispiel, veröffentlichte das Landauer Bürgermeisteramt eine Anweisung[221] zur „Sicherung geschichtlich wichtiger Akten der Verwaltungsbehörden". Sichergestellt werden sollten sämtliche historisch wichtigen Dokumente über Nazi-Maßnahmen gegen Juden, insbesondere jene, die auf den antijüdischen Reichsgesetzen von 1938 beruhten. Die Anweisung besagte: „Im Vollzuge der Auseinandersetzung des Reiches mit dem Judentum … entstehen Akten …, die für die zukünftige Geschichtsforschung von größter Wichtigkeit sind." Alle Dokumente sollten dem Staatsarchiv zugestellt werden.

Görings Maßnahmen sollten die Juden zur Verzweiflung bringen. Lokale Nazis zögerten nicht, sich an ihnen zu beteiligen. In Landau ließ Kreisleiter Lämmel am 12. November 1938 die folgende Ankündigung im *Pfälzer Anzeiger* veröffentlichen:

Die Empörung der Bevölkerung über den gemeinen Mord … hat in spontanen Kundgebungen ihren Ausdruck gefunden. Der weitaus größte Teil unserer „israelitischen Mitbürger" … hat das Weite gesucht bzw. sich in Sicherheit begeben. Wir müssen die Judenfrage nun restlos lösen dadurch, daß der gesamte jüdische Besitz in deutsche Hände übergeführt wird. Die Überleitung erfolgt durch die vom Gauwirtschaftsleiter gegründete Auffanggesellschaft. Treuhänder [für Landau] ist Pg. Dr. R. Es ist zu verhindern, daß jüdisches Besitztum, das in Kürze in deutschen Händen sein wird, beschädigt wird.

221 Stadtarchiv Landau A II 113, Amtsblatt des Bürgermeisters der Stadt Landau i. d. Pfalz, 5. Januar 1939.

Wilfried Lämmel, ein ehemaliger Landesbeamter, war Kreisleiter von Zweibrücken gewesen, war aber 1930 zurückgetreten. Er war Nazi und SA-Mann seit 1925 und brachte es zum Standartenführer. Aufgrund persönlicher Probleme wurde er aus der SA entlassen. Mit Gauleiter Bürckels Unterstützung jedoch behielt Lämmel seine Parteiämter und wurde am 1. Mai 1938 Kreisleiter von Landau.

Am Ende des Jahres 1938 waren die deutschen Juden keine Deutschen mehr. Man musste ihnen ihr Eigentum abnehmen. Schon während des Sommers wurde die politische und wirtschaftliche Atmosphäre für die deutschen Juden bedrohlich. Viele von ihnen machten was sie hatten zu Bargeld in Vorbereitung auf die Auswanderung. Die Nazis sahen das als willkommene Entwicklung, aber sie wollten diesen Vorgang nach ihren eigenen Regeln lenken. Einen Tag nach der Kristallnacht preschte Wilhelm Bösing mit seinem Plan vor, das zu systematisieren, was einem organisierten Raub des jüdischen Vermögens gleichkam. Am 11. November veröffentlichte er diese Ankündigung in der NSZ *Rheinfront*:

Klärende Maßnahmen der Partei: Schlußstrich unter die Judenhetze. Eine Auffanggesellschaft für jüdische Vermögenswerte.
Das ruchlose Attentat des Juden Grynszpan auf einen deutschen Diplomaten hat gezeigt, wie wenig das Judentum das bisherige Entgegenkommen des deutschen Volkes zu schätzen wußte. ... Damit haben die Juden das Recht verwirkt, Recht beanspruchen zu können. Die Folgen werden rücksichtslos gezogen werden, werden darin bestehen, den jüdischen Besitz umgehend in deutsche Hände zu überführen. Die Ausschaltung der Juden aus dem deutschen Wirtschaftsleben muß rückhaltlos, 100 % und in kürzester Frist Tatsache werden. Ich habe veranlaßt, daß in Zusammenarbeit mit meinem Amt eine Auffanggesellschaft für jüdisches Vermögen gegründet wurde. Sie wird sämtliches vorhandene jüdische Vermögen aus jüdischen Händen übernehmen.

In Landau fand die Übernahme des jüdischen Vermögens am 11. November statt, und zwar im Gefängnis und im jüdischen Betsaal. Max Mai beschrieb, was sich ereignete, nachdem er und andere inhaftierte Juden in den Betsaal gebracht worden waren.

Wir mußten im Gänsemarsch in den Betsaal einmarschieren und waren rechts und links von SS-Leuten flankiert. Wir wurden zu einem Tisch geführt. An der Mitte des Tisches saß ein Mann. ... Rechts und links saß oder stand ein SS-Mann. Wir mußten irgendein Schriftstück unterschreiben, um was es sich dabei handelte, erfuhren wir erst am nächsten Tage. ... Bei dem oben erwähnte Schriftstück, das wir unterschreiben mußten, handelte es sich um eine Generalvollmacht, die dafür bestimmt sein sollte, uns um unser Vermögen zu bringen.

Was die Landauer Juden am 11. November 1938 unterschreiben mussten, war dies:

Ich erteile hiermit dem Kreiswirtschaftsberater der Kreisleitung der NSDAP Landau/Pfalz Herrn Dr. R und dem Stellvertr. Reichswirtschaftsberater Herrn Dr. L, als Treuhänder, die Vollmacht, den sämtlichen Grundbesitz, das sämtliche gewerbliche Inventar, sowie Nutzungsrechte an Grundstücken, soweit dieses Vermögen mir oder meinen Familienangehörigen zusteht, an die Auffangsgesellschaft für jüdisches Vermögen in [Landau] zur Verwertung zu übertragen zu folgenden Bedingungen:
1. Der Wert des zu übereignenden Grundbesitzes wird durch Schätzung der zuständigen Stellen festgestellt.
2. Der Kaufpreis wird auf Sperrkonto bei einer Bank oder Sparkasse hinterlegt.
3. 40 % des Kaufpreises werden auf Sperrkonto der Gauleitung der NSDAP zu deren Verfügung überwiesen.
4. Aus dem Erlös sind ferner vorzugsweise noch etwaige Forderungen von arischen Personen sowie Steuerforderungen usw. zu befriedigen.

Im Jahre 1948 sagte Dr. R. bei seiner Vernehmung durch die Landauer Staatsanwaltschaft:

Ob in Speyer oder Landau weiß ich nicht mehr, erreichte mich eine Anordnung des Gauwirtschaftsberaters Bösing, wonach die festgenommenen Juden veranlaßt werden sollten, Generalvollmachten auszustellen. Der Wortlaut der von den Juden auszustellenden Vollmachten wurde gleichzeitig mitgeteilt. …
Dr. L und ich begaben uns mit den vorbereiteten Vollmachtsformularen in den Betsaal, wo wir Dr. Lk antrafen. Dr. Lk gab den Juden im Betsaal einige Vollmachtsformulare oder auch nur eines und las auch eines vor. Bemerkt wurde von ihm, daß ein Zwang zur Unterschrift nicht ausgeübt werde. Die Juden kamen dann einzeln aus dem Saal in den Vorraum, wo Dr. Lk und sein Inspektor am Tisch saßen. Hier unterschrieben dann die Juden die Formulare. Später haben wir den Grundbesitz der einzelnen Juden nach und nach an die Saarpfälzische Vermögensverwertungsgesellshaft übertragen.
Daß Unterschriften den Juden abgezwungen worden seien, stimmt nicht. Ich habe mich mit dem Notar Dr. Lk auch ins Gefängnis begeben, wo damals der Jude Emil Mai untergebracht war. Derselbe hat sich geweigert, die Vollmacht zu unterzeichnen. Es wurde auch auf ihn keinerlei Druck ausgeübt, er konnte seinen Grundbesitz behalten. Wenn einer der Juden im Betsaal sich geweigert hätte zu unterschreiben, wäre ihm ebenfalls nichts passiert. Ob er allerdings nicht von SS-Leuten dann deswegen geschlagen worden wäre, weiß ich nicht.

Die von Bürckel eingerichtete Gauverwaltung der Pfalz war bestens für diese organisierte Enteignung vorbereitet. Jahre zuvor hatte der Gauleiter das Amt des Gauwirtschaftsberaters eingeführt und Wilhelm Bösing auf diesen Posten gesetzt. Auf Bürckels Anordnung hin errichtete Bösing die Saarpfälzische Vermögensverwaltungs-Gesellschaft (VG) und stattete sie mit dem Exklusivrecht aus, jüdisches Eigentum aufzukaufen, meistens Grundbesitz. In einem Artikel in der NSZ *Rheinfront* am 17. November 1938 gab Bösing die Errichtung dieser Organisation bekannt und erklärte, dass die Juden nach 1933 sich nicht wie Gäste unter den Deutschen aufgeführt, sondern dass sie vielmehr, wie schon nach 1918, sich stets weiter bereichert hätten.

Die Ausschaltung des Judentums aus der deutschen Wirtschaft ist erst dann abgeschlossen, wenn auch der gesamte jüdische Besitz in deutsche Hände übergegangen ist.
Per capita Vermögen der Juden ist so groß, daß jeder deutsche Volksgenosse froh wäre, wenn er auch nur mit ein Viertel dieser irdischen Güter gesegnet wäre.
Die Saarpfälzische VG wird politisch und wirtschaftlich Anteil an der Neugründung eines rein deutschen Wirtschaftslebens nehmen und ihre vom Gauleiter zugewiesene Aufgabe im Interesse der Allgemeinheit erfüllen.

Es war das Ziel der Parteiorganisationen, vom Übergang des jüdischen Besitzes in arische Hände zu profitieren, anstatt Deutsche zu niedrigen Preisen kaufen und später teuer verkaufen zu lassen. Einen Monat bevor Lämmel seine drohende Ankündigung herausgab und zwei Wochen vor der Kristallnacht, hatte Bösing seine Landsleute bereits vor unautorisierten, spekulativen Ankäufen jüdischen Eigentums im Werte von mehr als 5 000 RM gewarnt.[222]

Ich mache darauf aufmerksam, daß arische Erwerber jüdischer Vermögenswerte Gefahr laufen, ... späteren Unannehmlichkeiten ausgesetzt zu werden, wenn eine Überprüfung ... ergibt, daß ungerechtfertigte Preise bezahlt oder sonstwie dem jüdischen Verkäufer unzulässige Vorteile geboten wurden.

Drei Tage früher, am 21. Oktober, hatte die Pfälzer Regierung in einem Rundschreiben an die Bezirksverwaltungsbehörden der Pfalz Bösing unterstützt:[223]

---

222 NSZ *Rheinfront*, 24. Oktober 1938.

223 Stadtarchiv Landau A II 297, Betreff: Vollzug der Verordnung über die Anmeldung des Vermögens von Juden.

In jüngster Zeit wurde wiederholt festgestellt, daß verschiedene Bezirksverwaltungsbehörden und Notariate Verkäufe von Juden an Arier genehmigt haben, ohne daß das Amt des Gauwirtschaftsberaters in Neustadt hierzu gutachtlich gehört worden war.

Kontrolle des jüdischen Eigentums durch den Staat wurde in einer Verordnung vom 3. Dezember 1938 legalisiert.[224] Dieser Verordnung gemäß konnten jüdische Geschäftsinhaber aufgefordert werden, ihren Betrieb innerhalb einer bestimmten Frist zu veräußern. Zur Fortsetzung eines Betriebs wurde Treuhänderschaft verlangt. Und binnen einer Woche mussten Juden Aktien in ein Depot einer Devisenbank einlegen. Nur der Reichswirtschaftsminister konnte Verfügung über ein jüdisches Depot genehmigen.

Kreisleiter Lämmel weidete sich an der Not der jüdischen Bürger. Am 14. November sprach er auf einer Massenkundgebung der Nazis in Landau, um den Juden eine Antwort auf ihre Frechheiten zu geben. Der *Pfälzer Anzeiger* berichtete darüber am 15. November unter der Überschrift: „In Landau für immer ausgespielt."

Gestern sind die Reste der jüdischen Synagoge gesprengt. Das Symbol des Judentums in Landau ist verschwunden.
Kreisleiter Lämmel spricht: Die Entfernung des Symbols der jüdischen Frechheit und Herrlichkeit zeigt, daß das Judentum hier seine Rolle ausgespielt hat. Wir haben Pfänder [verhaftete Juden], um noch radikaler vorzugehen, wenn so etwas [wie der Mord an vom Rath] noch einmal passiert. ... Landau war einst die größte Judenstadt der Pfalz, die Metropole des Judentums von ganz Süddeutschland. Es wird mein Bestreben sein, aus dieser Stadt die judenreinste Stadt ganz Deutschlands zu machen. ... Sie können hingehen wohin sie wollen, bei uns haben sie nichts mehr zu suchen. So leid es uns tut, ist ihnen der Weg zu unseren westlichen Nachbarn versperrt, ... dies ist ein Zeichen, daß man auch dort allmählich erkennt, wer die Juden sind, ... nach außen Biedermann, nach innen Verbrecher, die das Volk ausplündern. ... Landau ist von den Juden befreit und wird es für alle Zukunft sein. ... Diejenigen im Volk, die noch immer nicht so recht den Marschtritt der neuen Zeit erkannt haben ... sollen in die deutsche Volksgemeinschaft hereingenommen werden. ... Wir glauben an den Führer, der bei uns den Grundstein gelegt hat, daß wir nun endlich frei sind und daß hier nur noch deutsche Menschen wohnen.

Im strengen Sinne war Lämmels Behauptung nicht korrekt. Landau zählte immer noch 294 jüdische Einwohner unter einer Gesamtbevölkerung von

224 Reichsgesetzblatt I, Nr. 206, 5. Dezember 1938, S. 1709-1712.

ungefähr 22 000. Diese Juden waren noch am Leben, aber Lämmel hatte insofern recht, als sie kein menschenwürdiges Leben mehr führen konnten. Die Nazis hatten sie fast aller menschlichen Attribute beraubt. Einer dieser Landauer Juden, Eugen Fried, sagte später:[225]

Bis Mitte November 1938 verblieb ich in Landau, in dem man gedrückt und verscheucht, wie ein getretener Hund, gesellschaftlich und geschäftlich boykottiert dahinvegetierte,

Fried zog – man sollte wohl sagen floh – nach Baden-Baden, von wo er am 22. Oktober 1940 in das französische Internierungslager Gurs gebracht wurde. Ihm gelang es, aus dem berüchtigten Lager zu fliehen, und er überlebte die Nazi-Ära.

Seine Worte rufen andere in Erinnerung, die Heinrich Heine ungefähr ein Jahrhundert zuvor in seinem Gedicht über den verwandelten *Prinzen Israel* niedergeschrieben hatte:[226]

Hund mit hündischen Gedanken,
Kötert er die ganze Woche
Durch des Lebens Kot und Kehricht,
Gassenbuben zum Gespötte.

Im Gegensatz zu Heines Prinzen Israel jedoch war den Juden nicht nur in Landau, sondern in ganz Deutschland die Erlösung aus dem Albtraum durch Prinzessin Sabbat unmöglich gemacht.

Aber jeden Freitag abend,
In der Dämmerungsstunde, plötzlich
Weicht der Zauber, und der Hund
Wird aufs neu ein menschlich Wesen.

Mensch mit menschlichen Gefühlen,
Mit erhobnem Haupt und Herzen,
Festlich, reinlich schier gekleidet,
Tritt er in des Vaters Halle.

Die vormals herrliche, von vielen ihrer Schönheit wegen gerühmte, dann ausgebrannte Halle des Vaters der Juden in Landau war in der Zeit vom

---

225 Eugen Fried, Lebensskizze, unveröffentlichte Aufzeichnungen. In: Hans Heß, Die Landauer Judengemeinde, Verlag Pfälzer Kunst, Landau 1983, S. 116-118.

226 Heinrich Heine, Romanzero, Drittes Buch. Hebräische Melodien, Prinzessin Sabbat. In: Sämtliche Werke, Bd. I, Winkler Verlag, München 1969, S. 582.

12. bis 15. November gesprengt worden. Aus ihren Überresten wurde eine Mauer längs Savoyenpark und Xylanderstraße errichtet.

Das Drehbuch für das schreckliche Drama des November-Pogroms war vier Jahrhunderte zuvor in Deutschland geschrieben worden.

> Was wollen wir Christen nun tun mit diesem verworfenen, verdammten Volk der Juden? … Ich will meinen treuen Rat geben.
> Erstlich, daß man ihre Synagoge oder Schule mit Feuer anstecke und, was nicht verbrennen will, mit Erde überhäufe und beschütte, daß kein Mensch einen Stein oder Schlacke davon sehe ewiglich. Und solches soll man tun unserem Herrn und der Christenheit zu Ehren, damit Gott sehe, daß wir Christen sind und solch öffentlich Lügen, Fluchen und Lästern seines Sohnes und seiner Christen wissentlich nicht geduldet noch gewilligt haben.
> Zum anderen, daß man auch ihre Häuser desgleichen zerbreche und zerstöre. Denn sie treiben eben dasselbige drinnen, das sie in ihren Schulen treiben. Dafür mag man sie etwa unter ein Dach oder Stall tun wie die Zigeuner, auf daß sie wissen, sie seien nicht Herren in unserem Lande, …
> Zum dritten, daß man ihnen nehme alle ihre Betbüchlein und Talmudisten, darin solche Abgötterei, Lügen, Fluch und Lästerung gelehrt wird.
> Zum vierten, daß man ihren Rabbinen bei Leib und Leben verbiete, hinfort zu lehren. …
> Zum fünften, daß man den Juden das Geleit und Straße ganz und gar aufhebe. …
> Zum sechsten, daß man ihnen den Wucher verbiete und nehme ihnen all ihre Barschaft und Kleinod an Silber und Gold und lege es beiseite, zu verwahren. Und ist dies die Ursache: Alles, was sie haben, haben sie uns gestohlen und geraubt durch ihren Wucher. …

Es war Marin Luther, der, drei Jahre vor seinem Tode, diese erschreckenden Sätze in seiner Hetzschrift *Von den Juden und ihren Lügen* geschrieben hatte.[227] Luther muss diesen beängstigenden Traktat in einem Anfall von irrationalem, christlich-fundamentalistischem Antisemitismus verfasst haben. Man hätte einen solchen heftigen, emotionalen Ausbruch gegen Mitglieder eines anderen Glaubens nicht erwarten sollen von einem Manne, der am 18. April 1521 vor seinem Kaiser und den Fürsten des Reiches gestanden und den Gebrauch der Vernunft in Sachen des Glaubens gefordert hatte.

Die Nazis hatten keinen Sinn für Luthers christliche Komponente des Antisemitismus. Seine Anleitungen zum Handeln waren alles, was sie

227 Martin Luther, Von den Juden und ihren Lügen, Landesverein für Innere Mission, Georg Buchwald Hrsg., Dresden 1931, S. 19-21.

brauchten. Viele Nazis – kleine und große – waren als katholische Christen erzogen worden. Katholiken hatten nicht viel gemeinsam mit den Protestanten. Sie würden nicht einmal das Knie beugen beim Betreten einer protestantischen Kirche – wenn sie überhaupt hineingehen. Die Nazis – selbst die katholischen unter ihnen – machten sich aber nichts daraus, die führende protestantische historische Leitfigur vor ihren antisemitischen Karren zu spannen. Und es ist erstaunlich, dass führende Protestanten sich als Handlanger bereitfanden, um dem großen deutschen Protestierer gegen die Kirche seiner Zeit ein Nazi-Geschirr anzulegen.[228]

Martin Luther über die Juden, Erzdiebe und Landräuber. Der große Deutsche gibt Hetzern und Heuchlern eine klare Antwort.
„Am 10.November 1938, an Luthers Geburtstag, brennen in Deutschland die Synagogen. Vom deutschen Volk wird zur Sühne für die Ermordung [... vom Rath] die Macht der Juden im wirtschaftlichen Gebiet im neuen Deutschland endgültig gebrochen und damit der gottgesegnete Kampf des Führers zur völligen Befreiung unseres Volkes gekrönt." Das schreibt der Herausgeber der im Sturmhut-Verlag, Freiburg, erschienenen Broschüre, Landesbischof Martin Sasse, Eisenach. „Martin Luther über die Juden: Weg mit ihnen" so lautet der Titel dieser Auslese aus seinen Schriften und Reden.
Was der große Kämpfer vor Jahrhunderten geschrieben und gesprochen hat, erscheint uns heute, angesichts mancher Tatsachen in den gepriesenen Gefilden der Demokratien, immer noch zeitlos, besonders im Hinblick auf die Hetze ausländischer Verleumder, die uns die Befreiung von der Judenherrschaft als Barbarei ankreiden möchten, selbst aber jeder ernsthaften Beschäftigung mit diesem Völkerschreck aus dem Wege gehen. ...

Führende Nazis fuhren fort, ihre Orgie von Zerstörung, Mord und Einschüchterung zu rechtfertigen. Am 17. November 1938 berichtete die NSZ *Rheinfront* über eine Rede, die Bürckel am Tage zuvor in der österreichischen Stadt Steyr gehalten hatte.

Daß die Synagogen als Sammelpunkt aller Hetze gegen uns verschwinden mußten, ist selbstverständlich. Da und dort wurden sie zum Gedächtnis an den ägyptischen Getreidemakler Joseph in Getreidehäuser umgewandelt. Das halte ich für die praktischste Lösung.

Bürckel sprach auch über die Wirtschaft. Die jüdische Wirtschaftsmacht in der Welt sei gebrochen worden. Er rühmte deutsche wissenschaftliche

228 NSZ *Rheinfront*, 29. Dezember 1938.

Fähigkeiten. „Deutsche haben uns vom Gummi befreit: Buna; von der Baumwolle: Zellstoff." (Buna ist ein synthetischer Kautschuk, und Zellstoff ist eine Stapelfaser aus Zellulose.) Tatsächlich hatten deutsche Wissenschaftler und Ingenieure – die fast alle ihre Ausbildung vor der Zeit Hitlers beendet hatten – ihren hohen Grad an Produktivität aufrecht erhalten. Bürckel fuhr in seiner Rede fort:

Der Vierjahresplan wird zum stärksten Verteidigungssystem nationalsozialistischen Wirtschaftsdenkens. Schwarzsehern bei uns, die nach dem jüdischen System verfahren möchten, die sich einbilden, daß ihre Wirtschaft nach unabänderlichen wirtschaftlichen Grundtatsachen arbeite, wird gründlich das Maul gestopft.

Görings Maßnahmen gefallen uns. Die Partei mußte schnell zugreifen. Nationalsozialismus hat nichts zu tun mit den bolschewistischen Zerstörungsideen, sondern ausschließlich mit dem Aufbauwillen des Führers. Göring hat mich ermächtigt … zu erklären, wo auch nur der geringste Versuch unternommen wird, deutsches Volksvermögen … zu schädigen … oder durch Plünderungen zu beseitigen, wird es den Betreffenden passieren können, daß sie augenblicklich an die Wand gestellt werden. …

Kaum vier Wochen nach seinem Auftritt in Landau sprach der geschäftige Kreisleiter Lämmel in Leinsweiler, einem idyllischen Weinort südlich von Landau. Er erklärte: „Der Führer hat so gewaltiges geleistet, weil der Nationalsozialismus die Weltanschauung ist, die dem Wesen des deutschen Volkes gemäß ist."[229]

Obgleich der Autor einer kürzlich breit diskutierten Monographie[230] wahrscheinlich widersprechen würde, Lämmels Behauptung war eine grobe Übertreibung. Im Jahre 1938 machten sich diejenigen Deutschen, die nicht mit dem Kreisleiter übereinstimmten, aus Furcht vor üblen Konsequenzen nicht bemerkbar. Immerhin kann man die Tatsache nicht leugnen, dass neun Jahre zuvor, in der letzten freien Wahl, sechsundzwanzig Demokraten in Landaus Stadtrat (der dreißig Sitze hatte) gewählt worden waren, trotz heftiger antisemitischer Propaganda der Nazis. Nur vier Nazis kamen in den Rat. Unter den Gewählten waren zwei Juden, beide Vertreter der beiden großen demokratischen Parteien, die über Jahrzehnte als gewählte und respektierte Lokalpolitiker der städtischen Gemeinde gedient hatten. Man sollte auch beachten, dass nicht alle Landauer Bürger an der

229 *Pfälzer Anzeiger*, 12. Dezember 1938.

230 Daniel J. Goldhagen, Hitler's Willing Executioners, Alfred A. Knopf, New York 1996.

Ostbahnstraße gestanden haben, als Lore Scharff und ihre Mutter und ihr Bruder – und andere jüdische Frauen und Kinder – zum Bahnhof gehen mussten. Es ist schwer, sich vorzustellen, dass die Mehrheit der Deutschen die Hassergüsse Bürckels und Lämmels oder die Erdichtungen der NSZ *Rheinfront* vom 11. November 1938 ernst nahmen:

Der Sturm ging vor allem gegen die Synagogen. Was hier ins Wanken geriet, waren die letzten Denkmäler jüdischen Machtbewußtseins und nicht etwa Tempel einer religiösen Empfindung. Wenn die Juden ihre Tätigkeit in diesen fremdartigen Bauwerken auch als Religion bezeichneten, so wußte es das Volk doch besser; denn hier wurde nur um die Erfüllung eines Gesetzes gebetet, das die Vernichtung der arischen Völker zum Ziele hat.

Die nahezu 300 jüdischen Einwohner, die Landau im November 1938 noch zählte, lebten unter erbärmlichen Umständen. Mit fortschreitender Zeit wurde es noch schlimmer. Am 3. Dezember 1938 verloren die Juden ihre Führerscheine; ihre Automobile wurden an Arier verkauft. Weitere Schläge wurden ausgeteilt. Jüdische Mieter mussten ihre Wohnungen verlassen. Das betreffende Gesetz[231] wurde am 30. April 1939 erlassen; es hieß darin:

§1. Ein Jude kann sich auf den gesetzlichen Mieterschutz nicht verlassen.
§2. Auch bei längerfristigen Verträgen kann einem Juden innerhalb der gesetzlichen Kündigungsfrist gekündigt werden, falls eine anderweitige Unterbringung gefunden werden kann. …
§4. Ein Jude hat in Wohnräumen … auf Verlangen der Gemeindebehörde Juden als Mieter oder Untermieter aufzunehmen. …
§7. Mischehen.
1. Die Vorschriften sind nicht anzuwenden, wenn die Frau Jüdin ist.
2. Ist der Mann Jude ohne Abkömmlinge, sind die Vorschriften anzuwenden.

Die Vorschriften dieses Gesetzes wurden im Frühjahr 1939 rücksichtslos angewendet. Die Absicht war, Juden in Gebäuden zu konzentrieren, die Juden gehörten. In einem Anhang zu dem Mietergesetz wurde erläutert: „Der Grundgedanke der gesetzlichen Regelung besteht darin, daß Juden in bestimmten Häusern – gegebenenfalls zwangsweise – zusammengefaßt werden sollen.“ Und weiter:[232]

231 Reichsgesetzblatt I, Nr. 84, 4. Mai 1939, S. 864-865.
232 Reichs- und Staatsanzeiger Nr. 102, 5. Mai 1939.

Der für die nationalsozialistische Weltanschauung tragende Gedanke der Volksgemeinschaft führte dazu, daß für das Verhältnis des Vermieters eines Wohnhauses zu seinen Mietern und das der Mieter untereinander die Herbeiführung und Erhaltung einer vertrauensvollen Hausgemeinschaft zum Hauptinhalt der gegenseitigen Rechtsbeziehungen wurde. Diesen Bestrebungen widerspricht es, wenn im gleichen Hause Juden und deutsche Volksgenossen zusammen wohnen, da zwischen ihnen eine Hausgemeinschaft nicht bestehen kann. Deshalb ist es unerläßlich, einer fortschreitenden Ausscheidung der Juden aus deutschen Wohnstätten, soweit sie sich nicht freiwillig vollzieht, die Wege zu ebnen. …

Die Rhein-Pfalz-Kellerei „Rhenus" in Landau, die mit offizieller Genehmigung durch den Regierungspräsidenten die jüdische Weinfirma Emil Mai an der Nordparkstraße 12-14 übernommen hatte, wandte sich am 27. März 1940 an den Bürgermeister der Stadt Landau,[233] um den „Juden Sternau" loszuwerden, der in einem der Gebäude auf dem Grundstück als Mieter mit seiner Frau zurückgelassen wurde, als Mais Firma in die Hände von Rhenus kam. (Dies war *der* Emil Mai, der sich nach der Aussage des Dr. R. geweigert hatte, die Generalvollmacht zu unterschreiben, und der nach Dr. R. sein Eigentum behalten konnte.) Am 16. Mai 1940 schrieb der Leiter der Firma Rhenus erneut an die Stadt. Dem Ehepaar Sternau sei bereits im August 1939 zum 1. Oktober 1939 gekündigt worden, denn die Wohnung würde für den neuen Kellermeister benötigt. Er fragte, ob die Juden nun endlich zusammengelegt werden könnten. Die Stadt hatte zuvor argumentiert, es sei noch keine geeignete Wohnung für die Sternaus zur Verfügung. Der Rhenus-Leiter schrieb in seinem Brief auch:

Weiter sei Ihnen noch mitgeteilt, daß es auch den Mietern der Wohnung im Anwesen Nordparkstraße 14 nicht zugemutet werden kann, daß dauernd dieser Jude noch hier herumschleicht.

Bezug nehmend auf die verschiedenen Schreiben der Firma Rhenus antwortete die Stadt am 28. Mai 1940: „… daß die anderweitige Unterbringung des Juden Sternau vorläufig noch nicht möglich ist. Jud Sternau wurde als Wohnungssuchender beim Stadtbauamt vorgemerkt". Obwohl Absatz 2, Paragraph 7 des Mietergesetzes auf Sternau zutraf, blieben der fünfundsiebzigjährige Sternau, der am 10. Februar 1892 in der Nordparkstraße 14 eingezogen war, mit seiner protestantischen Frau bis zum 5. März 1943 in dieser Wohnung.

233 Stadtarchiv Landau A II 297, Betreff: Gesetz über die Mietverhältnisse mit Juden.

Unter den herrschenden unmenschlichen Bedingungen löste sich das gesellschaftliche Leben der Juden, sogar untereinander, vollständig auf. Am 22. August 1939 informierte die Gestapo Neustadt die Pfälzer Polizeiämter:[234]

In letzter Zeit haben sich im Regierungsbezirk Pfalz außer den israelitischen Kultusgemeinden fast sämtliche jüdischen Vereine freiwillig aufgelöst. ...

Das Schreiben verlangte von den Polizeiämtern, die statistischen Vierteljahresberichte über die jüdischen Gemeinden weiterhin durch die Kultusgemeinden einzuziehen. Landaus Stadtkommissar wurde von der Polizei am 29. August entsprechend informiert:

Die sämtlichen hiesigen jüdischen Vereine haben sich im November 1938 im Anschluß an die Judenaktion von selbst aufgelöst. Die damaligen Vereinsvorstände sind in der Zwischenzeit ausgewandert, bzw. von hier verzogen, weshalb sie zur Erstellung und Vorlage der eingeforderten Verzeichnisse über den letzten Mitgliederstand nicht mehr angehalten werden können. Außerdem dürften die Vereinsakten bei der Judenaktion selbst entweder vernichtet oder polizeilich beschlagnahmt worden sein. Dagegen habe ich die israelitische Kultusgemeinde Landau i. d. Pf. aufgefordert, die termingerechte Berichterstattung wieder aufzunehmen. ...

Auf Anordnung der Gestapo in Neustadt wurde die lokale Berichterstattung für die Judenkartei am 20. August 1940 beendet. Die weitere Berichterstattung wurde der Reichsvereinigung der Juden in Deutschland, Bezirksstelle Pfalz in Ludwigshafen übertragen.

Nicht nur wurde den Juden praktisch jeder Kontakt untereinander untersagt, sie wurden sogar von ihrer Umgebung abgeschnitten. Bezug nehmend auf eine Verordnung vom 1. September 1939[235] ordnete die Gestapo die Konfiszierung aller Radiogeräte in jüdischem Besitz an, um sie dem deutschen Volke zur Verfügung zu stellen. Die Genehmigung, Rundfunkanlagen zu betreiben, wurde den Juden entzogen.[236]

In Erweiterung der Verordnung über außerordentliche Rundfunkmaßnahmen vom 1. September 1939 sollen die Juden in Deutschland von jeglichem selbständigen

234 Stadtarchiv Landau A II 301, Judenkartei – Allgemeine Weisungen 1935/40, Polizeiamt Landau (Pfalz). Diese Akte ist in der folgenden Dokumentation mehrfach benutzt worden.

235 Reichsgesetzblatt I, Nr. 169, 7. Dezember 1939, S. 1683.

236 Vgl. 204, Dokument 165, S. 200.

Rundfunkempfang (auch des inländischen) ausgeschlossen werden. Ihre hierzu bestimmten Apparate sollen eingezogen werden … Die Aktion ist einheitlich am 23. September 1939 ab 9 Uhr durchzuführen.

Am 1. September 1939 griff Deutschland Polen an. Es war der erste Tag eines weiteren großen Krieges. Dieser wurde aus einem hohlen Hegemoniegedanken geboren und vorgeblich als Abwehrkampf gegen den Bolschewismus und das internationale Judentum absichtlich vom Zaune gebrochen. Es waren nicht nur Juden, die davon abgehalten wurden, zu erfahren, was sich um sie herum ereignete. Die Verordnung vom 1. September 1939 über außerordentliche Rundfunkmaßnahmen ließ auch die Deutschen im Dunkeln. Einem Volk Augenklappen anzulegen, um ihm unabhängige Informationen unzugänglich zu machen, war schon immer – und ist immer noch – ein bewährtes Werkzeug der Kriegstreiber.

Im modernen Krieg kämpft der Gegner nicht nur mit militärischen Waffen, sondern auch mit Mitteln, die das Volk seelisch beeinflussen und zermürben sollen. Eines dieser Mittel ist der Rundfunk. …
Der Ministerrat für die Reichsverteidigung verordnet für das Gebiet des Großdeutschen Reiches mit Gesetzeskraft:
§1. Das absichtliche Abhören ausländischer Sender ist verboten. Zuwiderhandlungen werden mit Zuchthaus bestraft. …
§2. Wer Nachrichten ausländischer Sender, die geeignet sind, die Widerstandskraft des deutschen Volkes zu gefährden, vorsätzlich verbreitet, wird mit Zuchthaus, in besonders schweren Fällen mit dem Tode bestraft. …

Nach dem Einmarsch in Polen führte die deutsche Regierung Lebensmittelrationierung ein. Bezugsscheine für Grundnahrungsmittel wurden ausgegeben. Die Gestapo benutzte diese Gelegenheit, am 12. September eine vertrauliche Anordnung an alle Polizeiämter zu schicken, um diese zu veranlassen, besondere Lebensmittelgeschäfte zu bestimmen, in denen Juden einkaufen durften:[237]

Es hat sich herausgestellt, daß nach Einführung der Bezugsscheine für lebenswichtige Güter sich auch Juden in die Käuferschlangen vor den Lebensmittelgeschäften eingereiht haben. Die Juden wirken allein durch ihre Anwesenheit provozierend. Keinem Deutschen kann daher zugemutet werden, sich zusammen mit einem Juden vor einem Geschäft aufzustellen.

237 Ebd., Dokument 164, S. 199-200.

Die Anordnung bestimmte, dass

> als Geschäftsinhaber der den Juden zugänglich zu machenden Geschäfte nur ein zuverlässiger, arischer Kaufmann zu bestimmen ist, der von der Staatspolizeistelle und der Partei als einwandfrei bezeichnet wird.

Am 8. Januar 1940 unterrichtete der Landauer Landrat den Bürgermeister in einem GEHEIM gestempelten Schreiben, dass Sondergutscheine, die von Juden vorgelegt würden, nicht länger zu akzeptieren seien.[238]

Die jüdischen Bürger, die es sich leisten konnten, die Auswanderungsgebühren zu bezahlen, die die Behörden zufrieden stellen konnten und die Einreisevisa für andere Länder besaßen, verließen ihre Heimat. Einige zogen in große Städte, weil sie hofften, dort in der Menge unterzutauchen. Ungefähr 250 Juden verließen Landau zwischen November 1938 und Oktober 1940. Als Josef Bürckel von seinem österreichischen Posten Mitte Oktober 1940 zurückkam, gab es noch achtundvierzig Juden in Landau. Bürckel wollte sie und alle Juden der Pfalz loswerden. Hitler machte ihn zum Gauleiter des Gaues Westmark – wie der Gau Saar-Pfalz seitdem genannt wurde. Nach dem schnellen Zusammenbruch Frankreichs am 22. Juni 1940, nach nur sechs Wochen Blitzkrieg, annektierte Deutschland die elsässischen und lothringischen Provinzen. Bürckel verleibte Lothringen – ohne Aufhebens davon zu machen – seinem Gau Westmark ein. Sein Traum war Realität geworden. Am 7. Dezember wurde Bürckel zum Reichsstatthalter des vergrößerten Gaues ernannt und verlegte seinen Amtssitz in die alte Reichsstadt Metz.

Revision einer nahezu vierhundertjährigen geschichtlichen Entwicklung war eine Sache, die den rührigen „Markgrafen“ nach seiner Rückkehr aus der Ostmark beschäftigte. Hinzu kamen andere, praktische Dinge, die ihn bewegten. Eines davon war die Entfernung der Juden aus seiner Mark. Er hatte auf diesem Gebiet als Reichsstatthalter der Ostmark viel Erfahrung gesammelt. Aus Österreich, besonders aus Wien, hatte er von Ende 1939 bis in die frühen Monate des Jahres 1940 tausende von Juden entfernt, indem er sie in Lager in Polen schaffen ließ. Das Waffenstillstandsabkommen vom 22. Juni verlangte von Vichy-Frankreich, alle französischen Juden aus den von Deutschland besetzten Gebieten Elsass und Lothringen

238 Stadtarchiv Landau A II 198, Städt. Wirtschaftsamt, Betreff: Ausschluß der Juden von Lebensmittelzuteilungen.

aufzunehmen. Bürckel erkannte seine einmalige Chance, seinen lang gehegten Traum wahrzumachen: Der Gau Westmark ist **judenrein**.

Am 20. Oktober 1940 unterschrieb Bürckel in seinem Hauptquartier in Metz einen Befehl, der die Deportation aller Juden aus der Saarpfalz in Vichy-französisches Gebiet verlangte. Die „Bürckel Aktion" war mit Hitler, Himmler, Heydrich und Robert Wagner, dem Gauleiter von Baden und Zivilverwalter des Elsass, abgesprochen. Die französischen Behörden wurden vorsichtshalber im Dunkeln gelassen. Bürckel und Wagner interpretierten eine Klausel des Abkommens vom 22. Juni ziemlich wörtlich, nach der französische jüdische Staatsangehörige aus dem Elsass und aus Lothringen in das unbesetzte französische Territorium abzuschieben seien. Die Gestapostellen in Neustadt und Saarbrücken wurden aufgefordert, sich auf die Deportation der deutschen Juden aus der Saar-Pfalzregion vorzubereiten. Geheime Instruktionen[239] wurden herausgegeben:

Ausgewiesen werden nur Volljuden. Mischlinge, Angehörige von Mischehen und ausländische Juden, soweit es sich nicht um Ausländer der Feindstaaten und der von uns besetzten Gebiete handelt, sind von der Aktion auszunehmen. Staatenlose Juden werden grundsätzlich festgenommen. Jeder Jude gilt als transportfähig; ausgenommen sind nur die Juden, die tatsächlich bettlägerig sind. …

Landau war einer der Sammelplätze. Früh am 22. Oktober wurden die Landauer Juden von Polizisten von dem Deportationsbefehl informiert. In wenigen Stunden hatten sie sich in der Kaufhausgasse 9, dem heutigen Frank-Loebschen Haus, zu versammeln. Die Instruktionen an die zu Deportierenden waren kurz und bündig:

a) Für jeden Juden ein Koffer oder Paket mit Ausrüstungsstücken; die zugelassene Gewichtsmenge beträgt für Erwachsene bis 50 kg, Kinder bis 30 kg.
b) Vollständige Bekleidung.
c) Für jeden Juden eine Wolldecke.
d) Verpflegung für mehrere Tage.
e) Eß- und Trinkgeschirre.
f) Für jede Person bis 100 RM.
g) Reisepässe, Kennkarten oder sonstige Ausweispapiere, die aber nicht einzupacken, sondern von jeder Person bei sich zu führen sind.

239 Hannes Ziegler, Verfemt - verjagt - vernichtet. Die Verfolgung der pfälzischen Juden 1933-1945. In: Die Pfalz unterm Hakenkreuz, Gerhard Nestler und Hannes Ziegler, Hrsg., Pfälzische Verlagsanstalt, Landau/Pfalz, S. 349-350. Dies Dokument ist in der folgenden Dokumentation mehrfach benutzt worden.

Zweiundvierzig Juden versammelten sich in der Kaufhausgasse. Die nicht laufen konnten, wurden von Hilfspolizisten auf Tragbahren herbeigeschafft. Alle wurden dann mit Bussen zur Landauer Festhalle gebracht, wo sich andere Juden aus der Südpfalz versammelten. (Am Giebel der nördlichen Fassade der herrlichen Jugendstil-Festhalle befinden sich Basreliefs von Mozart, Goethe, Schiller und Beethoven. Welch ein Platz für die Nazis, ihre rücksichtslose Brutalität öffentlich zur Schau zu stellen.) Unter den Landauer Juden waren der ehemalige sozialdemokratische Ratsherr Richard Joseph und seine Frau sowie Max Zeilberger, der ehemalige Kassierer des Reichsbundes jüdischer Frontsoldaten. Von Landau wurden sie alle nach Ludwigshafen gebracht. Für die Juden war es die Zeit des Laubhüttenfestes.

An den Hauptsammelstellen Ludwigshafen und Kaiserslautern wurden 826 pfälzische und 134 saarländische Juden auf überfüllte Güterwagons geladen. Die Juden, die in Mannheim aus dem Gau Baden – dessen Gauleiter Robert Wagner mit Bürckel Hand in Hand arbeitete – zusammengetrieben wurden, erlitten das gleiche Schicksal. Gleichzeitig wurden die elsässischen und lothringischen Juden in Züge verladen. Der Bestimmungsort aller war Vichy-Frankreich. Dessen Eisenbahnbehörden, denen vorgetäuscht worden war, es handele sich nur um elsässische und lothringische Juden französischer Nationalität, akzeptierten sämtliche Züge, die mit französischen Bürgern und die mit den deutschen. Die Züge wurden nach Oloron-Sainte Marie geleitet, einer kleinen Stadt im südöstlichen Teil des Département Pyrénées-Atlantiques, nicht weit von der Bayonne Hauptstrecke, wo sie in den Tagen vom 24.-25. Oktober ankamen. Auf ihrem Wege nach Oloron-Sainte Marie fuhren die Züge – insgesamt zwölf – durch Straßburg, Mulhouse, Besançon, Lyon, Nîmes, Montpellier, Narbonne, Toulouse und Pau. Von Oloron-Sainte Marie wurden die bedauernswerten Passagiere mit Lastwagen in ein Lager in der Nähe des Dorfes Gurs an den nördlichen Hängen der westlichen Pyrenäen gebracht. Das Lager war eingerichtet worden, um republikanische Flüchtlinge aus dem spanischen Bürgerkrieg aufzunehmen. Auf dem letzten Stück der Fahrt, nahe Tarbes, kamen die Züge dicht an Lourdes vorbei, dem verehrten römisch-katholischen Wallfahrtsort christlicher Liebe und Heilung. Die armseligen Reisenden erfuhren weder das eine noch das andere. In Gurs betraten sie den Vorhof der Hölle. Eugen Fried, der sich unter den nach Gurs deportierten badischen Juden befand, schrieb später:[240]

> Zweiundzwanzig Monate, bis zum 5. Juli 1942, schmachtete ich in diesem aus schwarzgeteerten Bretterhütten bestehenden Elendslager. Im ersten Winter forderte die Ruhr hunderte von Opfern: 25 bis 30 tägliche Beerdigungen waren die Regel. Wer nicht widerstandsfähig war, ging an Entkräftung und Hunger zugrunde. Erst als aus der Schweiz, aus Amerika und auch aus Frankreich Hilfe kam, wurde es besser.
> Neben der miserablen Ernährung waren es die Ratten, Mäuse und vor allem Läuse, die das Leben zu einer wahren Qual machten. Auch die schlammigen, ungangbaren Wege taten das ihrige dazu. … Es zeugt für den starken kulturellen Willen der Juden, daß sie sich in all diesem Jammer in dazu bestimmten Baracken ein gewisses kulturelles Leben schufen. …

Gegen Ende des Jahres 1940 wurden ungefähr 13 000 Menschen im Camp de Gurs festgehalten, die meisten von ihnen Juden. Demarchen der französischen Behörden, das Schicksal der deutschen Juden in Gurs betreffend, blieben wegen deutscher Ausflüchte ergebnislos. Deutsche Militärbehörden in Frankreich wurden instruiert, die Franzosen zu informieren, dass sie nicht länger auf Repatriierung der deutschen Juden bestehen sollten. Deutschland habe kein Interesse an dem weiteren Schicksal der 6 000 jüdischen deutschen Staatsangehörigen. Die Angelegenheit solle ausweichend behandelt und eine konkrete Antwort auf die Fragen der französischen Behörden in dieser Angelegenheit vermieden werden.[241] Am 29. Oktober 1940 sandte Heydrich, Chef der Sicherheitspolizei und des Sicherheitsdienstes (SD) einen lakonischen Bericht über die „Bürckel-Wagner Aktion“ an das Auswärtige Amt in Berlin:[242]

> Der Führer ordnete die Abschiebung der Juden aus Baden über das Elsaß und der Juden aus der Pfalz über Lothringen an. Nach Durchführung der Aktion kann ich Ihnen mitteilen, daß aus Baden am 22. und 23.10.1940 mit 7 Transportzügen und aus der Pfalz am 22.10.1940 mit 2 Transportzügen
> 6 504 Juden

240 Vgl. 225, S. 117.

241 Johannes Obst, Gurs, Deportation und Schicksal der badisch-pfälzischen Juden 1940-1945, Gesellschaft für christlich-jüdische Zusammenarbeit Rhein-Neckar e. V., Mannheim 1986, S. 33.

242 Ebd. S. 29.

im Einvernehmen mit den örtlichen Dienststellen der Wehrmacht, ohne vorherige Kenntnisgabe an die französischen Behörden, in den unbesetzten Teil Frankreichs über Chalon-sur-Saône gefahren wurden.
Die Abschiebung der Juden ist in allen Orten Badens und der Pfalz reibungslos und ohne Zwischenfälle abgewickelt worden.
Der Vorgang der Aktion selbst wurde von der Bevölkerung kaum wahrgenommen.
Die Erfassung der jüdischen Vermögenswerte sowie ihre treuhänderische Verwaltung und Verwertung erfolgt durch die zuständigen Regierungspräsidenten. In Mischehen lebende Juden wurden von den Transporten ausgenommen.

Die „Bürckel-Wagner Aktion" passte in Heydrichs Politik, so viele Juden wie möglich aus Deutschland loszuwerden. Heydrich mag geglaubt haben, dass die Deportation der Juden aus anderen deutschen Gebieten nach Polen das Land „judenfrei" machen könne. Aber bis zum Frühjahr 1942 waren Millionen osteuropäischer Juden in deutsche Hände gefallen. Die enormen Zahlen von Menschen, die man nicht haben wollte, führten dazu, dass die Nazis begannen, sich Gedanken über deren Vernichtung zu machen. Ein Meilenstein in dieser Entwicklung war die Wannsee-Konferenz am 20. Januar 1942. Im Juli 1942 begann – mit französischer Unterstützung – der Abtransport der Juden aus französischem Gebiet in die Vernichtungslager im Osten. Die Badener und Pfälzer Juden aus Gurs wurden nach Auschwitz gebracht. Unter ihnen waren Richard Joseph und seine Frau. Sie verließen Gurs am 10. August 1942, einen Tag nach Josephs sechzigstem Geburtstag. Wie die meisten anderen wurden sie gleich nach der Ankunft vergast.

Das zurückgelassene Eigentum der Saarpfälzer und Badener Juden wurde am 19. November 1940 beschlagnahmt und am 5. März 1941 versteigert.[243] Josef Bürckel hatte sein Ziel erreicht: er regierte den „judenreinsten" Gau im Reich.

Einige Juden waren jedoch zurückgeblieben. Ein Bericht des Landauer Polizeiamtes vom 5. November 1941[244] besagt, dass noch acht Juden in Landauer Gebiet lebten. Heinrich Baer (31) und Leo Kern (56) waren Pfleglinge im katholischen St. Paulusstift in Landau-Queichheim. Nach Aussage des Leiters des Stiftes waren beide Männer geistig verwirrt und

243 Vgl. 239, S. 352.
244 Stadtarchiv Landau A II 297, Polizeiverordnung über die Kennzeichnung von Juden. Diese Akte ist in der folgenden Dokumentation mehrfach benutzt worden.

traten nicht in der Öffentlichkeit auf. Ein anderer Mann, Josef Groß (68) lebte im protestantischen Pflegeheim Bethesda, neben dem Landauer Klinikum, wo er kleine Arbeiten verrichtete. Auch er kam nicht in die Öffentlichkeit. Am 23. April 1942 wurden Baer und Kern von der Gestapo abgeholt und mit unbekanntem Ziel fortgeschafft. Groß wurde am 26. Juli 1942 abgeholt. Eine Frau, Auguste Strauß (62), die in der Kaufhausgasse 9 lebte, war gelähmt und bettlägerig; sie kam nicht nach draußen. Ihr Ehemann, Leonhard Strauß, war unter denen, die nach Gurs deportiert worden waren. Frau Strauß wurde am 1. Juni 1942 in ein jüdisches Krankenhaus in Frankfurt/Main und von dort zwei Monate später nach Theresienstadt gebracht. Zwei weitere Frauen, Emma Brunner (70), deren Mann ebenfalls nach Gurs kam, und Auguste Strauß's Tochter, Martha Strauß (32) lebten ebenfalls in der Kaufhausgasse 9. Dann waren da noch zwei weitere Männer, Richard Sternau (76) in der Nordparkstraße 14 und der Kaufmann Paul Jakob Kahn (49) in der Stadthausgasse 14. Kahn war mit einer protestantischen Frau aus Wollmesheim, heute ein Vorort Landaus südlich der Stadt, verheiratet.

Die beiden Frauen, Emma Brunner und Martha Strauß, und die beiden Männer, Sternau und Kahn, wurden am 7. November 1941 auf das Landauer Polizeiamt beordert, um zu zeigen, dass sie Heydrichs Polizeiverordnung über die Kennzeichnung der Juden[245] vom 1. September 1941, den Judenstern zu tragen, befolgt hatten.

§1 (1) Juden..., die das sechste Lebensjahr vollendet haben, ist es verboten, sich in der Öffentlichkeit ohne einen Judenstern zu zeigen.
(2) Der Judenstern besteht aus einem handtellergroßen schwarz ausgezogenen Sechsstern aus gelbem Stoff mit schwarzer Aufschrift "Jude". Er ist sichtbar auf der linken Brustseite des Kleidungsstücks fest aufgenäht zu tragen.

Vierhundert Jahre zuvor, am 18. November 1541, hatte der Landauer Stadtrat entschieden,[246] dass Juden im Landauer Bezirk auf der linken Brustseite des äußeren Gewandes einen „gelwen Ring, so groß als ongeverlich ein Scheib in einem Fenster" zu tragen hatten.
Heydrichs Verordnung schränkte auch die Bewegungsfreiheit der Juden ein.

245 Reichsgesetzblatt Nr. 100, 5. September 1941, S. 547.
246 Stadtarchiv Landau B I/6, S. 9.

§2 Juden ist verboten,
a) den Bereich ihrer Wohngemeinde zu verlassen, ohne eine schriftliche Erlaubnis der Ortspolizeibehörde bei sich zu führen.
b) Orden, Ehrenzeichen und sonstige Abzeichen zu tragen.

Die vier Landauer Juden gaben keinen Anlass zu Beanstandungen. Der Polizeibericht besagt: „Sämtliche Juden trugen den Judenstern nach Vorschrift. Sie erklärten, daß sie von der Bezirksstelle Ludwigshafen über die bestehenden Bestimmungen genau unterrichtet sind." Es ist zweifelhaft, ob Martha Strauß verstanden hat, was da vor sich ging. Sie war geistig behindert aber harmlos. Die unglückliche junge Frau wurde in das St. Paulusstift gebracht und von dort später zusammen mit Baer und Kern von der Gestapo fortgeschafft. Wie so viele andere verschwanden sie wie Sandkörner, ohne daß irgendjemand eine Träne um sie geweint hätte.

Die Gestapo fuhr fort, den Strang um den Hals der Juden enger zu ziehen.[247]

Da die Juden in erheblichem Umfang öffentliche Fernsprechstellen benutzen und damit den deutschen Volksgenossen die Möglichkeit der Inanspruchnahme der öffentlichen Fernsprechstellen nehmen, erweist es sich als notwendig, den Juden die Benutzung öffentlicher Fernsprechstellen zu verbieten.
Aus diesem Grunde ist die Reichsvereinigung der Juden in Deutschland angewiesen worden, sämtlichen Juden dieses Verbot bekanntzugeben. ... Gegen Juden, die gegen dieses Verbot verstoßen, wird erforderlichenfalls mit den schärfsten staatspolizeilichen Maßnahmen vorgegangen. ...

Schreibmaschinen, Fahrräder, Kameras und Ferngläser in jüdischem Besitz wurden konfisziert. Als nächstes kamen Wollsachen, Pelze, Ski-Ausrüstungen und Bergstiefel an die Reihe. Diese Gegenstände wurden deutschen Soldaten an der Ostfront gegeben. Es war Winter; es war Januar 1942. Die Gestapo verlangte von den jüdischen Funktionären, die mit dem Einsammeln der Sachen beauftragt waren, sicherzustellen, „daß sich in den abgelieferten Gegenständen keine Hinweise des bisherigen Besitzers sowie Zettel, Briefschaften usw. befinden".[248]

Am 27. Mai 1942 mussten Emma Brunner, Paul Kahn und Richard Sternau sich wieder im Landauer Polizeiamt vorstellen. Sie

247 Vgl. 204, Dokument 189, S. 227.
248 Vgl. 204, Dokument 187 b, S. 225-226.

bestätigten durch Unterschrift, davon verständigt worden zu sein, daß der Judenstern auf der linken Brustseite so getragen werden muß, daß er jederzeit sichtbar ist und daß zur Erreichung dieses Zieles das Tragen von Gegenständen aller Art in der linken Hand oder unter dem linken Arm ab sofort untersagt ist. Bei Zuwiderhandlung erfolgt Bestrafung.

Zwei Monate später wurde Emma Brunner nach Theresienstadt gebracht. Es blieben also nur die beiden jüdischen Männer Paul Kahn und Richard Sternau in Landau. Einer Liste von Reiseerlaubnissen gemäß erhielt Kahn, ehemaliger Weinhändler, jetzt aber als arbeitslos oder als Tiefbauarbeiter registriert, am 15. Januar 1942 Erlaubnis, nach Ingenheim – wenige Kilometer südlich von Landau, vormals ein blühendes, regionales jüdisches Zentrum – zu gehen. Für die Zeitabschnitte 12.-13. September 1942, 31. Dezember 1942 bis 1. Januar 1943 und 20.-21. Februar 1943 durfte er sich in Wollmesheim aufhalten. Kahns protestantische Ehefrau hatte Verwandte in Wollmesheim. Am 5. März 1943 wurde Kahn von seiner Wohnung in der Stadthausgasse 14 in die Kronstraße 19 umquartiert. Er hatte in seiner früheren Wohnung mit seiner verwitweten Mutter gelebt, bis diese nach Gurs abtransportiert wurde. Am 7. Juli 1943 durfte sich Kahn „bis auf weiteres" in Zeiskam aufhalten, einem kleinem Ort westlich von Landau. Seine Frau hatte auch Verwandte in Zeiskam. Richard Sternau und seine Frau, die die Firma Rhenus los werden wollte, wurden am 5. März 1943 in die Kronstraße 19 umquartiert.
Am 12. Dezember 1944 kamen amerikanische Einheiten vom Süden her nach Hagenau, ungefähr sechzig Kilometer südlich von Landau. Nach sorgfältiger Vorbereitung begann die Offensive in das Saar-Pfalz-Dreieck am 13. März 1945. In seiner nordöstlichen Bewegung gegen Germersheim am Rhein erreichte das VI. Korps der 17. US-Armee unter Generalleutnant Alexander Patch die Stadt Landau am 22. März. Am 13. April wurden die amerikanischen Truppen durch Einheiten der französischen 1. Armee des Generals Jean-Marie de Lattre de Tassigny ersetzt. Das Naziregime in Südwestdeutschland war vorüber.

Paul Kahn und Richard Sternau überlebten die Naziherrschaft und den Krieg. Am 16. Mai 1945 – der Krieg war gerade beendet – lebte Kahn in Wollmesheim, wo er am 28. August 1971 im Alter von neunundsiebzig Jahren starb. Am 5. April 1945 lebte Sternau in der Ludowicistraße 7. Er starb dort am 3. Oktober 1949 im Alter von vierundachtzig Jahren. Millionen anderer Juden überlebten das Tausendjährige Reich nicht. Tausende von Deutschen wurden ebenfalls umgebracht: diejenigen, die es gewagt hatten, gegen Hitler zu protestieren oder die versucht hatten, ihn umzubringen. Sie alle wurden erschossen, totgeschlagen oder in den letzten Kammern der Nazihölle vergast.

Es gibt eigentlich keine passenden Worte, um die Schrecken zu beschreiben, die Menschen von Nazihandlangern auf Befehl ihrer Führer zugefügt wurden. In zwölf Jahren hatte sich Deutschland, das sich einst stolz das Volk der Dichter und Denker genannt hatte, in die Lage einer vollständig verwüsteten, verachteten Nation manövriert. Für einige Jahre war sie ein politisches Nichts. Ihre westlichen Regionen standen aus der Asche wieder auf, als sie als Eckstein im Nordatlantikpakt gegen die sowjetische Bedrohung gebraucht wurden. Heute, wiedervereint mit Ostdeutschland, steht die Bundesrepublik Deutschland wieder auf der politischen Bühne – auch als Mitspieler in der globalen Machtpolitik.

LITERATURVERZEICHNIS

Abendroth, Wolfgang: Das Unpolitische als Wesensmerkmal der deutschen Universität. In: Universitätstage 1966, Nationalsozialismus und die Deutsche Universität, Veröffentlichung der Freien Universität Berlin. Walter de Gruyter & Co., Berlin 1966.

Allgemeines Deutsches Commersbuch, 20. Aufl., Moritz Schauenburg, Lahr, um 1859.

Appel, Walter: Ruine Madenburg, Verlag für Burgenkunde und Pfalzforschung Rolf Übel, Landau 1998.

Baeumler, Alfred: Männerbund und Wissenschaft, Antrittsvorlesung in Berlin, Junker und Dünnhaupt Verlag, Berlin 1937.

Bailly, Jean Sylvain: Histoire de l'astronomie moderne, Debure, Paris 1785, nouvelle édition, Bd. II.

Barth, Paul: Geschichte der Erziehung, O. R. Reisland, Leipzig 1916.

Boelich, Walter (Hrsg.): Der Berliner Antisemitismusstreit, Insel Verlag, Frankfurt 1965.

Bullock, Alan: Hitler. A Study in Tyranny, Odhams Press Ltd., London 1959. (Hitler. Eine Studie über Tyrannei, Droste Verlag, Düsseldorf 1959).

Burckhardt, Carl J.: Meine Danziger Mission 1937-1939, Verlag Georg D. W. Callwey, München 1960.

Carroll, James: Constantine's Sword, Houghton Mifflin Co. Boston 2001.

Craig, Gordon A.: Germany 1866-1945, Oxford University Press, New York 1978.

Der Dolchstoß-Prozess in München, Oktober-November 1925, Eine Ehrenrettung des deutschen Volkes, G. Birk & Co., München 1925.

Domarus, Max: Hitler, Reden und Proklamationen 1932-1945. Süddeutscher Verlag, München 1965, Bd. I, Erster Halbband 1932-1934.

Endres, Elisabeth: Edith Stein, Piper, München 1987.

Erklärung der Hochschullehrer des Deutschen Reiches, 23. Oktober 1914, Universitätsbibliothek Regensburg.

Ettinger, Elżbieta: Hannah Arendt, Martin Heidegger, 2. Aufl., Pieper, München 1996.

Fest, Joachim: Hitler. Eine Biographie, Ullstein Verlag, Berlin 2003.

Goethe, Johann Wolfgang v.: Werke, Insel-Verlag, Frankfurt 1965.

Goldhagen, Daniel J.: Hitler's Willing Executioners, Alfred A. Knopf, New York 1996.

Göttinger Akademische Reden, Verlag des Universitätsbundes Göttingen, Göttingen 1935.

Grillparzer, Franz: Sämtliche Werke. Ausgewählte Briefe, Gespräche, Berichte. Peter Frank und Karl Pörnbacher Hrsg., Hanser-Verlag, München 1960, Bd. I.

Gumbel, Emil Julius: Verschwörer. Zur Geschichte und Soziologie der deutschen nationalistischen Geheimbünde 1918-1924. Verlag das Wunderhorn, Heidelberg 1979. Das Original wurde veröffentlicht vom Malik Verlag, Wien 1924.

Haldane, Richard B.: Autobiography. Holder and Stoughton, London 1929.

Heidegger, Martin: Die Selbstbehauptung der deutschen Universität. Das Rektorat 1933/34, Tatsachen und Gedanken, Vittorio Klostermann, Frankfurt am Main 1983.

Heine, Heinrich: Sämtliche Werke, Winkler Verlag, München 1969, Bd. I u. II.

Heisenberg, Werner: Wandlungen in den Grundlagen der exakten Naturwissenschaft in jüngster Zeit, Naturwissenschaften, Heft 40, 1934. (Nachgedruckt in: Heisenberg, Werner: Wandlungen in den Grundlagen der Naturwissenschaft, S. Hirzel Verlag, Stuttgart 1953, S. 43-61).

Herbstrith, Waltraud: Edith Stein. Ein neues Lebensbild in Zeugnissen und Selbstzeugnissen, Herder, Freiburg im Breisgau 1983.

Heß, Hans: Die Landauer Judengemeinde, Verlag Pfälzer Kunst Dr. Hans Blinn, Landau 1983.

Hitler, Adolf: Mein Kampf. Zentralverlag der NSDAP, Frz. Eher Nachf., München, Bd. I 1925, Bd. II 1927.

Hüttenberger, Peter: Die Gauleiter, Studie zum Wandel des Machtgefüges in der NSDAP. Deutsche Verlags-Anstalt, Stuttgart 1969.

Jaspers, Karl: Die Atombombe und die Zukunft des Menschen, R. Piper & Co. Verlag, München 1958.

Jefferson, Thomas: Notes on the State of Virginia, William Peden, ed. The University of North Carolina Press, Chapel Hill, NC, 1954.

Jerome, Fred: The Einstein File, St. Martin's Press, New York 2002.

Jüdische Lebensgeschichten aus der Pfalz, Evangelischer Presseverlag Pfalz Hrsg., Speyer 1995.

Kant, Immanuel: Werke, Wilhelm Weischedel, Hrsg. Wissenschaftliche Buchgesellschaft, Darmstadt 1966, Bd. VI.

Kerschensteiner, Georg: Begriff der staatsbürgerlichen Erziehung, R. Oldenburg, München 1950.

Kershaw, Ian: Hitler 1889-1936 Hubris, W. W. Norton & Company, New York 1999, und Hitler 1936-1945 Nemesis, W. W. Norton & Company, New York 2000.

Klein, Felix: Vorlesungen über die Entwicklung der Mathematik im 19. Jahrhundert, Chelsea, New York 1956, Teil I.

Kuby, Alfred (Hrsg.): Juden in der Provinz, Beiträge zur Geschichte der Juden in der Pfalz zwischen Emanzipation und Vernichtung, Verlag Pfälzische Post, Neustadt a. d. Weinstraße 1988.

Lenard, Philipp: Deutsche Physik, Bd. I, Einleitung und Mechanik, I. F. Lehmanns Verlag, München 1936.

Luther, Martin: An den christlichen Adel Deutscher Nation. Philipp Reclam, Stuttgart 1995.

Luther, Martin: Von den Juden und ihren Lügen, Landesverein für Innere Mission, Georg Buchwald Hrsg., Dresden 1931.

Mann, Golo u. a. (Hrsg.): Propyläen Weltgeschichte, Propyläen Verlag, Berlin 1960, Bd. IV.

Mann, Golo: Deutsche Geschichte des 19. und 20. Jahrhunderts, S. Fischer Verlag, Frankfurt 1958.

Martin, Michael (Hrsg.): Landau 1990. Landau 2000, K. F. Geißler, Edenkoben 2001.

Müller, R. (Rudi) (Hrsg.): Landau in der Pfalz im Spiegel seiner Zahlen, Stadtarchiv Landau, Juni 1982, Bd. I.

Nestler, Gerhard u. Ziegler, Hannes: Die Pfalz unterm Hakenkreuz, Hrsg.: Pfälzische Verlagsanstalt, Landau/Pfalz.

Obst, Johannes: Gurs, Deportation und Schicksal der badisch-pfälzischen Juden 1940-1945, Gesellschaft für christlich-jüdische Zusammenarbeit Rhein-Neckar e. V., Mannheim 1986.

Ott, Hugo: Martin Heidegger. Unterwegs zu einer Biographie. Campus Verlag, Frankfurt am Main 1992.

Papst Pius XI. „Mit brennender Sorge". Bonifatius Druck-Buch-Verlag, Paderborn 1987.

Poliakov, Léon u. Wulf, Josef: Das Dritte Reich und seine Denker, Dokumente, Verlags-GmbH, Berlin-Grunewald 1959.

Reichrath, Hans L.: Ludwig Diehl, Evangelischer Presseverlag, Speyer 1995.

Reid, Constance: Courant, Springer Verlag, New York 1976.

Reid, Constance: Hilbert, Springer Verlag, New York 1996.

Schiller, Friedrich: Gedichte und Prosa, Manesse Verlag, Zürich 1984.

Seiter, Elke: Simon Levi (1817-1900). Diplomarbeit, Universität Mainz, Lehrstuhl für Neuere Geschichte, April 1994.

Shirer, William L.: The Rise and Fall of the Third Reich, Fawcett World Library, New York 1963.

Simmer, Johannes (Hrsg.): Die nationalsozialistische Judenverfolgung in Rheinland-Pfalz 1933 bis 1945, Selbstverlag der Landesarchivverwaltung Rheinland-Pfalz, Koblenz 1974.

Sommerfeld, Arnold: Vorlesungen über theoretische Physik, Bd. III, Elektrodynamik, Dieterich'sche Verlagsbuchhandlung, Wiesbaden 1948.

Sontheimer, Kurt: Die Haltung der deutschen Universitäten zur Weimarer Republik. In: Universitätstage 1966, Nationalsozialismus und die deutsche Universität. Veröffentlichung der Freien Universität Berlin. Walter de Gruyter & Co., Berlin 1966.

Städtebuch Rheinland-Pfalz und Saarland, W. Kohlhammer Verlag, Stuttgart 1964.

Staël, Mme. de: De l'Allemagne. La Comtesse Jean de Pange, ed. Librairie Hachette, Paris 1958-1960.

The Library of American Biography conducted by Jared Sparks, Second Series, Charles C. Little and James Brown, Boston 1848.

Treitschke, Heinrich von: Aufsätze, Reden und Briefe, Hendel, Meersburg 1929, Bd. IV.

Voltaire, François M. A.: Contes en vers et en prose, Classiques Garnier, Bordas, Paris 1993.

Volz, Günther: Juden in Bergzabern und in der Südpfalz vom Ende des Mittelalters bis zur Deportation von 1940. In: Mitteilungsblatt 7/1988, Historischer Verein der Pfalz e. V., Bezirksgruppe Bad Bergzabern.

Wucher, Albert: Theodor Mommsen, Musterschmidt-Verlag, Göttingen, 2. Aufl. 1968.

Young, Laurence: Mathematicians and their Times, North Holland Publishing Company, Amsterdam 1981.

PERSONENREGISTER